尖吻鲈养殖生物学及加工

马振华　于　刚　孟祥君　陈明强　主编

中国农业出版社

北京

图书在版编目（CIP）数据

尖吻鲈养殖生物学及加工 / 马振华等主编 . —北京：
中国农业出版社，2019.3
ISBN 978-7-109-24864-9

Ⅰ.①尖… Ⅱ.①马… Ⅲ.①尖吻鲈-鱼类养殖 ②尖
吻鲈-食品加工 Ⅳ.①S965.233 ②TS254.4

中国版本图书馆 CIP 数据核字（2018）第 258814 号

中国农业出版社出版
（北京市朝阳区麦子店街 18 号楼）
（邮政编码 100125）
责任编辑　郑　珂　周锦玉
文字编辑　耿韶磊

中国农业出版社印刷厂印刷　　新华书店北京发行所发行
2019 年 3 月第 1 版　　2019 年 3 月北京第 1 次印刷

开本：787mm×1092mm　1/16　印张：18.25
字数：420 千字
定价：80.00 元
（凡本版图书出现印刷、装订错误，请向出版社发行部调换）

编 写 人 员

主　编　马振华　于　刚　孟祥君　陈明强
副主编　王　雨　苏友禄　杨　蕊　虞　为
　　　　杨其彬　胡　静　李建柱　陈　旭
编　者　马振华　于　刚　孟祥君　陈明强
　　　　王　雨　苏友禄　杨　蕊　虞　为
　　　　杨其彬　胡　静　李建柱　陈　旭
　　　　周胜杰　赵　旺　刘　岩　赵　超
　　　　王国栋　董义超　崔　科　刘西磊
　　　　唐贤明　邱丽华　彭晓瑜

前　言

　　我国是世界最大的渔业生产国，也是水产养殖产量最大的国家，同时还是世界上唯一养殖产量超过捕捞产量的渔业国家。我国水产养殖产量已占到世界水产养殖产量的72%左右。随着世界海洋捕捞强度的不断增大，海洋水产资源正逐步衰退，但水产养殖产量却从1990年的1.684×10^7 t增加到2009年的7.305×10^7 t，增加了近3.4倍。我国鲈的养殖规模呈逐年递增趋势，产量不断增加。2014年，全国养殖鲈总产量46.56万t。其中，海水养殖鲈产量占24.44%，在海水鱼养殖中产量位居第三；淡水养殖鲈产量占75.56%。广东省为全国养殖鲈第一大省，占全国养殖鲈总产量的62.11%。目前，我国养殖鲈主要品种有花鲈和尖吻鲈等。

　　尖吻鲈（*Lates calcarifer*）人工养殖开始于19世纪70年代的暹罗，之后广泛在热带亚热带地区开展。在东南亚沿海地区，尖吻鲈养殖以网箱养殖为主，并通常采用尖吻鲈、石斑鱼及鲷科鱼混养模式。在澳大利亚，尖吻鲈养殖趋于工厂化循环水养殖。在我国，尖吻鲈以池塘养殖为主，网箱养殖为辅。

　　尖吻鲈作为养殖品种的优点：一是尖吻鲈对于高密度养殖环境耐受力强；二是尖吻鲈雌鱼繁殖力强，可为育苗孵化提供大量生产材料；三是尖吻鲈育苗阶段操作管理相对容易；四是尖吻鲈对颗粒饲料的选择性高，在幼鱼阶段容易进行饲料驯化；五是尖吻鲈生长速度快，达到商品规格350~3 000 g的时间为6个月至2年。截至目前，尖吻鲈养殖产业存在的问题主要有：一是需要建立更快提高抗病能力的苗种选育计划；二是在生产国和国际上，须改进尖吻鲈的营销策略，扩大市场需求；三是须加强增值产品的开发利用，扩大消费国家的市场需求。

　　本书系统总结了近年来国内外尖吻鲈种质资源管理、亲鱼培育、育苗、养殖技术、病害防控及加工的研究进展，以及笔者近年来的研究成果。希望能促进尖吻鲈养殖产业的发展，并希望在技术上不断完善，形成规范性的操作技术并推广应用。

本书得到了现代农业产业技术体系建设项目（CARS-47）、中国水产科学研究院南海水产研究所中央级公益性科研院所基本科研业务费专项资金（2017ZD01、2018ZD01）、海南省重点研发计划项目（ZDYF2017036、ZDYF2018096）、广西科技计划项目（桂科AD17195024）、海世通（文莱）渔业有限公司自选项目（海科攻01）的资助。在前期资料整理过程中得到了三沙美济渔业开发有限公司、广西海世通食品有限公司、海世通（文莱）渔业有限公司的支持与帮助，在此表示感谢。

由于编者水平有限，书中难免存在不足之处，敬请各位专家、同行不吝赐教。

编　者

2018年3月

目　录

前言

第一章　尖吻鲈生物学基础

第一节　分类与分布

尖吻鲈（*Lates calcarifer*）属于脊索动物门（Chordata）辐鳍鱼纲（Actinopterygii）鲈形目（Perciformes）鲈形亚目（Percoidei）尖吻鲈科（Latidae）尖吻鲈属（*Lates*），在我国俗称盲鲭、金目鲈、红目鲈等。分布于印度洋-西太平洋区，包括波斯湾、印度、斯里兰卡、缅甸、印度尼西亚、日本、菲律宾、澳洲北部，以及我国台湾和南海等海域。尖吻鲈在澳大利亚被称为 barramundi，在泰国被称为 plakapong，在斯里兰卡被称为 koduva，在马来西亚被称为 kalaanji，在菲律宾被称为 apahap，在其他国家被称为 Asian seabass。在我国，尖吻鲈主要分布在华南地区河口水域，如广东省的雷州湾、吴川县沿海、电白县沿海、镇海湾及海南省近岸沿海。过去海南野生尖吻鲈常见规格为 2～3 kg。近年来，由于过度捕捞，野生尖吻鲈捕获规格逐年下降。本文首先从分类、遗传与保护等方面对尖吻鲈的生物学基础进行分析与阐述，之后对尖吻鲈养殖及加工现状进行探讨。

截至目前，尖吻鲈科已知现存 3 个属，包括沙鲈属（*Psammoperca*）、尖鲈属（*Hypopterus*）和尖吻鲈属（*Lates*）（Mooi 和 Gill，1995；Otero，2004）。在沙鲈属和尖鲈属中各存在一个种，分别为沙鲈（*P. waigiensis*）和尖鲈（*H. macropterus*）。这两种鱼与尖吻鲈属的鱼有明显区别，这两种鱼的鳃盖骨下方光滑（尖吻鲈属鱼呈锯齿状），上颌骨的后缘落在眼前部。成年的沙鲈和尖鲈个体分别为 40 cm 和 13 cm，远远小于尖吻鲈成年个体（135 cm）。沙鲈属属于近岸海水鱼类，从不进入淡水河流中。尖鲈属也属于近岸海水鱼类，栖息在沙底质海草环境中（Allen 等，2006）。

尖吻鲈属目前已知有 15 种（图 1-1），其中有 11 种淡水或半咸水鱼生活在非洲热带区域，主要集中在尼罗河流域（Otero，2004；Pethuyagoda 和 Gill，2012）。许多物种是

a   b

图 1-1　沙鲈与尖鲈

a. 沙鲈　b. 尖鲈

（引自 Pethiyagoda 和 Gill，2013）

在中世纪通过化石的辨认获得的，表明这些物种在地中海流域也曾有分布。随着中新世时期的特提斯海断裂（Harzhauser 和 Piller，2007），地中海和印度洋的尖吻鲈属被地理性隔离，并开始了单独的进化轨迹。Mooi 和 Gill（1995）认为尖吻鲈属是一个独特的属。Greenwood（1976）此前曾认为它们是锯盖鱼科的一个亚科，属于新世纪锯盖鱼亚科。Greenwood 通过特有的特点区分两个科：倾横向线鳞延伸至尾鳍的后缘，并且第二椎骨的神经脊柱在前后方向上显著扩大，但是 Mooi 和 Gill 发现按照 Greenwood 分类，第一个特点在类似的鲈中都可以被发现，这可能是一个原始的特征。不仅如此，Greenwood 鉴定分类的第二个特点主要在锯盖鱼属存在而在尖吻鲈属中未被发现。Otero（2004）提供了直接证据用以鉴别尖吻鲈科作为一个特别的科，在这个证据中 Otero 还建议包含一个化石属 *Eolates*，但在这些证据中 Otero 没有鉴别 *Hypopterus* 属。

第二节　尖吻鲈多样性

在 Katayama 和 Taki（1984）之前，印度洋-太平洋地区尖吻鲈属被认为只存在一个种，即尖吻鲈（*L. calcarifer*）（Bloch，1790），包括其他的几个名字：*L. heptadactylus*（Lacepede，1802）、*L. vacti*（Hamilton，1822）、*L. nobilis*（Cuvier，1828）、*L. cavifrons*（Alleyne et Macleay，1877）和 *L. darwiniensis*（Macleay，1878）。然而，由 Katayama 和 Taki（1984）随后描述了最新种 *L. japonicus*，表明印度洋-太平洋地区的尖吻鲈属鱼类具有一定差异性。然而，由于一些原因，全面的分类处理方法尚不可能，主要是难以从全范围内获得一系列两性保存的成年标本。印度洋-太平洋地区的尖吻鲈属鱼雌雄同体先雄后雌类型，雄性在体长达到 60 cm 左右开始转变性别，但是通常这个大小的标本很少在博物馆中保存。因此，基于标本的分类学研究主要是对幼鱼和雄鱼的特征所进行的，这大大降低了可能仅在各种不同种类雌性鱼类中差异表达的异质性特征的机会。

此外，其他一些研究也提出了尖吻鲈（*Lates calcarifer*）的各种种群之间的实质变化，并呼吁进行分类重新评估。Dunstan（1958；1962）发现在新几内亚和澳大利亚的尖吻鲈的颜色与形态有差异，但这些证据不足以推测尖吻鲈种群间的分类学区别（Grey，1987）。Katayama 等（1977）、Katayama 和 Taki（1984）的研究指出了澳大利亚尖吻鲈属和日本种群之间的区别，随后命名了日本尖吻鲈（*Lates japonicus*）。然而，由于以"日本"命名的名称趋于地域化且 Cuvier 和 Valenciennes（1928）认为该种鱼应该起源于"爪哇"，*L. calcarifer* 至今未被明确其最终种。据称，这些样本的发现（Paepke，1999）提供了解决这些问题的机会。

技术进步也允许采取其他几种方法来解决这个问题，所有这些方法都表明，目前分配给 *L. calcarifer* 的鱼类种群之间存在相当大的遗传变异。通过电泳分析，Salini 和 Shaklee（1988）、Keenan 和 Salini（1990）发现在西澳大利亚和北领地内 14 个不同采样点的尖吻鲈种群具有显著的差异。最近线粒体 DNA（Chenoweth 等，1998）和微卫星标记分析（Jerry 和 Smith-Keune，2013）已经证明了澳大利亚和东南亚在整个物种范围内存在更多的基因分离种群。

Ward 等（2008）以线粒体细胞色素 c 氧化酶 1（CO1）基因为研究方向分析了澳大利亚

和缅甸 *L. calcarifer* 种群间的关系。研究表明，两个种群间 Kimura 2 参数距离为 9.5%，细胞色素 b 距离为 11.3%。此结果证明，澳大利亚和缅甸的尖吻鲈为不同种群。在接下来的研究中，Yue 等（2009）针对基因型的研究中发现澳大利亚的尖吻鲈和东南亚的尖吻鲈有着显著的多样性差异（Jerry 和 Smith-Keune，2013）。由于涉及的研究分析方法有所不同，不可能将所有这些作者的结果结合起来，以阐明研究的各种种群的关系。然而，这些分析表明，目前接受分布的尖吻鲈可能不仅仅是单一物种，而且对澳大利亚和亚洲的样品进行彻底的形态学检查是显而易见的。Pethuyagoda 和 Gill（2012）的研究结果表明，除了 *L. calcarifer* 和 *L. japonicus*，在印度洋区域还有 *L. lakdiva* 和 *L. uwisara* 两个种类存在。

第三节　保护与遗传

尖吻鲈在 1973 年实现了人工繁育与养殖（Barnabe，1995）。过去 40 年间，尖吻鲈的人工繁育和养殖在亚洲和大洋洲的渔业发展及水产养殖中得到了广泛的推广。然而，在人工养殖过程中，逃逸的尖吻鲈与当地土著种尖吻鲈属的鱼类出现了杂交（Lintermans，2004）。由于尖吻鲈在印度、马来西亚、斯里兰卡和泰国等国家普遍养殖或引种，所以这种杂交或多或少地在广泛范围内发生。鉴于几项研究报告数据显示，*Lates* 野生种群在各个河流之间具有遗传差异，这一点尤为令人担忧（Shaklee 和 Salini，1985；Salini 和 Shaklee，1988；Keenan 和 Salini，1990；Shaklee 和 Phelps，1991；Shakle 等，1993；Keenan，1994；Marshall，2005）。事实上，正如 Marshall（2005）所指出的那样，尽管尖吻鲈的生活史和分布具有在海水中生存的能力，但现在的遗传结构主要表现在河流各个流域之间。因此，从种群的观点来看，尖吻鲈可以被认为是淡水鱼，而非海水鱼。

最近在孟加拉湾接壤的国家发现的两个新品种 *L. lakdiva* 和 *L. uwisara*（Pethiyagoda 和 Gill，2012），在波斯湾、阿拉伯海和中国南海区域也有发现，但尚未进行分类检查。在一些国家，易位可能使其难以确定土著鱼的身份。因此，除了调节易位和水产养殖的做法外，博物馆标本的保存对其溯源追踪至关重要。Pethiyagoda 和 Gill（2012）的数据表明，*L. calcarifer* 的外部形态在分布范围内存在遗传变异，这是一个典型的形态静态覆盖进化的例子（Bickford 等，2006）。他们还建议将 *L. calcarifer* 作为一种广泛分布的物种，其种类在不同种类的尖吻鲈属内都有。其他物种几乎肯定存在于本文所述的 *L. calcarifer* 的范围内，并且很可能在未来的探索中被发现。

第四节　尖吻鲈形态与生活习性

尖吻鲈体长而侧扁，腹缘平直，头尖，头背侧、眼睛上方有一明显凹槽（图 1-2）。其眼睛照光后呈现金色，故台湾渔民俗称"金目鲈"。吻尖而口大，下颌突出。上下颌、锄骨及腭骨具有绒毛齿带，体被小栉鳞，体背及各鳍为褐色，腹部灰白色。背鳍硬棘 7～9 枚；背鳍软条 10～11 枚；臀鳍硬棘 3 枚；臀鳍

图 1-2　尖吻鲈外部形态

软条7~8枚，体长可达2 m，生活于水深10~40 m处。

尖吻鲈主要栖息在与海洋相通的河流、湖泊、河口和近海水域，尤其喜欢栖息于流速低、淤泥多、水体混浊度大的河流中。尖吻鲈受精卵通常在海水中孵化，初孵仔鱼主要分布在河口沿岸的咸水区，当体长达到10 mm后可在淡水中生活。自然条件下，尖吻鲈在淡水中的生长速度快，2~3年体重可达3~5 kg。3~4龄时，成鱼会从内陆水域向河口洄游，在盐度30~34的海水中性腺发育，随后在海水中产卵。此外，一些尖吻鲈会终身栖息于淡水中，但这些鱼的性腺通常不发育。尖吻鲈为热带鱼类，当水温低于15 ℃时，摄食减少，行动骤减，当水温降至10~13 ℃时，尖吻鲈开始出现死亡。

尖吻鲈为肉食性鱼类，自然界中以其他鱼类、虾、蟹、螺和蠕虫等为食。在仔、稚鱼阶段，尖吻鲈主要以浮游动物及甲壳动物为食。研究发现，体长1~10 cm尖吻鲈幼鱼的胃含物中20%为浮游生物，其余多为小虾和小鱼；体长大于20 cm尖吻鲈的胃含物中100%为动物性饵料，其中70%为甲壳类、30%为小鱼。在印度，野生尖吻鲈主要捕食鲻、遮目鱼、多鳞鱚和虾虎鱼等鱼类，以及对虾、虾蛄、毛虾和长臂虾等甲壳动物。除此之外，尖吻鲈也会在岩礁上啃食双壳类，如蚶类、贻贝等。尖吻鲈的生长具有阶段性，幼鱼期生长慢，当体重达到20~30 g时，生长速度开始加快，2~3龄体重可达3~5 kg。当尖吻鲈体重达到4 kg时，生长速度开始减慢。在人工饲养条件下，鱼苗饲养1年可超过500 g。

第五节 尖吻鲈人工养殖

目前，尖吻鲈虽然被引入伊朗、关岛、法属波利尼西亚、美国（夏威夷、马萨诸塞州）和以色列等国家进行养殖，但只有澳大利亚、沙特阿拉伯、印度尼西亚、新加坡、泰国和马来西亚等国家向联合国粮食及农业组织（FAO）报告其产量。

自1998年以来，每年的尖吻鲈生产量一直相对较为稳定，为20 000~27 000 t（图1-3）。泰国是主要生产国，2001年以来约为8 000 t/年。印度尼西亚、马来西亚和中国台湾也是主要生产国和地区。1994年，全球平均价格为3.80美元/kg；1995年，上

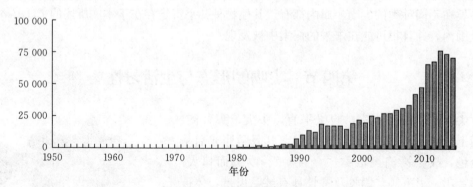

图1-3 1950—2010年世界范围内尖吻鲈年产量（t）

（引自FAO官方数据）

涨至 4.59 美元/kg，但 1997 年下降至 3.92 美元。自 2002 年以来大幅下滑，只有 3.0 美元/kg，低于 3.7 美元/kg。

在亚洲，市场上大多数尖吻鲈的商品规格为 1～3 kg，有时也看到有较小的规格（500～900 g）出售。在澳大利亚，尖吻鲈的规格一般为 350～500 g，在大宴会上偶尔见到重量达 800 g 者，但用来做生鱼片的尖吻鲈重量一般都为 2～3 kg。澳大利亚在开发尖吻鲈增值产品方面还处于起步阶段，只有一些烟熏尖吻鲈的供应商。活的尖吻鲈专门出售给从事海鲜产品的餐馆，但这是巴伐利亚州总市场中相对较小的一部分。尖吻鲈进口和出口比较少，大部分在当地消费。一个例外是美国在再循环生产系统中的尖吻鲈，其鱼苗主要从澳大利亚空运而来。澳大利亚尖吻鲈农民协会已经采用产品质量标准来解决澳大利亚市场上高度可变的产品质量问题。

自 20 世纪 70 年代以来，世界范围内对尖吻鲈水产养殖的研究费用已经相当大，这有助于提高尖吻鲈全球生产的可靠性和成本效益。由于尖吻鲈水产养殖业的成熟性，研究相对较少。大多数参与发展尖吻鲈农业技术的研究机构已经转移到其他物种，如石斑鱼。针对更快地生长和抗病性的遗传选择领域研究是十分必要的，但目前在这方面的关注还比较少。

在亚洲整合海洋有鳍鱼养殖业的另一个主要研究领域是评估网箱养殖对环境的影响。亚洲海水鱼养殖业的迅速扩张正在产生一系列影响。虽然对这些影响的改善已经进行了一些研究，并改进了沿海水产养殖发展的规划，但是制定规划和实施框架以确保沿海养护水产养殖的可持续性仍然是许多国家面临的挑战。

在大多数海水鱼的养殖中，尖吻鲈的市场发展相对较狭。在亚洲，尖吻鲈是一种价格相对便宜的品种，这主要由于现在很多老百姓对如石斑鱼等高品质鱼类更感兴趣，而养殖尖吻鲈品种还是有很多的优点：①尖吻鲈对于高密度养殖环境耐受力强；②尖吻鲈雌鱼繁殖力强，可为育苗孵化提供大量生产材料；③尖吻鲈育苗阶段操作管理相对容易；④尖吻鲈对颗粒饲料的选择性高，在幼鱼阶段容易进行饲料驯化；⑤尖吻鲈生长速度快，达到商品规格 350～3 000 g 的时间为 6 个月至 2 年。

需要解决的主要问题是：①建立更快提高抗病能力的苗种选育计划；②改进尖吻鲈的营销策略，扩大市场需求；③加强增值产品的开发利用，扩大消费国家的市场需求。

第二章 尖吻鲈野生种群

尖吻鲈是印度洋和西太平洋具有标志性的经济鱼类。在其养殖区域，尤其在澳大利亚和新几内亚（Grey，1987；Grant，1997；Rimmer 和 Russell，1998a；Tucker 等，2006），尖吻鲈既是渔业捕捞对象，也被当作休闲垂钓品种。由于尖吻鲈在渔业、经济及文化上具有重要意义，其生物学和生态学的研究及野生种群的保护、繁育在国外受到了很大的关注。然而，尖吻鲈作为我国南方地区一个重要的养殖品种，在国内尚未见到对其野生种群开展研究的报道。本章总结了过去 30 年来澳大利亚及东南亚等地区对尖吻鲈野生种群的研究与开发利用，以期为我国开展野生尖吻鲈种群研究提供启示。

第一节 尖吻鲈的渔业捕捞

尖吻鲈作为一种重要的经济性鱼类，在印度洋、太平洋等周边海域被商业捕捞。全球捕捞渔业自 1950 年以来一直在稳步增长，2010 年为 1.02×10^5 t。在澳大利亚，按照世界标准，鲈商业捕捞规模相对较小，2009—2010 年的野生捕捞量为 1 643 t，总值达 2 630 万澳元（Skirtun 等，2012）。澳大利亚的渔业捕捞受到一系列操作限制的约束，这些限制根据各州和地区的法规而有所不同（Russell 和 Rimmer，2004）。但这些规定的共同条款包括季节和区域关闭、装备、休闲垂钓、网目和捕捞鱼尺寸的限制。商业渔业捕捞主要使用刺网，仅限于潮汐水域，休闲垂钓、土著渔民和商业旅游不能使用刺网。在制定渔业法规的框架下，根据物种的复杂生活史规律，通过制定一个封闭季节（即休渔季节），使鱼类在产卵活动最大的时期保护它，或通过限制刺网网目尺寸来保护幼鱼（Williams，2002；Russell 和 Rimmer，2004）。在昆士兰，对尖吻鲈的禁捕有上限（全长为 1 200 mm）和下限（全长为 580 mm），目的是保证尖吻鲈亲鱼在进入商品之前至少产卵一次，并保护较大具有繁殖能力的雌性亲鱼（Queensland Fisheries Management Authority 1992；1998）。

在巴布亚新几内亚，尖吻鲈渔业也包括商业捕捞、休闲渔业和土著元素三部分。20 世纪 70—80 年代，商业捕捞部分主要由弗莱河及邻近地区的船上刺网渔业捕捞组成。为了应对沿海渔获物的减少，弗莱河及邻近地区以渔船为主的渔业逐渐取代了当地的地面鱼类加工（Milton 等，2005）。沿海渔业捕捞率下降可能与早期的弗莱河商业渔业或当时发生的厄尔尼诺气候有关。

第二节 尖吻鲈的人工放流

尽管在澳大利亚已经逐步引入野生尖吻鲈渔业可持续性的管理措施，尖吻鲈的放流项目也已经在昆士兰州进行，但在北领地的进展较缓慢。自20世纪80年代中期以来，在昆士兰河流中人工繁育的尖吻鲈已实施人工放流，以建立新的"放置和采取"，加强现有的野生渔业（Cadwallader和Kerby，1995；Holloway和Hamlyn，1998）。在澳大利亚，第一批人工繁育的尖吻鲈在1985年被放入Tinaroo大坝，证明当地尖吻鲈人工繁育技术已经获得了成功（McKinnon和Cooper，1987；Russell等，1987）。此后，尖吻鲈人工放流活动在北部地区已扩大到包括许多水库和一些沿海溪流（Rutledge等，1990；Rimmer和Russell，1998b；Russell和Rimmer，1999，2002，2004；Russell等，2004）。澳大利亚的大部分增殖放流活动仅限于昆士兰州。截至目前，北领地至少有一个水库（曼通水坝）也有进行过增殖放流（Tucker等，2006）。

在澳大利亚，为了最大限度地提高澳大利亚渔业利用率的利益，相关研究已经开展多年，以期改善河流和水库尖吻鲈的增殖放流策略（Russell和Rimmer，1997；Rimmer和Russell，1998b；McDougall等，2008），以及该野生种群效能和成本效益（Russell和Rimmer，1997，1999，2000；Russell等，2002）。从后期研究获得的数据显示，即使在低至中等程度的增加后，人工繁育并增殖放流的尖吻鲈分别可以在商业和休闲捕捞中贡献10%～15%（Rimmer和Russell，1998b）。

由于澳大利亚司法管辖区已经认识到不受控制的鱼类种群的潜在有害影响，保障措施逐步发展和完善。例如，昆士兰州的增殖放流协议已经被修改，以防止人工繁育尖吻鲈的种质资源库发生转移与杂化（Cadwallader和Kerby，1995）。为了进一步完善尖吻鲈人工增殖放流的方案，近年来澳大利亚已经完成了尖吻鲈人工放流在昆士兰河流和水库中遗传及一些生态影响的研究（Russell等，2013）。这项研究的结果表明，目前人工增殖的尖吻鲈对自然环境种群的遗传和生态影响很小，但要注意的是如果密度和其他环境条件不同，其他地方的结果可能会有所不同或变化。

第三节 自然繁育与产卵

一、季节性

野生尖吻鲈产卵季节的时间取决于地理位置。在澳大利亚北部和巴布亚新几内亚，产卵发生在温暖的月份，生殖活动也随纬度变化而有明显的变化，大概是由于水温变化造成的（Dunstan，1959；Russell和Garrett，1983；Davis，1985b；Russell和Garrett，1985；Garrett，1987）。澳大利亚东北部，Russell和Garrett（1985）在10月至翌年2月的春季和夏季观察到尖吻鲈性腺活动，并从11月开始产卵。在巴布亚新几内亚，Moore（1982）观察到尖吻鲈产卵活动，并在11月到翌年1月达到顶峰。在北半球，菲律宾的尖吻鲈从6月下旬到10月下旬（Parazo等，1990）；在泰国，Ruangpanit（1987）则指出尖吻鲈全年都有产卵，但在4—9月达到高峰。然而，Barlow（1981）认为泰国尖吻鲈与季风季节相关，在东北季风（8—10月）和西南季候风（2—6月）期间出现了两个高峰。

在澳大利亚和巴布亚新几内亚尖吻鲈分布也与北部季风的发生有关（Dunstan，1959；Moore，1982）。然而，澳大利亚的一些地区在季风活动导致的淡水径流开始之前，尖吻鲈产卵活动已经开始发生（Russell 和 Garrett，1985）。Moore（1980，1982）认为在雨季延迟的情况下，高潮期的保育区沼泽带来的有机物质可为尖吻鲈产卵提供必要的刺激。在澳大利亚北部，Davis（1985b）发现，虽然产卵季节的开始时间和持续时间在不同地区河流之间逐年变化，但基本上是同步的，因此幼鱼可以利用新建的保育区雨季的资源（Staunton‐Smith 等，2004）。在产卵季节，尖吻鲈亲鱼的实际产卵活动与许多鱼类（Johannes，1978；Takemura 等，2004）相似，与月球周期密切相关。尖吻鲈亲鱼在满月和新月时产卵，这些产卵与潮汐的变化息息相关，主要是借助潮汐的作用将受精卵、仔鱼和稚鱼带入河口区域（Kungvankij 等，1986；Garrett，1987；Ruangpanit，1987）。

二、野生环境下尖吻鲈的产卵场

在自然界中，虽然尖吻鲈选择产卵场的因素比较复杂，但高盐度是一个关键性的因素（Moore，1982；Davis，1985b）。虽然这种情况可能排除许多河湖和腹地栖息地，但产卵场可能位于各种其他近海栖息地，包括河口、沿海泥滩岬角和其他近岸水域（Moore，1982；Davis，1985b；Kungvankij 等，1986；Garrett，1987；Ruangpanit，1987）。在昆士兰东北部，Garrett（1987）认为尖吻鲈的自然产卵场在河口附近浅层（深达 2 m）的侧槽中产卵，但是偏离了主渠道。这些沟槽的特点是防止沙子或泥条强烈的潮汐运动。

三、尖吻鲈繁殖力

尖吻鲈的繁殖能力较强，巴布亚新几内亚雌性尖吻鲈个体的卵细胞数量为 $(2.3\sim32)\times10^6$ 个（Moore，1980），而在澳大利亚雌性尖吻鲈个体卵细胞数量在 4.57×10^7 个左右（Davis，1984a）。大个体尖吻鲈亲鱼的繁殖力大于小个体尖吻鲈，Davis（1984a）发现在澳大利亚大部分区域内尖吻鲈的繁殖没有显著差异，不排除尖吻鲈属于批次产卵类型，在北领地的研究没有发现尖吻鲈是部分产卵的组织学证据（Davis，1982；1985b，1987）。同样，在印度的奇尔卡湖检查每条成熟的尖吻鲈，发现成熟的尖吻鲈只有一批成熟的卵（Patnaik 和 Jena，1976）。然而，有证据表明，个体较小的亲鱼一次性产卵，而个体较大的尖吻鲈亲鱼则呈现多次产卵的现象（Moore，1982；Barlow，1981）。在人工繁育条件下，成熟尖吻鲈通常可以连续 5 晚产卵（Parazo 等，1990；Garrett 和 Connell，1991），证明在人工养殖条件下，尖吻鲈呈现批次产卵的现象。

四、尖吻鲈成熟的大小与年龄

Davis（1982）研究发现，成熟的尖吻鲈雄鱼在北领地和卡波提亚湾的野生种群中从体长为 550～600 mm 时开始出现，3～5 龄大部分已经性成熟。北领地和卡波提亚湾群体 50% 的雄性亲鱼成熟的长度分别为 700～750 mm 和 600～650 mm（Davis，1982）。在北领地的尖吻鲈性早熟种群中，Davis（1984b）发现成熟和性别变化发生在 1～2 龄。这些研究人员认为在性早熟的群体中，"发育迟缓"最有可能是由于在相对较小的时期将能量转移到性腺生长中，牺牲体细胞生长。一些人工养殖条件下的尖吻鲈种群成熟年龄在 2～2.5 龄（Aquacop 和 Nedelec，1989）。

五、尖吻鲈幼鱼自然保育区

自然界中尖吻鲈受精卵在产卵场孵化后，仔、稚鱼在潮汐的作用下逐渐移至保育区（Russell 和 Garrett，1983；Davis，1985b；Russell 和 Garrett，1985；Kungvankij 等，1986；Garrett，1987；Ruangpanit，1987）。McCulloch 等（2005）通过采用耳石同位素分析发现，孵化后的仔、稚鱼的移动性极为有限，通常受到地理限制。尖吻鲈幼鱼选择并适应保育区的能力较强。在亚洲、巴布亚新几内亚和澳大利亚，野生环境下尖吻鲈幼鱼一般选取河口地区作为保育区（De，1971；Ghosh，1973；Kowtal，1976；Patnaik 和 Jena，1976；Mukhopadhyay 和 Verghese，1978；Russell 和 Garrett，1983；Davis，1985b；Russell 和 Garrett，1985）。在亚洲，虽然早期的一些研究已经提到尖吻鲈仔、稚鱼和幼鱼出现在河口及相关的潮汐湿地，但大多数数据缺乏实际迁移过程的细节和所利用的具体栖息地。例如，在印度，Kowtal（1976）从东海岸的河口收集并记录了尖吻鲈幼鱼分布规律，而 Mukhopadhyay 和 Verghese（1978）指出尖吻鲈幼鱼会"上升"到 Hooghly 系统的河口和咸水潟湖，寻找食物和庇护所。在同一个河口，Ghosh（1973）记录了 5—7 月在河口小河、运河和淹没的低洼地区分布的尖吻鲈仔、稚鱼和幼鱼。

在孟加拉湾，Patnaik 和 Jena（1976）发现尖吻鲈幼鱼从 7—9 月开始进入 Chilka 湖的河口区域。De（1971）曾经对生活在西孟加拉邦尖吻鲈幼鱼的栖息地进行了系统的描述。De（1971）发现在淹没的潮汐池和沼泽地有小至 10 mm 的尖吻鲈仔、稚鱼和幼鱼，根据这个发现，De（1971）认为这些幼鱼依靠潮汐水进入这些栖息地，并且在重新进入潮汐水之前，利用边缘地区作为其保育区。同样，在泰国 Barlow（1981）研究发现尖吻鲈仔、稚鱼和早期幼鱼可以进入宋卡湖区的红树林沼泽。尖吻鲈幼鱼会在这个保育区生活 4～8 个月后迁移至湖泊。

在澳大利亚和巴布亚新几内亚，许多作者已经详细描述了野生尖吻鲈的早期生活史（Dunstan，1959；Russell 和 Garrett，1983；Davis，1985b；Russell 和 Garrett，1985；Griffin，1987；Pender 和 Griffin，1996；Veitch 和 Sawynok，2004）。这些研究都表明，尖吻鲈幼鱼会汇集到邻近河口和海岸的保育沼泽及潟湖，在那里它们保留数月，然后返回附近的河口或沿海水域。这些保育区域可能是淡水或咸水（McCullo 等，2005），并且包括从盐池附近的临时区域（Russell 和 Garrett，1983；Davis，1985b）到沿海沼泽系统（Moore，1982；Russelln 和 Garrett，1985），再到距离海岸若干千米的洪泛平原和死水系统的各种生态型（Davis，1985b）。在早期澳大利亚对尖吻鲈研究中，Dunstan（1959）观察到尖吻鲈在体长小于 25 mm 时，主要在靠近沿海水域的浅水沟及洪泛平原中活动。在巴布新几内亚，尖吻鲈仔、稚鱼从沿海产卵场进入沼泽系统规格在 5 mm 左右（Moore，1982）。Russell 和 Garrett（1983）发现，当体长达到 9.5 mm 时，尖吻鲈稚鱼每年从 12 月底伴随着季节性潮汐开始迁入临近澳大利亚北部主要河口附近区域。在北领地，Davis

（1985b）监测了尖吻鲈稚鱼（体长＞8.3 mm）在一个沿海沼泽高潮期的活动与摄食行为。这些鱼在澳大利亚北部季风季节显然使用这个沼泽地作为保育区（Davis，1985b）。鉴于尖吻鲈苗在保育栖息地的多样性，以及其中一些对鱼类进行后期抽样的困难性，一些地区的尖吻鲈苗保育栖息地依然不明。

上述各种研究中记录的许多尖吻鲈苗保育区栖息地的特点是食物丰富，捕食者数量少。这些条件对于促进尖吻鲈快速生长和提高生存率来说是理想的（Moore，1982；Russell 和 Garrett，1983；Davis，1985b；Russell 和 Garrett，1985）。然而，一些临时聚集区的环境条件有时变化较大。Russell 和 Garrett（1983）在卡波尔蒂亚湾的上岸潮滩潮汐池中记录了极端的温度（25～36 ℃）和盐度波动（1～94），但是这些聚集地的尖吻鲈幼鱼可适应这种环境变化。McCulloch 等（2005）采用耳石同位素分析发现，尖吻鲈幼鱼对本地生态系统变化更为敏感。在北领地，Davis（1985）提出，后期产卵孵化的尖吻鲈幼鱼会受到前期幼鱼的残食。他还认为，在季风中断或延迟的情况下，由于保育区环境条件未能形成，早期产卵孵化的鱼可能会灭亡，使得晚产卵孵化的尖吻鲈不具有相同的摄食能力。富含食物的栖息地通常有益于早产卵鱼。一些气候条件，例如，高海岸降水和淡水流动，可能会通过改善上游保育区域的生产力和承载能力或以其他方式提高其适应性，从而提高尖吻鲈早期发育阶段的存活率（Staunton‐Smith 等，2004）。

受益于这些保育区提供的保护和哺育，大多数幸存的尖吻鲈幼鱼进入沿海水域和河口，随后又上升到沿海河流和小溪的淡水河流。在巴布亚新几内亚，尖吻鲈幼鱼生活在保育区中直到体长 200～300 mm，然后由于季节性变化沼泽开始干涸才返回沿海（Moore 和 Reynolds，1982）。在卡彭蒂亚湾，Russell 和 Garrett（1983）研究发现，在潮汐高度季节性下降之前，保育区会完成与河口其余部分的隔离或者在干涸，此时尖吻鲈必须放弃这些聚集地。Dunstan（1959）在昆士兰州东部观察到，随着洪水的衰退河流泻湖中的尖吻鲈在下一个雨季到来之前会被封锁在内陆。然而，在澳大利亚东北部的不同条件下，Russell 和 Garrett（1985）在雨季结束时发现，4 月附近潮汐小溪采集到尖吻鲈幼鱼样本，表明此时尖吻鲈幼鱼已经开始向保育区沼泽移动。这些研究人员的结论是，季节性的沿海沼泽地的水位降低和食物供应的枯竭是促使尖吻鲈幼鱼迁徙出栖息地的主要因素。相关研究发现，在孵化后第 1 年尖吻鲈在河流、河口和海岸线区域广泛分布，在它们生命中的第 2～3 年，很难在内陆流域发现尖吻鲈（Moore，1982；Moore 和 Reynolds，1982）。

第四节　尖吻鲈迁徙

早期研究中，对于尖吻鲈野生种群自然界的迁徙主要是在自然中观察所获得的，未采用结构化标记或其他定量技术。大多数研究的结论只具有宏观性，缺乏细节，在某些情况下甚至是错误的。例如，早期在泰国 Yingthavorn（1951）认为尖吻鲈是溯河产卵，这与后来在印度（Jones 和 Sujansingani，1954）、泰国（Wongsumnuk 和 Maneewongsa，1974）、巴布亚新几内亚（Dunstan，1962；Moore，1980）和澳大利亚的研究结果发生冲突（Dunstan，1959；Garrett 和 Russell，1982；Davis，1986；Griffin，1987），所有这一切得出的结论是，该物种的迁徙习性实际上是悬而未决的。最近有人建议，特别是在缺乏广泛的淡水腹地地区，尖吻鲈的迁徙可能具有兼性（Russell 和 Garrett，1988；Russell，1990）。Pender 和 Griffin（1996）指出，北领地的鱼类研究结果支持这一结论，即远离淡水地区的海洋生境中发现的大多数尖吻鲈在其生命周期中可能没有经过淡水阶段。即使在与内陆地区有广泛可及的地区，沿海地区也可发现各个年龄阶段的尖吻鲈（Moore 和 Reynolds，1982）。使用原位激光烧蚀（UV）多选择电感耦合等离子体质谱法，McCulloch 等（2005）确认了澳大利亚东北部尖吻鲈生活史的多样性。研究发现，一些尖吻鲈可在海洋环境中一直生活完成整个生命周期，而其中的另一些尖吻鲈在淡水、河口和海洋栖息地之间移动。这些研究人员提出，尽管考虑到生殖高盐度环境的必要性（Moore，1982），尖吻鲈可以在整个生命周期生活在淡水里，但不包括产卵活动。在澳大利亚北部，Davis（1986）提出，尖吻鲈为降河产卵，如淡水鱼必须移动向海里产卵。然而，Davis 认为栖息在潮汐水域的大多数鱼类在雨季早期产卵不能完全分类为降河产卵类型，需要逐一的系统分类。

澳大利亚（Dunstan，1959）和巴布亚新几内亚（Dunstan，1962）对尖吻鲈种群移动进行了首次标记研究，但早期的结果不令人满意。1953—1959 年，Dunstan（1959）对昆士兰东部的沿海溪流中 2 000 多尾未达到性成熟的尖吻鲈进行了标记。据报道，只有 16 尾标记的尖吻鲈被最终收回，并且在这 16 尾尖吻鲈中，没有一尾达到性成熟。因此，Dunstan 认为研究的结果具有不确定性。同样，Dunstan（1962）标记和放流的 300 尾尖吻鲈最终也没有被回收。在 20 世纪 70 年代，Moore 和 Reynolds（1982）在巴布亚新几内亚对尖吻鲈进行了更广泛的运动研究，他们在巴布亚西部放流了超过 6 300 尾标记的尖吻鲈。其中，978 尾（约 15.5%）最终被重新捕获，迁徙的最大距离为 622 km。Moore 和 Reynolds（1982）从标记放流中得出结论，成年尖吻鲈可能会在巴布亚西部湾从内陆水域到沿海产卵地进行广泛的年产卵迁移。研究结果表明，一些 3 龄以下的尖吻鲈和大量的 4 龄尖吻鲈每年都会进行以产卵为目的的迁徙。随后沿海的季风运动，显然是因为 Fly 河的大量淡水排放导致大多数其他当地沿海地区产卵的盐度不合适（Moore，1982）。Moore 和 Reynolds（1982）研究发现，并非所有栖息在淡水中的成年尖吻鲈每年都会迁往沿海地区产卵。同样，Milton 和 Chenery（2005）也发现，栖息在巴布亚新几内亚河的许多成年尖吻鲈从未迁移到海岸参与产卵。他们估计，在 Fly 河和附近的 Kikori 河中只有一半的成年鱼迁移回海产卵。Heapel 等（2011）研究了北领地的尖吻鲈短期运动和分散格局，研究表明，尖吻鲈大部分留在泻湖的永久性淡水区域，而其在季节性水淹地区的运动极其有限。

在澳大利亚，最近的研究发现，成熟的尖吻鲈仍然存在于潮汐水域，无论是从淡水中产卵迁移还是在整个生命周期中（Davis，1986；Pender 和 Griffin，1996；McCulloch 等，2005）。澳大利亚北部的标记放流和规模化学研究发现，沿海成年尖吻鲈进入淡水没有什么证据（Davis，1986；Pender 和 Griffin，1996）。

Davis（1986）指出标记的尖吻鲈从淡水向海水迁徙与其产卵活动相关，但没有发现从海水向淡水迁移的证据。作者还发现了尖吻鲈河流系统与沿海迁徙交换的一些证据。在昆士兰东部，虽然大多数标记的尖吻鲈只在短距离移动后被捉回，但也有一些显著的变动记录。例如，Sawynok（1998）研究发现尖吻鲈从菲茨罗伊河沿岸北部迁移到东南部入格雷戈里河移动了 650 km。亚洲最近的一项遗传学研究表明，成年尖吻鲈的分散可能比传统标记研究所表明的更广泛。Yue 等（2012）在南海 4 个地理位置对 549 尾成年尖吻鲈进行了基因分型，并检测到这些采样点的尖吻鲈之间具有显著遗传分化，并且存在有强烈的雌性偏倚。因此，需要进一步研究以确定尖吻鲈在更广泛的海域分布中是否存在性别偏差的扩散。

一、尖吻鲈幼鱼的迁移

作为大规模放流标记研究的一部分，Moore 和 Reynolds（1982）研究了尖吻鲈幼鱼从沿海栖息地到近海沿岸和河口地区，然后到巴布镇西部的淡水栖息地的迁徙规律。作为研究的一部分，在沿海地区被标记放流的 893 尾尖吻鲈幼鱼有 115 尾被重新捕获。Moore 和 Reynolds（1982）认为尖吻鲈在年初（3—6 月）离开栖息地进入沿海水域之后，大多数尖吻鲈沿着沿海东面方向分散，在它们生命中的第 1 年移动到弗莱河的尽头，幼鱼在第 2～3 年进入内陆水域，但仍有部分尖吻鲈栖息在沿海地区。相同，Milton 和 Chenery（2005）也发现，在弗莱河中部，大多尖吻鲈在 3 龄才迁徙至淡水中，大约 40% 的高龄鱼（大于 8 龄）没有离开淡水。

在澳大利亚，一些研究调查了尖吻鲈幼鱼离开栖息地环境之后的迁徙运动规律（Dunstan，1959；Moore 和 Reynolds，1982；Davis，1986）。在昆士兰东北部的一项标记研究中，Russell 和 Garrett（1988）在两个潮汐阶梯区域标记放流了 1 268 尾尖吻鲈幼鱼。结果表明，直到第 1 年年底大多数尖吻鲈幼鱼仍然栖息在相同的潮汐阶段，之后尖吻鲈幼鱼逐渐离开河口区域，分散到附近的河口和沿海栖息地。而在早期的研究中，Dunstan（1959）发现在澳大利亚干旱的冬季早期尖吻鲈幼鱼会迁徙至淡水，偶尔甚至迁徙到一些沿海河流的上游。在亚洲，虽然巴布亚新几内亚所记载的尖吻鲈幼鱼没有大规模和广泛运动的记录（Moore 和 Reynolds，1982），但是在河流系统中尖吻鲈的观测记录显示，尖吻鲈可在距离海岸 130 km 处进行迁徙（James 和 Marichamy，1987）。

二、迁徙触发因素

在巴布亚新几内亚，Moore 和 Reynolds（1982）认为，内陆沼泽地栖息的尖吻鲈迁徙的触发因素是对水位变化的反应。他们指出，在旱季当内陆水位开始下降时，尖吻鲈从广泛的淡水沼泽系统迁移到更深的河流和湖泊。通过进一步研究观察，Moore 和 Reynolds（1982）发现如果还有下一个时期的水位上升，尖吻鲈可能会回到相同的沼泽地区，水位的下降不一定是引起尖吻鲈进入产卵活动发生的沿海区域的因素。Dunstan（1959；1962）研究结果表明，在水不足以释放内陆成年尖吻鲈的异常干燥的季节，沿海产卵尖吻鲈数量大大减少。此外，在这种情况下 Dunstan（1959；1962）发现没有成熟的尖吻鲈在非流动的淡水或内陆沿海泻湖中发育良好。通过对巴布亚新几内亚鲈耳石化学的研究，Milton 和 Chenery（2005）认为淡水地区尖吻鲈迁徙与复杂、罕见的气候变化有关，并且发生不规律。Milton 和 Chenery（2005）发现栖息在距离海岸更深的湖泊和沼泽地区的尖吻鲈迁徙特点与 Moore 和 Reynolds（1982）研究结果类似，尽管它们很活跃，但仍可能永远不会迁移。

三、尖吻鲈迁徙阻碍因子

在尖吻鲈自然栖息的水道上建造堰坝和水坝会阻碍尖吻鲈上、下游迁徙。澳大利亚尤其如此，为了促进河内鱼类流动，保证尖吻鲈等洄游性鱼类能够顺利通过水利设施，规划当局通常要对水道进行结构性改造以确保洄游性鱼类的顺利通过。因为缺乏关于鱼类洄游具体要求的数据，澳大利亚早期的鱼类水道设计参数主要是从欧洲或美国的设计中复制而来，但后来发现这些设计对澳大利亚的本土著物种（包括尖吻鲈）洄游未能提供有效的保障（Kowarsky 和 Ross，1981）。早期澳大利亚鱼类洄游保障系统包括蓄水池和堰坝的设计，后来被证明不能为包括尖吻鲈在内的许多土著物种提供有效的洄游帮助（Kowarsky 和 Ross，1981；Russell，1991）。

后来的研究表明，澳大利亚尖吻鲈较为适应具有宽池、较低流速和较少湍流的垂直槽型鱼道（Stuart 和 Berghuis，1999；Stuart 和 Mallen - Cooper，1999；Stuart 和 Berghuis，2002）。在河流处于低流速期间，通过垂直鱼槽的鱼种类最多（Stuart 和 Berghuis，2002）。其他设计，如鱼锁，已经在昆士兰州的水库进行了试验，但是鱼锁在设计和操作上存在明显问题，对尖吻鲈的洄游不起作用（Stuart 等，2007）。相关研究已证明，低斜坡式鱼道在促进北领地及其他地区尖吻鲈通过鱼道方面非常成功（Lestang 等，2001）。

四、增殖放流尖吻鲈的迁徙

自 20 世纪 80 年代中期以来，澳大利亚已经在北部的水库和河流开展尖吻鲈幼鱼的增殖放流活动，放流的最大长度达 30 cm。在澳大利亚进行增殖放流时，通常会对放流的尖吻鲈进行标记，这种操作有助于后续对尖吻鲈迁徙的研究（Russell 和 Rimmer，1999）。一般来说，大多数被标记鱼类（被放流到水库、河流或沿海地区）的迁徙记录与原始释放位置相距很短。Sawynok 和 Platten（2009）研究发现，昆士兰州中部的 Fitzroy 河大部分捕获的标记尖吻鲈距离其放流原始地点只有 20 km 或更短。但是，在河流、沿海以及相邻的河流系统中，其上游和下游也会发现标记放流的尖吻鲈。尖吻鲈在河流运动中迁徙方向也与年龄有关。例如，在昆士兰州中部的菲茨罗伊河，发现尖吻鲈幼鱼主要是向上游迁徙而成年尖吻鲈主要向下游移动（Sawynok 和 Platten，2009）。

放流尖吻鲈移动的最大距离通常是向下游方向，也可能是沿海的下游，有时甚至是相邻的河流系统（Russell 等，2011）。例如，在昆士兰州的 Fitzroy 河系统中，放流标签数据库中记录的储存尖吻鲈向下游迁徙出现了一些显著的变化（Sawynok and Platten，2009；Russell 等，2011）。2002—2009 年，从原来的放流位置迁徙 5 km 以上的尖吻鲈有 83 次重新捕获。其中，有 28 次涉及多个水库、水坝等障碍的迁徙。从 Moura Weir 向下游移动到 Fitzroy 河河口的 1 尾尖吻鲈成功地穿越了 5 个障碍（Sawynok and Platten，

2009)。在 Fitzroy 河中，有 23 尾人工放流的尖吻鲈迁徙了至少 700 km 的距离才被重新捕获的记录。

野生尖吻鲈的年龄与生长有关，在澳大利亚（Dunstan，1959；Davis，1984b；Davis and Kirkwood，1984；McDougall，2004；Robins 等，2006）、巴布亚新几内亚（Dunstan，1962；Reynolds 等，1982）和印度（Jhingran 和 Natarajan，1969；Marichamy 等，2000）等多个国家已经进行了系统研究。在巴布亚新几内亚，Reynolds 和 Moore（1982）利用模态进展分析估计捕获的标记放流的尖吻鲈生长速率，发现放流的尖吻鲈生长速度快。由于尖吻鲈具有复杂的生命史，在不同的生命历史阶段，生长可能会有很大差异（Reynolds 和 Moore，1982）。当采用生长频率分析尖吻鲈生长时发现，澳大利亚北部尖吻鲈的增长率 Dunstan（1959）高于巴布亚新几内亚尖吻鲈的增长率（Reynolds 和 Moore，1982）。他们估计使用长度频率进展模型，在第 1～3 年年底，估算尖吻鲈的总长度分别为 334、462、575 mm；Dunstan（1959）估计了同一年龄的尖吻鲈总长度分别为 450、730、870 mm。Reynolds 和 Moore（1982）推测，这可能是因为 Dunstan（1959）错误地将数据中的双峰分配给了第 1 年的尖吻鲈，而不是分配给第 1 年和第 2 年的尖吻鲈。Davis 和 Kirkwood（1984）指出，澳大利亚北部的尖吻鲈在不同河流之间的生长具有明显差异。这些作者认为这种生长差异很可能反映了不同河流条件下鱼类经历的不同环境和季节因素。他们也认为同一条河流内不同的年份生长情况有所不同也是由此所造成的。北卡罗来卡亚湾流域的性早熟尖吻鲈的生长速度远远低于澳大利亚北部其他地区的鱼类（Davis，1984b；1987）。

将来自北卡波尼亚河流域的性早熟群体的尖吻鲈年龄平均值与南卡罗来利亚湾流域的"典型"群体相比较，差异分析显示前者在所有年龄段都明显较小。Davis（1984b）认为这些尖吻鲈"发育迟缓"，并认为性早熟可能与当地环境条件有关。Sawynok（1998）研究了澳大利亚大型水系的淡水流量与尖吻鲈生长之间的关系，得出结论，季节变化后尖吻鲈在年流量较大的条件下生长得更快。Robins 等（2006）在相同区域利用标记放流-再捕获方法收集数据，分析了淡水流量与尖吻鲈生长率之间的关系，从而支持了 Sawynok（1998）早期研究的结果。其研究结果表明，尖吻鲈生长率与流入河口的淡水量呈显著正相关。虽然淡水流量对冬季的增长影响较小，但在夏季中等或更大的水流量中，其生长速度是最小流量的 2 倍左右。Robins 等（2006）认为这种关系是支持淡水流动对于促进河口生产力的重要性，并可以改善营养链高度促进物种生长的假设。

尖吻鲈在生命阶段早期饵料随着其体长的增加而变化。但不同地理区域的食性有所偏差，这主要是由于不同地理区域的食物种类的特异性。前期研究发现在西孟加拉邦，微乳藓是体长 10～15 mm 尖吻鲈摄食的主要成分（De，1971）。随着体长的不断增加，尖吻鲈首先以浮游动物为食（16～45 mm），之后以昆虫、小鱼和甲壳动物为食（体长 50～200 mm）。在印度的奇尔卡湖地区，尖吻鲈幼鱼摄食选择性也随着它们个体大小而改变（Patnaik 和 Jena，1976）。体长 24～50 mm 时，尖吻鲈主要以微型甲壳动物为食，待鱼体增大后（51～150 mm）则以鱼、虾为食。在巴布亚新几内亚，Moore（1982）描述了尖吻鲈会迁移至浮游动物和昆虫幼虫丰富的保育区。Dunstan（1959）早期对澳大利亚尖吻鲈的胃含物进行了研究，他从昆士兰州东部采集了 96 尾未测量尺寸的尖吻鲈（次生鱼或成年鱼）进行肠道食物分析。发现尖吻鲈在整个生命周期中属于掠夺性鱼类，大约需要消耗 60％的硬骨鱼和 40％的甲壳类动物。在昆士兰东北部，保育区和潮汐河栖息地的幼鱼胃含物随着栖息地的不同而异（Russell 和 Garrett，1985）。栖息在沼泽区域的尖吻鲈，以鱼、昆虫为主要饵料，而在潮间带栖息的尖吻鲈，主要以鱼类、甲壳动物为食。Davis（1985a）研究了北领地范迪门湾地区的尖吻鲈仔、稚鱼和幼鱼的胃含物（体长＞4 mm），发现尖吻鲈摄食属于机会主义的捕食者，随着个体发育饵料由微型甲壳动物逐渐转变成鱼类。Davis（1985a）研究表明，生命周期早期的尖吻鲈幼鱼（体长＜40 mm）主要摄食微型甲壳动物。在较大的尖吻鲈中，微型甲壳类动物在胃内容物中逐渐不常见，体长超过 80 mm 尖吻鲈中胃含物主要成分为甲壳类动物、其他无脊椎动物和一些鱼类。当尖吻鲈体长超过 300 mm 时，鱼类、大型甲壳动物为其主要摄食对象（Davis，1985a、b）。在非潮汐水域，如北领地梵蒂冈湾的河流中，体长为 200～400 mm 尖吻鲈的饵料中，甲壳类和鱼类分别占 43％和 49％（Davis，1985a、b）。在澳大利亚西部 Ord 和 Fitzroy 河下游的淡水地区，尖吻鲈的饵料主要以硬骨鱼（72％）和十足动物（26％）为主（Morgan 等，2004）。

尖吻鲈的残食行为在澳大利亚（Davis，1985a）、巴布亚新几内亚（Moore，1980；1982）及亚洲地区（De，1971）都有所报道。在北领地的 Van Diemen 海湾，5％体长 50～200 mm 的尖吻鲈会被同类残食，其中一些尖吻鲈会摄食自身一半大小的同类（Davis，1985a）。Davis（1985a）发现，残食现象在卡彭塔里奇河流域的鱼类中发生概率较低，但是特定种类的比例，如 1 100～1 200 mm 大型尖吻鲈的饵料中占 11.4％。同类残食现象在卡波尔蒂亚湾如此罕见可能反映了该区域饵料丰富，而不是因为食物偏好。在昆士兰东北部的 Tinaroo Falls 大坝增殖放流的尖吻鲈中，McDougall 等（2008）发现，大型鱼类的胃含物并不存在同类相食的证据，但这也可能是 20 世纪 90 年代后期和 21 世纪 20 年代增殖放流幼鱼较少的原因。

第三章　尖吻鲈繁殖生物学及人工育苗

尖吻鲈属于河口鱼类，可在淡水、河口及沿海地区生活，生活在河流中的成鱼生长发育至一定阶段后会迁移至海水中产卵。尖吻鲈属于雄性先熟的雌雄同体鱼类，成鱼首先发育成雄性，之后经过性反转，在后期变为雌性。尖吻鲈的产卵具有季节性，随所处地理位置变化而变化，产卵季节的纬度变化被认为与温度有关，也可能与光周期有关。产卵地方在河口，而河口和沿海地区，通常与潮汐、月球周期相关。尖吻鲈生理条件对环境耐受范围宽，且雌性的繁殖力强。20 世纪 70 年代初，泰国开始了该物种的人工养殖，并迅速蔓延到整个东南亚及澳大利亚。

尖吻鲈养殖是澳大利亚、泰国、印度尼西亚和马来西亚等国家的重要水产养殖品种。由于其繁育技术相对稳定成熟，市场需求旺盛，国际市场价格占有一定优势。近年来，尖吻鲈的养殖在其他国家迅速普及。然而，现阶段在大多数国家尖吻鲈的苗种受到繁殖季节性的限制，为了确保尖吻鲈能够全年繁殖，环境模拟与调控技术被应用于尖吻鲈的人工催产中，这项技术的应用将有助于解决尖吻鲈鱼苗在非繁殖季节的短缺问题。本章将对尖吻鲈的繁殖生物学进行探讨，并对现阶段尖吻鲈人工催产方法进行回顾与总结，以期为读者提供尖吻鲈人工催产相关资料。

第一节　繁殖生物学

尖吻鲈是雌雄同体鱼类，其雄性先熟的特性已经通过组织学研究得以证实（Moore，1979；Davis，1982）。在澳大利亚北领地和东北部的卡蓬迪亚湾，尖吻鲈在 550～600 mm 时开始成熟为雄性，大多数的雄鱼在 850～900 mm 时由雄鱼转变成雌鱼。因此，一般认为雌鱼是经过首次繁育后的雄鱼转变而来。通常，卡蓬迪亚湾的尖吻鲈首次性成熟及性转化时的个体大小比北领地的尖吻鲈小，两个地区间的尖吻鲈个体大小的区别被认为是卡蓬迪亚湾尖吻鲈生长速度慢，且这种繁育与性转化与年龄相关，与尖吻鲈的个体大小无关。实际生产中，尖吻鲈亲鱼雌雄的选择，通常认为体长小于 80 cm 为雄性，而体长大于 100 cm 为雌性。

Davis（1982）通过大量形态观察和性腺组织学描述了雄性和雌性尖吻鲈性腺发育的阶段。Davis（1982）将雄性尖吻鲈性腺发育分为未成熟或新形成阶段（阶段 1）、发育恢复期（阶段 2）、开始成熟期（阶段 3）、成熟期（阶段 4）、完全成熟期（阶段 5）和退化期（阶段 6）6 个时期（表 3-1）。

根据睾丸的不同，成熟阶段可以根据其大小、形状和颜色在宏观上进行区分。未成熟的睾丸是半透明、带状的；开始发育或成熟的睾丸大部分看起来是不成熟的睾丸，但尺寸

表 3-1　雄性尖吻鲈性腺发育阶段特征

发育阶段	性腺描述	形态变化	组织变化
阶段 1	未成熟或新形成阶段	睾丸呈半透明的、薄的和带状。睾丸首先可以通过腹侧的沟槽的外观来区分开来	主要包括具有大空泡和致密染色细胞核的未分化基质细胞
阶段 2	发育恢复期	睾丸不透明呈带状，具有较深的纵向沟	第 1 个成熟的裂片由未分化的空泡细胞组成，没有腔或小叶壁；恢复性睾丸主要由墙壁和间质区域中的空泡细胞组成
阶段 3	开始成熟期	成熟睾丸变厚，被较少量的脂肪包围。小叶增大，那些朝着背部的小叶变得比例较大	剩下少量小叶间组织，大多数间质区域形成新的小叶。一些精原细胞仍然存在，大量精母细胞和精子细胞延伸至小叶管腔，精子存在于大多数精液管和精子管中
阶段 4	成熟期	成熟睾丸厚而楔形，外侧边缘变圆，腹侧凸起。精子在睾丸内自由流动	小叶壁变得非常薄，被精子管包裹，精原细胞一般不存在，精子细胞和精巢存在
阶段 5	完全成熟期	成熟的睾丸大，其侧边缘圆形，腹侧肿胀。对睾丸的直接压力导致精子通过主管挤出	小叶壁缩小，精子膨大。精子细胞在临时的精巢仍旧附着在小叶壁上，特别是在较小的腹侧小叶中
阶段 6	退化期	消耗的睾丸变成带状，其重量从峰值阶段 5 重量的 50% 变为比第 2 阶段睾丸略重。一些精子可以从切断的睾丸挤出	小叶壁收缩，变厚和起皱，出现早期 2 期的睾丸特征，精子细胞的一些残留仍在精巢中存在

更大；恢复期睾丸是带状的，但不透明；成熟睾丸变厚，被较少量的脂肪包围。成熟睾丸厚而呈楔形，外侧边缘变圆，腹侧凸起。精子从切开的睾丸自由流动。成熟的睾丸大，其侧边缘圆形，腹侧肿胀。对睾丸的直接压力导致精子通过主管挤出；退化的睾丸恢复到未成熟睾丸的带状。Szentes 等（2012）研究发现，在循环水系统养殖的尖吻鲈中，当雄性成熟时，在 9 月龄的睾丸中可以检测到精子。

　　在雌性尖吻鲈中，成对的卵巢是细长的，横截面为梨形，沿着狭窄的身体背侧的边缘。像雄性性腺一样，卵巢的不同成熟阶段可以根据其大小、颜色在宏观上进行区分。随着卵巢的成熟，它们从浅红色变成奶油色。成熟和完全成熟的卵巢呈浅黄色至黄色，黄色成熟卵母细胞通过细卵巢壁变得可见。退化的卵巢形态与刚发育的卵巢形态相似（表 3-2）。

表 3-2　尖吻鲈雌鱼性腺发育阶段

发育阶段	性腺描述	形态变化	组织变化
阶段 1	未成熟或新形成阶段		仅在短期内与第 2 期卵巢区分开，卵母细胞直径小于 80 μm
阶段 2	发育恢复期	卵巢紧凑，壁厚，粉红色，血管化好	含有核周核细胞期和高比例的染色质-核仁期卵母细胞，平均最大卵母细胞直径小于 110 μm

（续）

发育阶段	性腺描述	形态变化	组织变化
阶段3	开始成熟期	成熟的卵巢大小增加，横截面积变成梨形，边缘狭窄，浅棕色至奶油色，卵母细胞肉眼不可见	周期性和囊泡期卵母细胞大量存在，偶尔出现染色质和核细胞期卵母细胞族，核周期和囊泡期卵母细胞的平均最大卵母细胞直径为 $110\sim230~\mu m$
阶段4	成熟期	成熟的卵巢是乳白色或黄色，肉眼可以看到更薄的壁和卵母细胞	成熟的卵母细胞最初由卵黄卵母细胞组成，然后是平均最大直径为 $230\sim500~\mu m$ 的次级卵黄卵母细胞，尽管有一些核周核期和囊泡期的卵母细胞仍然存在
阶段5	完全成熟期	子宫扩张，占据大部分体腔，黄色的成熟卵母细胞通过薄的卵巢壁清晰可见	成熟的卵母细胞直径大于 $500~\mu m$，肉眼清晰可见
阶段6	退化期	卵巢细长而狭窄，将会发生闭锁并回到第二阶段	排卵卵母细胞，一些残留的成熟卵母细胞和其他卵母细胞阶段存在大量塌陷卵泡

第二节　繁殖季节与产卵场

尖吻鲈的产卵是季节性的，根据地理位置而变化，产卵季节的纬度变化被认为与温度、光周期有关。尖吻鲈在法属波利尼西亚的生殖周期可以分为两个主要时期。性腺发育停滞期（3—9月）的特征是性腺特异性指数（GSI）非常低，而生殖季节（10月至翌年2月）的特征是高 GSI，几乎所有的亲体都有发生精子或卵黄发生的性腺（Guiguen 等，1993；1994；1995）。在雨季，尖吻鲈产卵发生在咸水深处，靠近河流。首先在沿海沼泽地受精，然后胚胎发育，最后孵出仔、稚鱼和幼鱼，年底的幼鱼在雨季结束时向河流上游转移。尖吻鲈通常在淡水中生活，直到达到性成熟为雄性（3~4龄）。这些成熟的雄性在雨季开始时向下游移动，产卵后，雄性和雌性可以保留在潮汐水域或再次向上游移动。在巴布亚新几内亚，尖吻鲈也存在一个从10月至翌年2月的年产卵期（Moore，1982）。巴布亚的尖吻鲈繁殖力较强，受精卵在 $7.7\sim20.8~kg$ 时为2万~3 200万个，尖吻鲈的繁殖力与其总重量有关。平均 GSI 从9月大幅上涨，从11月至翌年1月达到高峰，此后大幅下滑，直至8—9月。尖吻鲈产卵从10月开始，产卵高峰是在11月至翌年1月，也有少部分亲鱼在2月之前产卵。澳大利亚尖吻鲈亲鱼也有类似的产卵规律（Davis，1985a、b）。像新加坡位于赤道地区的国家，尖吻鲈的生殖行为几乎是连续的，4—5月和9—10月是繁殖活动的高峰（Lim 等，1986）。泰国的尖吻鲈也有类似的生殖模式（Ruangpanit，1987）。菲律宾人工养殖的尖吻鲈繁殖季节在6—10月（Toledo 等，1991）。在北半球，夏季季风期间可观察到尖吻鲈的繁殖季节（Patnaik 和 Jena，1976）。

相关研究表明，促黄体激素、释放激素类似物 A（LHRH‐A）、17 α‐甲基睾酮（MT）及其复合物能够促进尖吻鲈生殖器官成熟，并使得捕获的野生尖吻鲈产卵（Garcia，1990）。现有研究结果显示，以45 d间隔植入性静态尖吻鲈的每种激素或其组合的低剂量（每千克体重 $100~\mu g$）或高剂量（每千克体重 $200~\mu g$）可诱导雌性成熟。例如，高剂量的

LHRH-A 单独或与 MT 组合，诱导了大量尖吻鲈雌性（43%～71%）在单次植入后 45 d 内进行最终成熟。LHRH-A 单独或与 MT 相比，较低剂量的 3 次植入后可诱导尖吻鲈达到性成熟（Garcia，1990a）。在澳大利亚，尖吻鲈亲体的全年产卵是通过温度控制实现的（Garrett 和 O'Brien，1994）。澳大利亚人工养殖条件下，日间长度固定为 13 h，水温 28～29 ℃，盐度 30～36，尖吻鲈幼鱼在注射每千克体重 19～27 μg HLH-A 后 4 个月开始成熟，（Garrett 和 O'Brien，1994）。同样，在菲律宾当养殖缸水温维持在 29～31 ℃时，成熟雄性和雌性尖吻鲈可在全年观察到，尽管在正常的产卵季节之外，在 1—2 月尝试使用这些种群的产卵是不成功的。

尖吻鲈产卵行为发生在平静的潮汐时间的夜晚，这与月球周期有关。全新和新月的夜晚是尖吻鲈最强的产卵活动时期。每尾雌性尖吻鲈可能产数百万枚卵（已知单尾雌鱼最大产卵量为 4 000 万枚，常见产卵量为 600 万～800 万枚），因此雌性尖吻鲈在产卵时会与一个或多个雄性成鱼一起游泳，以对水中的卵进行受精。雌性尖吻鲈排卵的时间常常只有几秒，之后雄性尖吻鲈迅速围绕雌性尖吻鲈尾部开始释放精子。

自然界中，尖吻鲈的卵在出现"硬化"现象之前的几分钟内受精。一旦受精，受精卵将会漂浮 12～15 h，直到仔鱼孵出。尖吻鲈仔鱼在其生命的前 36～40 h 主要依靠卵黄囊营养储存作为发育的营养来源，然后开始摄食微型浮游动物。孵化后第一个阶段内，尖吻鲈的仔鱼继续以浮游动物为食，随着仔鱼个体的迅速增大，尖吻鲈开始摄食更大的猎物。肉食性的尖吻鲈也是一种同类残食严重的鱼类，在仔、稚鱼的发育过程中，很多仔、稚鱼被其同胞摄食。幸存下来的尖吻鲈幼鱼在雨季到来之前会一直生活在其自然保育区域。之后，随着水位开始下降，大多数幼鱼将上游进入淡水，并在那里停留 2～3 年，直至成熟。

第三节　性别转换

尖吻鲈是雌雄同体鱼类，尖吻鲈首先发育成为雄性，然后经历性反转，在生命的后半段成为雌性。截至目前，还不能通过任何外部形态学特征来鉴别性别转化阶段的鱼，只能通过插管收集性腺样品，并检查是否存在卵母细胞或通过卵母细胞来鉴定其性别。性别转化可以通过组织学观察来分辨性腺从睾丸到卵巢的转变（Davis，1982）。在性别转换过程中，卵母细胞首先出现在性腺的腹叶中，单个或分组，尽管在性腺转化期间没有检测到卵母细胞形成的分布或连续模式。亲鱼一旦完成从睾丸到卵巢的变化，没有显示最近的转变的睾丸组织或结构仍然存在，尽管可能作为精子管功能结构存在于卵巢的背壁中，但是这些也是产生卵母细胞卵巢的功能部位（Davis，1982）。

在澳大利亚，雄性尖吻鲈在 3～5 年达到性成熟。在转变成雌性前，雄性尖吻鲈成熟后会有一次或多次繁殖行为，因此尖吻鲈性反转通常发生在 6～8 岁（Davis，1984）。随着雄性性腺最后一次成熟，雌性生殖器官发育开始并发生性反转，产卵过程约在 1 个月内完成（Guiguen 等，1994）。然而，性别变化的实际环境或生理驱动或影响因素是未知的，尽管 Athauda 等（2012）发现人工养殖的尖吻鲈发生性转化与水温呈正相关。在南太平洋塔希提岛，尖吻鲈性转换出现在 1—4 月，即生殖季节（10 月至翌年 2 月）与休息期（3—9 月）之间。然而，在休息期开始时尖吻鲈出现性转化的概率较低（3 月为 15%，

4月为30%），而在生殖期结束时，会发现正在进行性反转尖吻鲈的数量更多，雄性尖吻鲈在种群中的比例在4月会出现显著下降的趋势（Guiguen等，1994）。此外，在雄性尖吻鲈的种群中性别转化过程并不是同步的，而是在1月和4月发现过渡阶段，当日照长度下降时，虽然温度上升，4月时，性别反转处于高位（Guiguen等，1994）。

Davis（1984）在澳大利亚Carpentaria湾发现了一个性早熟的尖吻鲈群体。与3～5龄成熟的正常雄性不同，早熟的雄性在1～2龄时成熟。与雄性成熟度相关的性别变化也较早发生在这个群体当中。通常在前7龄观察到的1∶1的性别比例发生在3龄以上早熟的尖吻鲈。在性早熟的尖吻鲈群体中，发育迟缓也显而易见，可能是由于能量以较年轻的体细胞生长为代价而导致性腺生长。Moore（1979）曾发现，一小部分从未成熟为雄性直接转变成初级雌性的尖吻鲈可能存在于自然种群中，也有一些雄性不会出现转变成雌性的现象，Davis（1982）也提出了类似的观点。

第四节　繁　育

尖吻鲈在网箱和池塘中养殖可自然产卵。在菲律宾，从野外收集的尖吻鲈幼鱼通常在海水网箱中进行养殖，经过2～3年养殖后会发育成熟，并在翌年自然产卵（Toledo等，1991）。亲鱼通常在2～3年之后，从成熟的雄性尖吻鲈或雌性尖吻鲈中挑选。新加坡的雄性尖吻鲈和雌性尖吻鲈亲体分别在2.5～3.4年成熟（Cheong和Yeng，1987）。尖吻鲈产卵的环境条件（如盐度、温度和水深等）可通过人工来模拟，也可以采用催产剂HCG或LHRH－A激素进行注射催产。按一定剂量LHRH－A用生理盐水溶解进行注射，也可用颗粒植入成鱼体内，或通过渗透压诱导成熟雌性尖吻鲈在数天内单独或连续产卵（Harvey等，1985；Lim等，1986；Nacario，1987；Almendras等，1988；Garcia，1989、1992）。

鱼类繁殖主要由下丘脑-垂体-性腺轴控制（图3-1）。下丘脑是脑的离散区域，而垂

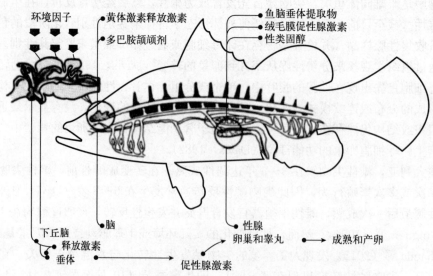

图3-1　下丘脑-垂体-性腺轴的外源性干预水平导致性腺成熟和产卵

（引自Parazo等，1998）

体是位于脑底部的小腺体。鱼体响应各种环境刺激，由内分泌的化学物质（激素）直接影响性成熟的发生，导致成熟卵子和精子排出。这些激素作用于性腺的顺序机制使得尖吻鲈有可能介入性成熟过程和产卵过程。这个过程通常是通过外源应用模拟内分泌激素在轴上作用的物质来完成的。根据施加到鱼激素的类型，它的作用主要是调节丘脑、垂体或性腺的激素水平。目前，可以控制尖吻鲈生殖周期的激素主要有人绒毛膜促性腺激素（HCG）、促黄体激素、释放激素类似物 A（LHRH - A）和 17 α -甲基睾酮（MT）等。

第五节　人工育苗

一、亲鱼培育及催产

（一）亲鱼管理

尖吻鲈亲鱼通常在网箱中或陆地养殖缸内进行养殖，可在海水或淡水中养殖。但是在繁殖季节前必须在海水中养殖才能完成性腺的最后发育和产卵。尖吻鲈成鱼不会出现明显的性腺发育表现特征，尽管精子在产卵季节可以从成熟的雄性鱼中轻松挤出，但是必须通过性腺活检或插管检查以确定其性别和生殖状态。尖吻鲈亲鱼一般投喂鲜杂鱼，但在澳大利亚尖吻鲈的亲鱼被驯化食用颗粒饲料。为了获取优质的受精卵，必须提高尖吻鲈亲鱼摄食的营养状态，维生素的供给在亲鱼饲料中必不可少。不仅如此，在尖吻鲈亲鱼产卵前几天，新鲜的鱿鱼也是亲鱼首选的饵料。

尖吻鲈亲鱼容易受到病毒、细菌和寄生虫的感染及伤害（Alapide - Tendencia 和 de la Pena，2010；Cruz - Lacierda，2010；Lio - Po，2010）。现阶段，神经坏死病毒（VNN）感染是尖吻鲈养殖过程中的主要疾病。早期在菲律宾发生的神经坏死病毒病暴发致死的人工养殖尖吻鲈被认为是由于亲鱼食用杂鱼感染所致（Maeno 等，2004）。Pakingking 等（2009）研究表明，用福尔马林灭活的丙氨酸病毒疫苗制剂可使得尖吻鲈对 VNN 具有保护性免疫力。基于这些结果，正在开发用于生产无 VNN 卵的鲈亲体免疫方案。本书第八章将对尖吻鲈繁育及养殖过程中的常见疾病及预防管理进行详细分析。

（二）亲鱼养殖系统

大型尖吻鲈亲鱼养殖水体一般大于 60 m³，并配备有升、降温的海水循环系统。水温一般控制在 30 ℃，盐度控制在 30，光照采用卤素蒸气灯保持在 13 h。在养殖系统中，通常会周期性地将海水变为淡水，达到系统内部疾病防控的目的。在这种亲鱼的养殖系统中，通常可容纳 10 尾雌性尖吻鲈亲鱼和 20 尾雄性亲鱼，最大可容纳生物量为450 kg。这种系统可使亲鱼处于全年可产卵的状态。在小型亲鱼养殖系统中的养殖水体一般为 20～40 m³，通常采用类似于循环水系统，盐度也需要周期性降为 0，以防控疾病的发生。

为了模拟自然环境刺激亲鱼发育，亲鱼养殖系统会定期（每年 1～2 次，时间为 8～10 周）变为较冷的水温（23～24 ℃）和较短的日长，以模拟自然界中的旱季条件。温度和光照条件的"相移"或"循环"（降低温度和缩短每个养殖系统的日照长度）在三套系统中依次进行操作。在商业育苗场，通常会有一套亲鱼养殖系统被模拟成"冬季"，第二套系统逐渐升温至"夏季"，第三套系统则为完全夏季状态。这种模拟可以确保亲鱼全年产卵。

（三）亲鱼饲料

尖吻鲈亲鱼饲料通常采用高质量的冰鲜杂鱼和鱿鱼。饲料大小通常切成每块 10～20 mm。亲鱼一般 1 周喂 3 次，在不投喂的时候进行吸底清理。通常在投喂前，冰鲜饲料会拌维生素预混料和营养强化剂。

（四）亲鱼催产与产卵

1. 麻醉 在检查亲鱼是否发育成熟可进行催产时，必须首先将其捕获并麻醉。麻醉是对亲鱼减轻压力和减少操作人员或亲鱼受伤的必要操作。麻醉开始前，会将养殖缸内水位降低至 40 cm 左右，之后进行麻醉（丁香酚）操作，尖吻鲈亲鱼麻醉时安全浓度为 40 mg/L。在进行尖吻鲈亲鱼麻醉时，每次建议先麻醉 2 尾。麻醉实施后，当亲鱼出现失去游泳方向和腹部朝上时，说明麻醉已经成功。达到这种程度的麻醉时间为 5～6 min。当麻醉效果达到后，可将亲鱼转移到固定实验台进行性腺发育情况检查。如果检查时间过长，需要再次实施麻醉。检查后，将亲鱼移回亲鱼养殖缸中。将亲鱼保持在气石附近，亲鱼会在几分钟内恢复正常的游泳姿势，从麻醉状态恢复到正常状态。

首先检查雌鱼，通过插管从卵巢中取出的卵母细胞样品进行检查，然后确定亲鱼可否用以催产（图 3-2）。具体操作：将套管轻轻插入生殖器官 6～8 cm 深，注射器上的柱塞略微收回。当柱塞被取出时，将套管从鱼体中拉出。如果未获得卵母细胞样本，则可以重复该过程，但不得超过 4 次。在显微镜下检查卵母细胞的大小和形状。合适的卵母细胞直径大于 400 μm，彼此分离并具有球形（图 3-3）。

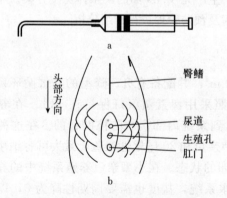

图 3-2 尖吻鲈亲鱼插管过程示意图
a. 12 mL 注射器连接 20 号针头和 10 cm 聚乙烯管 b. 生殖器官开口的位置（生殖器官区域，生殖器官开口位于肛门和尿道之间）

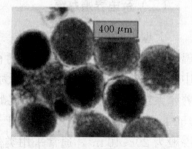

图 3-3 尖吻鲈成熟卵子显微镜镜检

如果雌性尖吻鲈卵母细胞发育成熟，将采用注射的方法进行催产，否则继续检查选取会影响其他的雌性亲鱼。注射催产激素后，将亲鱼单独放入产卵池中。雄性尖吻鲈也通过插管进行检查选择。用相同的插管抽取一小部分精子样本，然后滴一滴生理盐水混合，若精子活跃地游动，则被认为其适合进行催产，雄鱼也同样用注射激素的方法来催产。如果不使用单独的产卵池，在催产前必须检查亲鱼池内是否存在雄鱼，尖吻鲈的性别转换可以在1个月内发生并完成，因此如果池内无雄鱼，则对雌鱼进行催产是毫无意义的。

2. 人工催产中激素的应用及注射

（1）激素应用　用于诱导尖吻鲈产卵排精的激素是促黄体激素释放激素类似物（LHRH‑A）。它可以通过注射液体形式或通过植入缓释胆固醇颗粒来施用于鱼。给予雌性尖吻鲈的剂量为 $50\sim100\ \mu g/kg$，剂量一般用下限。雄鱼一般剂量为 $25\ \mu g/kg$。

（2）激素注射　将一定剂量的激素溶解在少量的100%乙醇中制备成注射剂，然后用无菌生理盐水将其稀释至 $1\ mL$，将该溶液装入连接有25号针头的注射器中，选在距离第1和第2背鳍射线的中点大约 $3\ cm$ 的背肌处为注射点（图3-4），把注射点的鱼鳞轻轻挑起，不必除去鱼鳞，然后针头穿过鳞片底部的柔软区域进行注射，最后把亲鱼放回到水中。使用LHRH‑A注射时，雌鱼推荐剂量为 $10\sim15\ \mu g/kg$，雄

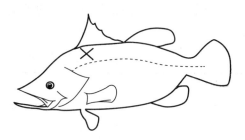

图3-4　尖吻鲈激素注射或丸粒植入的位点

鱼剂量减半。产卵池中要保证雌雄鱼比例为1∶2。一般成熟的亲鱼在注射催产激素后会连续3个晚上产卵。

（3）激素移植　除激素注射外，尖吻鲈亲鱼催产也可采用含有胆固醇和激素混合物的颗粒植入亲鱼体内。颗粒的优点是激素缓慢释放，而不是注射后激素水平突然增加。激素注射法通常会使亲鱼在注射后 $1\sim2$ 个晚上就能产卵。而采用激素颗粒植入的方法，激素会持续作用于亲鱼体内，促使亲鱼更持续地产卵。仅使用胆固醇和激素制造的颗粒，不加入任何其他黏合剂或"基质"称为缓释丸，它释放激素时间能超过 $30\ d$。

① 胆固醇和激素混合物的制作。材料和设备：LHRH‑A、胆固醇、小搅拌容器、分析级天平、移液枪、丸粒和颗粒压片机。

② 模具。颗粒模具由约 $2\ cm$ 厚的约 $15\ cm\times9\ cm$ 大小的有机玻璃片组成。一个板材钻有几个直径为 $1\ mm$ 的孔，另一个未钻孔。颗粒压机由用于在有机玻璃上钻孔的不锈钢钻头组成，拧入小把手。钻头的空白端用于将颗粒混合物"夯实"到模具中的孔中。一旦构建模具，就需要制造几个"假"胆固醇颗粒，以便计算平均颗粒重量，然后使用该数字计算未来颗粒制造所需的胆固醇量。

③ 颗粒制作。所用的LHRH‑A有 $1\ mg$ 和 $5\ mg$ 两种尺寸。以 $5\ mg$ 瓶装丸剂为例，其制作过程为：使用精细的分析天平，将一定数量的胆固醇预先称重，精确度为 $0.1\ mg$，将 $1\ mL$ 的100%乙醇注射到含有激素的瓶中溶解LHRH‑A，使激素浓度为 $5\ \mu g/\mu L$，所需体积用微量移液管提取，并与胆固醇充分混合。混合后，将胆固醇和激素混合物置于空

气中干燥 1~2 h，然后装入激素模具。为了制成颗粒，钻孔的有机玻璃直接放在普通有机玻璃的顶部，并且都支撑在台面上，使用颗粒压机将胆固醇和激素混合物压入模具的孔中，在包装过程中使用牢固的压力以确保固体颗粒。将颗粒包装在模具中之后，将顶部有机玻璃板抬起，并使用颗粒压片将完成的颗粒强制排出。

④ 激素移植包埋计算。以两只雌性尖吻鲈为例，一尾体重为 16 kg，另外一尾体重为 18 kg。LHRH－A＋胆固醇颗粒剂量为每千克鱼体重 50 μg，两尾鱼分别植入 800 μg 和 900 μg 的 LHRH－A＋胆固醇颗粒。将鱼的重量平均化，制成一粒浓缩丸比制作每种具有特定浓度鱼的丸粒更容易，每尾鱼将获得 850 μg LHRH－A，相当于 1 号鱼为 53 μg/kg，2 号为 47 μg/kg。这种剂量变化被认为是微不足道的。值得注意的是，在激素片剂的正常制造过程中，大约 10% 的混合物被浪费（不可能将所有的混合物包装到模具中，因为一些黏在混合碗等上），因此有必要计算所需的胆固醇和激素重量，然后加 10%。计算的另一个重要数字是测得颗粒的平均重量为 15.83 mg。所需的胆固醇和激素重量计算见表 3－3。

表 3－3　尖吻鲈亲鱼催产激素片剂计算表

亲鱼体重（kg）	LHRH－A 用量（μg）	胆固醇（mg）
16	850	15.83
18	850	15.83
总体重（34）	1 700	31.66
＋10%的损耗	170	3.17
共计	1 870	34.83

使用精细分析天平，称量 34.83 mg 胆固醇，加入 374 μL 浓度为 5 μg/μL（1 870/5＝374）的 LHRH－A/乙醇储液，混均，然后阴干。

⑤ 储存。激素片剂制作成型，必须在－18 ℃冰箱中储存，一般存放时间不超过 6 个月，最好是在要用前 1~2 d 制成。

3. 受精卵收集、评估及消毒　在室内，亲鱼可在小型玻璃缸（直径 3.4 m，深 1 m，容积为 7 500 L）中产卵。操作时，通常使用 2 个产卵缸，并且每个产卵缸都在缸壁中切割以分隔水面，漂浮的受精卵随水流溢出并通过撇渣器，最后被收集在 250 μm 的捞网中。一般是 1 尾雌性尖吻鲈亲鱼与 2~3 尾雄性尖吻鲈亲鱼相配对。

在特殊情况下，经过催产的雌性尖吻鲈亲鱼会与所有的雄性尖吻鲈亲鱼一起留在亲鱼养殖系统中受精。在这种情况下，受精卵采用 250 μm 筛绢网收集，受精卵可以在收集网中放数小时，大部分都是在翌日 5:00 收集。受精卵用 150 μm 的网舀起，并立即转移到盛有与产卵池相同盐度和温度海水的盆中。在收集受精卵之后，用显微镜对受精卵的质量、大小和发育阶段进行镜检。高质量的受精卵具有高的受精率，直径为 800~850 μm，并且具有单个油滴。鉴别受精卵质量的另一个指标是它们在烧杯中能够有力地漂浮，通常丢弃微弱浮起或沉底的受精卵。

收集后，将质量符合标准的受精卵转入孵化缸中进行孵化，在进入孵化缸之前先用过滤海水冲洗，再在臭氧化海水中处理。孵化缸中通常以 5 L/min 的流速进行水体交换。孵化器内加入纳米增氧圈，孵化缸的中央出口有 250 μm 的网眼筛网，以防止受精卵损失。受精卵孵化密度一般控制在 2 000 个/L。计算方法是从孵化缸中随机取出小样本量的受精卵数量计数来估算受精卵的总数量。

在网箱中进行尖吻鲈催产，通常采用筛绢网制作的网衣，将经过注射后的亲鱼放入产卵网箱中。自然产卵时，在预期产卵前 1 d，将亲鱼网箱的网衣换成筛绢网型网衣。需要注意的是，由于筛绢网型网衣网孔小，透水性能差，因此一旦亲鱼放入，应注意监控网箱内的溶氧。

亲鱼在网箱内产卵后，用烧杯取水，检查受精卵。在确认产卵及受精后，将筛绢网从三面缓慢提起，将受精卵集中在一侧。之后，将受精卵用筛绢捞网小心地移到玻璃钢桶中孵化，桶中应充气。在收集受精卵时，应将杂质剔除。

尖吻鲈受精卵消毒（臭氧的应用）：诺塔病毒常常会造成海水鱼鱼苗和幼鱼严重损失。已经证明，臭氧处理是控制大比目鱼感染诺塔病毒的有效方法。尽管在是否可以在受精卵的表面上发现病毒问题上存在争议，或者这是唯一的感染途径，但建议采用这种技术作为预防措施。因此，应对尖吻鲈受精卵进行臭氧处理。在进行消毒操作时，受精卵通常在胚胎阶段进行臭氧处理，并且在孵化前至少要有 2 h 的处理时间。

受精卵臭氧处理方法是采用约 0.5 mg/L 的浓度的臭氧在海水中浸泡 2 min。在加入受精卵消毒处理之前用比色试剂盒对海水中的臭氧浓度进行测定。海水中臭氧浓度（CT）测定公式如下：

$$CT = (OzS + OzE) / 2 \times T$$

式中：CT 为平均臭氧浓度（mg/L）乘以暴露于臭氧的时间（以分钟计）；OzS 为初始时的臭氧浓度；OzE 为消毒完成时的臭氧浓度；T 为时间，单位为分钟。

在消毒过程中，将受精卵置于 0.8~0.9 CT 的臭氧中。这个剂量是臭氧消毒尖吻鲈受精卵的安全浓度。较高的 CT 分数可能导致卵或幼苗变形和孵化率降低。

此外，使用臭氧时必须非常小心，因为如果吸入可能对人体健康有危害。受精卵消毒处理应该在通风良好的地方进行，操作人员必须配备橡胶手套和呼吸面罩，以防止与臭氧接触。

二、受精卵孵化

受精卵进入孵化池后，质量好、受精率高的受精卵会浮在海水中，质量差或者未受精的卵会下沉。孵化期间采用流水方式，流速控制在 0.5 m³/s，并用纳米增氧管充气。防止断水、断气，定时搅拌，防止受精卵沉底造成缺氧，及时清洗出水口过滤网罩，防止卵膜堵塞，引起排水不畅导致卵粒外溢，在受精后 8 h 以内将气量调大等待受精卵破膜，受精卵会在 8~10 h 完成破膜，注意巡池。实时观察受精卵的发育情况，其发育特征见表 3-4。

表 3-4　尖吻鲈发育阶段

发育阶段	阶段名称	时间节点	特征描述
阶段 1	受精卵	受精后的 8～10 h	悬浮或漂浮于水中
阶段 2	前仔鱼期	破膜 3 d 以内	含有卵黄，随着时间的推移卵黄逐渐减小至消失
阶段 3	后仔鱼期1	破膜 3～9 d	鱼苗运动能力较差，游泳速度慢，鱼体较小，只能摄食轮虫
阶段 4	后仔鱼期2	破膜后 9～15 d	游泳能力较强，能够摄食卤虫、桡足类，喜欢贴壁
阶段 5	稚鱼期	破膜 16 d 以后	鱼苗运动器官已发育完善
阶段 6	幼鱼期	鳞片全部形成至性成熟	鱼体鳞片全部形成，体色、斑纹、身体各部分比例及栖息习性等均与成鱼一致

三、鱼苗日常管理

(一) 水环境管理

对尖吻鲈鱼苗生产有影响的所有因素均是控制管理的目标，但下列主要水质要素，如盐度、溶解氧、酸碱度、重金属离子含量、氨态氮、亚硝酸态氮和病原微生物数量级等，是所有鱼苗生产场应列入监测的内容，也是环境控制的重要内容。

尖吻鲈人工育苗用水要求清洁、新鲜，水体溶氧量在 5 mg/L 以上，氨氮在 0.1 mg/L 以下，盐度 18～25，pH7.8～8.5，育苗水温以 28 ℃左右为好（表 3-5）。温度过低，仔鱼孵化和生长都十分缓慢；水温过高，尽管可以加快仔鱼的生长速度，但由于新陈代谢增强，会增加孵化仔鱼的畸形率，还易引起水质败坏和鱼病发生。

表 3-5　尖吻鲈仔稚最适主要理化因子参数

项　目	仔稚鱼
盐度	27～35
温度（℃）	26～33 ℃
pH	7.2～8.6
溶解氧（mg/L）	≥5
光照度（lx）	1 000～2 000

（1）盐度　尖吻鲈（Bloeh）是咸淡水养殖最近开发的一种品种。所有海水鱼类育苗的最适盐度为 27～35，鱼种产卵、受精卵孵化和仔稚鱼幼体发育对盐度的适应范围比较大，基本上都在 27～33。仔稚鱼以后则适应较低的盐度，根据需要决定前期培育结束时的盐度，一般仔稚鱼的培育盐度以 15～25 为宜。鱼苗各个生命阶段适应这个变化幅度，但需要有一个适应的时间过程，在适应范围内盐度的稳定很重要。24 h 内，盐度的变化幅度不应超过 0.5。通常从鱼种产卵到仔稚鱼这一生产前期阶段，盐度控制在 28～30。在培苗过程中，对卵、仔稚鱼处理时应注意海水盐度的一致性。尖吻鲈是一种咸淡水鱼类，对

淡水的适应范围也较广，如最后需要在淡水或低盐度的水中继续培育，则可在出池前几天将盐度调至所需要求。

叶星等（1992）研究表明，尖吻鲈受精卵可在盐度 5～40 孵化，最适盐度 28～30，尖吻鲈幼体对低盐度的忍受能力较胚胎期强。将刚孵出的幼体从盐度 33 的水体直接移入盐度 5 的培苗海水中，其存活率不受影响。说明幼体可以忍受盐度的骤变。而受精卵在盐度 5 的环境中胚胎发育则受到影响，孵化率极低。盐度的突变，往往造成鱼类不能适应而导致大量死亡，造成生产上的损失。因此，在河口浅海设置网箱时要特别注意。

杜涛等（2004）研究表明，海水鱼类育苗过程中，育苗水中添加一定比例的淡水，对鱼苗发育有很大的影响。特别是在尖吻鲈的人工育苗过程中，杜涛等（2004）进行了一组对比试验，在尖吻鲈产卵水环境条件中，改变水的比重（1.021），尖吻鲈仔鱼孵化后，5 d 内全部死亡，而在尖吻鲈开口前将比重逐步降低，其仔鱼成活率可达 90% 以上。青石斑鱼存在着相似的情况，将刚孵化出的仔鱼直接放入低比重的海水中，效果不好。因此，淡水对海水鱼类人工育苗的影响应当引起足够的重视，特别对于广盐性鱼类的人工育苗，在培育过程中，逐步降低育苗海水的比重对于鱼苗的发育及成活率具有较大的作用。

（2）水温　鱼类是变温动物，其体温随周围水温的变化而变化，多数鱼类的体温与周围水温相差 0.1～1 ℃。各种鱼类都有其耐热的上、下限及最适水温，在最适水温范围内，鱼类的摄食、呼吸和消化机能旺盛，代谢作用增强，生长迅速。超过了适温范围，可导致代谢作用失调，生长受抑制，甚至死亡。

水温是海水鱼类育苗阶段一个重要的环境因子，Blaxter（1992）和马振华等（2014）研究表明，水温能显著影响受精卵发育、仔稚鱼生长和成活率；还有大量的研究表明，在适宜水温范围内，水温的增加可以加快仔稚鱼个体发育（Ma，2014）。但是水温过高也会影响仔稚鱼的成活率（Bustos 等，2007；Fielder 等，2005）。因此，在仔稚鱼的生产过程选择适当的水温至关重要。

尖吻鲈属于热带温暖水域鱼类，最适的繁殖水温是 26～33 ℃。尖吻鲈不耐低温，17 ℃以下停止摄食，15 ℃时反应迟钝，14 ℃时失去平衡，并开始有少量死亡。虽然有些商业苗种场在 32 ℃条件下育苗，但仍然建议在 28 ℃条件下育苗，有利于鱼苗的健康与养殖。尖吻鲈育苗对水温控制的要点是 24 h 内变化幅度不要超过 2 ℃。尤其是对受精卵、幼体处理时，水温要保持一致。仔稚鱼的生产水温可控制在 28～31 ℃。

戈汝学等（1993）报道，尖吻鲈在水温 10 ℃以下时死亡。11～17 ℃时不摄食，18 ℃时开始摄食，19～22 ℃时摄食较弱，23～25 ℃时摄食略强。26～33 ℃时食欲最旺盛，摄食最强，此时，其生长最快，日增重 3 g 以上，是尖吻鲈最佳生长水温。

梁晓宇（1998）有报道，仔鱼入池前水温控制 31 ℃以下，之后逐渐升高，一般不超过 36 ℃。

（3）pH（酸碱度）　pH 对水质、水生动植物都有很重要的影响，各种鱼类都有其最适 pH 范围，多数鱼类适应 pH 为 7.0～8.5，偏向弱碱性环境。pH 小于 5 或大于 9.5 可使鱼致死。酸性水体，可使鱼体血液中 pH 下降（H^+ 浓度上升），一部分血红蛋白与氧的结合受阻，血细胞载氧能力降低，导致血液中氧分压变小，即使周围水中氧含量仍很高，鱼类也会因此而缺氧，代谢功能降低，生长受抑制。因此，长期处于酸性水中，可使鱼体衰弱，或易于感染而诱发疾病。

海水是氢离子浓度变化最好的缓冲剂之一，未污染的海水 pH 为 7.85～8.35，适合鱼类生长发育。鱼类胚胎及仔稚鱼发育期对 pH 的适应范围很窄，为 7.8～8.6。但是在鱼类繁育系统中，该要素便成为一个容易变化的不稳定因子，尤其在使用单细胞藻类阶段，pH 往往高达 8.7～9.0，或者高达 9 以上，造成鱼苗大量死亡。因此，pH 是水环境质量的重要监测指标。酸碱度的变化，一方面，直接干扰了鱼苗生理功能；另一方面，它的变化也影响着其他环境要素的变化，例如，水内非离子氨的含量和 pH 存在高度的正相关，在碱性条件下，提高了对生物毒性极大的非离子态氨的数量。影响育苗池水酸碱度的主要因素是浮游植物的光合作用和生物的呼吸作用。在光照合适时，浮游植物光合作用消耗大量二氧化碳，使池水 pH 升高。无光合作用时，生物呼吸作用二氧化碳积累增多，使 pH 下降。酸碱度的调控应针对发生问题的原因，如果水源的水质正常，主要是调节光照度。保持育苗海水的总碱度在 120 mg/L 以上，降低育苗室的光照度，例如，维持光照度 1 000～3 000 lx，有利于水质酸碱度的管理。

pH 下降导致鱼类运动能力减弱、生长速度下降和发育延缓，产生严重的后果。运动能力减弱，影响交配（配子排放）的质量，甚至无法完成交配活动。生长速度下降和发育延缓会影响性腺发育和成熟，导致不交配或非交配季节交配而无法正常受精或孵化。

Stoss 等（1983）研究发现，鲑（*Oncorhynchus keta*）的精子在酸性条件下活力下降；Frommel 等（2010）研究表明，精子活力和生存能力下降均可导致鱼类无法成功受精；Foss 等（2003）发现 pH 影响鱼类繁殖、种群的延续和走向，导致新一轮的优胜劣汰。

Frommel 等（2010）和 Buckley 等（1999）研究发现，在高二氧化碳分压环境下，大西洋鲱卵的卵黄囊体积减小，这表明蛋白质合成减少，将影响鱼卵的孵化率和鱼苗成活率。

Devlin 等（2002）研究发现，pH 影响鱼的性别。鱼类性别易受外界环境因子的影响。Baroiller 等（2009）发现，低 pH 使鱼类产生雄性后代比例较高，而高 pH 产生雌性后代比例较高。pH 对某些鱼类性别的影响不容忽视。

（4）溶解氧　环境中的溶解氧直接影响养殖鱼的生长、食物转化以及养殖场的养殖容量。大多数鱼类不能直接吸收大气中的氧，而适应用鳃来吸收水中的溶解氧，进行气体交换。海水中的溶氧量与水温、盐度有关，大气中氧的溶入速度，一般与水温、盐度成反比，与大气压成正比。海水中一般都含有饱和的溶解氧，鱼类不致缺氧，但在局部特定情况下，水层也可以发生缺氧，如鱼排太密集、水流不畅或滞流（平潮）时，天气闷热，阴天密云或雷雨前，网箱孔被附着物堵塞，放养密度又高，都有可能造成养殖区局部缺氧。另外，养殖场地老化，底层有机物沉积，也可造成底层缺氧，使底栖动物和底层鱼类窒息死亡。一般溶氧量在 3 mg/L 时鱼摄食量下降，2 mg/L 时停止摄食，呼吸困难，鱼群浮头或有呕饵现象。

充足的氧量是鱼类生活所必需的。在养殖生产过程中，要经常注意网箱内外水域的溶氧量，鱼类如长期处于低氧状态，便会摄食减少、代谢率降低、生活机能减弱，所以溶氧量应保持在 4 mg/L 以上为宜。

充气设备的使用，使得育苗期间溶解氧的需要成为最容易控制的要素。充气作用形成的携带丰富氧气的上升流，可促进育苗池内溶解氧分布均匀及各种饵料的悬浮、扩散，促进氨氮的硝化，避免硫化氢的发生，抑制厌氧菌的发生。充气带动水流防止鱼苗幼体过度密集。在我国由于采用的散气石孔径较大，平均每分钟充气量为育苗水体的 1‰～2‰。在产卵过程及胚胎期，气量要小，只要可以满足溶解氧需要，水微微流动可使卵子浮动即可。气流过大，鱼卵易破损。鱼苗发育后期，特别是鱼苗密度较大时，应加大气量达 2‰以上。

（5）病原微生物　鱼类育苗水体是一种多样化、高生物量培养环境，由于大量饵料投入，产生大量生物代谢产物，使水体变为微生物良好的培养基。因此，病原微生物的控制，特别是病原体数量的控制，是鱼类育苗管理的重要内容。虽然鱼类育苗进水系统采用过滤、消毒等措施可控制水环境中的病原，对亲鱼、卵消毒也可控制亲鱼体表及产卵过程中带到卵子表面和水环境中的病原，但在鱼苗培育过程中仍然要预防疾病的发生。

预防和治疗疾病可以使用无公害药物，而加强仔、稚鱼的营养，减少环境应激，提高幼体免疫力，减少水体污染，增加水体微生物多样性，可以有效地控制育苗繁育期的疾病。例如，在育苗池内添加和培养有益细菌，使用优良单胞藻种等生态学方法控制病原体数量。这样异养菌可以覆盖绝大多数病原。弧菌多数是致病菌，因此，监测和控制育苗水体异养菌（应用 ZoBell 2216E 海洋琼脂平板计数）小于 10^5 cfu/mL 数量级；弧菌数量［应用 TCBS（硫代硫酸盐柠檬酸盐胆盐蔗糖琼脂培养基）弧菌选择性培养基平板计数］小于 10^3 cfu/mL 数量级，可以作为有效控制育苗期疾病的指标。这个指标可能不太严格，因为有些弧菌并非病原。但是，因为所有致病弧菌均可在 TCBS 培养基上生长，几乎所有的因弧菌致病发生疾病的育苗池，水中的弧菌均超过这个数量级。根据鱼类育苗池菌相调查研究表明，凡是弧菌计数在这个数量及以下时，一般不会发生流行病。良好的正常水质菌相弧菌数量不会超过 10^2 cfu/mL 数量级，因此它也是判断水质是否良好的标志，观察水环境中的弧菌量，仍有指标意义。

在水产育苗中使用有益微生物越来越受到人们的重视，在育苗水体中加入有益微生物（Probiotics）能调节、改善其生态环境。同时，也可为仔、稚鱼提供适宜的活性营养物质，有效地控制疾病，减少育苗期的疾病发生。张庆等（1999）向罗非鱼养殖水体中添加以芽孢杆菌为主的微生物复合菌剂能明显改善水质条件，有效降低氨氮与亚硝酸盐，营造良好的水色，促进罗非鱼的生长；吴垠等（1996）研究了微生态制剂对杂交鲤越冬能力的影响，结果微生态制剂使杂交鲤在低温条件下死亡率明显低于对照组；李卓佳等（2001）研究了地衣芽孢杆菌对尖吻鲈的生长及消化酶活性的影响。结果表明，地衣芽孢杆菌对尖吻鲈的生长有一定促进作用。袁丰华等（2010）研究凝结芽孢杆菌对尖吻鲈生长、消化酶及血清非特异性免疫酶活性的影响，结果表明，凝结芽孢杆菌对尖吻鲈的生长有一定的促进作用，并可以影响其肠胃蛋白酶和胃淀粉酶的活性。

（6）重金属离子　随着工业的发展以及人类其他产业活动废物的产生，大量的污染物包括重金属排入河流、湖泊和海洋，使水质恶化，水源多数会发生重金属离子超标的问题，严重影响了水产养殖业的发展。Anderson（1989）及 Rongier 等（1996）研究发现，水体中的重金属离子 Zn^{2+}、Cu^{2+}、Mn^{2+}、Mg^{2+}、Hg^{2+}、Cd^{2+} 和 Pb^{2+} 等达到一定浓度时即会对鱼类免疫系统造成一定的毒害；贾秀英（2001）研究了铜、铅、汞和锌 4 种重金属对泥鳅幼鱼呼吸强度的影响。结果表明，4 种重金属对泥鳅幼鱼呼吸强度的影响大小排序为 $Cu^{2+} > Hg^{2+} > Zn^{2+} > Pb^{2+}$；张瑞涛等（1979）、杨再福等（2001）、卢健民等（1995）研究表明，重金属浓度过高会严重影响鱼类胚胎发育，并且存在种间差异。周新文等（2001）研究发现，在重金属离子的暴露作用下，鲫 DNA 总甲基化水平发生变化。结果表明，铜、锌、镉、铅及其混合重金属离子极大地提高了鲫肝 DNA 的总甲基化水平，铜、锌两种生物元素对 DNA 总甲基化水平的改变要小于铅和镉两种非生物元素，随着混合重金属离子浓度的增加，鲫肝 DNA 的总甲基化水平也有所增高，混合重金属离子对不同组织 DNA 总甲基化水平的影响不同，即肝>鱼鳃>肾。陈荣等（2001）以罗非鱼为试验对象，采用电生理学方法系统研究了 4 种不同浓度的 Hg^{2+}、Cd^{2+} 污染液对罗非鱼嗅觉功能和嗅觉器官结构的损伤。结果表明，Hg^{2+}、Cd^{2+} 均可抑制罗非鱼 EOG 反应，抑制效应随离子浓度的升高和污染时间的延长而增大，且 Cd^{2+} 的抑制效应大于 Hg^{2+}。光镜研究显示，分别浸浴在 $10\ \mu g/L$、$50\ \mu g/L$ Hg^{2+} 或 Cd^{2+} 污染液 15 d 后的罗非鱼嗅上皮均有不同程度的损伤。在低浓度组，损伤主要是非感觉区黏液细胞出现增生现象；高浓度组的嗅上皮局部出现空泡化，嗅上皮边缘出现缺口并有细胞溢出，在含 $80\mu g/L$ Hg^{2+} 或 Cd^{2+} 混合组中，嗅上皮基本无损伤。孙德文等（2003）报道，重金属离子被鱼体组织吸收后，一部分可随血液循环到达各组织器官，引起各组织细胞的机能变化；另一部分则可与血浆中的蛋白质及红细胞等结合，使血红蛋白、红细胞数目减少，妨碍血液机能，造成贫血。重金属离子，如 Cd^{2+} 也可直接进入脑组织造成脑机能障碍，特别是小脑机能的障碍，使中毒鱼失去平衡，引起侧翻，沉入水底。重金属离子急性中毒对大脑的影响主要为神经元的损伤，引起神经细胞皱缩的原因可能是与质膜某些阴离子结合成质膜，原生质外溢；也可能是重金属离子进入原生质，与蛋白质的- SH 基结合引起变性凝集，从而导致神经元变瘪。柴民娟等（1993）研究了 Zn^{2+} 对罗非鱼呼吸运动的影响。结果表明，呼吸频率的变化和咳嗽反应明显受 Zn^{2+} 浓度的影响，浓度越大，呼吸频率曲线越偏离对照曲线，咳嗽反应频率越高，并且硬水组鱼受 Zn^{2+} 毒害明显小于软水组。

近代工业的发展以及人类其他产业活动的废物对环境的污染，水源多数会发生重金属离子超标的问题。微量的离子态重金属含量即可对水生动物幼体产生中毒作用。许多试验表明，重金属离子含量超过 0.015 mg/L，就可能对水生动物产生极大的毒性，如对虾无节幼体（表 3-6）。遗憾的是，我国许多地区沿海水质的重金属离子含量严重超标。该现象的存在需要在生产场址选择、水处理等方面引起高度重视。

表 3-6 几种重金属离子对对虾无节幼体的毒性（mg/L）

重金属离子	96 h 半致死量	安全浓度
汞（Hg）	0.009	0.000 9
铜（Cu）	0.034	0.003
锌（Zn）	0.047	0.005
铅（Pb）	0.50	0.05
镉（Cd）	0.078	0.008
银（Ag）	0.053	0.005

离子态的重金属的毒性，主要对水产动物的卵子发育、幼体期比较敏感，成体耐受的重金属离子浓度通常可比幼体期提高 1～2 个数量级。有研究报道，有些重金属，例如，微量的铜离子，在对虾幼体培育的池水中，$10^{-10.80}\sim10^{-9.8}$ mol/L 的铜离子含量，可提高对虾卵子的孵化率。某些重金属，如锌离子，它的微量存在，对对虾发育并非必需，但是 $10^{-11}\sim10^{-7.8}$ mol/L 锌离子含量，可控制育苗池中的某些有害细菌、纤毛虫的发育（Sunda 等，1986；高成年等，1993；袁有宪等，1993）。然而利用天然海水培育水产动物，有选择地控制重金属离子含量，在生产上操作难度较大。比较简便、适用的方法，通常是选择金属离子螯合剂。目前使用的螯合剂是乙二胺四乙酸二钠盐（EDTA），其在 20 世纪 50 年代被应用于藻类培养，60 年代被应用于对虾育苗，发现其可以提高对虾育苗的孵化率、成活率，有利于饵料生物的繁殖。Lawrence 等（1981）研究了铜、锰离子对细角滨对虾无节幼体的毒性试验，明确了 EDTA 对有毒金属离子具有螯合作用，其减少了游离的重金属离子浓度，降低了其毒性。该研究同时还提出使用 EDTA 的安全浓度，认为低于 0.3 mmol/L（约 100 mg/L）对水产动物对虾幼体变态和成活均为安全浓度（Lawrence，1981）。此后，在水产动物对虾卵子孵化期，使用 10 mg/L 的 EDTA，几乎成为水产动物对虾育苗产卵、胚胎发育、幼体前期发育各阶段的规范性措施。根据在我国沿海对水产动物育苗生产应用的水源中重金属离子含量，一般情况下，使用 $2\sim3$ g/m³ EDTA 即可。事实上，许多大分子有机物，如蛋白质等可以和金属离子络合，可以减小其毒性。

（7）**氨氮及亚硝酸态氮** 育苗用水通过严格的选址、处理后，在生产使用过程中，造成水环境污染的本身因素就是鱼苗代谢产物和残饵的分解产物——氨氮。大量研究报道了氨氮对鱼类的毒性作用，周鑫等（2013）和 Sinha 等（2015）报道了氨氮对草鱼、黄颡鱼和舌齿鲈（*Dicentrarchus labrax*）的毒性作用。环境中氨氮由农业径流以及生物废弃物分解产生，然而鱼类机体中的氨主要是由氨基酸代谢产生。

NH_3-N 也能够影响鱼类正常的生长。Person-Le Ruyet 等（2004）和 Foss 等（2003）研究发现，NH_3-N 能够对鱼类的正常生活形成胁迫作用，会抑制鱼类的生长。Foss 等（2007）也证实了高浓度的 NH_3-N 能够抑制比目鱼（*Scophthalmus maximus*）的生长，高浓度的 NH_3-N 对比目鱼有胁迫作用，抑制了比目鱼的摄食，因此其生长受到限制。但是，Wood 等（2004）和 Foss 等（2004）认为 NH_3-N 能够促进鱼的生长。Sun 等（2012）通过试验也证实了低浓度的 NH_3-N 能促进鳙仔鱼的生长，并推测这可能是因为仔鱼机体能够充分利用外界中 NH_3-N 提供的氮源。这些研究结果表明，NH_3-N 对鱼类影响结论的不一致，可能是因为 NH_3-N 对不同种类、不同时期的鱼类的影响不同。

NH_3-N 还会对鱼类抗氧化系统产生影响。抗氧化系统是鱼体抵御环境胁迫的第一道屏障，它能够及时准确地反映出机体受到的损害（Sun 等，2011），抗氧化酶类的存在对鱼类适应外界环境起到重要作用。Sun 等（2011）和 Chen 等（2012）指出胚胎及孵化初期的仔鱼就已经形成了抗氧化系统，具备了清除体内氧化自由基和过氧化物的能力。抗氧化酶作为抗氧化系统的重要组成部分，对机体抵御环境胁迫有很重要的作用。Yang 等（2001）研究表明，长期暴露在 NH_3-N（安全浓度）环境下，能够影响鲫的抗氧化酶

（CAT 和 SOD）的活性和抗氧化物质（GSH）的含量。Hegazi 等（2010）也发现长期暴露 NH_3-N 能够影响罗非鱼的抗氧化酶类。在 NH_3-N 影响鱼体的抗氧化系统的同时，降低了机体的免疫力，进而导致机体更易感染一些细菌性或寄生性疾病，这是因为 NH_3-N 能够对机体造成氧化应激，破坏机体的抗氧化系统，进而降低机体的免疫能力（Yang 等，2011；2010）。

除此之外，NH_3-N 还会对鱼类的 ATP 产生影响。有研究表明，NH_3-N 能够抑制 ATP 的产生，并能耗尽脑部的 ATP。因为氨氮能够通过激活 NMDA 受体，进而减少 Na^+、K^+ 磷酰化过程中起主要作用的蛋白激酶 C（Kosenko 等，1994；1997；Hurvite 等，1997）。另外，还有研究证实了 NH_3-N 能够影响机体的渗透压平衡，进而对其肝和肾造成紊乱（Eddy 等，2005），并可以影响鱼体内的糖酵解，抑制克氏循环，减弱血液的携氧能力。随着 NH_3-N 进入鱼体内，组织中氨浓度的提高抑制了机体的蛋白质分解和氨基酸的水解来降低体内氨的含量。与此同时，磷酸果糖激酶被激活，进而影响糖酵解过程。NH_3-N 对糖酵解过程的影响进而导致败血症的产生，进而对血液携氧能力产生影响（Sousa 等，1977；Ip 等，2001）。

NH_3-N 除了影响鱼类体内的正常代谢、生化反应，还对其生理造成损伤。Schuwerack 等（2001）和 Vogelbein 等（2001）研究指出，NH_3-N 可以诱导鱼类的许多组织发生病变。Benli 等（2008）通过慢性（6 周）暴露试验发现，NH_3-N 能够诱导罗非鱼的鳃组织充血、肝组织肿胀、诱变肾炎等病变。Spencer 等（2008）通过亚急性试验也证实了，21 d 的 NH_3-N 暴露能够导致杜父鱼的鳃组织发生病变。Miron 等（2008）通过试验表明短时间（96 h）的 NH_3-N 暴露能够促使鲇的鳃组织发生病变。这表明 NH_3-N 对鱼类的危害性很大，能够影响机体内抗氧化系统的平衡，并在短时间内诱导机体发生病变。

已有大量的研究报道了氨氮对鱼类有毒性，如高氨氮环境会导致虹鳟、鲤和鲫鳃结构异化（Sinha 等，2014），也会导致牙鲆鳃结构变化（Dong，2014），造成薄氏大弹涂鱼大脑氧化应激反应（Ching 等，2009），引起军曹鱼鳃、食管和大脑的组织损伤（Rodrigues 等，2011）。类似的研究还可见于亚马逊沼虾（Pinto 等，2016）、凡纳滨对虾（De Lourdes Cobo 等，2014）、高体雅罗鱼（Gomulka 等，2014）、细鳞肥脂鲤（Barbieri 等，2015）、小锯盖鱼（Medeiros 等，2015）等。

已有大量的试验数据证明，非离子态的氨及亚硝酸盐对水生动物甲壳类的致毒作用，特别是对鱼苗幼体具有致命的毒性。即使尚未达到致死的浓度，它的存在也会影响到鱼的免疫力、生长率及发生某些组织细胞的变性等病理变化。因此，研究者最关心的是非离子态氨的安全浓度。尖吻鲈仔、稚鱼的 NH_3-N 安全量是 0.01 mg/L。亚硝酸态氮的安全浓度估计为 0.1 mg/L。由于非离子态氨的数量和 pH 密切关联，因此对尖吻鲈繁育过程中控制总氨氮量在 0.4 mg/L 以下，同时控制 pH 低于 8.6。

（8）其他影响育苗效果的因素　要生产大量优质的尖吻鲈种苗，苗种场必须对尖吻鲈苗健康管理所涉及的各种因素严格控制。

养殖密度，苗种的放养密度不应过高。放养过量可能会带来应激反应，而且在生产阶段会产生自残和水质变坏，而苗种放养密度太低，虽然可以降低管理的难度，但是提高了生产成本。

　　注意水体的交换，投饲过量往往是引起水质恶化的主要原因之一，通常可以通过流水、换水和吸污来改善水质环境。在仔、稚鱼生产阶段，饵料的投喂如果过量，会造成食物和粪便沉积在池底，通过吸污可以防止饵料和粪便沉积形成厌氧污泥，通过流水和换水改善水质。一般换水量为 100%～200%，应当注意换水时水温、盐度和 pH 与原池的相一致，防止水温、盐度和 pH 变化过大对鱼苗造成伤害。

　　注意溶解氧的变化，尖吻鲈在生产过程中早、晚应加大充气量或改变充气方向，以防止吃剩食物和粪便沉积在池底。每天必须对池底进行吸底排污，保持水质的稳定性，必要时可以进行流水培育。

　　控制投饵的数量和质量，投喂饲料的数量和质量等可能对仔、稚鱼的健康和成活率产生重要的影响。使用劣质饲料，往往会使鱼类幼体生长不良、死亡率高、互残、畸形和体表寄生物附着程度的增加，采用少喂多餐和投喂规格适当的优质饲料是非常重要的。

（二）鱼苗培育期间的营养与饲料管理

　　尖吻鲈营养需要与其他海洋肉食性鱼类营养需要基本相似，如蛋白质、氨基酸、类脂、脂肪酸、碳水化合物、维生素和矿物质等营养物质，这些营养物质的需求随鱼种类、鱼生长期和环境条件的变化而变化。

　　尖吻鲈的天然开口饵料为浮游动物，育苗阶段一般投喂轮虫及卤虫无节幼体。Dhert 等（1992）发现增加轮虫、卤虫的高度不饱和脂肪酸（HUFA）含量，可显著提高尖吻鲈育苗的成活率。通常在鱼苗长到 20～25 日龄时开始投喂碎鱼肉进行食性驯化（Boonyaratpalin，1991）。Walford 等（1991）研究利用全蛋白膜微囊饲料代替天然活饵料作为尖吻鲈仔稚鱼的开口饵料，开食期的仔稚鱼可以摄食这种微囊饲料，但微囊饲料的蛋白被膜在仔、稚鱼肠道内不能破裂，结果微囊饲料完整地通过肠道后排出体外，因而单独投喂微囊饲料的仔、稚鱼在 10 日龄前全部死亡。有证据表明，当有轮虫存在时，微囊饲料的蛋白被膜可以在尖吻鲈仔、稚鱼肠道内破裂并被吸收。

　　有关尖吻鲈的营养需求，已经进行了不少研究工作。Cuzon（1988）以挪威鱼粉为主要蛋白源配制蛋白质含量为 35%～55% 的 4 种实用饲料，能量蛋白比均保持在 0.586 MJ/mg 左右，初步确定尖吻鲈饲料蛋白质的需要量为 45%～55%。当投喂蛋白质含量都是 52%，脂肪分别为 6%、10%、14% 的 3 种饲料时，尖吻鲈的生长速度及成活率均无差异。Sakaras 等（1988；1989）比较 6 种实用饲料（3 个蛋白质水平：45%、50%、55%；2 个脂肪水平：10%、15%）养殖尖吻鲈幼鱼（体重 7.479 g）的效果，含 50% 蛋白质、15% 脂肪的饲料（能量蛋白比为 0.030 7 MJ/g）获得最佳生长速度、饲料转化效率、蛋白质沉积率及蛋白质效率。在随后的试验中，投喂含 45% 蛋白质、18% 脂肪的饲料获得了最佳生长速度。Wong 和 Chou（1989）报道尖吻鲈成鱼饲料中脂肪含量为 12% 时，蛋白质适宜含量为 40%～45%。饲料中酪氨酸过量会导致肾疾病（Boonyaratpalin 等，1990）。Boonyaratpalin 等（1988；1989）利用乌贼油调整饲料的 n-3 HUFA 含量，确定尖吻鲈鱼种饲料中 n-3 HUFA 的需要量为饲料干重的 1.0%～1.7%。

　　Phromkhuntong 等（1987）认为在冰鲜杂鱼中加入维生素混合物可显著提高尖吻鲈

的生长速度并降低饲料系数。Tacon（1989）认为混合投喂 40％的冰鲜杂鱼和 60％的湿性颗粒饲料时，尖吻鲈的生长结果优于全部投喂湿性颗粒饲料；杂鱼含量从 100％下降到 40％，未对其生长产生不利影响。依据泰国渔业部的研究结果，已经提出一种最佳的尖吻鲈饲料配方并推荐给养殖者（Boonyararpazin，1991）。我国也开展了尖吻鲈人工配合饲料的研制工作，初步提出含 45.3％蛋白质和 9.7％脂肪的人工饲料配方并进行了生产性养殖试验（黄旭辉等，1991）。

海水鱼类养殖产业发展推动了鱼类繁育研究，已经有大量的文献报道鱼类仔、稚鱼的摄食习性和营养要求。事实上在研究鱼类仔、稚鱼摄食营养的同时，也关联到鱼苗培育环境中的生物多样性对育苗仔、稚鱼培养成败的决定性影响。一个明显的事实是，即使使用最优质人工配合饲料，培苗的总体效果仍然比不上使用活的生物饵料。这是因为在十分清洁的海水中，全部使用人工配合饲料往往不能达到生物饵料的营养全面性，同时也缺少生物饵料的生态功能。这一事实是鱼苗繁育过程中必须考虑的重要因素。

1. 生产阶段仔、稚鱼的营养需求 尖吻鲈仔、稚鱼生产是一个较短的阶段，在这个过程中，最明显的变化就是其生物量的大量增加。从摄食角度上讲，仔鱼阶段的结束时间应与摄食器官的结构功能发育完全同步，此时的稚鱼完全具备独立的摄食行为（Yufera 等，2004；Russo 等，2007）。仔鱼阶段营养和能量成功获取对仔鱼正常生长、发育至关重要，可使其顺利度过仔鱼期。在这个时期，仔、稚鱼的口径逐渐增大，可以吞食更大的食物颗粒。在很短的时间内饵料和营养变化频繁，营养及饵料形式要求变化较大。食性形式的变化一方面是由于口器对食物选择的原因；另一方面是由于营养需求。仔、稚鱼的摄食行为由被动摄食逐渐转向主动摄食。因此，寻找大小适口的饵料已成为尖吻鲈仔、稚鱼养殖成败的关键。

尖吻鲈孵化初期，主要依靠体内卵黄囊与油球储存的营养物质作为营养源来维持机体的生长和生存。刚孵出的仔鱼摄食能力较弱，主要摄食单细胞藻类、轮虫等浮游生物为主。随后，尖吻鲈的仔、稚鱼的摄食量随着日龄的增加而逐渐增多，口器也在增大，饵料生物也多元化了。在鱼类育苗过程中，鱼类变态后、适应颗粒饵料前对于生物饵料具有依赖性（Alves 等，2006）。由于生物饵料自身不具有供给海水鱼仔、稚鱼生长发育的营养，长期使用生物饵料不但会增加生产成本，还会造成仔、稚鱼的营养不良（Le 等，1993；Baskerville－Kling，2000；Callan 等，2003）。因此，在尖吻鲈仔、稚鱼期驯化其摄食颗粒饵料势在必行。

尖吻鲈育苗在 20 世纪 70—80 年代建立的养殖模式中，标准饵料系列是微藻、轮虫、卤虫、桡足类及人工饲料。微藻目前在海水育苗过程的作用仍具有争议，但是微藻在鱼苗繁育过程中直接添加到水中或间接作为轮虫或卤虫的食物，主要是微藻在养殖环境中为仔、稚鱼提供背景色，帮助仔、稚鱼发现食物。Dhert 等（1992）发现增加轮虫、卤虫的 HUFA 含量，可显著提高尖吻鲈育苗的成活率。

鱼类对蛋白质需求是为了满足鱼类对氨基酸的需求和使鱼类达到最大速度所需的最低饲料蛋白的含量。营养学家研究揭示，蛋白质不仅是鱼体组成和器官发育的主要物质，对生物体的正常生长和保持健康状态是必需的，而且也是正常代谢、酶和激素产生所需的重要物质。若蛋白质供应不足，会导致生物体生长速度下降或生长停滞、失重。Sakaras 等

（1985）研究报道，配制饲料中蛋白质含量 45%，脂肪含量 18%，也能获得最佳生长率。尖吻鲈仔鱼在培育期间，通常对蛋白质需求量较高。养成期间，对蛋白质需要量降低。Wong 和 Chou（1989）的研究报道，尖吻鲈最佳饲料蛋白质含量为 40%～45%，脂肪含量为 12%。

目前，尖吻鲈对必需氨基酸的需求量尚无资料报道。不过，少数研究者认为，若饲料中配制的氨基酸量过剩，可能会引起肾病（Boonyaratpalin 等，1990）。

尖吻鲈对糖类的利用率较低，无糖饲料中添加少量淀粉（10%）可促进生长，但淀粉数量较大（27%）会导致生长速度减慢（Boonyaratpalin，1991）。

Boonyaratpalin 等（1988）、Pimoliinda 和 Boonyaratpalin（1989）研究尖吻鲈实用饲料中维生素的添加问题，发现不添加胆碱、烟酸、肌醇、维生素 E、维生素 B_6 和泛酸对鱼种的生长速度、饲料效率及成活率并不产生影响，而不添加维生素 B_2 和维生素 C 则导致生长减慢或停止、饲料效率降低及其他缺乏症。Boonyaartpalin 等（1989a；1989b）、Boonyaratpalin 和 waanokwat（1990）进一步利用半精制饲料测定维生素 C、维生素 B_2 的适宜添加量。结果表明，维生素 C 的添加量，是为了维持正常生长的量为每千克饲料 500 mg，为了维持器官正常贮存的量为每千克饲料 1 100 mg。而维生素 B_2 的添加量，维持正常生长的量为每千克饲料 5 mg，维持正常淋巴细胞水平时则为每千克饲料 10 mg。

Pornngam 等（1989）研究发现，尖吻鲈似乎可从水中或食用饲料中获得足够的微量元素。Boonyaratpalin 和 Phongmaneerat（1990）测定尖吻鲈对磷的需要量为饲料干重的 0.65%。

2. 仔、稚鱼生产饵料的管理

（1）仔、稚鱼的饵料　仔、稚鱼饵料的选择性与饵料的大小、种类和密度等因素有关。殷名称（1995）发现，饵料是否被仔鱼喜好的最主要特征是大小。Mathia 和 Li（1982）曾指出，饵料大小的选择比种类的选择更为重要。生产阶段，饵料要做到适口、及时和数量充足。

郑怀平（1999）指出，仔、稚鱼对饵料的选择首先受鱼类个体自身发育的影响，随着日龄的增加而变化。陆伟民（1994）报道的大口黑鲈仔、稚鱼对饵料的选择典型地反映了这种变化。大口黑鲈 5～9 日龄的卵黄囊期仔鱼对体型较小、运动速度较慢的轮虫及其无节幼体有选择性，对其他类别的浮游动物无选择性；10～18 日龄的晚期仔鱼，对枝角类和桡足类幼体有选择性，对轮虫和卤虫无节幼体的选择性变小，对桡足类成体无选择性；19～32 日龄的稚鱼以枝角类为主食，对桡足类成体的选择性也明显增加，已不再摄食轮虫。

出膜后的尖吻鲈仔鱼平均全长 2 mm 左右，卵黄囊尚未消失，尚不能摄食，为内源性营养阶段。至第 3 天（全长 2.5～3.0 mm）开始摄食。胡隐昌等（1990）认为尖吻鲈仔鱼开口饵料主要为单细胞藻类，兼有少量轮虫和大型原生动物。此后，轮虫数量逐渐增加。这时可观察到鱼苗的摄食情况良好，其胃囊充满度高，生长快、成活率高。

进入稚鱼期，鱼苗开始摄食卤虫无节幼体，生长速度明显加快，继而可投喂枝角类和桡足类。平均全长达 1.3～1.4 cm 时开始投喂卤虫成体，此时生长效果好，主要表现为鱼体健壮、活力强和胃部饱满。当全长达 2.0 cm 左右时，可加喂摇蚊幼虫，以减少成本。按此法进行工厂化育苗育出的鱼苗体质健壮、规格整齐、成活率高。王文派等（1991）认为全长 0.5～1.5 cm 时以投喂卤虫无节幼体为宜，1.5～2 cm 时开始诱导喂食鱼糜较理想，2 cm 以上时则完全喂食鱼糜。随着水产养殖业的发展，杂鱼供不应求，因此杂鱼供应受到限制，杂鱼销售价上涨，增加了养殖成本。另一个原因，杂鱼的质量很难保证，常常因气候变化、人工处理或保存不当而导致杂鱼的质量发生很大的变化。因此，鱼糜的使用已经被人工饲料代替。彭武汉（1998）报道，尖吻鲈育苗饲料以轮虫为主喂至第 8 天。此后，选择比轮虫稍大的浮游动物，一般采用丰年虫、桡足类投喂至第 15 天，再逐渐加喂捣碎的鱼、虾肉。一般在第 15 天后仔鱼长至 1 cm 左右便开始出现大小参差的个体，并开始出现互相残食现象。孵化后第 7 天是关键时刻，因为此阶段食性要求改变，仔鱼吃得多、排泄多而引起水质恶化，仔鱼容易死亡，故是一个危险期。因此，认为第 7 天后不能马上改变单纯投喂丰年虫无节幼体，而应辅助投喂轮虫，投喂数量一定要能满足仔鱼吃饱的要求，这样才可提高成活率。水质控制，开始几天不断加水，酌情少量换水，第 5 天后每天换水 1/3～1/2，并适当加投"绿水"（即绿藻液）调节水质。

（2）坚持使用高标准的生物饵料 所谓高标准，可以有多方面的理解，共同要求是饵料中不携带鱼类病原生物。饵料的体积适宜于幼体口器摄食。对于单细胞藻，要求使用高密度、处于指数生长期的单体角毛藻，藻液中无病原体（藻类、卤虫和轮虫等）。活饵料属于关键控制点，因为其可能会由于处置不当而遭受污染，应当从病原危险的角度去考虑所有活的、新鲜或冰冻食物的来源。

（3）微藻在海水鱼生产养殖的应用 微藻的培养过程中应维持极高的卫生标准，按照单细胞藻类培养程序操作，维持藻类的纯种培养。实验室阶段的微藻培养要求极高的卫生条件，包括对所有水和空气的供应要进行彻底的消毒和过滤（孔径<0.5 μm）。通过使用消毒剂对所有的设备和用水进行消毒，使用符合实验室标准的化学物质，还要有控温系统。所有使用的藻类品种在纯培养的所有阶段（从实验室的琼脂和试管瓶培养到室外的大规模培养）都应当采用适当的卫生标准和微生物程序来保证培养的质量。应当避免以藻类为食的原生动物、其他藻类品种和细菌（特别是有害的弧菌）的污染。在每次收获之后，必须对所有的藻类培养池进行冲洗和消毒。用次氯酸钙（钠）溶液（浓度 30 mg/L）对藻类培养池进行消毒后，应当用清洁的淡水或过滤海水对培育池进行冲洗。Rentan 等（1997）研究表明，在鱼类早期培育中，微藻不但可以作为鱼类饲料使用，也可以作为鱼类浮游动物饵料的营养强化剂使用。鱼类育苗有一种技术称"绿水技术"，就是在鱼苗培育过程中，把微藻和轮虫一起加入养殖池内。这时微藻不仅会作为生物饵料的食物，也会被仔、稚鱼食用。有学者研究在大西洋鳕、比目鱼等无节幼体的最后阶段开始将浮游性藻类供应给幼体，这样一旦变态到最初摄食阶段，幼体就能马上开始摄食。在整个仔鱼阶段，通常将藻类的密度维持在 80 000～130 000 个细胞/mL。在稚鱼阶段，藻类密度有所下降，因为幼体的肉食性更强，但是从维持水生态功能考虑，应该仍然维持适当的密度，使水色保持黄绿色或褐黄色。

（4）轮虫在仔、稚鱼养殖中的应用 轮虫由于其游泳运动速度慢，大小刚好适合仔、稚鱼的口径，容易被仔、稚鱼所捕获，而且轮虫可以在人工条件下进行高密度培养，轮虫对环境变化（如盐度、温度和 pH 等）的耐受力强，其营养成分可根据仔、稚鱼的种类需求进行强化调控（Qie 等，1997；Reitan，1993）。因此，轮虫作为仔、稚鱼的生物饵料在很早之前已被全世界广泛使用。在轮虫的培养过程中，轮虫可以摄食很多种食物颗粒，包括在一定大小范围内的细菌、原生动物、微藻和有机物质。因此，在轮虫的高效培养过程中必须满足其生长的营养需求，并要确保轮虫养殖系统中适当的卫生条件，在每次收集轮虫时，应当采取措施以保证轮虫不会造成引入病原的危险，必须用清洁的淡水或处理过的海水对轮虫进行消毒和反复冲洗。许多微藻是轮虫的优良饵料。目前，浓缩微藻液或藻类膏状制品已经商品化，可随时在市场上购买。使用微藻作为饵料养殖轮虫通常会获得更高的怀卵量和生长速率。除此外，使用微藻培养的轮虫比酵母喂养的轮虫具有更低的细菌含量。但使用面包酵母喂养轮虫，其生产成本较低，一般只占使用微藻培养轮虫生产成本的5%～10%。而采用酵母喂养的轮虫其营养成分不能满足海水仔、稚鱼的营养需求，因此，轮虫通常需要进行营养强化后才能用以投喂仔稚鱼。

在进行营养强化时，需要采用含有高度不饱和脂肪酸（HUFA）的产品。轮虫通常需要营养强化2～24 h，用以提高轮虫的营养成分。经过短期营养强化后，轮虫体内脂类与不饱和脂肪酸的含量受轮虫饵料、环境因素和轮虫种类等方面的影响。

营养的稳定性，轮虫的饵料和营养强化剂会影响到养殖系统中的细菌。因此，在轮虫养殖和强化过程中要考虑到所选择的产品对轮虫养殖系统内细菌变化的影响。收获轮虫后，反复冲洗会有效降低轮虫中的细菌量。收获和洗涤轮虫后，为了保证轮虫的营养价值，应降温保存（Olsen 等，1993）。有研究表明，通常在5～10 ℃下保存轮虫，其体内脂类的降低水平在10%左右，而在20 ℃条件下保存，轮虫体内脂类的降低幅度可达40%。

（5）卤虫幼体在仔、稚鱼养殖中的应用　卤虫又称为丰年虫，在世界范围内被广泛用于海水养殖中。尽管卤虫在自然界中不是海水鱼类仔、稚鱼的生物饵料，但由于其营养成分的特殊性以及可通过强化提高其营养的特性，因此被广泛应用。卤虫的休眠卵可以长期储存，休眠卵的孵化需要24 h，孵化后的无节幼体可作为海水鱼类仔、稚鱼等生物饵料，可以根据需要，通过强化提高营养。卤虫经24 h强化，可提高卤虫无节幼体中 n-3 HU-FA 的含量。这种从孵化到强化的生产过程快速、简单。与其他饵料生物相比，采用卤虫无节幼体作为生物饵料降低了劳动强度。

Evjemo 等（1997）研究表明，刚孵化出来的卤虫无节幼体，其体内的 n-3 HUFA 含量低而且不稳定。许多研究表明，采用乳化油脂来强化卤虫无节幼体会显著提高卤虫营养。通过不同的营养强化方法，卤虫体内的 n-3 HUFA 被显著提高，尤其是 DHA/EPA 的含量（Dhert 等，1993；Navarro 等，1993；Evjiemo 等，1997；2001）。孵化后12 h 的卤虫无节幼体可以摄食小的油滴颗粒，24 h 体内的 DHA 含量随营养强化时间增加而呈线性递增（Evjiemo 等，1997；2001）。

应当采取措施以保证卤虫幼体不会造成引入病原的危险。在购买卤虫卵时，应通过PCR 检测其是否带有桃拉病毒（TSV）、白斑病毒（WSSV）和黄头病毒（YHV）病毒，尽量使用脱膜卤虫卵培养卤虫幼体。尽管卤虫卵可能不带有重要的病毒病原（Sahul Hameed 等，2002），但卤虫卵肯定是细菌、真菌和原生动物疾病的重要来源，因此，卤虫卵的脱膜可以避免卤虫幼体培养池水以及鱼苗培育池水的污染，是值得推荐的。

(6) 桡足类在仔、稚鱼养殖中的应用　海水桡足类隶属节肢动物门甲壳纲桡足亚纲，是一类小型低等甲壳动物。海水桡足类营浮游生活，种类多、数量大、分布广，以浮游硅藻为食，是海水浮游动物中的一个重要组成部分。陈白云 (1983) 研究表明，浮游桡足类是所有幼鱼和许多中、上层经济鱼类（如鲱、鳀等）及鲸类的主要天然饵料，同时它又是底栖鱼类的间接饵料。因此，桡足类作为食物链的重要环节，对推动鱼类育苗生产的发展、促进生物饵料品种的结构调整和提高幼体成活率起着非常重要的作用。20 世纪 90 年代，人们已经认识到海水桡足类对海水鱼幼体具有营养作用。Schipp (1999) 和 Nass 等 (1998) 发现桡足类的营养作用在鱼类特定发育阶段远优于轮虫和丰年虫。

桡足类营养成分丰富，大小规格适宜，必需氨基酸和高度不饱和脂肪酸等含量非常高，不仅具有丰富的磷脂，而且 HUFA 和抗氧化物质含量较高。由于磷脂是海水鱼幼体必需的营养成分，因而桡足类所具有的高含量磷脂能够满足海水鱼幼体发育时必需的磷脂要求。另外，由于海水鱼幼体有限的消化能力，而饵料的磷脂成分不仅较容易被海水鱼幼体消化，而且能够促进其他脂类的吸收（Kovwn 等，1993）。海水鱼幼体更容易吸收桡足类的必需脂肪酸，而且随着桡足类磷脂 DHA 含量的增加，海水鱼幼体的消化能力将随之增加，从而有利于促进其生长。因此，桡足类是海水鱼类育苗后期发育阶段所需的理想饵料。楼宝等 (2004) 对赤点石斑鱼 (*Epinephelus akaara*) 稚、幼鱼发育阶段的不同种类生物饵料的投喂效果进行了研究，结果发现，试验所用 4 种生物饵料（轮虫、卤虫、桡足类和蒙古裸腹溞）中，桡足类的投喂效果明显优于其他 3 种饵料，所育稚幼鱼的生长速度最快，平均成活率也最高。施兆鸿等 (2000) 用不同饵料对香鱼 (*Plecoglossu altivelis*) 育苗生长、成活的影响进行了研究，结果发现，在育苗后期用桡足类加枝角类投喂香鱼稚鱼，其生长率和成活率最高。因此，桡足类作为生物饵料可以弥补轮虫个体偏小和营养不足的缺陷。

(7) 人工配合饲料的应用　人工饲料包括干藻、液体饲料、微囊饲料、薄片和粉碎的颗粒饲料，其中还添加了矿物质、维生素和强化剂。这些饲料按照鱼苗发育的阶段以各种规格使用，依据育苗场的偏爱、水质和营养要求进行不同的组合，通常主要作为活饵的补充。通常，饲料要储存在低温、干燥条件下。一旦打开包装，就要马上用完，但又不能过量使用（会导致水质变坏），变质饲料不能用于投喂。

在海水鱼类的育苗过程中，通常会在仔、稚鱼阶段使用轮虫作为生物饵料，随着仔、稚鱼的生长，卤虫无节幼体会被用于仔、稚鱼的生物饵料，到仔、稚鱼消化系统发育完善，逐渐改用人工颗粒饲料投喂。由于在仔、稚鱼初期发育阶段，消化系统未完全发育，因此食物颗粒中的营养成分必须是一种可被仔稚鱼消化的形式（Cahu 等，2001）。尽管人工饲料一般不会有感染病原的危险，也容易保存，但是必须恰当地使用和储存。

尖吻鲈营养需要量与其他海洋肉食性鱼类营养需要量基本相类似，如蛋白质、氨基酸、类脂、脂肪酸、碳水化合物、维生素及矿物质等。这些营养物需求量随种类、生长期和环境条件的变化而变化。

脂类在配合饲料中也是必需的营养成分。它能强化细胞膜韧性，并能促进营养物质吸收。有研究认为，类脂是尖吻鲈正常生长和代谢功能的必需成分，倘若类脂物配制不当，也会影响饲料、鱼味和肉质结构。

Cuozn 和 Fuehs（1955）研究认为，投喂 3 种配合饲料即蛋白质含量 52％，类脂含量分别为 6％、10％和 14％，其对尖吻鲈生长和存活率均无差异。Sakaras 等（1988；1989）研究发现，尖吻鲈鱼种最佳饲料中类脂的含量分别为 10％和 15％，蛋白质含量分别为 55％和 45％，类脂物的作用是节约蛋白质。

维生素是一种有机化合物，它是所有动物维持生命、生长、繁殖和健康需要的痕量和必需的营养成分，其作用非常重要。一些营养学家认为，不是所有维生素对配制尖吻鲈饲料是必需的。有些维生素尖吻鲈能自行合成，足够维持尖吻鲈机体所需。在实际饲料配料中可能存在适当的维生素，需要量取决于鱼体大小、性成熟期、生长率及环境条件。尖吻鲈维生素需要量似乎随着鱼体增长而减少（Boonayarta 等，1989b）。

关于尖吻鲈幼鱼对维生素的需要量，Boonayarta 等（1988）研究发现，饲料中缺乏胆碱、烟酸、肌醇或维生素 E 对尖吻鲈体重、饲料效率和总死亡率均无显著差异。Pimoljinda 和 Boonayarta（1989）报道，给尖吻鲈鱼苗投喂缺乏 B 族维生素的饲料，其生长、饲料效率均无差异。给尖吻鲈鱼苗投喂没有 B 族维生素的饲料时，养殖 45 d，鱼苗出现严重死亡；养殖 60 d，鱼苗体重下降，身体失去平衡，鳃丝出血，脊柱侧凸；60 d 后尖吻鲈鱼苗全部死亡。

尖吻鲈天然饲料中蛋白质含量很高，所以，有一些研究者假说不利用碳水化合物，尖吻鲈也能生长得很好。事实上，尖吻鲈能从饲料类脂和蛋白质中合成碳水化合物，即获取最廉价的能量源，经过生化测定表明，碳水化合物不是尖吻鲈摄食的必需营养。碳水化合物含量不足，添加少量淀粉（10％）配制在饲料中，对尖吻鲈生长有一定提高，但碳水化合物含量倘若超过 27％，则将有碍尖吻鲈生长。

获野珍吉（1987）研究发现，碳水化合物具有 0.016 7 MJ/g 的能量。因此，碳水化合物在一定含量内，可当做一种能量来源。当它水解参与糖代谢时，能抑制氨基酸的分解和新生糖的生成，减少氨排泄，从而使饲料蛋白有效地积贮在身体中而起到节约蛋白质的作用。碳水化合物不仅可作为能量来源，也能作为一种黏合剂。配制配合饲料时，添加一定量的碳水化合物，不仅能将其他配料黏结在一起，而且能减少饲料在水中的溶解度。使饲料的损耗率达到最低程度，同时对养殖环境的污染也减少到最低程度。配合饲料中添加的碳水化合物量因鱼类品种而异，尖吻鲈饲料中碳水化合物含量最好不超过 20％。

矿物质营养，也称为无机营养，它能维持鱼体渗透压调节、肌肉收缩、氧传递和代谢作用。尖吻鲈大约需要 12 种无机营养成分，尖吻鲈对无机营养物的需要量目前还不十分清楚。有研究表明，微量无机盐和乳酸钙对尖吻鲈鱼种生长具有促进作用，试验配制了由鱼粉、酪蛋白组成的 5 种饲料，每种饲料中分别含 0.2％～4％无机盐混合物。经过试验，用含有 2％无机盐混合物的饲料投喂尖吻鲈鱼种可获得最佳生长率。

Boonyarat 研究发现，尖吻鲈对糖类的利用率较低，无糖饲料中添加少量淀粉（10％）可促进其生长，但淀粉含量较大（27％）则导致生长速度减慢。Diamal（1985）研究认为，肉食性鱼类与草食性鱼类相比，其肠道对氨基酸的运送要高于对碳水化合物的运送；刘宗柱等（1997）研究认为，大部分海水鱼由于缺乏对糖的处理能力，且一般不能进行正常的血糖调节。鱼类对高糖饵料或是难以消化吸收或是吸收后造成糖类在肝内蓄积，影响鱼体正常的新陈代谢，特别是对于肉食性鱼类，其消化道内淀粉酶和麦芽糖酶活性很低，因此当饵料中的碳水化合物含量增加时，不仅糖类而且蛋白质的表观消化率也降低；蔡春芳（1997）认为，可能是由于鱼体内胰岛素分泌速度过缓及胰岛素受体少，而生长激素又在一定程度上抑制胰岛素分泌，己糖激酶活性低并且葡萄糖缺乏所造成的。

秦宗显（1996）对金目鲈的研究表明，在其配合饲料中糖类含量不应超过 20%。Catacatan 等（1997）对尖吻鲈稚鱼投喂不同糖和脂肪含量的饲料，发现投喂含脂肪 12% 或 18%、含糖 20% 的各组鱼生长较快，在饵料含脂量较低（6%～12% 或 12%～18%）条件下，尽管饵料含糖量增加，但生长比率和体重增长无明显差异。这表明糖作为一种能源节约了脂肪，在含脂量 6%～18% 的饵料中，糖含量应以 20% 为宜。

（三）生产日常管理

1. 生产池的处理 生产培育池以及育苗有关的工具、水槽等，使用前必须浸泡和消毒并刷洗干净。新建水泥池需长时间浸泡、刷洗，以蓄水后不改变水的酸碱度为合格。也可使用 RT-176（氯乙烯-偏氯乙烯共聚乳液）涂料，将池壁、池底涂刷 2～3 遍，使池水 pH 在 8.6 以下，并在短期内无明显变化时方可使用。池子和管道刷洗干净后，用化学药品消毒，杀灭细菌等有害微生物。一般用 40～50 mg/L 漂白粉（含有效氯 25% 以上，以下同）溶液或 20～30 mg/L 高锰酸钾溶液洗刷，经数小时后再用过滤海水冲洗干净备用。

育苗设施的生物安全维护：为了实现优质鱼苗的稳定生产，将生产设施维持在最佳状态，必须注意对设施进行维护，从而为鱼类育苗健康提供最优化的条件，将疾病暴发的危险性降到最低。为了达到这些目的，育苗场的管理部门应当按照标准化操作程序严格操作。育苗场的标准化操作程序中应当包括每个培育周期（幼体培育）后或至少每 3～4 个月一次的清洁性干池程序，每次清洁后，干池的最短时间为 7 d。这有助于防止病原从一个生产周期向下一个生产周期传播。应当经常对所有设备进行彻底清洗，每次使用后进行清洗和消毒，并且在新的生产周期再次开始之前进行清洗和消毒。

鱼类繁育池在每次使用完后应当彻底清洗。用于清洗和消毒的程序基本上与所有的池子和设备相同，它包括用干净淡水进行冲洗和清洁剂清除所有的污垢及残渣，然后用 20～30 mg/L 次氯酸盐溶液或 10% 盐酸溶液（pH 2～3）进行消毒，再用淡水或过滤海水冲洗去除残留的氯或酸，最后排干池水待用。池壁也可用盐酸向下擦洗，室外水泥池可以通过阳光暴晒、干燥消毒。

2. 生产系统水质管理 鱼类生产育苗场必须设置对进水的适当清洁和消毒的处理设施或设备，用水设计应当避免交叉感染的危险，水、气分配系统的设计应当方便于消毒和完全干燥。

正常情况下，育苗场的培育设施应当建造在海水供应比较方便、地势稍高和不受风暴潮影响的安全地区。但是，有可能使用从其他地点引入的海水，建立封闭的循环用水系统，需要较为严格的地下水处理设施。用适当的过滤和消毒技术处理并非最理想的海水。从总体看，封闭的循环水系统比开放式水系统具有更好的生物安全性，但是要求额外的生物、机械过滤和消毒来维持最佳的水质。

带有大量悬浮物及浮游生物的海水首先通过沉淀池或蓄水池以除去悬浮固体物质，在每天2次潮地区，蓄水池每天可以加注2次，蓄水池要求最少蓄水容量达到总容量的50％。蓄水池的水进入育苗系统前应进行消毒以消灭所有残留的病原，并使用螯合剂去除存在的重金属。通常用次氯酸钙（钠）（浓度30～40 mg/L，消毒时间不少于30 min）或臭氧或紫外线对进水消毒。蓄水池内的海水经过氯处理后，在使用前必须用正甲苯胺（5 mL水样中加3滴）进行检查，以确保水中没有氯残留（显示为黄色）。一旦氯气已经消散或用硫代硫酸钠中和（每1 mg/L氯残留用1 mg/L硫代硫酸钠），可以用乙二胺四乙酸钠螯合水中存在的重金属（EDTA的量取决于重金属的浓度和效用）。

我国许多地区使用沙滤井进行初级海水过滤，这是一个经济的处理海水方法。海水在进入育苗场前得到初步过滤，该方法限制了附着生物、病原携带者、赤潮和一些病原的进入。

蓄水池之后的海水过滤系统应当由沙滤器、活性炭和其他过滤元件（如筒式滤器或滤膜式过滤器）组成，以用于需要细滤的用水。

沙滤器需要经常进行适当的维护。必须有足够的时间每天将沙滤器反冲至少2次（或按进水中悬浮固体颗粒含量的要求确定），以保证沙滤器的清洁。如果能够打开滤器检查通道和进行彻底反冲是有益的。在每个生产周期开始时，必须用20 mg/L次氯酸钙溶液或10％的盐酸溶液（pH2～3）冲洗过的洁净沙子来替换原来的脏沙子。活性炭在每个育苗周期内至少被替换1次，以保持其有效性。

筒式过滤器必须每天调换。在使用筒式过滤器时，必须有2套滤芯，这2套滤芯应当每天调换。用过的过滤器应当用10 mg/L次氯酸钙（钠）溶液或10％的盐酸溶液洗涤和消毒1 h。有些过滤器材料对盐酸敏感，在使用这种消毒剂时必须特别小心。然后用淡水或过滤海水漂洗过滤器，并用10 mg/L硫代硫酸钠溶液浸泡，以中和氯气。根据海水中悬浮固体物质的含量，每个育苗周期需要有2套或更多的过滤器。

如果使用再循环系统，应当使用额外的生物过滤设备。为了防止育苗场不同区域间的交叉感染，应当在每个需要的区域使用分开的再循环系统。水再循环系统是成熟效率最高的系统，因为它减少了水交换的需要和残留水的排放。再循环系统有助于维持水中稳定的理化因子，也有助于浓缩成熟过程中的交配激素，以及提供更好的生物安全性。如果育苗场的任何区域需要海水的再循环，则需有额外的生物过滤来除去溶解的有机物质。有许多种类的生物滤器都结合有净化水质的微生物相，例如，硝化细菌、反硝化细菌等，这些微生物必须在使用前培养或被"引入"（把额外的生物原料添加到过滤器中），这样，其效果在整个周期的所有阶段被优化。它们也需要周期性的清洁，但要以不杀死其有益细菌栖息者的方式进行。

3. 生产水质、环境基本参数要求　温度27～30 ℃，溶氧量5 mg/L以上，pH 7.8～8.6，盐度30～35，总氨氮含量不高于0.06 mg/L。育苗室光照周期及光强要求自然光周期，每天最强光照时间的室内光照度为5 000～10 000 lx。

4. 饵料投喂　鱼苗生长需要由物质和能量作保证。能量来源就是摄食饵料。但是饵料又是水环境最重要的污染源。因此，科学使用饲料成为养殖健康管理中的重要内容。试验表明，每一种饵料在鱼摄食后有一个最大的增长量。当饵料量不足或投饵量少于鱼的最大摄食量时，鱼的增长量随着饵料量的增加而增加。投喂量超过鱼摄食量时，会污染水质。一般根据下列因素确定投喂量。即鱼每天摄食情况、天气状况、估计使用量。投饲后，根据鱼苗摄食情况调节投饵量，如投饵后很快被吃光，就应增加投饵量。

（1）饵料种类　许多研究报道，尖吻鲈鱼苗的饵料种类主要有轮虫、卤虫成体、桡足类和人工配合饲料等，也可投喂海水小杂鱼（多在生产后期）。在生产期间，仔、稚鱼的饵料选择性还与饵料的大小、种类和密度等因素有关。殷名称（1995）指出，决定饵料是否被仔鱼喜好的最主要特征是大小。Mathia 和 Li（1982）曾指出，饵料大小的选择比种类的选择更为重要。在尖吻鲈苗种的不同生长阶段，保证新鲜充足的适口饵料，是保证鱼苗正常生长和提高育苗成活率的关键。

杜涛等（2004）研究报道，有些鱼类育苗品种，特别是变态型的鱼类在人工育苗过程中，对饵料的适口性要求很严。通过对青石斑鱼育苗地的观察发现，当鱼苗发育到 0.6～0.7 cm 时，即鱼苗已完成第一次变态过程，投喂丰年虫发现鱼苗有吐食现象，然而其对轮虫却较为偏食。陈刚等（2005）研究表明，不同日龄的仔、稚鱼对饵料种类及密度的要求也不同。3～20 日龄的仔、稚鱼饵料为轮虫，每天所需的轮虫密度应保持 10～15 个/mL。据统计，1 尾全长 4 mm 的鱼苗消耗轮虫为 1 500 个/d；10～25 日龄的幼鱼饵料种类为丰年虫无节幼体。有研究据统计，1 尾 15 日龄尖吻鲈鱼苗消耗丰年虫无节幼体为 300 个/d；15～35 日龄尖吻鲈鱼苗的饵料种类为桡足类无节幼体及小型桡足类，每天消耗桡足类、枝角类 0.2～0.5 个/mL；25～45 日龄尖吻鲈鱼苗的饵料为丰年虫成体，1 尾 25～45 日龄尖吻鲈鱼苗消耗丰年虫成体 0.1～0.3 个/mL；30～50 日龄的尖吻鲈鱼苗的饵料以肉糜和人工饲料作为饵料。彭武汉（1989）报道，尖吻鲈的饲料开始以轮虫为投喂至第 8 天。此后，选择比轮虫稍大的浮游动物，一般采用丰年虫、桡足类投喂至第 15 天，再逐渐加喂捣碎的鱼、虾肉。梁旭方（1997）报道，泰国、菲律宾和印度尼西亚等国及我国广东、台湾等地普遍采用冰鲜杂鱼养殖尖吻鲈。Phromkhuntong 等（1987）认为，在冰鲜杂鱼中加入维生素混合物可显著提高尖吻鲈的生长速度并降低饲料系数。Tacon（1989）认为混合投喂 40% 的冰鲜杂鱼和 60% 的湿性颗粒饲料时，尖吻鲈的生长优于全部投喂湿性颗粒饲料，杂鱼含量从 100% 下降到 40%，未对其生长产生不利影响。据泰国渔业部的研究结果，已经提出一种最佳的尖吻鲈饲料配方并推荐给养殖户（Boonyararpazin，1991）。我国也开展了尖吻鲈人工配合饲料的研制工作，初步提出含 45.3% 蛋白质和 9.7% 脂肪的人工饲料配方，并进行了生产性养殖试验（黄旭辉等，1991）。黄光旺等（1998）报道，当尖吻鲈鱼苗体长普遍达 2.0～2.5 cm 时，开始投入适口杂鱼小鱼苗；体长普遍达 4.0～5.0 cm 时，减少投饵料鱼并增加鱼浆用量；体长普遍达 6～8 cm 时，鱼苗能很好地聚群摄食鱼浆，可在鱼浆中混入尖吻鲈人工配合饲料，并逐渐增加配合饲料含量。戈汝学等（1993）报道，海产低值鲜杂鱼或冰鲜低值鲜杂鱼是养殖尖吻鲈的主要饲料。饲料要求新鲜不变质，加工前用海水冲洗，除去黏液和杂质，根据鱼的口裂大小剁成鱼糜或切成鱼块进行投喂；投喂尖吻鲈的混合饵料中，鱼浆含量从 100% 下降至 40%，配合饲料含量从 0 增至 60%，对尖吻鲈生长未产生不利影响；在饲料中加入维生素混合物投喂尖吻鲈，可显著提高生长速度并降低饲料系数。因此，仔、稚鱼的生产主要以轮虫成体、鱼糜和人工配合饲料为主。但是随着水产养殖业的发展，人工配合饲料的开发利用，杂鱼供不应求，因此杂鱼供应受到限制，杂鱼销售价上涨，增加了养殖成本。另外，杂鱼的质量得不到保证，常常因气候变化或人工处理或保存不当，杂鱼的质量会发生很大变化，且鱼糜的使用不是很方便，所以，养殖尖吻鲈的饵料大部分都是以人工配合饲料为主。

有许多研究报道，人工配合饲料的研发在 1987 年就开始了，并取得了很好的效果。印度尼西亚（Tacon 和 Rausin，1989）、新加坡（Chou，1984；1988；Chou 等，1987）和泰国（Boonnayaratpalin，1988a；1988b；1989；Buranapanidgit 等，1988；Wana-kowat 等，1989；Boonyaratpalin 等，1989；Sakaras 等，1988；1989）等多位学者专门从事尖吻鲈营养学研究，研制出了全人工配合饲料，用来投喂尖吻鲈，促进尖吻鲈生长，提高了养殖户的经济效益，取得了较好的效果。黄旭辉（1991）报道，我国也开展了尖吻鲈人工配合饲料的研制工作，初步提出含 45.3% 蛋白质和 9.7% 脂肪的人工饲料配方并进行了生产性养殖试验。

（2）仔稚鱼驯化过程中更换饵料的注意事项　每次更换饵料，要有 3 d 的过渡时间，以便多数鱼苗能更好地适应新饵料。更换饵料要适时，太迟会影响鱼的生长，太早则由于大部分个体还不能摄食，影响成活率，还会引起生长不均匀，使个别能摄食较大饵料的个体长得特别快。

（3）饵料的日投喂量、投喂时间、投喂次数和投喂方法　鱼苗投放生产池 2 h 后可以投料喂食，开始以丰年虫成体为主、配合饲料为辅的方式投喂，当仔稚鱼开始摄食人工饲料时，就以人工饲料为主，后辅以一些丰年虫投喂。饵料在漂浮状态中被鱼所吞食，一直至鱼不游上水面吃食为止。饲料日投喂量不作硬性规定，以当天鱼摄食至饱为止的摄食量作为第 2 天的投饵量，同时结合天气变化、水质状况灵活掌握。生产期间投喂以少量多次的方式，随着鱼体的长大，再逐渐改变，前期每天投喂 6 餐，早上7:00投喂，每隔 2 h 投喂 1 次，如需换水、除污和筛苗（包括换池），喂食时间可提前或延后。鱼苗按体长规格可分别为 4～7、7～10、10 cm 以上，其对应日投喂次数分别为 4、3、2 次。

仔鱼的培育。鱼苗入池后保持微充气，水温控制在与外塘的水温相近。早期饵料以轮虫为主，轮虫数量控制在 20～22 个/mL，以后保持在 8～10 个/mL，同时每天换水 5～10 cm，水温 31～33 ℃，鱼苗长到第 8 天，饵料开始转变，到第 18～19 天开始投喂卤虫无节幼体，每天换水 20～30 cm。

稚鱼的培育。仔鱼全长达 4～5 mm 进入稚鱼期，每天投喂卤虫无节幼体 3～4 次，并逐渐适量补充枝角类。在仔鱼完全转变成稚鱼后，由于其摄食量大增且水温又高，每天须换水 50 cm 以上。这时的鱼苗可以倒池过筛，倒池过筛后投喂的饵料主要是卤虫成体和大型浮游动物（如桡足类），稚鱼全长超过 1.6 cm 时可加喂部分摇蚊幼虫。

投喂方法。每次投喂时，先停气停水，再用水瓢在池角的内壁轻轻敲打几次，同时投喂少量饲料诱食，旨在训练鱼苗慢慢养成"敲钟开饭"的习惯，便于日后投料喂食，每当投料员的影子倒映在投料台或是听到水瓢敲打池壁声音，鱼苗便游来池角等待，按照"少量多次"的原则、"慢、快、慢"的节奏及"四看、四定"的投喂要领进行操作。由于是在停气停水条件下喂食，池水清澈见底，鱼苗拢集池角抢食，所以投料员应掌握喂食节奏、投料量、观察鱼苗摄食和游动等情况，投喂完毕应及时恢复供气供水（微量流水）。当鱼苗体长达 3.0 cm 时可以进行驯食换料。

在驯食换料阶段的每餐喂食过程中，应先投少量的人工配合饲料后喂卤虫。驯食转料的前两天卤虫投喂量不增减，自第 3 天起应适当增加人工配合饲料量而减少卤虫量，也就是说驯食转料前期人工配合饲料少、卤虫多，后期人工配合饲料多、卤虫少，直至单一投喂人工配合饲料。总之，投料量的增加应根据鱼苗摄食的实际情况来适当调整。

在驯化饲料过程中，要使尖吻鲈苗在摄食浮游动物直接过渡到人工饲料，必须保证饲料充足，每天投喂 4～6 次，做到少量多餐，投放量以鱼苗停止追食为度，并在每次投喂饲料前用物体敲击发出声音，使鱼苗逐渐形成定位摄食习惯。经多次实践证明，从摄食浮游动物到人工饲料驯饵过程，比从摄食浮游动物直接过渡到人工饲料的驯饵过程，鱼苗成活率大幅提高。

（4）吸污、换水和筛苗及换池　吸污和换水最好每天上、下午各 1 次，而筛苗和换池则每隔 3 d 进行 1 次（俗称的"三天一筛"，指第一天选用 4 号鱼筛筛苗、换池，第四天选用 5 号鱼筛同样操作一次，依此类推），筛苗和换池在上午操作为佳。

吸污和换水。吸污、换水是生产阶段每天的必需工作，在条件允许的情况下，每天要进行流水育苗。每天上、下午各给鱼苗池大换水 1 次，下午对鱼苗进行吸污，然后由两人各执除污器（虹吸法）在池的底部均匀来回数次移动，将残饵、排泄物等脏物吸出池外，若生产池面积过大，应由 2～3 人身穿水裤下池操作。吸污清底完毕，先暂停排水，待池水升至原水位后再排水，持续微量流水。

筛苗和换池。筛苗与换池应同步进行，其作用有 3 点：①将"筛上苗"和"筛下苗"分池培育，避免其相互残杀；②合理调整放养密度；③更换、改善鱼苗栖息环境。

尖吻鲈为肉食性鱼类，具有相互捕食的天性，残食现象直至体长 10 cm 以上，经驯饵后才减少。因此，在培育过程中应尽量保持苗种大小规格一致，如发现规格不整齐，应及时进行分级调整并贯穿整个培育过程。分级过筛时操作要小心，每次过筛后应进行鱼体消毒。如果分筛过程鱼体受损，则极易引起感染发病，换池和筛苗的各项准备工作应于前一天下午按照鱼苗投放生产池前的具体要求与操作方法展开。筛苗前先将池水排低，然后将鱼捞起，倒入新生产池小网箱中的鱼筛里筛苗，边筛苗边观察。"筛上苗"移入新生产池，而"筛下苗"留在小网箱里，待其他生产池筛苗完后再将所有的"筛下苗"根据其数量投放另一新池或若干个新池中培育。相反，如小网箱里的"筛下苗"数量稍多一点，则应先将其移入新生产池，然后再把鱼筛里的"筛上苗"放进小网箱（"筛上苗"分池操作方法与小网箱里的"筛下苗"相同），此后可将鱼筛直接置于新生产池中继续完成整个筛苗、换池的操作。

分级分疏的作用是为尖吻鲈鱼苗提供充足的活饵，以培育规格整齐的鱼苗，减少分筛次数。分筛工作应与投饵及密度调整结合进行。当鱼苗体长大部分达 2.5～3.0 cm 时，分级分疏 1 次，投喂饵料鱼为主，密度控制在 1 万尾/亩* 以下；体长大部分达 4.0～5.0 cm 时，分级分疏 1 次，投喂鱼浆为主，密度控制在 5 000 尾/亩以下；体长达 6.0～8.0 cm

---

* 亩为非法定计量单位，1 亩≈667 m²。——编者注

时，分级分疏1次，逐渐转为混合饲料，密度控制在3 000尾/亩以下；体长将近10 cm时，分级转入成鱼养殖池，密度控制在1 000尾/亩以下。

鱼苗经筛苗后应根据其规格大小及时合理调整放养密度，当鱼苗体长分别达5.0、6.0～8.0、8.0 cm以上时，放养密度适宜控制为800～1 200、400～600、300尾/m³。

（5）预防病害　坚持"预防为主、防重于治"的原则，致力做好鱼苗选购、换水、投料喂食、吸污清底、筛苗和换池等日常管理的各项工作。严把鱼苗质量关，合理排灌池水，换水量适中且微量流水，维持水质环境稳定。除污去脏，洁净池底，将池水中不利因子的含量指标控制在适宜范围以内，为鱼苗提供一个舒适的生活空间。筛苗和换池应准确选筛，认真细心操作，尽量避免因人为操作不当造成鱼体受伤而引发的体表感染。

（四）生产期间的健康管理

随着集约化养殖工艺的逐步深化，由环境条件等因素引起的非寄生性鱼病日趋严重，尤其是由于饲料营养失衡，强化投饵，饲料中含有有毒物质，乱用药和滥用药，造成养殖鱼类肝、肾和脾损害及其综合征肆虐，并继发传染性鱼病，患病的鱼临床症状复杂，诊治困难。有研究报道，这类疾病最严重的是肝损害和肝病及肝性综合征病，如罗非鱼、鲤等养殖对象症状明显。在集约化养殖中一旦发生肝损害以及肝性综合征等疾病，往往是大规模甚至全面暴发。虽然这样的疾病没有传染性，但它的后果远远超过传染性疾病。这类疾病与过去池塘养殖鱼类"萎蔫病""跑马病"和生长缓慢等非寄生性疾病的病因病理不同，对这类疾病应引起足够的重视。

鱼类摄食了一些有毒害性物质，常常会表现中毒症状。轻者反应迟钝，精神萎靡，食欲不振等；中毒严重的，可使病情迅速蔓延，造成鱼类大量死亡。常见的鱼类摄食中毒有消毒剂或杀虫剂使用过量中毒、药物使用不正确中毒和直接吞食有毒物质中毒等。养殖管理不当，如投喂不清洁或变质的饲料，就会引起鱼患病。人工投饵不均匀，时多时少，时投时停，或投喂时间不当，也是鱼类发病的原因之一。投喂的饲料营养配给不合理或投喂的饲料量过多，易使鱼长得过胖，脂肪含量过高，发生脂肪变性，降低鱼体免疫力，使鱼生病或死亡。因此，必须使用高品质的饲料，使饲料能充分被鱼体吸收和利用，这样有利于防止水体被污染，让鱼类有一个较好的生长环境，减少鱼病的发生和鱼的死亡。

由于仔、稚鱼发育生理变化较快而且水质环境变化也快，因此每天需要数次检查鱼苗的发育状况及水质的变化情况，并作出正确的评估。该项工作应当列为鱼苗繁育生产的常规性工作之一。鱼苗发育状况的评估通常在早晨进行，根据鱼苗健康状况，采取相应措施。应当每天对每个池子内的鱼苗检查2～4次。每次对鱼苗活动、体色、摄食、粪便、水色以及育苗池内的水质状况进行目测检查。另外，还需要对水质指标和池内饵料数量进行观察并记录。然后决定是否进行更为详细、准确的2级和3级手段的检测。例如，将幼鱼样本带回实验室进行更详细的显微检查。这将提供关于发育阶段、状况、摄食和消化及出现任何疾病或畸形的信息。在培育全过程中，还应有1～2次把样本送到PCR实验室进行病毒性疾病的分析和筛检。

1. 目测的内容　主要是观察鱼苗和水质状况

（1）仔、稚鱼的游泳行为　健康仔、稚鱼的游泳均有一定的特点，对外界的反应敏感；被细菌感染的病鱼反应迟钝，无力地漂游在水面上；被寄生虫（车轮虫等）侵袭的病鱼呈急躁不安状，多在池边圈游，若池埂为块石垒砌，可发现患病鱼苗有往池壁冲撞摩擦。有的患病鱼苗表现为身体麻木，行动迟缓，体色逐渐变黑，僵硬而死；有的表现为极度兴奋，不停地在水面跳跃、抽搐、颤抖和挣扎至死。

（2）仔、稚鱼的体表、体色　观察病鱼体表面，可从竖鳞片、溃烂、充血、眼球及体色体型来辨别健康状况。一般生病的鱼可发现其眼球部位明显突出，通体颜色发白，鳃丝呈暗红色、溃烂并严重充血，同时在腹部位置也有明显的充血现象，身体过度膨胀，鱼体活动受限。

（3）仔、稚鱼的摄食　观察鱼的摄食和活动情况，健康仔、稚鱼在摄食时，会在饵料的诱食下聚群、抢食。可从鱼儿的摄食活动情况判断其健康状况，确保饲养工作正常开展。

（4）粪便的整齐性　正常情况下，仔、稚鱼的粪便呈条状，颜色跟饲料的颜色差不多。如果粪便为稀状，颜色为白色，可判断鱼消化不良。

（5）水色　正常情况下，以流水方式在室内培育仔、稚鱼。如果经过一个晚上的停食，水色混浊、偏浓，则为不健康颜色。

2. 常规的生物学试验观察　目测认为有可疑之处的，需要应用显微镜检查和压片标本为基础的生物试验手段进行检测。有必要抽样时，应从每个池子中至少随机取样 20 尾鱼苗（较大的池子取样数量更多）。着重对鱼苗的肝，胰，消化道的蠕动情况、内含物、鳃部、肢体形态和体表是否清洁等各项指标进行检查。

（1）体表　将病鱼置于白搪瓷盘中，按顺序从嘴、头部、鳃部、体表和鳍条等仔细观察。寄生于体表的线虫、锚头鳋、鱼鲺、钩介幼虫和水霉等，很容易观察到。

但很多用肉眼看不出来的小型病原体，则主要根据症状加以辨别。口丝虫、车轮虫会造成鳍条末端腐烂，但鳍条基部一般不充血；疖疮病则表现为病变部位发炎、脓肿；白皮病则病变部位发白，黏液少，用手摸有粗糙感；复口吸虫表现为眼球混浊，后期出现白内障。但有些病症，如鳍条基部充血和蛀鳍，则都是赤皮病、肠炎病、烂鳃病以及其他一些细菌性鱼病的病症之一。大量的车轮虫、斜管虫、小瓜虫和指环虫等寄生虫寄生于鱼的体表和鳃上，同样都会刺激鱼体分泌较多的黏液。因此，除了根据鱼病症状，还应根据病原体的生活习性和条件，主要选择宿主等综合分析考虑。

（2）鳃　检查鳃部，重点是鳃丝。先看鳃盖是否张开，然后用剪刀小心把鳃盖剪掉，观察鳃片上鳃丝是否肿大或腐烂、鳃的颜色是否正常、黏液是否增多等。如果是细菌性烂鳃病，则鳃丝末端腐烂，严重的病鱼鳃盖内中间部分的内膜常被腐蚀成一个不规则的圆形"小窗"。若是鳃霉病，则鳃片颜色发白，略带微红色小点。若是车轮虫、斜管虫、鳃隐鞭虫、指环虫、三代虫等寄生虫引起的鱼病，鳃片上则会有较多黏液。

若是中华鳋、双身虫、狭腹鳋、黏孢子虫孢囊等寄生虫，则常表现为鳃丝肿大、鳃盖胀开等症状。

（3）内脏　检查内脏时，应先把一边的腹壁剪掉，剪腹壁时注意不损伤内脏。先观察是否有腹水或肉眼可见的较大型的寄生虫。其次是观察内脏的外表，如肝的颜色、胆囊是否肿大及肠道是否正常，然后将靠近咽喉部位的前肠和靠近肛门部位的后肠剪掉，取出内脏后，把肝、肠、鳔和胆分开，再把肠内分为前肠、中肠和后肠3段，轻轻去掉肠道中的食物和粪便，然后进行观察。绦虫、吸虫和线虫等较大的寄生虫，很容易看到。如果是肠炎，则会发现肠壁发炎、充血。如果是黏孢子虫病，则肠道中一般有较大型的瘤状物，切开瘤状物有乳白色浆液或者肠壁上有片状或稀散的小白点。

第四章 尖吻鲈发育

第一节 尖吻鲈仔稚鱼异速生长

异速生长，又名相对生长，指生物个体某一类功能器官的相对生长速率不同于身体其他部分相对生长速率的现象，是长期以来动植物个体形态发育过程中为适应复杂的外界环境而保留的发育规律（Petrer，1986；Niklas，1994）。在硬骨鱼类早期的生长发育阶段，受到遗传和环境因素的影响，仔、稚鱼各功能器官的发育表现出不同步性（Ma 等，2007）。早期阶段鱼类的生长发育中普遍保留有异速生长规律，例如，美洲鲥 *Alosa sapidissima*（Gao 等，2015）、大麻哈鱼 *Oncorhynchus keta*（Song 等，2013）、红鳍笛鲷 *Lutjanus erythopterus*（Cheng 等，2017）、粗唇龟鲹 *Chelon labrosus*（Khemis 等，2013）等物种的仔、稚鱼阶段中，重要头部器官都会优先发育，为眼、口的快速分化创造条件，提高呼吸和摄食能力，使其适应繁复多变的环境。

一、异速生长研究方法

1. 样品处理　首先将受精卵在水温 27.5 ℃下平衡 20 min，之后轻缓地加入 500 L 容量的孵化器中。至仔鱼 2 日龄时，将其从孵化器中分别转移到 3 个相同的 2 500 L 容量的育苗桶中，自此进入仔、稚鱼饲养阶段，保持桶内鱼苗密度为每桶 60 尾。过滤水（经 5 μm 孔径纱网进行过滤）从桶底部向内通入，桶口沿下部附近由导管连接排水孔，用 300 μm 孔径纱网拦截幼苗，以防逃逸。通过调节桶阀门，实现日换水量为苗桶容量的 2 倍。每天固定清理排水口过滤网，为保证出水口不被排泄物堵塞。光照条件为每天 2 000 lx，光照 14 h 及黑暗环境 10 h。盐度保持在 33±0.8（平均值±标准差），水温控制在（29.0±1.0）℃。为保证充足溶氧，每桶放置 4 个气石，同时为减小气泡破裂力对幼苗的伤害，要求气量调节恰到好处。

从尖吻鲈 2 日龄开始投喂轮虫，轮虫密度保持于 10～20 个/mL 到 10 日龄时停止投喂。9 日龄起开始投喂丰年虫的无节幼体，初始密度为 0.1 个/mL，之后逐日递增直到 5 个/mL。19 日龄起开始驯化尖吻鲈进食微颗粒饲料，每天 8：30—19：00 每隔 1 h 加入适口的浮性颗粒饲料，根据鱼苗对微颗粒饲料的进食情况酌情递减投喂量，直到驯化完全。前期在投喂生物饵料时，投喂前须对生物饵料（轮虫和丰年虫无节幼体）进行 12 h 营养强化，强化剂品牌来自 INVE Aquaculture。育苗阶段水体中加入海水拟微球藻，以保证育苗桶中的轮虫能够有足够饵料。同时，为尖吻鲈仔、稚鱼提供绿色的水体环境。育苗过程中，采用虹吸的方法去除苗桶中的排泄物、剩余饵料和死去的仔、稚鱼。

2. 研究方法　采用体视显微镜观察以及 Oneplus A3010 相机拍照采集信息并作记录。自仔鱼孵化后第 1 天起，每天 8：00 从桶内随机抽取 10 个样本，麻醉剂浓度为 40 mg/L，麻醉后用体视显微镜观察其各相关器官的形态变化并拍照记录。

尖吻鲈躯干、尾部和头部等指标（图 4 - 1）使用 Auto CAD2014 测量，图片标尺精确至 0.01 mm，测量后，采用浓度为 10% 的中性福尔马林溶液将全部样本进行固定，于避光环境下保存以备查用。

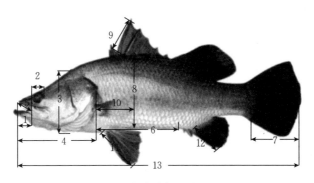

图 4 - 1　尖吻鲈仔、稚鱼测量

1. 吻长　2. 眼径　3. 头高　4. 头长　5. 上颌长　6. 躯干长　7. 尾鳍长　8. 体高　9. 背鳍长
10. 胸鳍长　11. 腹鳍长　12. 臀鳍长　13. 全长

3. 数据处理　用数学模型 $y = ae^{bx}$ 来拟合全长与日龄的函数关系（Zhuang 等，2009）。式中，x 为日龄，y 为该日龄下所对应的全长，b 代表生长速率，a 为 y 轴的截距。鱼类异速生长模型采用幂函数方程 $y = ax^b$，仔、稚鱼全长用 x 表示，用 y 表示 x 相应的各个器官的长度，其中 a 是曲线在 y 轴的截距，而 b 是异速生长指数。b 值大于 1 的情况下，功能器官表现出正异速增长（快速生长）；b 值小于 1 时，功能器官表现为负异速增长（慢速生长）；b 值为 1 时，器官呈现等速生长。功能胃的形成是稚鱼期到来的标志（Stroband 和 Kroon，1981），尖吻鲈在 16 d 时胃腺开始发育，因此，以 16 日龄（Day post hatch，DPH）作为节点划分尖吻鲈生长曲线，不同的生长阶段采用不同生长方程来表示：$y = a_1 x^{b_1}$，$y = a_2 x^{b_2}$。对 b_1、b_2 是否等于 1 做 t 检验，此外对 b_1、b_2 做 t 检验，以检测两个 b 值是否差异显著（置信区间 95%）。使用 SPSS18.0 软件对生长模型进行拟合非线性回归，并使用 EXCEL2016 进行拟合分段回归模型，以残差平方和最小和决定系数 R^2 最大为曲线拟合的标准，显著性检测使用 SPSS18.0 进行。

二、仔、稚鱼发育与异速生长

仔、稚鱼阶段在鱼类整体生命过程中是高死亡率阶段，也是其对外界压力和环境因子最为敏感的时期（Yin，1991）。在硬骨鱼类发育的早期阶段中，自然水域中天敌捕食与饥饿是影响仔、稚鱼的成活率和资源补充的重要因素（Iguchi 和 Mizuno，1999；Kamler，1992）。骨骼畸形、开口饵料不适口、寄生虫等是鱼苗繁育过程中的重要挑战。另外，寻找合适的养殖密度、光照度、溶氧量以及活体饵料等均是鱼类养殖的关键环节（Koumoundouros 等，1999；Zheng，2016；Huang，2016；Ou 等，2014；Gluckmann 等，1999；Olla 等，1995）。在仔、稚鱼不同的发育阶段，由于个体发育的生理因素以及环境因素（溶氧、pH 等）的影响，在形态学、生理学等方面，各种关键器官（如头、口和鳍等）都经历了显著变化（Gluckmann 等，1999），那些对早期存活发挥重要作用的器官得以选择性的优先性发育，使其获得了适应环境的最佳性能，并且这种优先性会随着发育阶段的不同而做出改变。这种优先发育规律是鱼类在长期进化历程中演化的自我保护机制，表现为与主动摄食及躲避敌害相关的一些关键器官优先发育。在美洲鲥 *A. sapidissima*（Gao 等，2015）、大麻哈鱼 *O. keta*（Song 等，2013）、红鳍笛鲷 *L. erythopterus*（Song 等，2013）、粗唇龟鲻 *C. labrosus*（Khemis 等，2013）等物种中也观测到了这种异速生长的发育机制，与本研究的结果一致。这种优先发育机制，直接影响到尖吻鲈仔、稚鱼的捕捉信息、运动生长及同化作用等生理和生态学活动，最终关系到鱼类躲避敌害、繁衍种群的能力，达到与饲养环境相协调（Olla 等，1995）。

1. 尖吻鲈仔、稚鱼全长和日龄的关系 尖吻鲈仔、稚鱼全长与日龄的关系方程为 $y=1.6921\times e^{0.1131x}$，其中 R^2 为 0.924 5，拟合曲线可靠性较高（图 4-2）。1 日龄尖吻鲈仔鱼全长为（2.2±0.52）mm，经过 36 d 生长，全长达到（56.26±7.02）mm，平均增长率为 1.501 mm/d。

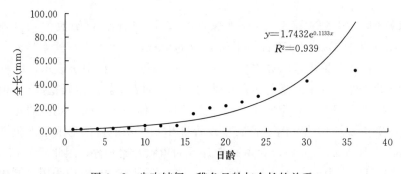

图 4-2 尖吻鲈仔、稚鱼日龄与全长的关系

2. 尖吻鲈头部各器官的异速生长 尖吻鲈仔、稚鱼的吻长（图 4-3a）、口径（图 4-3b）、头高（图 4-3c）和眼径（图 4-3 d）与全长之间出现了异速生长的情况。16 日龄之前，它们的异速生长指数 b_1 分别为 1.236、1.072、1.080、0.966，吻长、口径、头高 3 个指标的 b 值与 1 均具有显著性差异（$p<0.05$），正异速生长得以表现。眼径的异速生长指数 b_1 与 1 差异不显著，表现为等速生长。16 日龄后，b_2 分别为 1.104、1.106、0.807、0.610，吻长、口径、头高、眼径的 b_2 值与 1 均具有显著性差异（$p<0.05$），吻长、口径表现为正异速生长，头高、眼径表现为负异速生长。故在 16 日龄前后，尖吻鲈的吻长、口径均表现出正异速生长，头高在 16 日龄前表现出正异速生长，16 日龄后转化为负异速生长，16 日龄前尖吻鲈眼径表现为等速生长，16 日龄后为负异速生长。16 日龄时，尖吻鲈全长为（17.60±1.77）mm，分析可得出吻长、口径、头高和眼径在此时均存在生长拐点。

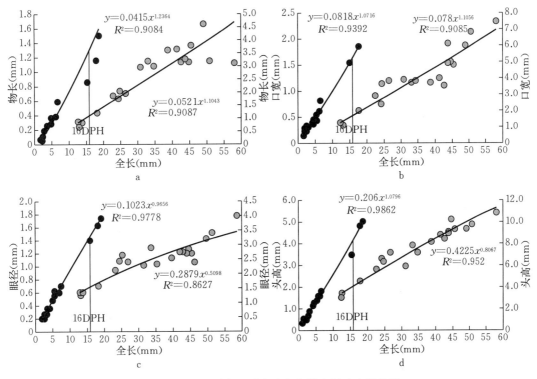

图 4-3 尖吻鲈仔、稚鱼头部各器官异速生长曲线

尖吻鲈仔、稚鱼的头部形态学参数（眼径、吻长、上颌长和头长）相对于全长均具有异速生长的特点，说明其头部与仔、稚鱼整体也呈异速生长的关系。仔、稚鱼阶段的摄食功能与口器功能密切相关，口裂大小直接影响取食饵料的机能，口宽决定捕获饵料的大小，食性及所处发育阶段影响其口径比（Dai，1985）。仔、稚鱼的口径变化及变态对于仔、稚鱼选择适口饵料以及食性的转变至关重要（Ou 等，1995；1998）。受精卵在孵化后，随着卵黄囊内营养物质的不断消耗以及油球的吸收，仔鱼开口后，进入混合营养阶段，向外界摄食的压力不断增大，口裂的快速生长也是其对于不同大小食物的适应（Osse 等，1997；Gisber 和 Doroshov，2006；Peña 和 Dumas，2009）。本试验中，尖吻鲈吻长、上颌长前后都表现为快速生长。仔、稚鱼早期的生长发育与饵料类型与其营养结构密切相关。在尖吻鲈早期发育过程中，自 2 日龄末开始张口，投喂轮虫，10 日龄停止投喂，随着仔鱼的生长，9 日龄开始投喂营养更丰富的丰年虫无节幼体，19 日龄开始过渡到营养全面的微颗粒饲料。通过一系列的饵料转变，尖吻鲈获得了充足的营养源，保证了各器官的快速发育，而在 16 日龄的拐点前后，尖吻鲈的吻长、上颌长在仔、稚鱼阶段一直处于优先发育，上、下颌仍然继续生长，从而获取体型更大、能量更高的食物，获得充足的营养。

在试验观察中发现，尖吻鲈的眼径在 16 日龄由等速生长转化为慢速生长，眼径的生长拐点与鲈鲤（14~15 日龄）相似（He 等，2013），比条石鲷（20 日龄）（He 等，2012）和青龙斑（20~21 日龄）晚（Wu 等，2014）。本研究中尖吻鲈眼径的生长速率要小于口径和吻长，在稚鱼阶段转化为慢速生长，表明在尖吻鲈早期发育过程中口径和吻长的重要性要高于眼睛，可能是由其生长环境和生殖方式决定。有研究显示，在早期发育阶段中眼睛并没有表现出异速生长的现象（Song 等，2013）。而另有研究，在孵化后眼睛最早完成快速生长，为捕食定位的关键感觉器官（Chen 等，2015）。

鱼类头高决定头部容积，其中头部容积关系到其内部器官的发育，头部容积均可能限制仔、稚鱼口咽部、鳃的发育，进一步影响仔鱼的呼吸和消化系统的功能，而这些功能对于仔、稚鱼的生长发育是至关重要的（Snik 等，1997）。在 16 日龄以前头高与全长呈正异速生长，至拐点处，口咽腔和鳃等器官的发育已较为完善，头高由优先发育进入次要发育阶段，开始呈现负异速生长。许氏平鲉的早期发育也得到相似的结果（Xi 等，2014）。

3. 尖吻鲈仔、稚鱼身体各部分的异速生长 尖吻鲈身体部分的异速生长曲线主要包括头长（图 4-4a）、体高（图 4-4b）、躯干长（图 4-4c）。头长的异速生长指数 b_1 为 1.115 8，b_2 为 1.051 7，与 1 均显著性差异（$p < 0.05$），表现为正异速生长。体高的异速生长指数 b_1 为 1.013，b_2 为 1.047，与 1 无差异显著（$p > 0.05$），表现为等速生长。躯干长的异速生长指数 b_1 为 1.048，b_2 为 1.020，与 1 无显著差异（$p > 0.05$），等速生长规律得以表现。故说明尖吻鲈头长在仔鱼期、稚鱼期均为快速生长；体高、肛前长在仔鱼期、稚鱼期均为等速生长。16 日龄时，尖吻鲈全长为（17.60±1.77）mm，通过异速生长指数显著性的差异，实际得出头长此时存在生长拐点，体高、肛前长不存在生长拐点。

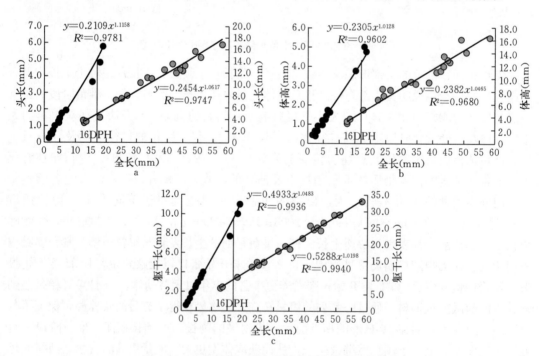

图 4-4 尖吻鲈仔、稚鱼身体各部分异速生长曲线

早期发育过程中，鱼类躯干部位的形态建成主要包括骨节、肌节结构的分化生长以及消化系统的发育。仔鱼开口后，消化道后半部分弯曲形成早期的肠，之后肝、肾等消化器官的功能随着体长的增长而不断完善。而体高及肛前长相对身体全长而言为等速生长，表

现为内部消化系统的完善是一个相对缓慢的过程。分析认为，尖吻鲈仔、稚鱼骨节、肌节的分化及进一步发育可能在其早期发育过程中占次要地位，而肛前长并未表现出快速生长，可能是由于便于减少头部与尾部的距离，控制鱼体的长度，保证其在早期发育阶段身体保持平衡，使其运动更加协调。在尖吻鲈仔、稚鱼阶段头长均为快速生长，在优先发育头部器官的过程中提供了空间基础，是发挥最佳摄食功能的选择，是鱼类在长期的发育进程中适应自然选择的结果（Song 等，2013）。

4. 尖吻鲈仔、稚鱼游泳器官的异速生长　尖吻鲈仔、稚鱼的外部游泳器官主要为背鳍（图 4 - 5a）、腹鳍（图 4 - 5b）、胸鳍（图 4 - 5c）、臀鳍（图 4 - 5 d）、尾鳍（图 4 - 5e），起着导向、平衡及推进的作用。尖吻鲈仔鱼期尾鳍的异速生长指数 b_1 为 0.880，与 1 均呈现显著性差异（$p<0.05$），负异速生长规律得以呈现。胸鳍的异速生长指数 b_1 为 1，表现为等速生长。稚鱼期，尾鳍的异速生长指数 b_2 为 1.030，与 1 无显著差异（$p<0.05$），

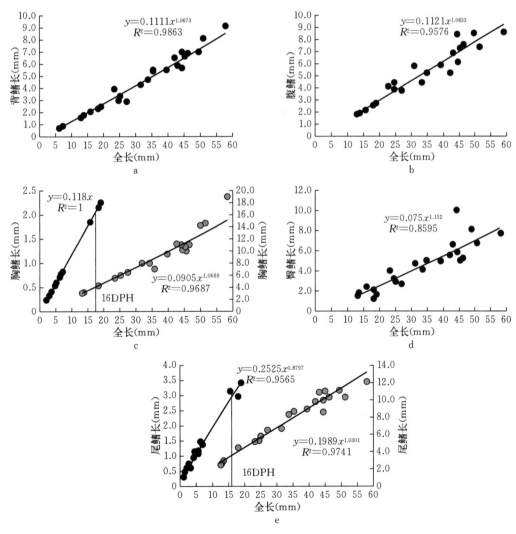

图 4 - 5　尖吻鲈仔、稚鱼游泳器官异速生长曲线

表现为等速生长，胸鳍的异速生长指数 b_2 为 1.087，与 1 具有显著性差异（$p<0.05$），表现出正异速生长。分析两者的 b_1 和 b_2 后，发现尖吻鲈尾鳍、胸鳍在 16 日龄均存在生长拐点，前后表现出不同的生长速度。

试验中，尖吻鲈背鳍的测量 14 日龄左右才开始，腹鳍、臀鳍 16 日龄时才能准确测量。背鳍、腹鳍、臀鳍的异速生长指数 b 值分别为 1.067、1.083、1.152，与 1 均差异性显著（$p<0.05$），均表现为正异速生长。

早期尖吻鲈的运动器官主要包括鳍褶、尾鳍、胸鳍。胸鳍在 16 日龄出现生长拐点，胸鳍在仔鱼期保持等速生长，保持身体增长所需的同步运动能力，胸鳍主司平衡作用，稚鱼期其快速生长为尖吻鲈平衡能力的提高奠定了基础，并与快速生长的背鳍、臀鳍、腹鳍一起协同作用，使稚鱼期的尖吻鲈平衡、游泳能力增强，进一步使其躲避敌害以及适应环境、主动摄食的能力增强（Yu 和 Zhang，2011）。背鳍、臀鳍、腹鳍在开口后 16 日龄以较全长更快的生长速率快速发育，充分说明了鳍条在尖吻鲈早期发育过程中的重要作用。此时的游动能力提高，稚鱼能以不同的游动方式游动。尖吻鲈仔鱼的尾鳍在 16 日龄前为慢速生长，之后转变为等速生长，这与红鳍笛鲷 *L. erythopterus*（Cheng 等，2017）、美洲鲥 *A. sapidissima*（Gao 等，2015）、赤眼鳟 *Spualiobarbus curriculus*（He 等，2013）等研究结果不同。分析认为，尖吻鲈初孵尾鳍的发育已较为完善，鳍褶作为辅助，代谢损耗降到最低，使短时间内更多的能量用来供给头部及身体部分，如胸鳍的发育，从而大大提高仔鱼的游泳及平衡能力。随着鳍褶的退化，各鳍条功能逐渐完善，各鳍条的相协调提高了尖吻鲈的游泳能力，使其适应复杂多变的外界环境。

本章节对尖吻鲈仔、稚鱼阶段的异速生长发育规律进行了较为系统的研究，探讨了其外部形态特征的发展及其重要的生态学意义。通过对尖吻鲈仔、稚鱼的发育研究可知，在尖吻鲈的早期发育过程中，仔、稚鱼的摄食、呼吸、游泳、感觉等大多数器官均表现出异速生长的特点。这些重要器官在仔、稚鱼早期快速发育，使孵化后仔、稚鱼在早期生长阶段中，在最短时间内实现器官功能与环境的协调，从而使其获得早期生存相关的各种能力，使仔鱼主动摄食、躲避敌害的能力增强，这也是长期自然选择过程中的生态学适应（Cheng 等，2017）。因此，根据尖吻鲈早期发育的特点，在人工培育苗种生产中应尽可能克服尖吻鲈早期发育的几个瓶颈（Gluckmann 等，1997）（开口及驯化等），根据尖吻鲈自身的生长规律，创造鱼苗所需的最佳环境条件，投喂适口性较好的开口饵料，从而有效获取外源营养而降低死亡率。在尖吻鲈自然繁育的季节，对其产卵场进行保护，创造良好的产卵和育苗环境，对推动尖吻鲈养殖业发展具有重要意义。

第二节　尖吻鲈消化系统发育

鱼类消化系统的正常发育是其正常代谢、能量获取和生长发育的保障（Ma 等，2012），不仅如此，作为营养物质消化和吸收的部位，仔、稚鱼的消化器官在早期阶段还具有一定免疫功能，且参与许多重要的代谢（Wallace 等，2005）。掌握鱼类早期消化系统发育规律，有助于更好地掌握个体早期发育阶段的消化生理、营养需求和摄食生物学，从而指导投喂管理（Ma 等，2014，2015）。本节对尖吻鲈消化系统早期发育，从形态学、组织学、分子生物学和生物化学等方面进行系统阐述，可以帮助读者理解该物种消化系统早期发育规律。

一、尖吻鲈仔、稚鱼消化道的早期发育

1. 消化道的形态转变 图 4-6a 为刚孵化的尖吻鲈（全长 1.60 mm），一枚油球位于卵黄囊前面；图 4-6b 是 1 日龄的尖吻鲈（全长 2.20 mm），此时大部分卵黄囊已被吸收而未开口，且消化道呈直线型；2 日龄尖吻鲈（全长 2.52 mm）（图 4-6c），卵黄囊已被完全吸收，且此时已开口并开始摄食，于油球后的消化管内清晰可见被消化的轮虫。直肠瓣膜可见。4 日龄尖吻鲈（全长 2.80 mm）肠道形态变化微小（图 4-6 d），油球依然可见，前正中肠和直肠区域发育变大且均被直肠瓣膜隔离；5 日龄尖吻鲈，油球基本消失，直到 6 日龄，可见部分螺旋状肠道；8 日龄尖吻鲈（全长 6.08 mm）（图 4-7a，b）肠道前部分螺旋化基本完成，且其前部分扩大延伸为长卷形的袋状物；11 日龄（图 4-7c），该袋状物开始转化为胃；该转化于 13 日龄进展顺利（全长 11.04 mm，图 4-7 d）；图 4-8a 为消化管的形态转化及胃的发育，幽门括约肌、盲肠于 15 日龄基本形成（全长 11.50 mm）；17 日龄尖吻鲈（全长 12.32 mm），胃核心部分与幽门部分连接形成尖角，具特征形状的胃初步形成（图 4-8b），此时尖吻鲈的消化道已完全改变；随着个体日龄增加，胃部逐渐变大，盲肠继续发育至清晰可见，并于 30 日龄发育成为稚鱼的消化道类型（全长 22.54 mm，图 4-8c），然而，胃的形成和盲肠发育至形态基本不变发生在 80 日龄（全长 60.67 mm，图 4-8 d）。

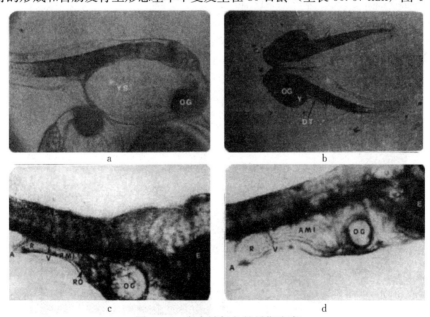

图 4-6 尖吻鲈仔鱼的早期发育

a. 刚孵化的尖吻鲈（全长 1.60 mm），携带卵黄囊 b. 1 DPH c. 2DPH d. 4DPH

YS (yolk sac)，卵黄囊；OG (oil globule)，油球；Y (yolk)，卵黄；DT (digestive tube)，消化道；R (rectal area)，直肠区；V (intestino-rectal valve)，直肠瓣膜；AMI (antero-median intestine)，前正中肠；RO (rotifers)，轮虫；E (eye) 眼；A (anus)，肛门

（引自 Walford 和 Lam，1993）

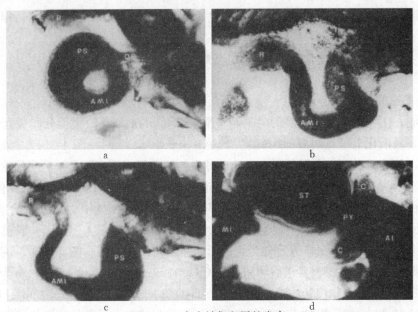

图 4 - 7　尖吻鲈仔鱼胃的发育

a、b. 8DPH　c. 11 日龄　d. 13 日龄

R（rectum），直肠；PS（presumptive stomach），假定的胃；OE（oesophagus），食管；AMI（antero - median intestine），前正中肠；AI（anterior intestine），前肠；MI（median intestine），中肠；C（caeca），盲肠；PY（pyloric sphincter），幽门括约肌；ST（stomach），胃

（引自 Walford 和 Lam，1993）

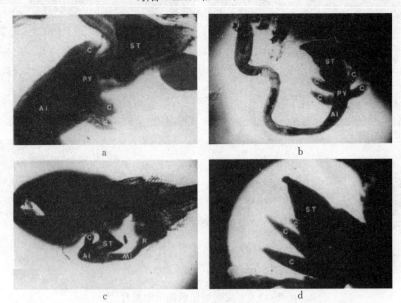

图 4 - 8　尖吻鲈消化道的转化

a. 15DPH　b. 17DPH　c. 30DPH　d. 80DPH

C（caeca），盲肠；ST（stomach）胃；PY（pyloric sphincter）幽门括约肌；AI（anterior intestine），前肠；MI（median intestine），后肠；R（rectum），直肠

（引自 Walford 和 Lam，1993）

2. 消化道组织学超微结构　14 日龄尖吻鲈仔鱼消化道结构见图 4-9。在此阶段，消化道的发育进展良好，颊腔、咽、食管、胃、幽门括约肌、前中肠、直肠瓣膜以及直肠区（后肠）均已开始发育（图 4-9a）。食管从颊腔一直延伸至发育中的胃，此时的胃仍较长卷形的袋状物小。尾部的上皮细胞不同于肠部，肠上皮在管腔表面具有许多微绒毛，形成刷状缘（图 4-9b）。在胃与前中肠之间，形成发育良好且已具有肌肉收缩功能的幽门括约肌（图 4-9c）。腹壁上皮和前中肠间存在大量褶皱，在直肠区域也可见这些褶皱，该区域通过直肠瓣膜与前中肠隔开（图 4-9d）。

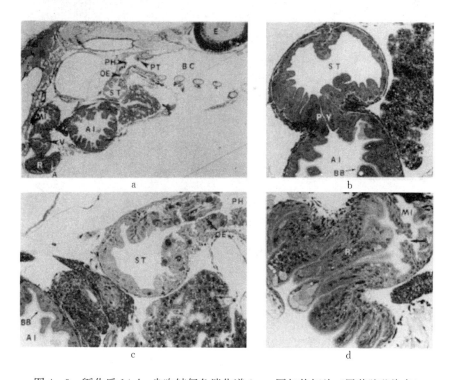

图 4-9　孵化后 14 d，尖吻鲈仔鱼消化道 1 μm 厚矢状切片（甲苯胺蓝染色）

a. 颊腔、咽、食管、胃、前肠、中肠、直肠瓣膜、直肠、初成型的咽齿均清晰可见　b. 颊腔与胃间具肌肉伸缩能力的食管发育良好，且前肠细胞上大量的微绒毛形成刷状缘与胃部上皮细胞区分开来　c. 将胃与前肠分开的幽门括约肌具有发育良好的肌肉收缩功能　d. 直肠瓣膜将中肠与直肠区隔离开

E（eye），眼；BC（buccal cavity），颊咽；PH（pharynx），咽；PT（rudimentary pharyngeal teeth），初成型的咽齿；OE（oesophagus），食管；ST（stomach），胃；AI（anterior intestine），前肠；MI（median intestine），后肠；V（intestino-rectal valve），直肠瓣膜；R（rectum），直肠；A（anus），肛门；BB（brush border），刷状缘；PY（pyloric sphincter）幽门括约肌

（引自 Walford 和 Lam，1993）

胃、前中肠以及直肠区在组织结构上是消化道的 3 个独立部分，孵化后第 6 天，每个部分的特征均可在电子显微镜下清晰可见（图 4-10）。图 4-10a 为消化管前部（假定胃）上皮层，其上皮细胞的腔表面具有不规则的细胞质突起，与肠的吸收细胞的腔表面大不相同，其具有发育良好的微绒毛边界（图 4-10b、c）。肠道区域被肠道直肠瓣分成前中肠和直肠，前正中肠上皮细胞表面覆盖大量微绒毛（图 4-10b）；与此类似，直肠上皮细胞

同样具有大量的微绒毛，但是这些微绒毛基部存在胞饮内陷，该结构显示它们具有许多胞饮囊泡（图4-10c），核上区域的大液泡含有电子致密物质。

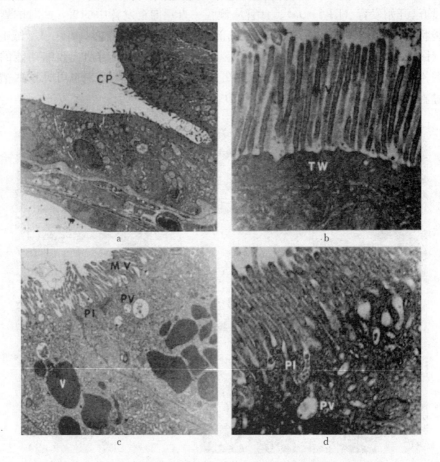

图4-10　6日龄和14日龄尖吻鲈消化道上皮层的电子显微照片

a. 孵化6 d后，具有不规则细胞突起的消化道前部（假定的胃）的上皮层（×4 800）　b. 孵化6 d后，上皮细胞的腔表面具有大量微绒毛的前中肠上皮层（×25 300）　c. 孵化6 d后，直肠上皮细胞：微绒毛基部具有胞陷、核上区域具有胞饮囊泡（×9 600）　d. 孵化14 d后，直肠上皮细胞腔表面：微绒毛基部具有胞陷、核上区域具有胞饮囊泡（×25 300）

CP（cytoplasmic projections），细胞突起；MV（microvilli），微绒毛；TW（terminal web），细胞终网；PV（pinocytotic vesicles），胞饮囊泡；PI（pinocytotic invaginations），胞陷；V（vacuoles），液泡

（引自 Walford 和 Lam，1993）

3. 咽齿　图4-11为孵化14 d及80 d后尖吻鲈仔、稚鱼咽腔结构。孵化后14 d，咽的背部清晰可见齿状投影（图4-11a和图4-9a同样可见该投影）。将该投影放大后，两个尖锐的牙齿清晰可见（图4-11b）。80日龄尖吻鲈咽部结构见图4-11c，发育良好的咽齿分布于咽背部，在咽腹部正中央有一组硬质基底位于两组咽齿之间。

4. 消化道pH水平　胃部形成前后，尖吻鲈仔稚鱼消化道前肠（假定胃）及胃部pH水平见图4-12。禁食情况下，8日龄时，前肠pH呈偏碱性（pH 7.67），至80日龄时，胃部pH略有上升（pH 7.97）。线性回归分析表明，禁食仔、稚鱼的pH与孵化后天数之间

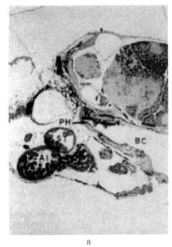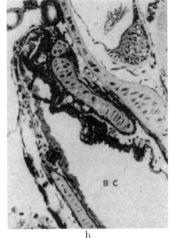

图 4 - 11 尖吻鲈仔稚鱼咽齿

a、b. 孵化后 14 d 尖吻鲈仔鱼切片，含咽腔（箭头指示） c. 80 日龄尖吻鲈咽腔：背部具有咽齿而腹部具有硬质基底

BC（buccal cavity），颊咽；PH（pharyngeal cavity），咽腔；ST（stomach），胃；AI（anterior intestine），前肠；

HB（hard base），硬质基底；PH（pharyngeal teeth），咽齿

（引自 Walford 和 Lam，1993）

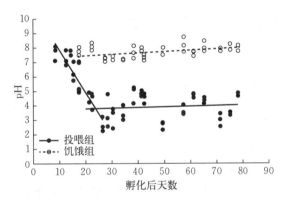

图 4 - 12 摄食和禁食两种情况下，尖吻鲈仔、稚鱼消化道前肠区 pH 水平

仔稚鱼早期、胃形成前测定对象为假定胃，日龄增大后、胃形成后测定对象为胃部。

（引自 Walford 和 Lam，1993）

存在显著的相关性（$r=0.434$，$p<0.05$）。摄食仔、稚鱼，胃部 pH 于孵化后 14 d 发生显著变化。直到 14 日龄，前肠 pH 与禁食仔、稚鱼相似，从 15 日龄开始，pH 急剧下降，胃部呈酸性。约 22 日龄后，胃部 pH 稳定维持在 4.0，直到 80 日龄。线性分析表明，孵化 22～80 d，胃部 pH 与孵化天数之间不存在显著的相关性（$r=0.107$，$p>0.05$）。

尖吻鲈仔、稚鱼前正中肠 pH 在禁食、摄食两种情况下的变化规律见图 4 - 13。初始 pH 水平为 8.0。且线性分析表明，摄食情况下，前正中肠 pH 水平与孵化天数之间不存在显著的相关性（$r=0.214$，$p>0.05$），而在禁食情况下，两者间存在显著的相关性（$r=0.589$，$p<0.05$），日龄增加伴随着 pH 的显著升高。类似的 pH 变化规律（$r=$

0.546，$p<0.05$），也发生在禁食情况下的尖吻鲈直肠区（图 4-14），而与摄食条件下的 pH 变化规律不同。

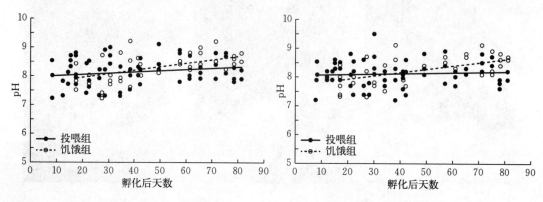

图 4-13　摄食和禁食两种情况下，尖吻鲈仔、稚鱼
消化道前正中肠 pH 水平
（引自 Walford 和 Lam，1993）

图 4-14　摄食和禁食两种情况下，尖吻鲈仔、
稚鱼消化道直肠区 pH 水平
（引自 Walford 和 Lam，1993）

二、尖吻鲈消化酶的研究进展

大多数海水鱼类早期发育阶段，其消化系统处于未发育状态，对蛋白质的消化仅限于胰蛋白酶，消化方式以胞饮为主（Tanaka，1973；Govoni 等，1986；Zambonino-Infante 等，2008）。消化酶活性的不同，不仅与物种发育阶段有关，还与其摄食习性密切相关，体现在肉食性和草食性海水鱼早期各酶活性发育情况的不同（Smith，1980；Sabapathy 和 Teo，1993），同时还受各种环境因子、营养来源的影响（Debasis 等，2015；Harpaz 等，2005a，2005b）。

1. 早期发育过程中消化酶活性与分布　图 4-15 为摄食情况下，0～30 日龄尖吻鲈仔、稚鱼全鱼匀浆液碱性蛋白酶（胰蛋白酶型）和酸性蛋白酶（胃蛋白酶型）活性，以及前中肠、胃（胃形成前为假定胃）pH 水平。刚孵化后，胰蛋白酶类活性呈较高水平（6.0 U/mg，蛋白质中），而于 8 日龄降至 1.2 U/mg（蛋白质中）；17 日龄时，又升高至约为 8 日龄时的 4 倍水平（5 U/mg，蛋白质中）。17 日龄后，胰蛋白酶类活性呈下降趋势，虽然此时肠道中 pH 依然呈碱性。22 日龄时，胰蛋白酶类活性下降至 1.3 U/mg（蛋白质中），而于 30 日龄时未检测到活性（图 4-15a）。胃蛋白酶类活性于孵化后呈较低水平（3.8 U/mg，蛋白质中），8 日龄内不存在上升趋势而在 17 日龄时上升至 27.2 U/mg（蛋白质中），此时胃部 pH 水平由 8 日龄的 7.7 降至 17 日龄的 5.0（图 4-15b），而在 17～30 日龄时，胃蛋白酶类活性上升至 85.2 U/mg（蛋白质中），此时胃部的 pH 水平为 3.2，呈酸性水平。

Sabapathy 和 Teo 对尖吻鲈稚鱼（体重为 400～450 g，全长为 30～35 cm）肠道内的一些消化酶分布及活性进行了定量测定分析，包括淀粉酶、麦芽糖酶、海藻糖酶和几丁质酶活性，这些酶活性主要体现在肠和幽门盲肠内，同时也测定了包括胃蛋白酶、胰凝乳蛋白酶、弹性蛋白酶、亮氨酸蛋白酶和胰蛋白酶等在内的蛋白酶活性（表 4-1）。淀粉和麦

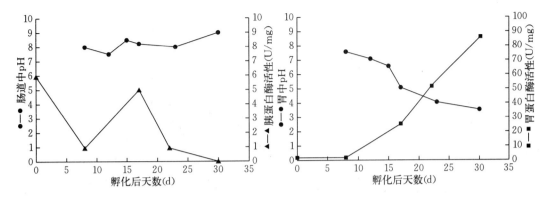

图 4-15　摄食情况下，0～30 日龄尖吻鲈仔、稚鱼消化道 pH 水平以及全鱼匀浆碱性蛋白酶
（胰蛋白酶型）和酸性蛋白酶（胃蛋白酶型）活性

a. 前中肠 pH 水平以及全鱼匀浆胰蛋白酶类活性　b. 胃部（或假定胃）pH 水平以及全鱼匀浆胃蛋白酶类活性
（1 个酶活单位为 37℃时 1 μg 酪氨酸释放量）

（引自 Walford 和 Lam，1993）

芽糖水解物仅见于肠和幽门盲肠内，肠和幽门盲肠内的淀粉酶两者间不存在显著性差异。
胃中几丁质酶活性在两种酸碱度条件下进行了检测：酸性 pH 3.0 及碱性 pH 9.0，仅在肠
中检测到碱性几丁质酶活性。在肠和幽门盲肠中均可检测到海藻糖水解物。胰蛋白酶和胰
凝乳蛋白酶活性仅见于肠和幽门盲囊，而在尖吻鲈的食管、胃、肠、直肠和幽门盲囊中均
可检测到亮氨酸氨肽酶活性（图 4-16）。

表 4-1　尖吻鲈稚鱼内脏碳水化合物酶分布与活性

（引自 Srichanun，2013）

碳水化合物酶	食管	胃	肠	直肠	幽门盲囊	肝
淀粉酶（淀粉）	—	—	0.67±0.02[a]	—	0.75±0.02[a]	—
淀粉酶（糖原）			0.03±0.00		0.05±0.00	0.03±0.00
麦芽糖酶			0.04±0.00		0.12±0.01	
海藻糖酶			0.14±0.03		0.45±0.04	
几丁质酶（pH 3.0）		0.05±0.00				
几丁质酶（pH 9.0）		0.24±0.00	0.05±0.00			

注：数字右上角相同字母表示不存在显著性差异，不同字母表示存在显著性差异；"—"表示未检测到活性；碳
水化合物酶活定义为 25℃下，1 min 内转化生成 1 g 组织湿重消耗的酶量（mg）。表 4-2 同此注。

表 4-2　尖吻鲈稚鱼内脏碳水化合物酶分布与活性

（引自 Srichanun，2013）

蛋白酶	食管	胃	肠	幽门盲囊	直肠	肝
糜蛋白酶	—	—	0.33±0.05[a]	0.44±0.16[a]	—	—
弹力蛋白酶	0.04±0.00	0.09±0.00[a]	0.04±0.00	0.05±0.00	0.04±0.00	
亮氨酸氨肽酶	0.13±0.04[a]	0.15±0.02	3.10±0.10[a]	3.68±0.32[a]	0.21±0.11[a]	
胰蛋白酶	—	—	1.17±0.18	0.63±0.21	—	
胃蛋白酶	6.47±0.86[ab]	9.86±0.70[b]	2.74±0.44[ab]	0.57±0.13[ab]	0.56±0.10[a]	

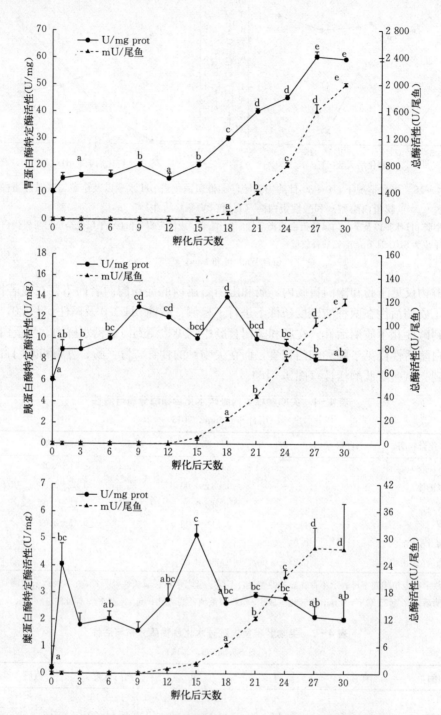

图 4-16　尖吻鲈 0~30 日龄全鱼胃蛋白酶、胰蛋白酶及糜蛋白酶活性

　　注：数据表示为平均值（$n=5$）±标准误，字母表示不同发育阶段仔、稚鱼个体酶活存在显著性差异，星号表示刚孵化个体及孵化后个体间个体活性存在显著性差异（$p<0.05$）。表 4-17 至表 4-21 同此注。

（引自 Srichanun, 2013）

Srichanun 等（2013）研究发现在尖吻鲈孵化初期，所有消化酶活性均可检测到。从刚孵化到 15 日龄，个体胃蛋白酶活性呈适度上升趋势（图 4-16），15～18 日龄涨幅增加。胰蛋白酶活性于 9 日龄较孵化 3 日龄时显著增加，然后持续下降至 30 日龄（试验结束）（图 4-16）；糜蛋白酶活性从 1 日龄时显著增加至 15 日龄达到高峰值，此时糜蛋白酶活性比孵化时水平高 10～20 倍（图 4-16）。从酶活性角度看，胰蛋白酶与糜蛋白酶活性呈现出相似的趋势，18～30 日龄内显著增加（图 4-17）；脂肪酶在试验期间内呈波动趋势。从个体活性角度看，从 18 日龄起摄食活动显著加强；α-淀粉酶活性随个体日龄增加而降低，1～12 日龄内显示出显著水平，后于 15 日龄显著下降并持续至 30 日龄。当表示为个体活动时，从 21 日龄起开始观察到显著加强；亮氨酸氨肽酶活性在 0～27 日龄内维持稳定水平，30 日龄时显著高于孵化水平（图 4-18）。个体亮氨酸氨肽酶活性随日龄增

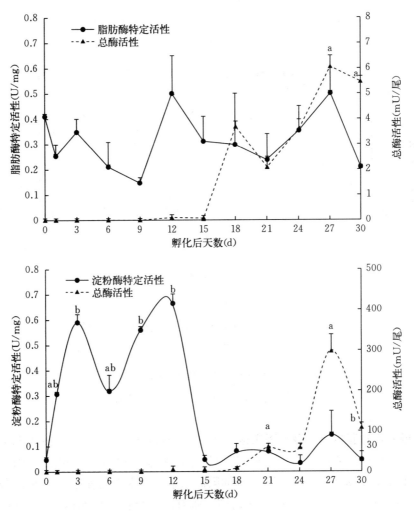

图 4-17　尖吻鲈 0～30 日龄全鱼脂肪酶和 α-淀粉酶活性

（引自 Srichanun，2013）

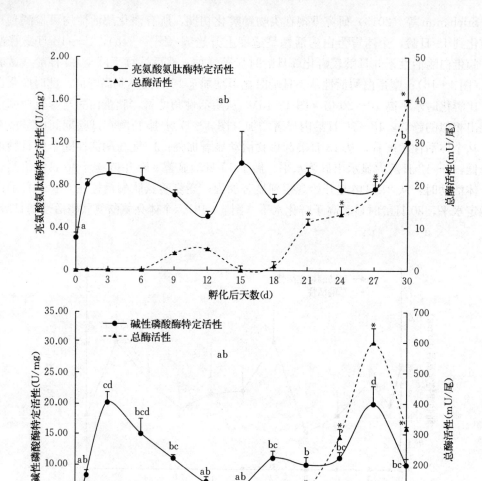

图 4-18　尖吻鲈 0～30 日龄全鱼刷状缘酶：亮氨酸氨肽酶和碱性磷酸酶活性

（引自 Srichanun，2013）

加而增加，21 日龄起显著增加；个体碱性磷酸酶在 3 日龄内显著增加后持续下降至 15 日龄，而此后该酶水平似乎略有增加（图 4-18），当表示为个体活动时，从 21 日龄起开始观察到显著加强。

2. 早期发育过程中消化酶基因表达　在 Srichanun 等（2013）对 1～30 日龄尖吻鲈消化酶原表达水平的研究中，尖吻鲈仔、稚鱼胃蛋白酶原 mRNA 从孵化之日起即可检测到，但直到 15 日龄，其表达水平仅为可检测的限制水平。高水平的表达发生在 18 日龄，直到 24 日龄达到峰值（图 4-19）。在孵化初期，所有的胰蛋白酶原基因表达均可检测得到。胰蛋白酶原的表达水平在 0～6 日龄一直增大，比最初水平增加 450 倍，并一直维持较高水平直至 12 日龄（图 4-19）。此后，其表达水平急剧下降并保持相对稳定直至试验结束，该水平约比孵化时水平高 100 倍。糜蛋白酶原的表达水平与胰蛋白酶原表达水平增加趋势相似，从孵化之日增加至 9 日龄，比初始值高 260 倍，此后呈现出降低趋势（图 4 - 19）。淀粉酶原和胆盐脂肪酶原两者表达水平呈平行趋势，均于 0～6 日龄急剧上

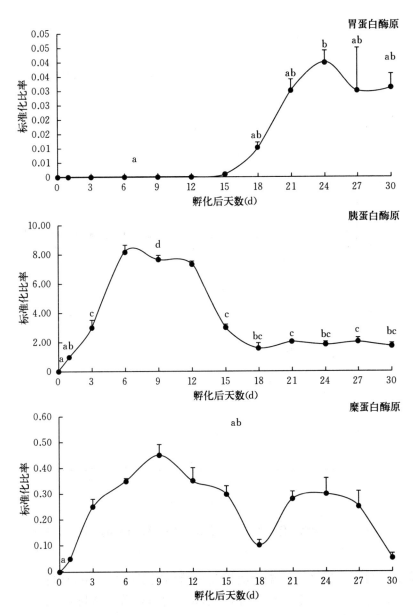

图 4 - 19 尖吻鲈仔、稚鱼全鱼胃蛋白酶原、胰蛋白酶原及糜蛋白酶原转录变化

注：为提高视觉检测便利性，胃蛋白酶的扩增产物（105 bp）于 1% 的琼脂糖凝胶凝胶进行电泳并与泛素进行比较（119 bp），电泳图上方的数字为孵化天数。

（引自 Srichanun，2013）

升，然后持续下降至 18 日龄（图 4-20），18～30 日龄，该水平保持相对稳定。亮氨酸氨基肽酶原和碱性磷酸酶原的表达水平同样在孵化之日即可检测到（图 4-21）。亮氨酸氨基肽酶原表达水平从孵化之日起直至 30 日龄呈波动状态，整体为逐渐降低趋势。碱性磷酸酶原表达的最好水平发生在 1 日龄，此后下降至 3 日龄，并于整个试验期间保持不变水平（图 4-21）。

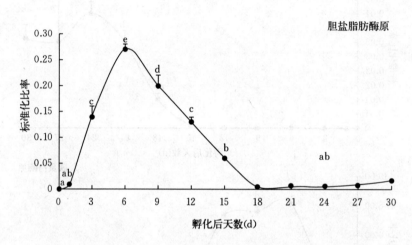

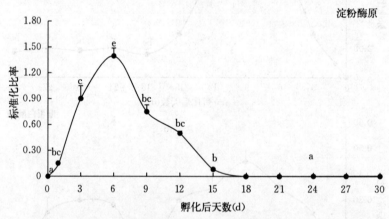

图 4-20 尖吻鲈仔、稚鱼全鱼胆盐脂肪酶原和淀粉酶原转录变化
（引自 Srichanun，2013）

3. 消化酶活性影响因子 影响鱼类消化酶活的因子很多，主要包括外因，如营养、温度和盐度等；内因包括种族差异、个体大小和发育阶段等（Debasis 等，2015；Harpaz 等，2005a；2005b；Eusebio 和 Coloso，2002）

（1）益生菌 李卓佳等（2011）、袁丰华等（2010）和林黑着等（2010）分别研究了地衣芽孢杆菌、凝结芽孢杆菌及光合细菌对尖吻鲈稚鱼消化酶活性的影响，相关结果分别见表 4-3 至表 4-5。

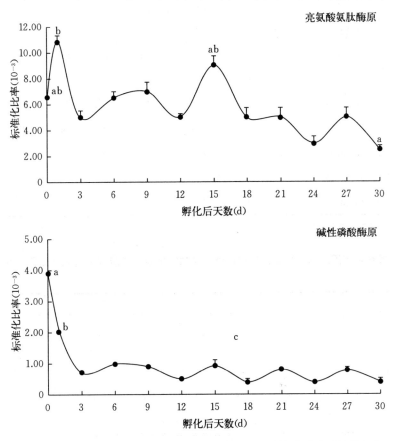

图 4-21　尖吻鲈仔、稚鱼全鱼亮氨酸氨肽酶原和碱性磷酸酶原转录变化

(引自 Srichanun, 2013)

表 4-3　饲料中不同添加量的地衣芽孢杆菌对尖吻鲈稚鱼各个器官蛋白酶及淀粉酶活性的影响

(引自李卓佳等, 2011)

地衣芽孢杆菌添加量（%）	蛋白酶活性（U/mg）					
	前肠	中肠	后肠	幽门垂	胃	肝
0.0	1.57 ± 0.16^a	1.40 ± 0.08^{ab}	10.31 ± 2.24^b	2.83 ± 0.73	49.58 ± 7.71^b	0.50 ± 0.03^b
0.1	1.99 ± 0.35^{ab}	1.31 ± 0.09^a	7.28 ± 1.34^{ab}	3.00 ± 0.81	44.72 ± 1.72^{ab}	0.57 ± 0.07^b
0.2	2.44 ± 0.31^b	1.22 ± 0.08^a	8.85 ± 1.20^{ab}	2.71 ± 0.01	42.31 ± 3.10^{ab}	0.59 ± 0.05^b
0.3	1.83 ± 0.31^a	1.14 ± 0.14^a	6.21 ± 2.24^{ab}	3.06 ± 0.39	40.80 ± 6.46^a	0.49 ± 0.01^b
0.4	1.96 ± 0.25^{ab}	1.20 ± 0.13^a	5.11 ± 0.38^a	2.15 ± 0.21	37.28 ± 1.77^a	0.36 ± 0.03^a
0.5	1.91 ± 0.91^{ab}	1.44 ± 0.15^{ab}	9.46 ± 2.51^b	2.85 ± 0.51	41.16 ± 1.46^{ab}	0.28 ± 0.07^a
0.6	1.60 ± 0.23^a	1.67 ± 0.42^b	9.19 ± 1.46^{ab}	2.90 ± 0.11	40.60 ± 5.10^a	0.27 ± 0.07^a

（续）

地衣芽孢杆菌添加量（%）	淀粉酶活性（U/mg）					
	前肠	中肠	后肠	幽门垂	胃	肝
0.0	32.43±6.49[bc]	34.90±6.96[c]	29.70±3.72[c]	31.83±3.73[b]	13.44±1.89[c]	180.01±0.40[c]
0.1	36.50±2.70[c]	27.57±4.68[bc]	27.23±5.04[bc]	28.83±4.41[ab]	11.50±2.21[bc]	135.36±21.52[ab]
0.2	30.21±3.36[bc]	21.64±2.41[ab]	21.71±3.07[ab]	32.56±1.07[b]	9.42±0.79[b]	112.20±20.09[a]
0.3	26.56±1.78[ab]	16.53±2.81[a]	20.33±4.93[ab]	30.95±6.20[ab]	10.44±2.25[bc]	226.45±2.65[de]
0.4	27.73±3.46[b]	19.33±3.57[ab]	15.78±0.18[a]	28.40±2.64[ab]	10.00±2.01[bc]	166.59±20.99[bc]
0.5	20.31±2.28[a]	22.77±5.58[ab]	17.68±2.13[a]	22.03±4.97[a]	8.95±1.97[ab]	192.09±7.88[cd]
0.6	28.16±3.18[b]	33.15±5.42[c]	19.06±3.58[a]	24.32±3.87[ab]	5.40±0.93[a]	256.61±35.29[e]

注：上角标字母不同者表示差异显著。表4-4和表4-5同此注。

表4-4 饲料中不同添加量的凝结芽孢杆菌对尖吻鲈稚鱼各个器官蛋白酶及淀粉酶活性的影响

（引自袁丰华等，2010）

凝结芽孢杆菌添加量（%）	蛋白酶活性（U/mg）			
	肠	幽门垂	胃	肝
0.0	2.356±0.312	4.096±1.131	4.205±0.704	0.600±0.182[b]
0.1	2.497±0.465	3.927±1.401	4.391±0.749	0.450±0.097[ab]
0.5	2.401±0.145	3.375±0.894	4.115±0.984	0.339±0.015[a]
1.0	2.579±0.543	4.011±0.844	4.899±0.684	0.425±0.136[ab]

凝结芽孢杆菌添加量（%）	淀粉酶活性（U/mg）			
	肠	幽门垂	胃	肝
0.0	19.487±3.307	62.165±12.034	8.083±2.674[a]	192.547±32.030
0.1	19.981±2.400	32.690±9.035	9.044±1.607[ab]	159.064±47.035
0.5	19.543±3.183	32.414±4.517	9.376±2.269[ab]	144.719±18.934
1.0	19.481±3.637	37.033±3.729	10.992±2.059[b]	125.855±32.418

表4-5 饲料中不同添加量的光合细菌对尖吻鲈稚鱼各个器官蛋白酶及淀粉酶活性的影响

（引自林黑着等，2010）

光合细菌添加量（%）	蛋白酶活性（U/mg）			
	肠	幽门垂	胃	肝
0.0	9.567±5.098[ab]	4.798±1.616[a]	3.656±0.731	0.408±0.046[ab]
0.5	9.478±4.3701.616[ab]	5.568±1.355[a]	3.521±0.902	0.359±0.040[a]
1.0	11.959±2.380[b]	4.992±1.639[a]	4.275±0.770	0.595±0.125[c]
1.5	5.516±1.214[a]	14.199±2.377[b]	3.777±0.587	0.509±0.045[bc]

（续）

光合细菌添加量（%）	淀粉酶活性（U/mg）			
	肠	幽门垂	胃	肝
0.0	26.728±3.693[a]	43.497±11.147[a]	11.834±3.767[a]	137.029±31.855
0.5	33.433±6.292[ab]	58.597±24.210[a]	13.002±1.991[ab]	239.006±79.602
1.0	38.622±13.095[b]	51.357±6.590[a]	15.628±3.468[b]	230.824±60.875
1.5	26.793±5.679[a]	94.501±18.328[b]	13.601±1.740[ab]	231.406±22.863

以上 3 组试验得出，地衣芽孢杆菌对尖吻鲈不同消化器官部位的消化酶活性的影响不同。随着地衣芽孢杆菌在饲料中添加量的增加，尖吻鲈的前肠、中肠和后肠分别有不同的变化趋势：前肠消化酶在低含量添加组有升高的趋势，在高含量添加组有降低的趋势；中肠消化酶在中间含量组有减小的趋势；后肠淀粉酶在高含量组显著降低。尖吻鲈的消化酶随着地衣芽孢杆菌在饲料中添加量的增加分别在前肠、中肠和后肠发生不同的变化，可能是由于尖吻鲈肠道不同部位的微生态区系和生理结构不同而造成的。一般前肠比中肠和后肠分布的细菌数量少，前肠侧重于脂肪的消化和吸收，中肠主要通过肠上皮细胞的包吞作用促进大颗粒的消化，后肠的功能侧重于对脂肪酸、维生素、氨基酸等小分子物质的吸收；而凝结芽孢杆菌对尖吻鲈的肠及幽门垂的消化酶活性没有显著影响，肝蛋白酶及淀粉酶活性降低，胃淀粉酶的活性升高。胃淀粉酶的升高可能由于凝结芽孢杆菌分泌的乳酸激活胃淀粉酶的缘故；光合细菌在 1.0% 组促进肠及胃蛋白酶和淀粉酶活性，其肠及胃的淀粉酶活性显著高于对照组；在 1.5% 组幽门垂的蛋白酶及淀粉酶都显著升高（$p<0.05$），而此时肠及胃的消化酶却受到抑制。说明不同光合细菌添加量对各个消化器官的消化酶活性的影响不同。该研究的结果与陈鹏飞等的研究结果有所不同。其研究显示，随着饲料中光合细菌添加量的增加，西伯利亚鲟的胃、肠、肝及盲囊的消化酶变化趋势几乎一致。另外，该研究还显示消化酶的升高并没有促进尖吻鲈的生长，甚至有略微降低的趋势。这可能是由于该株光合细菌对尖吻鲈的生长没有促进作用，也可能养殖期间寄生虫病的发生对试验结果产生了影响。

Debasis 等（2015）研究了饲料中添加芽孢杆菌和枯草芽孢杆菌对尖吻鲈稚鱼内脏淀粉酶、纤维素酶和蛋白酶活性的影响，相关结果见图 4-22。图 4-22 中，组 Ⅰ 为对照组，不添加任何益生菌；组 Ⅱ 为添加 1%（v/w）枯草芽孢杆菌（14.25×10[7] cfu/mL）；组 Ⅲ 为添加 1%（v/w）芽孢杆菌（2.94×10[7] cfu/mL）；组 Ⅳ 为两种益生菌 1:1 混合加入。结果表明，与其他各组相比，Ⅳ 处理组个体肠道纤维素酶、淀粉酶和蛋白酶活性显著高于其他组（$p<0.01$）。另外，Ⅱ 和 Ⅲ 处理组中个体的淀粉酶、纤维素酶和蛋白酶活性显著高于对照组（$p<0.01$）。

（2）氯化钠　鱼类在淡水适应过程中，离子从个体鳃部、粪便和肾系统向体外被动运输离子如 Na^+ 和 Cl^- 等，而这些离子的摄取主要通过外界水环境和摄食进行补充（Smith 等，1989；Schmidt-Nielsen，1997）。而作为一种广盐性鱼类，尖吻鲈在淡水和海水中均可以稳定生存，其饮食中氯化钠的补入是淡水养殖过程中调节渗透压的重要因素，从而节省用于渗透压调节的能量，使更多能量用于生长发育，即外界环境及饵料离子含量将影

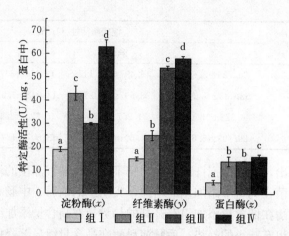

图 4-22 饲料中添加芽孢杆菌和枯草芽孢杆菌对尖吻鲈内脏消化酶活性影响

注：字母不同表示存在显著性差异；$x.$ 每分钟每 1 mg 蛋白麦芽糖的释放量（μg）；$y.$ 每分钟每 1 mg 蛋白葡萄糖释放量（μg）；$z.$ 每分钟每 1 mg 蛋白酪氨酸释放量量（μg）

（引自 Debasis 等，2015）

响鱼类的渗透调节活动进而对其生长发育产生影响，因此对其饵料氯化钠的添加养殖试验存在一定养殖意义（Zaugg 等，1983；Gatlin 等，1992）。

Harpaz 等（2005a）对淡水和海水（盐度 20）两种养殖条件下的尖吻鲈进行了不同水平氯化钠投喂试验。以基础配方为对照组，试验组分别添加 1％、2％和 4％的氯化钠。结果显示，饵料添加氯化钠与碱性磷酸酶和乳糖酶间存在明显的剂量-反应关系（图 4-23、图 4-24）。淡水养殖个体亮氨酸氨肽酶活性在 1％氯化钠添加组明显高于其他组，而其他组未能显示出其活性增强（图 4-25），谷氨酸转肽酶活性未能因饵料氯化钠的添加而增强。但是，从整体水平来看，海水养殖尖吻鲈个体后肠总体刷状缘酶活性显著高于淡水养殖个体（图 4-26）。

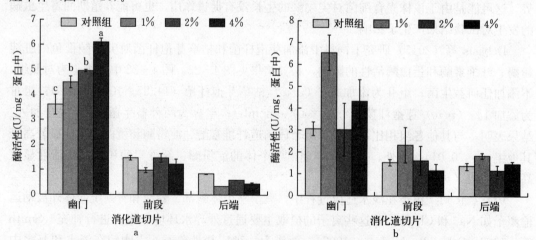

图 4-23 饲料不同水平氯化钠添加下，尖吻鲈个体消化道不同部位碱性磷酸酶活性

a. 淡水养殖组 b. 海水养殖组（盐度 20）

（引自 Harpaz 等，2005a）

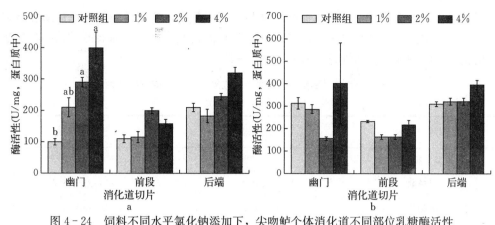

图4-24　饲料不同水平氯化钠添加下，尖吻鲈个体消化道不同部位乳糖酶活性

a. 淡水养殖组　b. 海水养殖组（盐度20）

（引自 Harpaz 等，2005a）

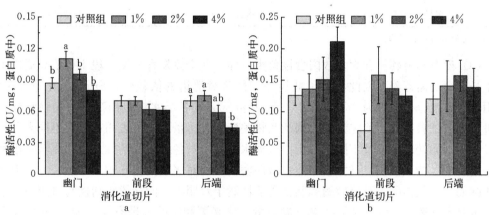

图4-25　饲料不同水平氯化钠添加下，尖吻鲈个体消化道不同部位亮氨酸氨肽酶活性

a. 淡水养殖组　b. 海水养殖组（盐度20）

（引自 Harpaz 等，2005a）

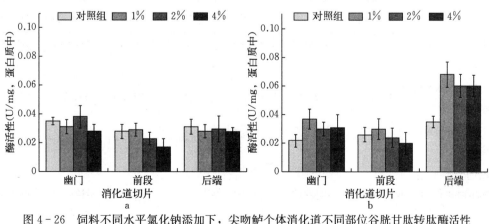

图4-26　饲料不同水平氯化钠添加下，尖吻鲈个体消化道不同部位谷胱甘肽转肽酶活性

a. 淡水养殖组　b. 海水养殖组（盐度20）

（引自 Harpaz 等，2005a）

饵料氯化钠添加条件下，海水养殖个体与对照组相比，其麦芽糖酶、蔗糖酶和谷氨酰转肽酶的活性增强效应更为显著。除了乳糖酶和碱性磷酸酶之外，所有测试的刷状缘酶活性，均比淡水中饲养个体活性显著较高（表4-6）。

表4-6 淡水、海水养殖条件下尖吻鲈个体总体刷状缘酶活性

（引自 Harpaz 等，2005a）

测定酶	淡水养殖	海水养殖
麦芽糖酶	2 184.59±73.88	2 590.67±77.70*
蔗糖酶	377.48±11.02	452.21±16.70*
乳糖酶	225.96±23.07	266.45±12.99
亮氨酸氨肽酶	0.074±0.002 7	0.141±0.011*
谷氨酸转肽酶	0.031±0.001 3	0.04±0.002 6*
碱性磷酸酶	2.38±0.101	2.52±0.359

* 表示存在显著性差异。

（3）蛋白水解物　和大多数肉食性鱼类一样，在个体发育早期阶段主要依靠活饵来提供生长发育所需营养。因此，为了减轻仔、稚鱼对活饵的依赖性，Srichanun 等（2014）利用含有质量分数分别为 0（对照组）、25％和50％的各类水解蛋白饵料对尖吻鲈仔、稚鱼进行养殖试验，最后测定其消化酶活及相关酶原表达量。结果表明，投喂不同来源蛋白质、采用不同处理方法及不同水解蛋白添加水平均可对各消化酶活性及其酶原转录水平产生一定影响。结果表明，试验组个体胃蛋白酶活性与对照组间差异较小，另一方面大多数个体胰酶、胰蛋白酶、糜蛋白酶和脂肪酶活性高于对照组，而淀粉酶活性与对照组间不存在显著差异（表4-7）。以上结果可能与蛋白质来源和酶的处理有关。如25％的 SMC

表4-7 不同蛋白质水解物投喂下，尖吻鲈各消化酶活性

（引自 Srichanun 等，2014）

处　理	胃蛋白酶	胰蛋白酶	糜蛋白酶	脂肪酶	淀粉酶	亮氨酸氨肽酶	碱性磷酸酶
对照组（0 PH）	596±25.50[ab]	2.8±0.63[ab]	16±3.64[ef]	0.2±0.02[def]	34±12.20	13±1.84[ab]	606±67[abc]
25％							
碱性蛋白酶水解鱼体肌肉（FMA）	633±14.84[ab]	1.6±0.17[bc]	50±4.41[def]	0.2±0.02[bcdef]	24±1.6	28±7.54[a]	248±18[cd]
胃蛋白酶水解鱼体肌肉（FMP）	619±12.38[ab]	2.4±0.92[abc]	42±12.13[ef]	0.3±0.04[bcdef]	31±11.00	18±3.18[a]	621±156[abc]
碱性蛋白酶和胃蛋白酶混合水解鱼体肌肉（FMC）	627±22.10[ab]	2.3±0.35[abc]	65±25.80[ef]	0.2±0.03[cdef]	45±3.38	14±2.56[ab]	1002±97[a]
碱性蛋白酶处理乌贼外套膜（SMA）	545±35.89[ab]	3.8±1.70[abc]	207±45.99[a]	0.2±0.03[ef]	41±2.22	3.6±0.27[c]	61±7[d]

（续）

处　理	胃蛋白酶	胰蛋白酶	糜蛋白酶	脂肪酶	淀粉酶	亮氨酸氨肽酶	碱性磷酸酶
胃蛋白酶水解乌贼外套膜（SMP）	594±38.63[ab]	6.8±1.78[ab]	157±25.06[abc]	0.4±0.00[abc]	58±6.45	1.9±0.25[c]	856±78[ab]
碱性蛋白酶和胃蛋白酶混合水解乌贼外套膜（SMC）50%	607±22.94[ab]	11.4±1.13[a]	222±18.16[a]	0.6±0.04[a]	82±8.96	2.9±0.10[c]	959±49[a]
碱性蛋白酶水解鱼体肌肉（FMA）	649±57.14[ab]	0.5±0.03[c]	13±0.96[ef]	0.1±0.01[f]	28±1.19	22±0.56[a]	598±88[abc]
胃蛋白酶水解鱼体肌肉（FMP）	597±5.32[ab]	3.0±0.16[ab]	16±3.17[ef]	0.3±0.07[bcde]	41±5.28	15±1.67[ab]	534±114[bc]
碱性蛋白酶和胃蛋白酶混合水解鱼体肌肉（FMC）	513±20.05[b]	2.8±1.01[abc]	136±20.81[abcd]	0.3±0.02[bcdef]	55±13.99	16±1.04[ab]	819±17[ab]
碱性蛋白酶处理乌贼外套膜（SMA）	—*	—	—	—	—	—	—
胃蛋白酶水解乌贼外套膜（SMP）	690±33.63[a]	5.1±1.48[ab]	82±29.68[bcde]	0.3±0.07[abcd]	62±4.57	6±2.13[bc]	349±65[cd]
碱性蛋白酶和胃蛋白酶混合水解乌贼外套膜（SMC）	559±25.17[ab]	9.2±1.88[ab]	166±2.04[ab]	0.4±0.04[ab]	92±38.56	1.9±0.48[c]	450±83[bcd]

注：*表示无样品；数值以平均值±标准误表示（$n=3$）；右上方不同字母表示同行酶活性存在显著性差异。

饲喂组，除亮氨酸氨肽酶外，其他酶活性均处于最高水平，50% SMC 饲喂组，除胃蛋白酶、亮氨酸氨肽酶和碱性磷酸酶外，其他酶活性均处于最高水平。蛋白质来源对个体酶活性的影响显著高于酶处理方式。SM 饲喂组个体糜蛋白酶和脂肪酶活性显著高于对照组个体酶活性水平，而胰蛋白酶活性与对照组之间不存在显著差异。相比之下，FM 饲喂组个体刷状缘酶即亮氨酸氨肽酶活性高于 SM 饲喂组个体。另一方面，个体碱性磷酸酶活性除了 25% 处理组显著低于对照组外，其他各组个体与对照组差异不明显。此外，研究发现肽链大小与糜蛋白酶活性间存在一定相关性（图 4-27），鱼类饲喂大量小片段肽链有利于糜蛋白酶活性增高（<500 u，有氨基酸、二肽或三肽组成）。

各养殖试验组个体胰蛋白酶、糜蛋白酶、淀粉酶及碱性磷酸酶原的转录水平不存在显著差异，而胃蛋白酶、脂肪酶和亮氨酸氨肽酶原的转录水平存在显著差异（表 4-8）。25% SMA 投喂组个体胃蛋白酶原转录水平为最低值，与 25% SMP 和 50% SMC 投喂组间存在显著差异。在 25% SMP 投喂组中个体脂肪酶原转录水平较高，而随着添加比例的增加，其转录水平下降到最低水平。各养殖试验组中，胃蛋白酶原和脂肪酶原转录水平与对照组间不存在显著差异（$p>0.05$），而在 25% SMA 和 50% SMC 的混合投喂个体中，刷状缘酶即亮氨酸氨肽酶原转录水平呈下降趋势。

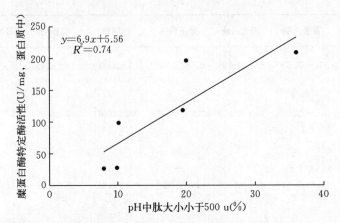

$$y=6.9x+5.56$$
$$R^2=0.74$$

图 4-27　蛋白水解物中小肽链的含量与糜蛋白酶活性间的相关性

(引自 Srichanun 等，2014)

表 4-8　不同蛋白质水解物投喂下，尖吻鲈各消化酶原表达

(引自 Srichanun 等，2014)

处理	胃蛋白酶原	胰蛋白酶原	糜蛋白酶原	脂肪酶原 ($\times10^{-3}$)	淀粉酶原 ($\times10^{-3}$)	亮氨酸氨肽酶原 ($\times10^{-3}$)	碱性磷酸酶原 ($\times10^{-3}$)
对照组	9±1.90[ab]	3.43±0.83	0.7±0.04	14.17±1.27[ab]	0.93±0.19	7.7±0.56[ab]	0.13±0.02
25%							
FMA	7±1.07[ab]	5.26±1.18	0.5±0.05	17.98±2.34[ab]	0.89±0.19	9.1±0.60[a]	0.14±0.02
FMP	6±0.81[ab]	8.06±0.91	1.0±0.27	17.93±2.67[ab]	1.57±0.12	5.9±0.42[abc]	0.13±0.03
FMC	11±2.11[ab]	5.55±1.36	1.1±0.47	15.68±2.98[ab]	1.15±0.23	5.8±0.36[abc]	0.14±0.02
SMA	3±0.82[b]	3.25±1.58	0.8±0.34	10.37±3.46[ab]	0.68±0.26	4.9±0.57[c]	0.17±0.03
SMP	11±1.51[a]	10.26±2.70	1.1±0.41	29.05±9.59[a]	2.82±1.10	5.0±0.50[bc]	0.10±0.01
SMC	9±1.21[ab]	2.98±0.66	0.7±0.24	5.59±0.99[b]	0.74±0.19	4.8±0.40[c]	0.17±0.06
50%							
FMA	3.09	6.57	1.76	30.54	1.51	12.69	0.18
FMP	5±0.67[ab]	4.41±1.57	0.7±0.08	13.22±3.20[ab]	1.00±0.24	5.7±0.23[bc]	0.13±0.00
FMC	6±0.87[ab]	3.00±0.42	0.6±0.12	9.82±1.12[ab]	0.76±0.15	5.5±0.22[bc]	0.15±0.02
SMA[a]	8.01	10.91	0.86	47.18	3.85	6.37	0.18
SMP	6±0.81[ab]	2.29±0.49	0.8±0.01	4.67±0.14[b]	0.43±0.02	5.8±0.65[abc]	0.16±0.01
SMC	14±3.47[a]	2.87±0.53	0.7±0.13	10.07±2.10[ab]	0.65±0.16	5.0±0.57[bc]	0.20±0.06

（4）合成饵料和天然饵料　Eusebio 和 Coloso（2002）对体重规格为（304.62±34.84）g 的尖吻鲈稚鱼进行了不同饵料来源的对照养殖试验。其中，投喂捕捞的黄鳍金枪鱼为对照组，人工配合饲料投喂组为试验组。人工配合饲料以秘鲁鱼粉、鱿鱼粉、毛虾属以及豆粉作为蛋白质来源，两种配合饲料的基本组成见表 4-9。

表 4-9　人工配合饲料和天然饵料（黄鳍金枪鱼）的基本成分

（引自 Eusebio 和 Coloso，2002）

营养成分	人工饵料（g/kg）	天然饵料（g/kg）
水分	86.3	585.4
干物质	913.7	414.6
蛋白质	499.8（547.0）	227.7（549.0）
脂肪	83.0（90.8）	72.4（174.6）
纤维素	26.1（28.5）	11.7（28.2）
无氮抽提物	271.6（297.3）	98.5（237.6）
灰分	33.3（36.5）	4.4（10.8）
可代谢能量	16.0（17.5）	8.0（19.3）

注：引自 AOAC（1990）。括号内的数字以干重计；无氮抽提物＝100－［水（%）＋粗蛋白（%）＋粗脂肪（%）＋粗纤维（%）＋粗灰分（%）］；可代谢能量由 0.018 8 MJ/g 蛋白质、0.013 8 MJ/g 碳水化合物及 0.033 5 MJ/g 脂肪的标准生理值计算而来（Brett 和 Groves，1979）。

　　试验过程中，对尖吻鲈幼鱼幽门盲肠和肠内蛋白酶活性进行了为期 30 d 的测定（表 4-10）。两组投喂方式各个体最初蛋白酶活性水平较低（每毫克蛋白 203～220 U^{AC}）；7 d 后两组间蛋白质酶活性水平不存在显著性差异，分别为每毫克蛋白 756 U^{AC}（对照）和每毫克蛋白 901 U^{AC}（试验）。然而，15 d 后，人工饲料养殖组个体蛋白酶活性显著增大，达到每毫克蛋白 1 986 U^{AC}。30 d 时，人工饲料养殖组个体蛋白酶活性（每毫克蛋白 4 625 U^{AC}）为对照组（每毫克蛋白 1 666 U^{AC}）的 3 倍（$p < 0.01$）。

表 4-10　尖吻鲈幼鱼幽门盲肠和肠内蛋白酶活性

（引自 Eusebio 和 Coloso，2002）

测定参数	饵料来源	投喂周期（d）			
		0	7	15	30
蛋白质酶活性	对照组（捕捞的黄鳍金枪鱼）	220±1[a]	756±21[b]	962±74[b]	1 666±96[c]
	试验组（人工配合饲料）	203±29[a]	901±44[b]	1 986±155[c]	4 626±281[d]

注：数值表示为平均值±标准误（$n=3$）；数字上角字母不同表示存在显著性差异（$p < 0.05$）。

　　（5）投喂周期和剂量　为研究昼夜投喂水平对尖吻鲈幼鱼消化酶活性的影响，Harpaz S 等（2005b）设计了 6 组不同方案对体重为（20±4.6）g 的淡水养殖尖吻鲈幼鱼进行了为期 6 周的养殖试验，具体方案如下：

　　a. 日间按照养殖容器中尖吻鲈体重的 2% 投喂，控制时间 6 h（D-2%）。

　　b. 夜间按照养殖容器中尖吻鲈体重的 2% 投喂，控制时间 6 h（N-2%）。

　　c. 日间按照养殖容器中尖吻鲈体重的 4% 投喂，控制时间 6 h（D-4%）。

　　d. 夜间按照养殖容器中尖吻鲈体重的 4% 投喂，控制时间 6 h（N-4%）。

　　e. 日、夜间分别按照养殖容器中尖吻鲈体重的 2% 进行混合投喂，控制时间 6 h（D 和 N-4%）。

　　f. 日、夜间分别按照养殖容器中尖吻鲈体重的 3% 进行混合投喂，控制时间 6 h（D 和 N-6%）。

试验结束时，采用双因素方差分析（two-way ANOVA）投喂处理方法和酶活测定肠段对谷氨酸转移酶和亮氨酸氨肽酶活性的影响。两者活性均受投喂方式（$F_{5,36}=11.4$ 和 10.6，$p<0.0001$）和酶活测定肠段（$F_{2,36}=5.7$ 和 25，$p<0.01$）影响。Tukey Kramer HSD 检验显示，a 投喂方案中个体幽门盲囊以上两者酶活性最大（$p<0.05$）（图 4-28）。总体来看，Tukey Kramer HSD 对所有投喂组个体酶活检验得出，酶活最高值出现在 a 方案中，即日间按照养殖容器中尖吻鲈体重的 2% 投喂下，个体亮氨酸氨肽酶活性为 6 种投喂处理、2 种酶活性中最高值（图 4-29）。采用双因素方差分析来评估投喂时间和剂量对消化酶活性的影响，对比对象为 a、b、c 和 d 4 种方案中的个体酶活。结果显示，投喂时间（$F_{1,32}=27.9$，$p<0.0001$）和剂量（$F_{1,32}=5.2$，$p<0.05$）对尖吻鲈幼鱼个体谷氨酸转移酶均存在显著性影响，而不是两种因素的交互作用。a 方案个体酶活高于 c 方案（图 4-29）。投喂时间和剂量对亮氨酸氨肽酶活性不存在显著影响作用，但两者交互作用影响效应显著（$F_{1,32}=5.7$，$p<0.05$），a 方案中投喂时间和剂量的组合所检测得出的亮氨酸氨肽酶活性较其他组大（图 4-29）。而针对投喂时间的检验来看，各剂量处理组个体酶活日间显著高于夜间（图 4-29 和图 4-30a、b）。

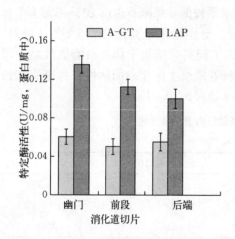

图 4-28　尖吻鲈幼鱼消化道不同测定部位谷胱甘肽转氨酶和亮氨酸氨肽酶活性
（引自 Harpaz 等，2005b）

图 4-29　不同投喂方案尖吻鲈幼鱼个体消化道谷胱甘肽转氨酶和亮氨酸氨肽酶活性
（引自 Harpaz 等，2005b）

采用双因素方差分析，评估投喂方案、酶活测定肠段以及两者的交互作用对麦芽糖酶活性的影响。结果表明，投喂方案及投喂方案和两者肠段的交互作用对该酶活性无显著性影响，而肠段间则具有较强的影响效应（$F_{3,96}=114.2$，$p<0.0001$）。Tukey Kramer HSD 对不同部位酶活性的检验分析得出，个体幽门盲囊和前肠的麦芽糖酶活性显著高于后肠（图 4-31）。

投喂方案（$F_{5,96}=6.3$，$p<0.0001$）和酶活测定肠段（$F_{5,96}=4.1$，$p<0.01$）对蔗糖酶活性均存在显著性影响，而两者的交互作用影响效应不明显。Tukey Kramer HSD 检验得出，①方案中幽门盲囊蔗糖酶活性为所有处理方案中最高值（$p<0.05$）（图 4-32）。刷状缘酶活性受饵料剂量和投喂时间影响很大，且蛋白水解酶所受影响高于二糖水解酶（图 4-32、图 4-33）。作为一种肉食性鱼类，尖吻鲈在缺乏食物的情况下，蛋白水解酶

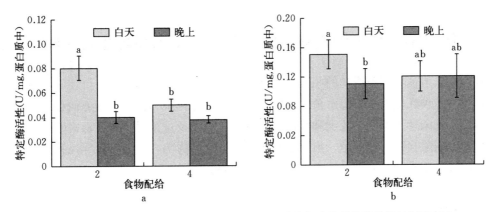

图 4-30　a、b、c 和 d 4 种投喂处理下，尖吻鲈幼鱼消化道谷胱甘肽转氨酶（a）
和亮氨酸氨肽酶（b）总体活性

（引自 Harpaz 等，2005b）

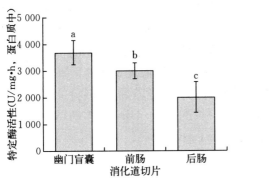

图 4-31　尖吻鲈幼鱼消化道不同测定部位
　　　　麦芽糖酶活性

图 4-32　尖吻鲈幼鱼消化道不同测定部位蔗糖酶活性

（引自 Harpaz 等，2005b）

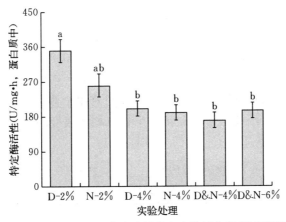

图 4-33　不同投喂方案尖吻鲈幼鱼个体消化道蔗糖酶活性

（引自 Harpaz 等，2005b）

将会受到更大影响。在以上结果中，a 方案投喂组个体谷胱甘肽转氨酶、亮氨酸氨肽酶以
及蔗糖酶活性均高于其他组，与其摄食习性相应。

第三节　环境因子对尖吻鲈存活生长及生理生化影响

环境是水生动物养殖成功的关键要素之一，尤其在发育早期阶段，个体对环境的反应尤为敏感。各种环境因子对海水鱼类的生长发育、消化系统和血液学等方面存在不同的影响。本节系统阐述了温度、盐度和光照等常见环境因子及重金属、氨氮毒害因子对尖吻鲈存活生长、新陈代谢、血液学、组织学和激素等方面的影响，有助于指导该物种的养殖生产，加强人为干涉和水质调控能力，提高养殖效率。

一、温度

温度被认为是影响鱼类生长的最重要的环境因素，其对鱼的许多关键生理过程具有显著影响（Brett 和 Groves，1979），有大量有关温度对养殖鱼类生长影响的研究报道（Jobling，1981；McCarthy 等，1998；Jonassen 等，1999；Elliott，1982）。每个物种都有一定范围的生存温度，其中最佳温度将有利于个体生长的最优化（Jobling，1997）。随着温度的升高，个体摄食率增加直达最大值，然后在耐受上限温度处迅速下降（Jobling，1994）。个体最大摄食率一般出现在略高于最适生长温度处。随着温度升高，代谢率呈指数增长，摄食率和代谢率之间的差值提供了个体生长的能量（Brett 和 Groves，1979；Jobling，1994）。对于养殖个体而言，以上参数对于了解和提高饵料利用率均极为重要（Jobling，1994；Carter 等，2001）。

Katersky 和 Carter（2005）对尖吻鲈幼鱼进行了周期为 20 d 的不同温度（27、33、36、39 ℃）养殖试验。结果显示，33 ℃和 36 ℃试验组个体摄食率显著高于 27 ℃和 39 ℃处理组个体（$F=29.40$；$df=3，8$；$p<0.001$），且两者间相差不明显。33 ℃和 36 ℃试验组个体摄食率分别为（10.48 ± 0.50）g/d 和（9.74 ± 0.99）g/d，约为 27 ℃和 39 ℃处理组个体的 2 倍。个体初始体重的显著差异（$F=21.64$；$df=3，236$；$p<0.001$）对其最终体重不存在显著影响（$F=1.31$；$df=3，225$；$p=0.253$）。33 ℃和 36 ℃试验组个体体重增加量（$F=63.40$；$df=3，8$；$p<0.001$）与特定生长率（SGR）（$F=72.38$；$df=3，8$；$p<0.001$）均显著高于 27 ℃和 39 ℃处理组个体。39 ℃养殖个体生长显著低于其他温度。总体而言，个体摄食率和特定生长率均随温度的升高而升高，直至 36 ℃，并于 39 ℃处急剧下降（表 4-11）。

表 4-11　4 种不同温度下尖吻鲈幼鱼的存活、摄食、生长及生长效率（平均值±标准误）

（引自 Katersky 和 Carter，2005）

项　　目	温度（℃）			
	27	33	36	39
实时测定温度（℃）	26.98±0.04	33.16±0.13	35.36±0.32	38.86±0.05
个体初平均体重（g）	4.23±0.13	5.06±0.19	4.49±0.12	5.69±0.17
个体末平均体重（g）	13.11[b]±0.45	22.47[a]±1.71	20.09[a]±1.76	10.33[c]±0.14
存活率（%）	98.33±1.67	96.67±1.67	98.33±1.67	95.00±2.89

（续）

项目	温度（℃）			
	27	33	36	39
摄食率（FI）（g/d）	5.58^b±0.14	10.48^a±0.50	9.74^a±0.99	4.32^b±0.08
特定生长率（SGR）（%/d）	5.38^b±0.19	7.10^a±0.07	7.11^a±0.42	2.84^c±0.09
饲料转化率（FER）（g/g）	1.41^a±0.05	1.46^a±0.01	1.46^a±0.02	0.86^b±0.04
蛋白质转化率（PER）（g/g）	2.80^a±0.09	2.91^a±0.02	2.82^a±0.05	1.72^b±0.08

注：不同字母表示存在显著性差异。

　　个体全鱼粗蛋白质含量于 39 ℃ 处理组最低，显著低于其他温度处理组（$F=9.35$；$df=3$，20；$p<0.001$），而其他各组件不存在显著差异。粗脂肪含量于 39 ℃ 处理组显著低于 33 ℃ 和 27 ℃ 处理组（$F=4.70$；$df=3$，22；$p=0.011$），而与 36 ℃ 处理组个体间不存在显著差异。39 ℃ 处理组个体灰分含量显著高于 33 ℃ 和 27 ℃ 处理组个体（$F=8.03$；$df=3$，20；$p=0.001$），而与 36 ℃ 处理组个体间不存在显著差异（$F=2.89$；$df=3$，20；$p=0.061$）（表 4-12）。

表 4-12　4 种温度下尖吻鲈幼鱼体成分组成

（引自 Katersky 和 Carter，2005）

项目	温度（℃）			
	27	33	36	39
干物质（g/kg）	262.5^b±0.17	275.8^a±0.14	275.6^a±0.08	263.0^b±0.23
粗蛋白质（每千克湿重，g/kg）	154.9^b±1.01	164.2^a±1.25	163.8^a±1.54	147.4^c±1.29
粗脂肪（每千克湿重，g/kg）	63.5^a±1.27	63.1^{a,b}±2.42	64.4^a±2.96	54.0^b±2.39
灰分（每千克湿重，g/kg）	37.8^b±0.37	39.6^b±0.78	42.1^{a,b}±1.31	44.2^a±1.53
能量（每千克湿重，MJ/kg）	5.76^{a,b}±0.07	5.96^a±0.09	6.09^a±0.08	5.48^b±0.09

注：不同字母表示存在显著性差异。

　　生长效率定义为饲料转化率（FER），蛋白质转化率（PER）和产能值（PEV），各值均于 39 ℃ 处理组显著低于其他各处理组（FER，$F=68.72$；$df=3$，8；$p<0.001$。PER，$F=68.25$；$df=3$，8；$p<0.001$；表 4-12。PEV，$F=84.23$；$df=3$，8；$p<0.001$；图 4-34）。39 ℃ 处理组个体产蛋白值（PPV）也显著低于其他处理组，同时 27 ℃

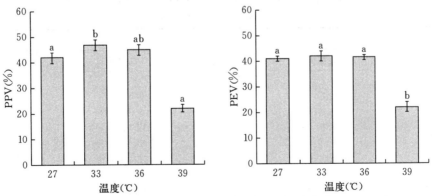

图 4-34　尖吻鲈幼鱼生长效率（平均值±标准误，定义为 PPV、PEV）

注：不同字母表示存在显著性差异（$n=3$）

（引自 Katersky 和 Carter，2005）

处理组个体显著低于 33 ℃（$F=148.36$；$df=3，8$；$p<0.001$；图 4 - 34）。

而在 Katersky 和 Carter 对尖吻鲈幼鱼另一组温度试验中，加入了饵料因素，并进行了两组试验，试验饵料原料和化学组成见表 4 - 13，相关结果见表 4 - 14 和表 4 - 15。当温度高于 27 ℃时，试验 1 中鱼体重增加了 4 倍，而在试验 2 中，仅在 33 ℃和 36 ℃时，鱼体重出现了类似幅度的增加（表 4 - 15）。在两组试验中，个体存活率均较高，均大于95%（表 4 - 14）。两组试验整体来看，温度对个体的化学组成（粗蛋白质：$r^2=0.266$；$F_{2,6}=1.09$；$p=0.395$；粗脂肪：$r^2=0.024$；$F_{2,6}=0.074$；$p=0.929$；能量：$r^2=0.128$；$F_{2,6}=0.44$；$p=0.663$）不存在显著性影响，而每个试验分别检验时，不同的试验温度将导致个体组成的不同（Katersky 和 Carter，2005；2007）（表 4 - 15）。

表 4 - 13　试验饵料原料和化学组成

（引自 Katersky 和 Carter，2005）

项　　目	试验 1	试验 2	项　　目	试验 1	试验 2
原料组成（g/kg）			化学组成（每千克干物质，g）		
鱼粉	730	730	干物质	937.0	946.9
鱼油	70	70	粗蛋白质	504.5	503.5
淀粉	119	119	总脂肪	190.5	182.5
CMC	10	10	灰分	128.5	150.1
氯化胆碱	10	10	能量（MJ/kg）	20.3	20.5
磷	10	10			
维生素 C	20	20			
氧化物	1	1			
维生素预混物 a	15	15			
矿物质预混物 b	15	15			

注：维生素预混物 a（mg/kg）：维生素 A（7.50），维生素 D（9.00），泛酸钙（32.68），烟酸（15.00），维生素 B_{12}（0.015），D-生物素（0.23），叶酸（1.50），盐酸硫胺（1.68），盐酸吡哆醇（5.49），肌醇（450.00），α-纤维素（817.91）。

矿物质预混物 b（mg/kg）：$CuSO_4 \cdot 5H_2O$（35.37），$FeSO_4 \cdot 7H_2O$（544.65），$MnSO_4 \cdot H_2O$（92.28），Na_2SeO_3（0.99），$ZnSO_4 \cdot 7H_2O$（197.91），$KI CoSO_4 \cdot 7H_2O$（14.31），α-纤维素（612.33）。

表 4 - 14　试验水温和尖吻鲈幼鱼存活、生长情况（平均值±标准误，$n=3$）

（引自 Katersky 和 Carter，2005）

温度（℃）		平均体重（g）		存活率（%）
设定温度	测定温度	初体重	末体重	
试验 1				
21	20.6±0.51	2.4±0.05	3.3±0.11	100±0.0
24	24.0±0.02	2.7±0.07	4.5±0.18	100±0.0
27	27.3±0.09	2.7±0.08	12.0±0.50	96.7±1.7
30	30.1±0.02	3.4±0.09	15.3±0.56	98.3±1.7
33	32.5±0.04	3.6±0.08	16.2±0.71	95.0±5.0
试验 2				
27	26.98±0.04	4.2±0.13	13.1±0.45	98.3±1.7
33	33.16±0.13	5.1±0.19	22.5±1.71	96.7±1.7
36	35.36±0.32	4.5±0.12	20.1±1.76	98.3±1.7
39	38.86±0.05	5.7±0.17	10.3±0.14	95.0±2.9

表 4-15 试验 1 和试验 2 中尖吻鲈幼鱼、全鱼组成

（引自 Katersky 和 Carter，2005）

试验温度 （℃）	干物质 （g/kg）	粗蛋白质 （每千克湿重，g）	总脂肪 （每千克湿重，g）	灰分 （每千克湿重，g）	能量 （每千克湿重，MJ）
试验 1					
21	275.7[b]±2.47	158.0[a,b]±2.53	61.6±2.05	39.0[a,b]±0.72	5.8±0.15
24	265.8[a]±2.22	146.0[a]±3.74	54.6±3.57	40.3[b]±0.99	5.5±0.06
27	271.6[a,b]±0.68	159.6[a,b]±1.41	58.3±2.77	37.6[a]±0.27	5.6±0.06
30	270.1[a,b]±1.59	160.2[a,b]±4.04	56.2±1.43	39.2[a,b]±0.42	5.8±0.07
33	272.9[b]±1.23	162.5[b]±1.31	56.1±1.47	37.6[a]±0.32	5.7±0.03
试验 2					
27	262.5[b]±0.17	154.9[b]±1.01	63.5[a]±1.27	37.8[b]±0.37	5.8[a,b]±0.67
33	275.8[a]±0.14	164.2[a]±1.25	63.1[a,b]±2.42	39.6[b]±0.78	5.9[a]±0.95
36	275.6[a]±0.08	163.8[a]±1.54	64.4[a]±2.96	42.1[a,b]±1.31	6.1[a]±0.83
39	263.0[b]±0.23	147.4[c]±1.29	54.0[b]±2.39	44.2[a]±1.53	5.5[b]±0.93

注：不同字母表示不同温度间的试验结果存在显著性差异（$n=3$）。

水温、摄食率、生长和生长率存在显著性关系（表 4-16）。水温和摄食率的曲线模型得出最大摄食率发生在 32.8 ℃，范围为 28.8～36.8 ℃，摄食率保持在最大值的 90% 及以上水平（图 4-35a）。水温和 SGR 的模型检测得出最大 SGR 值为 7%/d，水温为 31.4 ℃，最佳水温为 28～34.8 ℃（图 4-35b）。水温和 PPV 的模型（图 4-35c）预测最高蛋白质生长值 47.4% 发生在 31.2 ℃，且在 27.3～35 ℃保持在最佳水平。水温和产能值模型显示最大生长效率与 30.2 ℃产生的能量有关，且最佳效应发生在 26.2～34.1 ℃（图 4-35 d）。

表 4-16 水温和摄食率（FI）、特定生长率（SGR）、蛋白质生长值（PPV）及产能值（PEV）间的关系

（引自 Katersky 和 Carter，2005）

项 目	$y=a+bT+cT^2$			r^2	$F_{2,6}$	P
	a	b	c			
摄食率（FI，g/d）	−60.29	−4.19	−0.06	0.801	12.06	0.008
特定生长率（SGR，%/d）	−51.69	−3.73	−0.06	0.862	18.75	0.003
蛋白质生长值（PPV，%）	−265.05	−20.06	−0.32	0.824	14.03	0.005
产能值（PEV，%）	−208.46	−16.08	−0.26	0.803	12.25	0.008

Bermudes 等（2010）针对尖吻鲈幼鱼生长、代谢情况，利用不同温度和大小规格对相关参数进行了测定分析。结果显示，所有处理组尖吻鲈个体存活率均较高，试验期间温

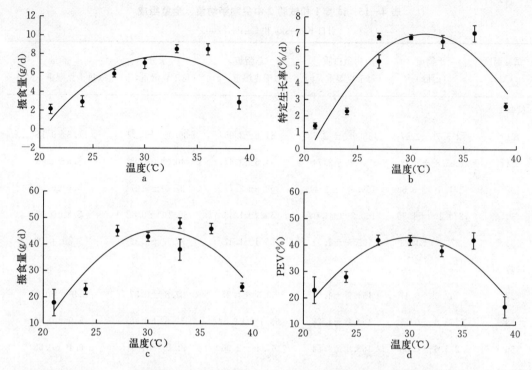

图 4-35 水温和尖吻鲈幼鱼摄食率、特定生长率、PPV 和 PEV 间的关系

a. 摄食率 b. 特定生长率 c. PPV d. PEV 间的关系

注：箭头所示为最大估值的温度（最佳水温）；垂直虚线表示最大估计的≥90%（最佳范围）。

（引自 Katersky 和 Carter，2005）

度和规格大小对存活率不存在显著影响，而在大规格个体中，于 37.9 ℃呈现出较低存活率。

使用二阶多项式回归来模拟温度对生长率幂函数的参数 α 和 γ（$DGR = \alpha W^\gamma$）的影响。当水温和大小被整合到一个表达式中时，在 23～38 ℃温度下养殖的尖吻鲈（21～142 g）的抛物线生长速率响应（图 4-36）表示为：$DGR = (0.608T - 0.010T^2 - 8.413) W^{(0.218T - 0.003T^2 - 3.220)}$。其中，$DGR$ 为日增长率（每天每条鱼，g），T 为温度（℃），W 为活重（g）。对生长速率的进一步分析显示，在两种规格下，DGR 在 29.1～34.9 ℃的水温内呈升高趋势，并在该范围的任一侧逐渐下降（表 4-17）。DGR 随着个体规格显著增加。

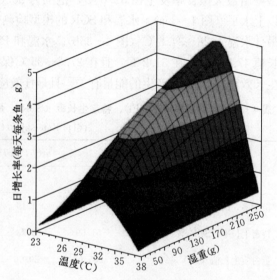

图 4-36 23.3～37.9 ℃尖吻鲈幼鱼日增长率模型

（引自 Bermudes，2010）

表 4-17　不同温度下尖吻鲈幼鱼规格、存活率、日增长率、摄食率、饵料转化率及产蛋白率

(引自 Bermudes，2010)

规格	温度（℃）	体重（g）		存活率（%）	日增长率（DGR）（每条鱼每天，g）	摄食率（FI）（每条鱼每天，g）	饵料转化率（FER，g/g）	产蛋白率（PPV，%）
		初	末					
小（21 g）	23.3	20.9	26.9	100.0±0.0	0.23±0.08[a]	0.19±0.04[a]	1.14±0.38[bc]	39.3±2.7[a]
	26.2	20.3	40.0	100.0±0.0	0.76±0.05[bc]	0.46±0.03[b]	1.65±0.04[a]	48.9±1.4[bc]
	29.1	20.1	57.1	100.0±0.0	1.43±0.01[b]	0.81±0.02[c]	1.76±0.04[a]	54.8±2.2[b]
	32.0	21.1	58.1	100.0±0.0	1.43±0.24[b]	0.90±0.17[c]	1.57±0.07[a]	46.9±1.9[c]
	34.9	20.8	56.8	100.0±0.0	1.39±0.28[b]	0.93±0.21[c]	1.47±0.09[ab]	47.5±0.1[c]
	37.9	21.6	32.6	100.0±0.0	0.43±0.08[c]	0.49±0.05[b]	0.86±0.14[c]	23.1±5.0[d]
大（142 g）	23.3	141.6	148.7	100.0±0.0	0.28±0.08[a]	0.46±0.07[a]	0.58±0.16[a]	35.0±9.3[a]
	26.2	140.3	169.0	96.7±4.7	1.11±0.11[bd]	0.97±0.13[b]	1.13±0.00[b]	43.6±1.8[abc]
	29.1	139.7	184.5	100.0±0.0	1.73±0.16[bc]	1.39±0.08[c]	1.24±0.09[b]	47.4±5.5[b]
	32.0	142.6	215.2	96.7±4.7	2.80±0.28[c]	2.14±0.31[d]	1.30±0.00[b]	50.8±2.1[b]
	34.9	142.5	201.5	96.7±4.7	2.62±0.28[c]	2.08±0.30[d]	1.26±0.01[b]	41.7±2.7[abc]
	37.9	142.9	159.6	86.7±18.9	0.65±0.12[d]	1.05±0.04[bc]	0.61±0.13[a]	10.0±2.1[d]
温度效应				$p=0.774$	$p<0.0001$	$p<0.0001$	$p<0.0001$	$p<0.0001$
规格效应				$p=0.085$	$p<0.01$	$p<0.0001$	$p<0.0001$	$p<0.001$
温度×规格效应				$p=0.774$	$p=0.657$	$p=0.592$	$p=0.305$	$p=0.148$

注：数值表示方式为：平均值±标准差（$n=2$）；不同字母上标表示存在显著性差异。

小规格个体水分含量（69.8%±0.8%）显著高于大规格个体（67.7%±1.2%）（$p<0.001$）。个体水分含量受温度影响不显著，同时蛋白质、脂肪及灰分含量均不受规格和温度的显著影响（$p>0.05$）。蛋白质、脂肪和灰分总平均水平分别为（15.2±0.6）%、（9.3±1.3）%和（4.6±0.5）%。能量的密度反映着不同规格间个体水分含量的变化，结果显示，大规格个体［每克湿重（7 060±260）J］能量密度显著高于小规格个体［每克湿重（6 400±350）J］（$p<0.001$）。温度对能量含量无显著影响（$p>0.05$）。

个体规格和养殖水温对摄食率存在显著影响。小规格个体最大摄食率发生在 29.1～34.9 ℃，而大规格个体发生在 32.0～34.9 ℃，尽管两者之间应对温度的摄食反应模式是相似的。饵料转化率受温度和规格大小的影响。在两种规格个体中，饵料转化率在 26.2～34.9 ℃水平较高，而在 23.3 ℃和 37.9 ℃急剧下降。PPV 水平表明小规格个体氮保留量显著高于大规格个体。PPV 水平同时也受水温显著影响，在不同规格之间受水温影响反应模式相似，不同规格个体均在 26.2～34.9 ℃呈现较高水平（表 4-17）。

大、小规格的尖吻鲈个体间营养物质消化率不存在显著性差异（$p>0.05$），不同规格个体不同水温下的表观消化率数据见表4-18。37.9℃时所获取的粪便样品不足以做能量分析，23.3℃和37.9℃时不足以做氮和磷的测定，同样在23.3℃和26.2℃时所得样品不足以做能量分析。干物质的表观消化率在23.3～29.1℃显著升高，在29.1℃和34.9℃达到最高值。小规格个体表观消化率被限制在较窄温度范围内，而大规格个体能量的表观消化率在23.3～34.9℃显著升高（$p<0.05$，图4-37），氮的消化率在26.1～34.9℃是一致的，在相同的水温范围内，磷的消化率不受水温的影响（表4-18）。

表4-18 不同温度下尖吻鲈幼鱼干物质、能量及氮和磷的表观消化率

（引自 Bermudes，2010）

温度（℃）	表观消化率			
	干物质	能量	N	P
23.3	0.77 ± 0.22^a	$0.85\pm0.05^{**}$	—	—
26.2	0.90 ± 0.03^{ab}	$0.87\pm0.00^{**}$	0.84 ± 0.03	0.43 ± 0.09^a
29.1	0.94 ± 0.01^b	0.89 ± 0.02	0.85 ± 0.01	0.53 ± 0.03^b
32.0	0.96 ± 0.01^b	0.90 ± 0.01	0.85 ± 0.00	0.50 ± 0.03^{ab}
34.9	0.93 ± 0.02^b	0.89 ± 0.02	0.85 ± 0.03	0.45 ± 0.03^{ab}
37.9	0.95^*	—	—	—

注：数值表示方式为平均值±标准差（$n=4$）；不同字母上标表示存在显著性差异。* 表示 $n=1$，大规格鱼组；** 表示 $n=2$，大规格鱼组。

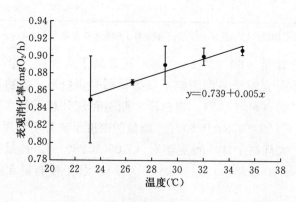

图4-37 不同温度下尖吻鲈大规格幼鱼（142 g）能量的表观消化率

（引自 Bermudes，2010）

水温和规格大小对能量消耗的保留仅存在微小影响，而对尖吻鲈幼鱼能量损失的部分没有影响，如热量和粪便（表4-19）。然而，通过氮排泄消耗的能量同时受水温和规格显著影响。总体水平上，大规格个体氮排泄水平高于小规格个体。无论大小规格，个体通过氮排泄而消耗的能量其最大值均出现在37.9℃。

表 4 - 19　不同温度下不同规格尖吻鲈幼鱼的能量消耗

（引自 Bermudes，2010）

规格	温度（℃）	能量消耗 [J/（g·d）]	所占 IE 比例			
			能量消耗的保留	热量	粪便	氮排泄
小 (21 g)	23.3	200±30	39.9±7.0	—	—	5.0±0.2[a]
	26.2	390±20	47.2±1.8	—	—	4.3±0.1[ab]
	29.1	580±10	49.4±1.8	36.1±3.1	10.7±0.8	3.8±0.1[b]
	32.0	620±60	42.5±2.6	42.3±3.0	10.7±0.4	4.5±0.1[ab]
	34.9	650±70	45.8±5.7	36.7±7.3	13.2±0.9	4.4±0.0[ab]
	37.9	440±40	25.2±1.7	—	—	6.6±0.3[c]
大 (142 g)	23.3	80±10	22.1±20.8	57.5±25.0	14.9±5.4	5.4±0.6[a]
	26.2	150±20	27.3±5.4	54.9±7.8	13.1±0.4	4.7±0.1[ab]
	29.1	210±10	41.5±10.0	43.2±16.1	11.0±2.5	4.4±0.3[ab]
	32.0	290±30	43.4±0.9	42.5±2.4	9.9±0.9	4.1±0.1[bc]
	34.9	290±30	43.6±2.2	42.3±2.3	9.1±0.4	4.9±0.2[ab]
	37.9	170±0	17.0±11.0	—	—	7.7±0.1[d]
温度效应			$p=0.068$	$p=0.777$	$p=0.603$	$p<0.001$
规格效应			$p=0.073$	$p=0.368$	$p=0.398$	$p<0.01$
温度×规格效应			$p=0.755$	$p=0.787$	$p=0.386$	$p=0.148$

注：数值表示方式为平均值±标准差（$n=2$）；不同字母上标表示存在显著性差异。

　　尖吻鲈的固体排泄物质量受水温影响显著并随规格而增大（表 4 - 20）。不同规格的响应模式是一致的，均于 23.3 ℃和 32.0 ℃产量最高和最低。大规格个体的总氮排泄物大于小规格个体，两者的较低水平和较高水平分别同样发生在 26.2～34.9 ℃和 23.3 ℃（表 4 - 20）。超过 95%的氮以不依赖于水温或大小的溶解形式排泄。磷的排泄受温度和规格影响显著，且水温对大小规格的个体影响效应不同，大规格个体每千克个体排泄的磷量更大，且在 23.3～26.2 ℃出现最大值。相比之下，小规格个体在 34.9 ℃处磷的排泄最大。磷排泄物的溶解部分不受水温和规格影响（表 4 - 20）。

　　Glencross 和 Felsing（2006）也对尖吻鲈进行了温度和规格的双因素对个体耗氧率影响分析，并重点从时间效应、体重效应和温度效应三方面进行了讨论。在时间效应的相关分析中，结果表明个体耗氧量随时间的变化与水温相关，未观察到显著的时间影响效应（$p>0.05$）。在一定体重范围内，个体耗氧量的变化与个体活体重存在相关效应，所有鱼的耗氧率在第 2 小时、试验水温最低时耗氧率呈最低值，而最高耗氧率出现于 12～16 h、高水温试验个体。在体重效应研究中，在总体平均温度为（29.4±1.5）℃内（水温为

表4-20 不同温度下不同规格尖吻鲈幼鱼排泄物

(引自 Bermudes，2010)

规格	温度（℃）	固体废物（g/kg）	N 排泄物总值（g/kg）	溶解比例（%）	P 排泄物总值（g/kg）	溶解比例（%）
	23.3	302.3±83.4	—	—	—	—
	26.2	62.0±24.1	26.4±1.0ᵃ	95.3±0.1	4.2±0.6ᵃ	73.5±4.2
	29.1	35.7±6.9	21.8±0.4ᵇ	95.2±0.2	4.2±0.2ᵃ	81.8±0.5
小（21 g）	32.0	28.2±5.4	28.7±1.7ᵃ	96.6±0.1	4.6±0.1ᵃ	83.8±0.2
	34.9	51.0±8.3	30.3±1.2ᵃ	96.2±0.2	7.1±0.8ᵇ	85.3±2.3
	37.9	—	—	—	—	—
	23.3	158.9±42.0	101.7±29.6ᵃ	95.4±0.5	15.4±0.7ᵃ	69.1±7.9
	26.2	87.6±2.5	42.2±0.9ᵇ	95.7±0.1	14.0±2.5ᵃ	88.3±2.2
	29.1	51.0±7.6	36.4±4.5ᵇ	95.9±0.3	6.2±0.0ᵇ	82.6±0.9
大（142 g）	32.0	29.0±1.5	32.0±1.0ᵇ	96.4±0.1	6.6±1.1ᵇ	85.8±2.5
	34.9	44.4±9.4	39.4±1.1ᵇ	96.6±0.1	7.8±0.4ᵇ	84.4±0.8
	37.9	—	—	—	—	—
温度效应		$p<0.01$	$p<0.05$*	$p=0.610$*	$p<0.05$*	$p=0.746$*
规格效应		$p=0.544$	$p<0.0001$*	$p=0.851$*	$p<0.01$*	$p=0.489$*
温度×规格效应		$p=0.305$	$p<0.05$*	$p=0.090$*	$p=0.01$*	$p=0.518$*

注：数值表示方式为平均值±标准差（$n=2$）；不同字母上标表示存在显著性差异；＊表示统计分析在26.2～34.9 ℃进行。

26.0～32.0 ℃），个体活体重（x，g）和标准耗氧率［y，mg O₂/（kg·h）］间的关系由指数曲线 $y=710.19x^{-0.3268}$，$R^2=0.6875$（$n=222$）描述（图4-38），而其与总耗氧率［y，mg O₂/（kg·h）］间的关系可描述为指数函数 $y=0.7102x^{0.6732}$，$R^2=0.9033$（图4-39）。而在温度效应分析中，所有试验组温度在 26.0～32.0 ℃变化，在整个温度范围内以1.0 ℃为单位进行的自然对数变换表明温度与活重之间的存在密切相关性（图4-40）。大多数相关系数为 0.60～0.68，仅一个大于 0.7，为 0.77。在水温对个体总耗氧率（总代谢率，gross metabolic rate，G MR）的检测分析中，两者呈现出一定的曲线关系（图4-41）。一般来说，最好用二次函数进行描述，仅 409 g 和 1 048 g 的个体耗氧率与温度呈现为线性关系。水温（x：℃）和活体重（y：g）的对个体总耗氧率［mg O₂/（kg·h）］的

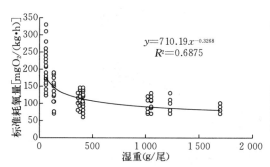

图 4-38 不同温度下（26.0~32.0℃），尖吻鲈
个体标准耗氧率［mg O₂/（kg·h）］
与活体重（g）间的关系

（引自 Glencross 和 Felsing，2006）

图 4-39 不同温度下（26.0~32.0℃），尖吻鲈
个体总耗氧率［mg O₂/（kg·h）］
与活体重（g）间的关系

（引自 Glencross 和 Felsing，2006）

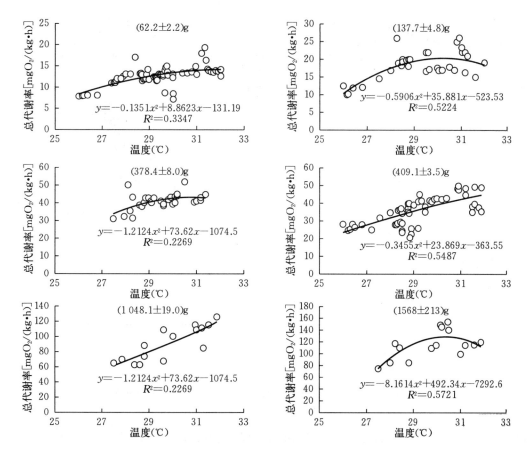

图 4-40 不同温度下（26.0~32.0℃），尖吻鲈个体活体重与总耗氧率间的关系

注：按 1℃ 递增分组

（引自 Glencross 和 Felsing，2006）

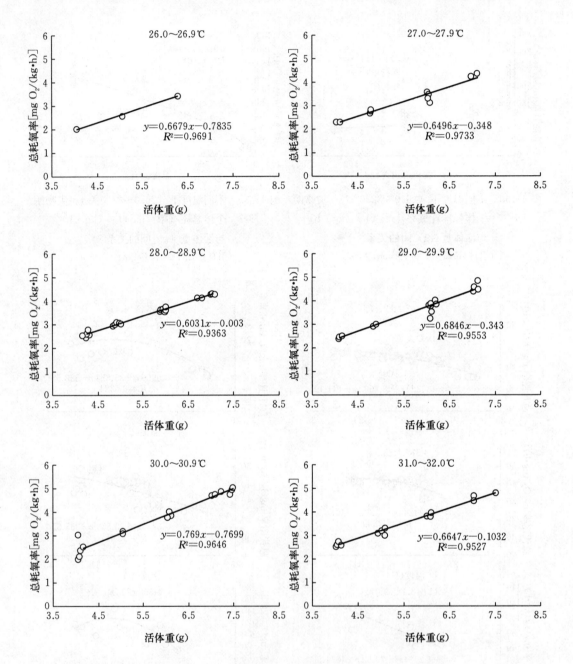

图 4-41 温度对不同活体重（g）分组尖吻鲈个体总代谢率的影响
（引自 Glencross 和 Felsing，2006）

联合效应关系见图 4-42，该联合效应可用方程式表示为：总耗氧率＝（－20.781 8＋1.401 7x－0.022 7x^2）×$y^{0.673}$。水温对每个个体的 Q_{10} 效应评估值为 2.4～5.0（图 4-42），该范围的最高端与其他 Q_{10} 值存在本质上的不同，所有规格个体的平均值为 3.1±1.02（平均值±标准差）。

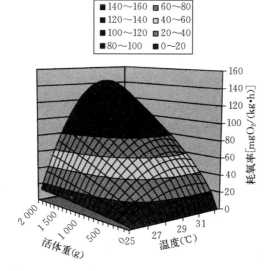

图 4-42　活体重（g）和温度（℃）之间的平滑表面关系对总代谢率的影响

注：函数方程为总耗氧率＝$(-20.7818+1.4017x-0.0227x^2) \times y^{0.673}$

（引自 Glencross 和 Felsing，2006）

二、盐度

盐度是鱼类生存与生长的重要生态因子之一，与个体渗透调节密切相关，对鱼类的生长发育、能量代谢及免疫能力有显著影响，高渗或低渗的逆环境将迫使鱼类产生一系列生理和生化变化，以适应外界盐度和渗透压的变化（胡静等，2015；胡静等，2016；王妤等，2011；Cho 等，2008），同时也影响营养需求、组织结构和生理生化指标等（康自强等，2013）。

Weakley 等（2012）对 250 尾尖吻鲈幼鱼进行了为期 2 周不同盐度的养殖试验。盐度分别为 0、7.5、15、22.5、32，从每组中各选取 5 尾尖吻鲈幼鱼分别进行正常海水（对照组）及 CO_2 含量为 1‰的酸性海水养殖试验（试验组），并分别于试验的 0、2、4、8、12、24 h 定时取水样，4 ℃保存以备水样含酸量测定，即尖吻鲈个体 H^+ 累积排放量，相关结果见图 4-43。所有盐度处理组中，试验组个体 H^+ 通量比对照组较高。一般地，22.5、32 盐度处理个体 H^+ 通量较低盐度处理组上升显著且反应时间更早。例如，32 盐度下的试验组个体，4 h 处的 H^+ 通量为 7.51 ± 1.49，而对照组的为（2.59 ± 0.94）mmol/kg（平均值±标准误，$n=5$，$p<0.025$），相差约 4.9 mmol/kg（净差值）。同样 22.5 盐度下，4 h 处试验组和对照组个体 H^+ 通量净差值为 3.2 mmol/kg。24 h 内，22.5、32 盐度下试验组和对照组个体 H^+ 通量增加率于 4 h 后呈平行状态。与此相反，0、7.5、15 盐度下，试验组个体 H^+ 通量于 8 h 处显著高于对照组且持续维持至 24 h（图 4-43）。在 0 组中，H^+ 通量的最大值出现在 24 h 处，为 3.60 mmol/kg，试验组为（8.93 ± 1.39）mmol/kg 而对照组为（5.32 ± 1.02）mmol/kg。

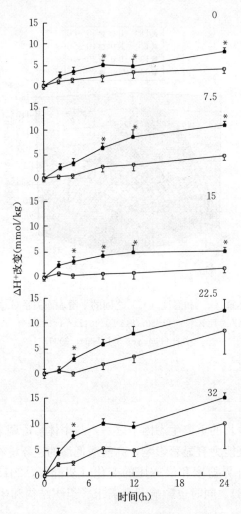

图 4-43　不同盐度下，正常海水及 1‰ 酸性海水尖吻鲈幼鱼个体 H^+ 累积通量（ΔH^+：mmol/kg）

注：数值表示方式为平均值±标准误（$n=5$）；含 1‰ CO_2 酸性养殖水处理组为实心标志；正常海水为空心标志；＊表示存在显著性差异。

（引自 Weakley，2012）

在 0、15、32 盐度下，在对照组和试验组的个体内均可检测到 H^+-ATP 酶的免疫活性。在可视化切片检测下，沿着鳃丝和小范围的片状上皮呈现出最多的 H^+-ATP 酶免疫活性细胞（图 4-44）。位于上皮层间区域的 H^+-ATP 酶免疫活性细胞体积大而呈卵圆形，并位于层片底部。H^+-ATP 酶免疫活性细胞的特征是在细胞的整个细胞质中具有点状外观。H^+-ATP 酶和 Na^+/K^+-ATP 酶的共定位检测仅在 15、32 盐度处理组个体的鳃部中发现，较高盐度组个体鳃丝切片显示膜上皮的层间区域内存在极小的 H^+-ATP 酶或 Na^+/K^+-ATP 酶免疫活性细胞亚群（图 4-44）。

该研究针对盐度对高碳酸血症的尖吻鲈个体 H^+ 排泄的影响。结果表明，环境盐度对其生理生化具有显著性作用，尖吻鲈通过排泄过量的 H^+ 调节个体 pH，且表明鳃 H^+-ATP 酶活性调节是执行这种排泄过程的机制之一。在实际应用中，苦咸水环境下的尖吻

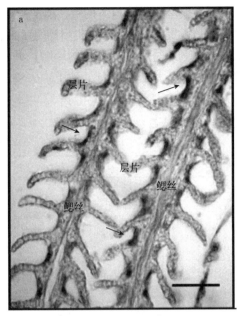

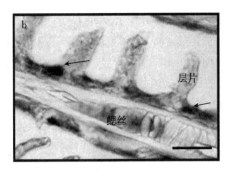

图 4 - 44　在 15 盐度下，尖吻鲈幼鱼个体鳃丝 H$^+$ - ATP 酶免疫定位的代表性光学显微观察

　　a. 层间区域免疫活性低放大倍数图像，箭头所示为免疫活性细胞　b. 层间区域免疫活性高放大倍数图像。比例尺：50 μm

（引自 Weakley，2012）

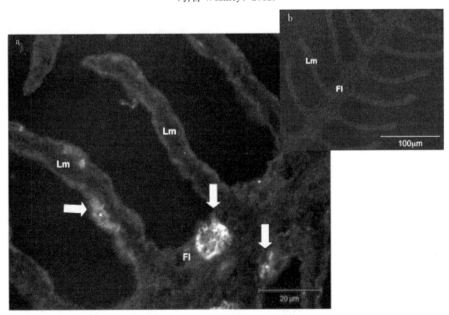

图 4 - 45

　　a. 在 32 盐度下，尖吻鲈幼鱼个体鳃丝 H$^+$ - ATP 酶免疫活性细胞（红色）和 Na$^+$/K$^+$ - ATP 亚群酶免疫活性细胞（绿色）共定位的代表性光学显微观察　b. 对照组的代表性图像　FL. 丝状体（细丝、细线、单纤维）（filament）　Lm. 状体（薄片、薄板、薄层）y（lamellae）

（引自 Weakley，2012）

鲈能有效地利用部分鳃上皮的 $H^+ - ATP$ 酶来维持高碳酸血症胁迫下的酸、碱平衡。因此，推测通过改变运输介质到盐度 15，可减少酸、碱胁迫并提高运输过程中尖吻鲈的存活率。

Partridge 和 Lymbery（2008）研究了盐度对尖吻鲈幼鱼钾需求量的影响，并进行了相关对照试验，试验设计见表 4-21。盐度为 45 时，25% 的钾含量处理下，尖吻鲈个体出现死亡现象，故未进行盐度 45 25% 个体相关参数分析。

表 4-21　各处理组盐度和钾含量

（引自 Partridge 和 Lymbery，2008）

生物鉴定	盐度	钾含量（%）	钾含量（mg/L）
1	45	50	267
		75	401
		100	534
2	15	25	45
		50	89
		75	134
		100	178
3	5	25	15
		50	30
		75	45
		100	59

表 4-22 为过滤、未经稀释的地下水及含等钾量的天然海水。与海水（45）相比，地下水缺乏钾、硼和钠，而含有较高含量的镁、钙、硫、氯和锶。

表 4-22　盐碱地下水及等钾含量海水主要（>1 mg/L）离子含量

（引自 Partridge 和 Lymbery，2008）

主要离子（mg/L）	地下水	海水（盐度 45）	地下水：海水（%）
氯	25 000	23 750	105
钠	12 000	13 750	87
镁	2 800	1 500	187
硫	1 400	1 063	132
钙	740	550	135
钾	140	613	23
锶	9.3	9	102
硼	1.2	5	23

在所有的生物测定中，尖吻鲈个体存活率均为 100%。组织学的检测结果表明，并未发现 Partridge 和 Creeper（2004）描述的骨骼肌的变性、坏死及肾小管坏死现象。

盐度为 45 时，随着补钾水平的增加，尖吻鲈个体特定生长率增加（图 4-46a）。在此盐度下，当补钾水平为最小值即钾当量为 50% 时，个体试验期间体重减轻 $[SGR=(-0.38\% \pm$

0.27%）/d]。盐度为 15 时，SGR 为（1.86%～2.18%）/d，4 个钾补充处理组间不存在显著性差异（图 4 - 46b）。而当盐度为 5 时，SGR 为（2.30%～2.62%），同样各组间不存在显著性差异（图 4 - 46c）。

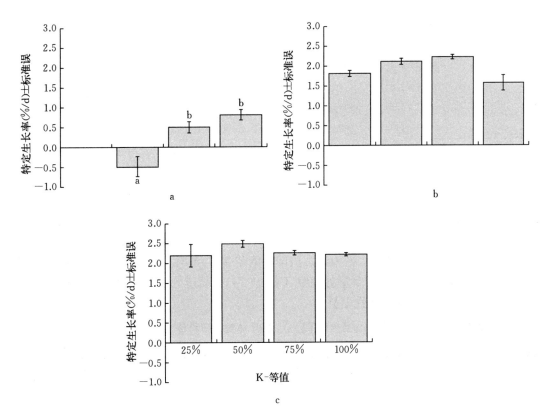

图 4 - 46　盐度 45、15 和 5 时，不同钾含量处理尖吻鲈个体的生长情况

注：不同字母表示存在显著性差异。

（引自 Partridge 和 Lymbery，2008）

盐度为 45 时，50%钾当量处理组个体血液中钠和氯离子的含量均显著高于 100%钾当量处理组，而各组钾离子含量不存在显著性差异（表 4 - 23）。盐度为 15 和 5 时，各处理组个体血液中钠和氯离子的含量均不存在显著性差异。盐度为 15 时，个体血液中钾离子含量也不存在显著性差异，而盐度为 5 时，最低钾含量（25%）处理下，个体钾含量显著低于 75%和 100%钾含量处理组（表 4 - 23）。

当盐度为 45 时，50%钾含量处理组个体肌肉水分和钾含量显著较低，而钠含量显著高于 75%和 100%钾含量处理组（表 4 - 23）。盐度为 15 时，各补钾处理组个体肌肉水分含量不存在显著性差异，而钾和钠的含量于盐度 45 时变化趋势相同。在此盐度下，25%和 50%钾处理组个体肌肉钾含量显著低于 75%和 100%处理组，而钠含量正好相反，25%和 50%钾处理组个体含量显著较高（表 4 - 23）。盐度为 5 时，各位不钾处理组个体间，肌肉水分及钠、钾含量不存在显著性差异（表 4 - 23）。

表4-23　不同盐度和钾含量处理下，尖吻鲈个体血浆和肌肉电解质含量及肌肉水含量

（引自 Partridge 和 Lymbery，2008）

盐度	钾含量（%）	血钾（mmol/L）	血钠（mmol/L）	血氯（mmol/L）	肌肉水分（%）	肌肉钾（g/kg）	肌肉钠（g/kg）
	50	10.6±2.4	182±3[a]	177±2[a]	72.4±1.1[a]	11.7±0.7[a]	5.7±1.1[a]
45	75	14.8±0.2	171±2[a,b]	171±2[a,b]	77.7±0.6[b]	15.5±0.3[b]	2.2±0.2[b]
	100	12.1±2.7	167±2[b,c]	164±1[b,c]	76.6±0.6[b]	15.8±0.2[b]	2.4±0.2[b]
	25	6.2±0.3	162±0	140±1	87.3±0.9	12.7±1.3[a]	5.8±0.8[a]
15	50	5.4±0.8	171±3	146±3	86.8±0.5	15.3±1.3[b]	3.8±0.3[b]
	75	5.4±0.7	165±1	142±1	87.1±0.2	18.5±0.3[c]	2.3±0.2[b,c]
	100	7.5±1.0	162±2	142±2	86.4±0.1	18.3±0.3[c]	2.1±0.1[c]
	25	3.9±0.1[a]	161±1	137±1	76.6±0.7	17.0±0.4	1.6±0.1
5	50	4.3±0.3[a,b]	161±2	135±0	77.2±0.5	17.9±0.4	1.6±0.1
	75	5.0±0.1[b]	159±2	137±1	76.1±0.2	17.2±0.2	1.5±0.1
	100	4.9±0.1[b]	161±1	139±1	76.1±0.1	16.8±0.1	1.5±0.0

注：不同字母表示存在显著性差异。

　　但盐度为45时，当补钾水平为最小值即钾含量为50%时，个体鳃、肠和肾 NKA 酶活性显著高于75%和100%钾含量处理组（表4-24）。盐度为15时，各补钾处理组个体鳃、肾 NKA 活性不存在显著性差异。

表4-24　不同盐度和钾含量处理下，尖吻鲈个体鳃、肠和肾 Na^+/K^+-ATP 酶活性

（引自 Partridge 和 Lymbery，2008）

盐度	钾含量（%）	鳃 [μmol/（mg·h）]	肾 [μmol/（mg·h）]	肠 [μmol/（mg·h）]
	50	201.1±44.4[a]	260.9±51.8[a]	68.6±5.2[a]
45	75	88.8±4.8[b]	98.8±9.1[b]	29.6±3.4[b]
	100	107.9±11.6[b]	66.8±9.4[b]	26.4±5.5[b]
	25	22.4±1.2	55.4±8.7	21.5±1.6[a]
15	50	25.7±2.3	43.7±4.1	13.0±1.7[b]
	75	24.6±3.3	54.6±7.6	19.7±1.2[a]
	100	17.2±2.0	48.6±10.6	13.0±1.5[b]
	25	29.0±3.6	33.8±8.6	12.4±1.8
5	50	24.4±2.1	5.44±6.2	16.7±2.3
	75	20.9±1.4	48.3±5.6	13.3±1.4
	100	22.8±1.5	57.0±0.2	15.8±1.8

注：不同字母上标表示存在显著性差异。

三、光周期

　　鱼类的生物学和行为受光照影响，且物种不同所受影响程度不同（Marliave，1977；

Tandler 和 Helps，1985；Duray 和 Kohno，1988）。Barlow 等（1993）研究得出，全长为 10～40 mm 的尖吻鲈幼鱼即可依靠视觉捕食，且于日间整日捕食，到黄昏摄食活动达到高峰，月光下也可进行捕食，但活性较低，于夜间完全停止捕食。因此，研究光照对尖吻鲈个体摄食情况的影响，有助于提高个体生长速率和饵料利用率等。以下内容介绍了光照周期结合人工投喂规律对尖吻鲈幼鱼存活生长及生理生化的影响，通过测定分析其生长速率、肥满度及激素水平等，探讨尖吻鲈最佳光照周期及投喂周期组合，对该物种的实践生产具有一定指导意义。

Barlow 等（1995）研究了光照周期对尖吻鲈仔、稚鱼和幼鱼的生长、存活和摄食周期的影响，并设计了 6 组试验，具体如下：

试验 1：试验对象为 1～10 日龄尖吻鲈仔、稚鱼个体，进行轮虫投喂，光照周期分别为 8 L/16D、16 L/8D 和 24 L/0D，投喂时间 9：00 和 15：00。

试验 2：试验对象为 8～20 日龄尖吻鲈仔、稚鱼个体，进行丰年虫投喂，光照周期分别为 8 L/16D、16 L/8D 和 24 L/0D，投喂时间 9：00 和 15：00；

试验 3：试验对象为尖吻鲈幼鱼［初始全长为（11.9±1.4）mm，初始体重为（23.0±8.7）mg］，第一组处理方法为 12 L/12D，12 h 投喂；第二组为 12 L/12D，24 h 投喂；第三组为 24 L/0D，12 h 投喂；第四组为 24 L/0D，24 h 投喂。

试验 4：试验对象为尖吻鲈幼鱼［初始全长为（11.0±1.1）mm，初始体重为（21.3±7.1）mg］，三组光照处理分别为 12 L/12D、18 L/6D 和 24 L/0D，均连续投喂。

试验 5：小规格幼鱼［全长（33±3.3）mm］，光照处理分别为 12 L/12D 和 24 L/0D，试验周期 24 h，每隔 3 h 投喂 1 次。

试验 6：大规格幼鱼［全长（51.7±5.0）mm］，光照处理分别为 12 L/12D 和 24 L/0D，试验周期 24 h，每隔 3 h 投喂 1 次。

在试验 1 中，轮虫投喂下，8 L/16D 处理尖吻鲈仔、稚鱼个体全长显著小于 16 L/8D 和 24 L/0D 处理个体（$p<0.05$），且 16 L/8D 处理仔、稚鱼个体显著小于 24 L/0D 处理个体（$p<0.05$）（表 4-25）。试验 2 中，丰年虫投喂下，8 L/16D 处理仔、稚鱼个体全长同

表 4-25　不同光照处理下，尖吻鲈仔稚鱼的平均全长和存活率

（引自 Barlow 等，1995）

处理方法	平均全长（mm）	平均存活率（%）
试验 1：轮虫投喂阶段（2-10DPH）		
8 L/16D	3.37[a]±0.01	18.7[a]±7.8
16 L/8D	4.24[b]±0.09	40.1[a]±9.3
24 L/0D	4.57[c]±0.08	34.8[a]±12.0
试验 2：丰年虫投喂阶段		
8 L/16D	8.05[a]±0.08	57.4[a]±38.5
16 L/8D	9.54[b]±0.26	52.4[a]±3.7
24 L/0D	9.50[c]±0.28	49.7[a]±9.1

注：数值表示方式为平均值±标准误（试验1，$n=334±19$；试验2，$n=129±33$）；不同字母上标表示存在显著性差异。

样显著小于 16 L/8D 和 24 L/0D 处理个体（$p<0.05$），而 16 L/8D 和 24 L/0D 处理个体全长不存在显著性差异。

处理期间尖吻鲈仔、稚鱼的存活率没有显著差异，但低 p 值（$p=0.072$）和数据检验表明 8 L/16D（18.7%±7.8%）仔、稚鱼的成活率低于 16 L/8D（40.1%±9.3%）和 24 L/0D（34.8%±12.0%）的光照状态。

试验 3 和试验 4 中尖吻鲈幼鱼个体末全长、末体重和存活率分别见表 4-26 和表 4-27。试验 3 中，相关分析划分为光周期效应、摄食影响及两者的交互作用。结果表明，唯一有统计意义的影响是食物的可获得性。24 h 投喂试验下，个体全长较 12 h 显著增长 0.7 mm（$p<0.05$），而对体重无显著影响（$p>0.05$）。两者交互作用不显著，表明个体长度的增加与光周期无关（表 4-26）。该结论在试验 4 中得到了证实。该试验中，24 h 连续投喂下，12 L/12D、18 L/6D 和 24 L/0D 处理个体间全长和体重均不存在显著性差异，且各光照处理组个体肥满度也不存在显著性差异，尽管随着光照持续时间的增加呈现下降的趋势（表 4-27）。

表 4-26　不同光照及投喂处理下，尖吻鲈幼鱼的平均全长、体重、肥满度和存活率

（引自 Barlow 等，1995）

处理方法（试验3）	平均全长（mm）	平均体重（mg）	肥满度	存活率（%）
第一组：12 L/12D 12 h 投喂	30.5±3.2	396.5±109.9	1.39±0.06	93±5.7
第二组：12 L/12D 24 h 投喂	31.0±3.1	412.2±113.6	1.38±0.04	95±0.0
第三组：24 L/0D 12 h 投喂	30.7±3.0	400.6±106.4	1.39±0.05	95±6.1
第四组：24 L/0D 24 h 投喂	31.6±2.9	423.7±107.8	0.34±0.05	97±2.7

注：数值表示方式为平均值±标准误（$n=46$）；初始全长为（11.9±1.4）mm，初始体重为（23.0±8.7）mg；不同字母上标表示存在显著性差异。

表 4-27　不同光照处理持续投喂下，尖吻鲈幼鱼的平均全长、体重、肥满度和存活率

（引自 Barlow 等，1995）

处理方法（试验4）	平均全长（mm）	平均体重（mg）	肥满度	存活率（%）
第一组：12 L/12D	30.3±4.5	385.8±175.3	1.29±0.05	66±11.4
第二组：18L/6D	29.4±4.1	337.7±142.6	1.26±0.05	73±10.4
第三组：24L/0D	30.4±4.2	374.6±166.7	1.25±0.05	76±2.2

注：数值表示方式为平均值±标准误（$n=50$）；初始全长为（11.0±1.1）mm，初始体重为（21.3±7.1）mg；各处理组个体所测参数间不存在显著性差异。

试验 3 和试验 4 尖吻鲈幼鱼的平均存活率分别为 93%～97% 和 66%～76%。每组内各处理组间，个体存活率不存在显著性差异（$p>0.05$）。

不同光周期处理尖吻鲈幼鱼个体间的摄食模式不同，而在相同光周期处理下，不同全长个体［试验 5：（33.5±3.3）mm，试验 6：（51.7±5.0）mm］摄食模式相同，暴露在 12L/12D 状态的鱼在照明期间连续进食，但在黑暗期间停止进食（图 4-47A）；15：00 喂食后呈现逐渐减少的趋势，并且在 21：00 发现胃中残留食物被良好地消化，表明喂食随着黑暗的开始而停止。15：00后，暴露在持续光照下的个体也存在同样的下降趋势，并在21：00呈空腹状态。此后，个体又开始摄食，与12L/12D处理组个体形成鲜明对比（图4-47B）。

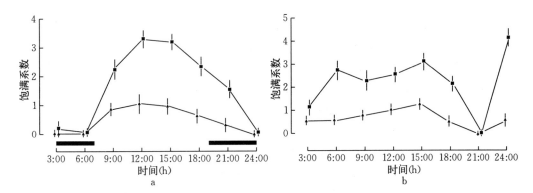

图4-47　不同规格尖吻鲈幼鱼在不同光周期下的胃饱满系数

a. 12 L/12D处理下个体胃饱满系数　b. 24 L/0D处理下个体胃饱满系数

注：数值表示方式为平均值±标准误（$n=8$）；■表示小规格，（33±3.3）mm；▲表示大规格，（51.7±5.0）mm

（引自Barlow等，1995）

试验5中个体24 h内平均胃饱满系数在12L/12D和24L/0D的光照处理下分别为1.65和2.28。相关数据分析得出，12L/12D处理个体的日供给量为26.4%，而24L/0D处理组为36.5%，即暴露于持续光照下的尖吻鲈幼鱼个体食物消耗量比12L/12D处理组个体多约40%。

Worrall等（2011）针对光照对尖吻鲈幼鱼的生长效应和激素水平也做了相应的研究，以尖吻鲈幼鱼为研究对象，对其进行24L/0D和12L/12D光照处理，并在24 h内，分别于8：00、12：00、17：00、20：00、00：00、06：00和8：00七个时间点进行取样分析。研究得出，暴露在持续光照下的尖吻鲈幼鱼末体重和平均总全长显著高于12L/12D处理个体（单因素方差分析，$df=1$，$F=5.883$，$p<0.05$），持续光照下个体的稳定生长率也显著更高（单因素方差分析，$df=1$，$F=13.688$，$p<0.001$）（表4-28）。两

表4-28　12L/12D和24L/0D照明条件下尖吻鲈幼鱼的生长情况

（引自Worrall等，2011）

生长参数	12L/12D	24L/0D
个体初平均体重（g）	1.35±0.03	1.31±0.04
个体末平均体重（g）	19.12±0.55	21.59±0.85*
个体初全长（cm）	4.60±0.05	4.54±0.04
个体末全长（cm）	11.96±0.13	12.67±0.14*
初始肥满度（K）	1.38±0.02	1.39±0.05
末肥满度（k）值	1.12±0.02	1.05±0.34
摄食率（FI）（g）	219.02±5.73	226.46±6.27
食物转化率（FCR）	0.80±0.07	0.71±0.06
特定生长率（SGR）（%/d）	9.14±0.06	9.60±0.05*

注：数值表示方式为平均值±标准误（$n=3$）；＊表示存在显著性差异。

种处理下的尖吻鲈个体肥满度均呈下降趋势，各处理结果间不存在显著性差异，且两组个体摄食率和饵料转化率也不存在显著性差异（表 4-28）。以上结果与 Barlow 等（1995）的研究结果相似。

在 12L/12D 和 24L/0D 两种条件下，尖吻鲈个体血浆褪黑激素含量存在显著性差异（单因素方差分析，$df=13$，$F=9.833$，$p<0.01$），呈现出一定的昼夜规律（图 4-48）。在 12L/12D 条件下，于黑暗阶段的第一个取样点（17:00），尖吻鲈幼鱼个体血浆褪黑色激素从（75.19±4.73）pg/mL 上升到（145.47±17.24）pg/mL，至 20:00 继续上升到（171.83±4.81）pg/mL，并于 06:00 时，即光照阶段前 1 h 处维持稳定水平［（161.45±22.06）pg/mL］。在最后取样点时（8:00），呈下降趋势［（68.61±8.77）pg/mL］。持续暴露于光照下的尖吻鲈幼鱼血浆褪黑激素水平变化规律为：从 17:00 的（80.99±13.70）pg/mL 上升至 20:00 的（109.63±9.74）pg/mL，继续上升至（129.71±2.36）pg/mL（00:00），该处理组个体褪黑激素水平峰值显著低于 12L/12D 处理组（t 检验，$df=2$，$t=-5.428$，$p<0.01$）。6:00 时，持续光照处理个体血浆褪黑激素水平［（75.84±1.22）pg/mL］下降至显著低于 12/12D 处理个体水平（t 检验，$df=2$，$t=-4.584$，$p<0.05$）。该低水平持续维持至最后取样点（8:00）。

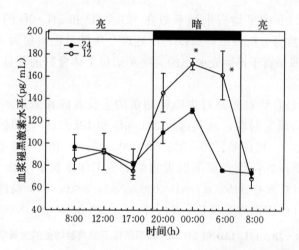

图 4-48 12L/12D 和 24L/0D 照明条件下尖吻鲈幼鱼血浆褪黑激素的水平
注：数值表示方式为平均值±标准误（$n=3$）；* 表示存在显著性差异
（引自 Worrall 等，2011）

四、重金属

许多金属，如 Cu、Mn、Fe 和 Zn 是必需的微量营养素，而在高于正常所需量时将具有一定毒性（Nies，1999；鲁双庆等，2002；Lvcia-loro 等，2012；Zehra 等，2014）。有些金属，如 Cd、Hg 和 Pb 具有不确定性毒害，即使在较低浓度下也是有毒的（Wood，1974；Nies，1999）。鉴于金属对有机体尤其是水生生物的毒害，已有不少关于重金属对个体生长发育及生理生化等各方面影响的研究（Nies，1999；Machiwa，2000；鲁双庆等，2002；Lvcia-loro 等，2012；Zehra 等，2014）。许多金属物质，如 Pb、Hg、Cr、Zn、Cu、Fe、Mn、Be、Cd、Co、Cr、Ni、Se、Sn 和 Zr 等是水生生物最危险的污染物，将引起鱼类的应激反应（Wood，1974；Nies，1999；Lvcia-loro 等，2012；Dwivedi 等，2012；Zehra 等，2014），甚至导致大规模死亡，而其中 Hg 为最典型的毒害。研究表明，个体对 Hg 的吸收与年龄和生物放大效应密切相关（Trudel 和 Rasmussen，2006；Dwivedi 等，2012）。重金属污染的危害近年来受到世界各国的广泛关注，本章主要介绍汞和铬混合物对尖吻鲈幼鱼组织学和生理学的协同作用，测定分析不同汞、铬混合物处理下，个体鳃部组织学变化及相关抗氧化酶活性变化，及铜处理下个体相应组织铜累积情况及组织学变化。

1. 汞和铬 Dwivedi 等（2012）研究了汞和铬混合物对尖吻鲈幼鱼的组织学及生理学的协同作用，以自然海水为对照组，以含浓度为 2.8 μL/L 的汞和铬混合物处理海水为试验组，对全长为 7～8 cm、体重为 8～10 g 的尖吻鲈幼鱼进行 28 d 的养殖试验，并每隔 7 d 取样测定分析。

在对照组中，尖吻鲈个体鳃部的初级层片正常且无黏液，具有良好的分支型次生层片（图 4-49a）。然而，暴露于 2.8 μL/L（96 h 的亚致死量）汞、铬混合物的个体于 7 d 后，鳃部氯细胞增殖，且发现次生层片的错位（图 4-49b）；14 d 后，可见次生层片错位、附着粘连，且观察到氯细胞的增殖（图 4-49c）；21 d，氯细胞继续增殖，初级层片和次生层片粘连，同时可见脱落的上皮细胞（图 4-49d）；28 d 后，个体鳃部完全脱落（图 4-49e）。

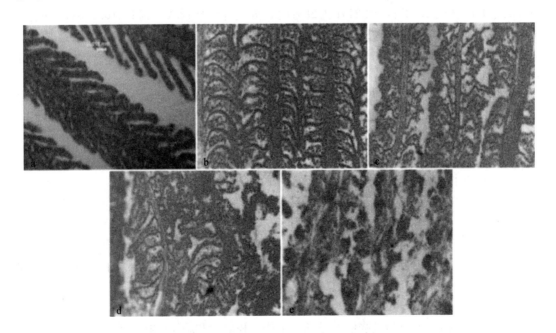

图 4-49　暴露于亚致死浓度汞铬混合物，尖吻鲈鳃部横截面切片（×400）
（引自 Dwivedi 等，2012）

表 4-29 和表 4-30 为尖吻鲈个体暴露于亚致死浓度的重金属 28 d 后，鳃部和血浆 Na^+/K^+-ATP 酶活性变化。7 d 时，尖吻鲈个体鳃部 Na^+/K^+-ATP 酶活性降至 -23.63%，

表 4 - 29　暴露于亚致死浓度汞铬混合物，尖吻鲈鳃部 Na$^+$/K$^+$ - ATP 酶活性变化

(引自 Dwivedi 等，2012)

器官/组织	鳃部 [μg/ (h·g)]			
暴露时间	第 7 天	第 14 天	第 21 天	第 28 天
对照组	42.482±0.11	37.720±0.44	31.724±0.05	39.042±0.26
试验组	32.445±0.18 (−23.63)	38.632±0.03 (2.42)	27.838±0.02 (−12.25)	35.047±0.04 (−10.23)
t 检验	46.28	4.536	70.289	154.884

注：数值表示方式为平均值±标准误（$n=3$）。

表 4 - 30　暴露于亚致死浓度汞铬混合物，尖吻鲈血浆 Na$^+$/K$^+$ - ATP 酶活性变化

(引自 Dwivedi 等，2012)

器官/组织	血浆 [μg/(h·L)]			
暴露时间	第 7 天	第 14 天	第 21 天	第 28 天
对照组	0.029±0.02	0.026±0.01	0.026±0.06	0.029±0.08
试验组	0.024±0.18 (−17.24)	0.023±0.24 (−11.54)	0.018±0.16 (−30.77)	0.015±0.18 (−48.28)
t 检验	2.808	1.0344	4.790	7.216

注：数值表示方式为平均值±标准误（$n=3$）。

14 d 时上升恢复至 2.42%，到 21 d 和 28 d 时，分别降至 −12.25% 和 −10.23%。在整个试验期间，血浆 Na$^+$/K$^+$ - ATP 酶活性在 14 d 时下降到 −11.54%，而在试验结束时，下降幅度达到最大，此时酶活性为 −48.28%。结果表明，金属混合物处理下，个体酶活性变化在 5% 处最显著。

Jobling（1994；1997）研究探索了尖吻鲈幼鱼应对汞和铬混合重金属引起的鳃部组织学损伤，如组织坏死、氯细胞增殖和鳃部肥大。有不少研究描述了鱼类暴露于高水平的有机和无机汞下，个体鳃严重的损害。在此研究中，层状融合、鳃上皮增生和上皮坏死均由氯化汞和氯化铬导致，同时这两种重金属离子可能导致呼吸和渗透压调节障碍的一些影响。这些改变也对污染起到防御作用，而不仅仅是不可逆转的毒性作用。

作为重要的食用鱼之一，尖吻鲈所处环境的污染物的连续评估具有必要性。需要注意的是，以上各组检测中均可观察到尖吻鲈鳃部的病变，这可能是个体暴露于重金属的应激和毒性反应，鳃和血浆的 Na$^+$/K$^+$ - ATP 酶活性在整个试验期间均显著降低，且血浆中酶活性反应更激烈，其活性的降低可能是由于膜的物理性质的改变或细胞内氧化磷酸化过程的破坏，从一定程度上反映了个体对重金属汞和铬应激的调节机制。

2. 铜　Paruruckumani 等（2015）研究了暴露于两种亚死浓度（6.83 μL/L 和 13.66 μL/L）铜下，3 月龄尖吻鲈幼鱼鳃部生物累积效应和超微结构的改变，试验周期为 28 d。

结果发现，对照组个体游泳正常，没有异常迹象。部分低浓度铜离子（6.83 μL/L）处理个体在第 2 周和第 3 周摄食活性降低，而暴露于高浓度铜离子（13.66 μL/L）的尖吻鲈个体整个试验期间游泳均不积极且摄食活性较低。个体生理活性与处理时间相关，对照组和试验组均未发现个体死亡现象。

　　铜离子在尖吻鲈鳃部和肝均存在累积效应，且效果显著（图 4-50、图 4-51）。对照组尖吻鲈个体鳃部铜离子浓度为 $[(2.64\sim3.31)\pm0.02]\,\mu g/g$，各浓度铜离子处理组于 28 d 时，鳃部铜离子水平急剧上升，分别为 $(4.89\pm0.02)\,\mu g/g$（铜离子 6.83 $\mu L/L$）和 $(5.38\pm0.02)\,\mu g/g$（铜离子 13.66 $\mu L/L$）。对照组个体肝铜离子浓度为 $[(36.50\pm0.15)\sim(42.1\pm0.31)]\,\mu g/g$，而各浓度处理组，28 d 时个体肝铜离子水平分别为 $(64.7\pm0.15)\,\mu g/g$（铜离子 6.83 $\mu L/L$）和 $(82.6\pm0.15)\,\mu g/g$（铜离子 13.66 $\mu L/L$）。结果表明，铜离子在尖吻鲈幼鱼个体肝中的累积优先于鳃部，不同处理浓度、不同暴露时间个体重金属累积存在显著性差异（$p<0.05$）。

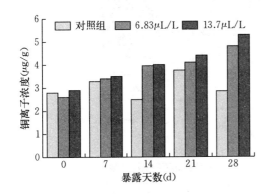

图 4-50　暴露于亚致死浓度铜离子下，
尖吻鲈鳃部铜累积
（引自 Paruruckumani 等，2015）

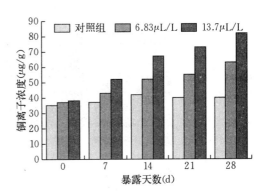

图 4-51　暴露于亚致死浓度铜离子下，
尖吻鲈肝铜累积
（引自 Paruruckumani 等，2015）

　　在透射显微镜下，对照组尖吻鲈鳃丝上皮由多层丝状上皮组成，该丝状上皮被起源于片层的纵向管轴周期性隔开，而片层被双层上皮覆盖。每个片层具有中心血管轴，其内皮由柱细胞（PC）细胞质延伸构成，外部覆有基底层和松散的间隙空间。丝状上皮的浅层含有黏液细胞（MC）、氯细胞（CC）及其前体和插入的支持细胞（SC），它们被单层的扁平细胞（PC）覆盖。每个毛细血管腔内通常可见 1～2 个红细胞。氯细胞被鉴定为具有轻质（light）细胞质的大的上皮细胞，其通常存在于片层的底部。黏液细胞和扁平细胞也存在于鳃丝上皮细胞和片层底部，但它们缺乏轻质细胞质，并且比氯化物细胞小（图 4-52a）。

　　铜处理下，个体鳃部超微结构发生了变化。个体次生鳃片上皮细胞肥大、增生。扁平细胞呈不规则状态并出现大量微嵴的损失。次生片层许多区域血管舒张并伴随柱细胞系统的破裂，即柱细胞出现退化和坏死现象（图 4-52b）。次生片层偶尔可见氯细胞和黏液细胞的增殖。氯细胞细胞质内具有扩张的囊泡，且线粒体受损，而黏液细胞完全充满富含电子的黏液，仅包含液泡而不可见其他胞器。值得一提的是，在试验过程中，电子显微镜观察到的是个体鳃部突起片层的起始部分，图像显示了肿大的间质组织和不规则的毛细管，而血管舒张大部分见于片层基地区域和延伸的扁平细胞相连，且在 6.83 $\mu L/L$ 铜离子暴露 7 d 后，个体细胞内可见大体积的肿大液泡（图 4-52b）。在低浓度铜离子处理 28 d 后，

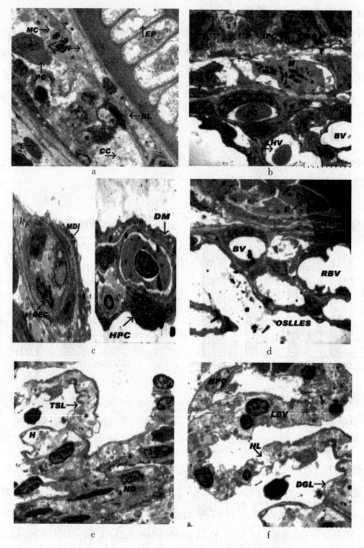

图4-52　尖吻鲈鳃部电子转移显微图像

a. 对照组　b. 暴露于 6.83 μL/L 铜离子 7 d　c. 暴露于 6.83 μL/L 铜离子 28 d　d. 暴露于 13.66 μL/L 铜离子 7 d　e、f. 暴露于 6.83 μL/L 铜离子 28 d

注：PC, pillar cells, 柱细胞；MC, 黏液细胞；BL, Basal lamina, 基底层；E, Erythrocyte, 红细胞；CC, Chloride cell, 氯细胞；EP, Epithelium, 上皮细胞；M, Mitochondria 线粒体；N, Nucleus, 核仁；BV, Blood Vessel, 血管；PC, Pavement cell, 扁平细胞；H, Haemorrhage, 出血；HL, Hypertrophy of lamellae, 肥大薄片；ND, Nuclear degenerations, 核退化；NPC, Necrotic Pillar cell, 坏死柱细胞；IPC, Irregular shape of Pavement cell, 不规则扁平细胞；DM, Damaged mitochondria, 损伤的线粒体；HPC, Hypertrophic pavement cell, 肥大性扁平细胞；LHV, Large hydropic vacuole, 大体积肿大液泡；RBV, Rupture of blood vessel, 血管破裂；MDI, A macrophage with dark inclusions in the secondary lamellae, 具有大的消化液泡的巨噬细胞；DEC, Damaged Epithelial cell, 受损的上皮细胞；OSLLES, Oedematous secondary lamellae with large epithelial space, 次生细胞肿大导致的上皮细胞间隙；TSL, Thinning of secondary lamellae, 变薄的次生片层；DEL, Detachment of epithelial layer, 层状上皮细胞的分离；LBV, Leucocytes in blood vessel, 血管内白细胞

（引自 Paruruckumani 等，2015）

个体鳃部扩大的细丝细胞间隙含有类巨噬细胞、类白细胞和具有大的消化液泡的巨噬细胞（MDI），其经常表现出自溶（图 4-52c）。在低浓度铜离子处理 28 d 后，个体鳃部上皮细胞明显可见大量巨噬细胞和凋亡小体。扁平细胞的外层也出现了一定程度改变。这些细胞变圆并部分分离，导致血管的聚结和破裂（RBV，rupture of blood vessels）（图 4-52d）。透射电子显微镜下观察到形态不规则肥大扁平细胞，细胞质长而无微嵴。由于次生片层的完全融合，鳃部氯细胞出现大范围的肥大、增生（图 4-52d）。暴露于高浓度铜离子下 7 d 后，个体鳃部上皮细胞明显变薄。而且，观察到不同白细胞存在下由红细胞所导致的血管充血。高浓度铜离子暴露下，血管壁的扩张表面出血现象发生（图 4-52e）。超微结构观察发现，氯细胞在细胞质内具有扩张的囊泡，损伤的线粒体并伴随微嵴的减少；暴露于高浓度的铜离子 7 d 后，氯细胞的顶端体积扩大。在较高浓度铜离子下暴露 28 d 后，鳃丝上皮细胞急剧变薄，表明氯细胞的损失。在片层基部，血管轴极度舒张，并伴随延伸和坏死的柱细胞（NPC，necrosis of pillar cells）。由于明显的间质肿大，形成了大的上皮细胞间隙，这将逐渐导致上皮细胞上升至片层顶端。扩大的丝状细胞间隙含有未分化细胞、白细胞、出血性残留物和具有大消化液泡的巨噬细胞，其经常发生自溶现象。在较高浓度铜离子暴露下，层状上皮细胞的表面频繁可见肿大现象，该现象将导致褶皱出现和非均质表面。铜处理后的尖吻鲈个体于 28 d 时，鳃部层状上皮细胞的分离（DEL，detachment of the lamellar epithelial layer）清晰可见（图 4-52f）。鳃部显微结构可见广泛存在于部分破裂次生片层的动脉瘤，并观察到主细胞系统的破裂。

　　个体肝结构的超微结构表明，对照组肝细胞状态正常。肝细胞的超微结构显示出一个圆形的核，通常位于中央。染色质呈颗粒状，周围有较多浓缩的异染色质。核仁电子更高且富含电子。粗面内质网（RER，rough endoplasmic reticulum）平行成堆排列，环绕在核膜周围。圆形和长形的线粒体均与粗面内质网相连。大量不同大小和形状的细胞质液泡分布于整个细胞质中，通常与粗面内质网紧密相连。平滑内质网几乎不可见（SER，smooth endoplasmic reticulum）。大量分散的类糖原颗粒填充了大部分细胞质（图 4-53a）。

　　低浓度铜离子暴露 7 d 后，肝细胞结构的改变主要涉及粗面内质网和线粒体（M，mitochondria）的改变。与对照组尖吻鲈个体肝细胞相比，平滑内质网高度发达，可观察到的变化是，粗面内质网的脱粒和碎裂（FRER，fragmentation of RER）、网状囊泡的扩张和形成及一些肝细胞核染色质的凝聚（CC，chromatin clumping）（图 4-53b）。由于破碎修饰，许多扁平堆状类囊变为大量的囊泡。细胞器线粒体显示了最常见的病理学改变，线粒体对铜离子的反应是肿胀、嵴消失、空泡化和类髓鞘样小体（MLB，mylenoid-like bodies）形成，以及肝细胞表现为大量肿大线粒体，其伴随着嵴消失和浓缩的线粒体。低浓度处理个体 28 d 后，在一些肝细胞中，核仁被推至细胞外围而不是中央（图 4-53c）。高浓度铜离子处理 7 d 后，可观察到肝细胞的肿大并伴随核仁的固缩和染色质的凝聚。关于储存囊泡，在许多肝细胞内显示出一定程度的脂肪滴的增多（脂肪沉积、变性）。细胞核也表现出核膜扩张和异染质积聚的改变。在一些肝细胞中可观察到黑色微小颗粒（DMG，dark minute granules）（图 4-53d、e）。高剂量铜暴露 28 d 后，个体肝细胞呈弥漫性退行性空泡化（细胞水肿或急性细胞肿胀）和细胞质疏松。在一些情况下，也可观察到髓鞘样（MB，mylenoid bodies）小体。核仁受铜离子影响，核膜肿胀，核质和脂质包

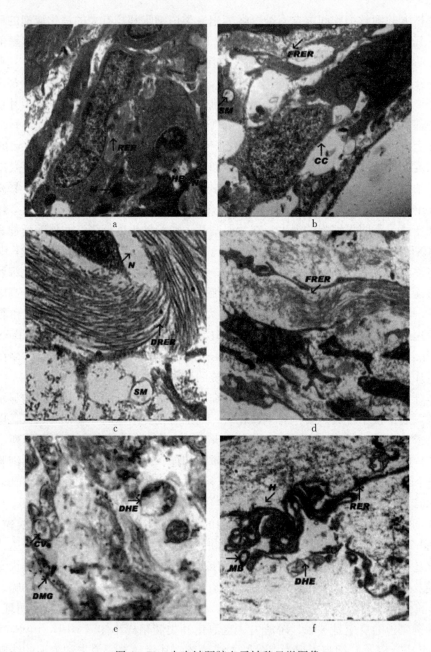

图 4-53　尖吻鲈肝脏电子转移显微图像

a. 对照组　b. 暴露于 6.83 μL/L 铜离子 7 d　c. 暴露于 6.83 μL/L 铜离子 28 d　d、e. 暴露于 13.66 μL/L 铜离子 7 d　f. 暴露于 6.83 μL/L 铜离子 28 d

注：HE, Hepatocyte, 肝细胞；N, Nucleus, 核仁；SM, Swollen of mitochondria, 线粒体肿大；DRER, Damaged Rough Endoplasmic reticulum, 受损的粗面内质网, NP, Nuclear Pyknosis, 核固缩；CV, Cytoplasmic vaculation, 细胞质空泡化；DHE, Degenerated hepatocyte in mitochondria, 线粒体内退化的肝细胞；H, Hepatocytes shows dilation and fragmentation of RER, 肝细胞内粗面内质网的肿大和残片

(引自 Parururckumani 等，2015)

裹体稀疏，线粒体完全破坏。透射电镜观察显示肝细胞存在严重病变（图4-53f）

五、毒性氮

作为我国华南地区热门海水网箱养殖及池塘养殖的鱼种之一（Institute of Zoology Chinese Academy of Sciences 等，1962），尖吻鲈的高密度养殖已经成为一种趋势，而随着养殖密度的增加，养殖水质污染日益严重（Ardiansyah 和 Fotedar，2016）。其中，氨氮和亚硝酸盐是水环境中两种主要的无机含氮化合物，其含量在高温的夏季分别可达到46 mg/L（Chen 和 Cheng）、50 mg/L（Kroupova 等，2005）。氨氮和亚硝酸盐对水生生物的主要毒害作用表现在消耗水体的溶氧，继而影响鱼类的正常呼吸和摄食，延缓鱼类的生长，对鱼体生理指标和组织器官造成严重影响，增加对病原菌的易感性（Hargreaves 和 Kucuk，2001；Randall 和 Tsui，2002）。以下内容为氨氮和亚硝酸盐对尖吻鲈存活生长、血液学及呼吸系统的影响，为人工养殖水质调控和污水处理体用基础理论依据。

1. 氨氮　Økelsrud 和 Pearson（2007）研究了急性氨氮胁迫对尖吻鲈幼鱼存活、生长的影响，并测定分析了其不同时间非离子氨的临界致死浓度。试验设计如表4-30。在急性试验中，平均 pH 为 8.93（8.79~9.05），平均温度为 29.23 ℃（28.5~30.0 ℃）。在对照组中，pH 为 8.21（8.15~8.40），平均温度为 29.1 ℃（28.4~30.0 ℃）。测量所得的氨氮浓度（平均测试浓度：0.41、0.76、1.16、1.54、1.97 mg/L NH_3-N）比目标试验浓度略低（0.5、1、1.5、2、2.5 mg/L NH_3-N），可能是由于 NH_3 挥发至大气中（表4-31）。试验个体暴露于稳定浓度的氨，然而在两个最低浓度组中，处理剂量出现20%的变化。在所有对照组的重复试验中，氨浓度均小于 0.05 mg/L。溶氧量变化不大，且接近饱和水平。养殖水体中，$CaCO_3$ 的碱度均为 13 mg/L。

表 4-31　急性试验中，3 个阶段的氨浓度

（引自 Økelsrud 和 Pearson，2007）

实际测试浓度（mg N/L）

处理	<1 h		48 h		96 h	
	非离子氨	总氨	非离子氨	总氨	非离子氨	总氨
pH 对照组	<0.05	<0.05	<0.05	<0.05	<0.05	<0.05
NH_3 对照组	<0.05	<0.05	<0.05	<0.05	<0.05	<0.05
NH_3：1	0.37±0.005	0.93±0.003	0.47±0.003	1.19±0.03	0.45±0.04	1.17±0.07
NH_3：2	0.76±0.01	1.91±0.05	0.85±0.02	2.21±0.08	0.67±0.02	1.73±0.18
NH_3：3	1.11±0.01	2.7±0.03	1.14±0.04	3.07±0.03	1.16±0.06	3.13±0.07
NH_3：4	1.61±0.03	3.93±0.04	1.47±0.3	4.08±0.05	1.54±0.05	4.03±0.05
NH_3：5	1.98±0.02	4.72±0.04	1.97±0.03	4.75±0.06	N/A	N/A

注：数值表示方式为平均值±标准误（$n=3$）。

随着氨浓度增加，尖吻鲈个体死亡率增加（图4-54）。高浓度处理组（1.97 mg/L NH₃-N），个体于试验3 h内即发生死亡，且最终无存活个体，暴露24 h和96 h处，个体死亡率仅存在微小差别（表4-32），24 h的半数致死浓度为1.59（95% CI，1.48~1.73）mg/L NH₃-N。在两个最低浓度处理组或对照组中，个体未发生死亡（≤0.76 mg/L NH₃-N）。

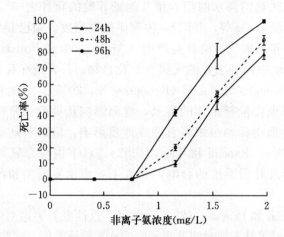

图4-54 不同非离子氨浓度急性胁迫下，不同暴露时间尖吻鲈个体死亡率

注：数值表示方式为平均值±标准误（试验组，$n=30$；对照组 $n=60$）

（引自 Økelsrud 和 Pearson，2007）

表4-32 急性胁迫中，离子氨和总氨（mg/L）对尖吻鲈个体的临界浓度（含95%CI）

（引自 Økelsrud 和 Pearson，2007）

急性胁迫值	24 h	48 h	96 h
LC_1			
非离子氨	0.88（0.64~1.04）	0.78（0.56~0.92）	0.87（0.69~0.98）
总氨	2.14（1.53~2.53）	2.40（1.91~2.71）	2.16（1.71~2.45）
LC_{10}			
	1.15（0.96~1.37）	1.03（0.85~1.15）	1.04（0.90~1.13）
	2.80（2.29~3.11）	2.90（2.51~3.16）	2.61（2.24~2.86）
LC_{50}			
	1.59（1.48~1.73）	1.47（1.35~1.59）	1.31（1.22~1.39）
	3.89（3.60~4.21）	3.67（3.43~3.89）	3.31（3.07~3.51）
Av_{t8}	22.8	21.12	18.63

注：LC_1、LC_{10} 和 LC_{50} 分别为个体死亡比例为1%、10%和50%时的浓度；AV_{t8} 为 pH 为8时24、48、96 h的个体半数致死量，计算方法参照 USEPA（1999）。

除最低浓度处理组外（0.41 mg/L NH₃-N），其他各组均检测记录了亚致死胁迫现象，并产生过度兴奋不正常的游泳行为。以上行为发生在无死亡个体的试验组中，以及高浓度氨处理组中，其个体死亡率随暴露时间增加。在较高浓度氨处理下（≥1.16 mg/L

NH_3 -N），个体亚致死胁迫现象更明显，并伴随更严重的中毒指标，如换气率增加、颤动、失去平衡、昏迷，最终导致死亡。在 0.76 mg/L NH_3 - N 氨处理组，发现真菌感染个体。

在 $\geqslant 0.76$ mg/L NH_3 - N 氨处理组中，存活个体经常发生食物的吐出和反刍现象，以及整体表现出较低的摄食活力。几天后这些异常行为消退，0.76 mg/L NH_3 - N 氨处理个体首先恢复正常，接着是 1.16 mg/L NH_3 - N 氨处理个体，最后是 1.54 mg/L NH_3 - N 氨处理个体，后者于试验 3～4 d 后恢复正常摄食行为。1.16 mg/L NH_3 - N 和 1.54 mg/L NH_3 - N 氨处理组均存在一尾存活个体并均于 1 周后死亡。由于 1.54 mg/L NH_3 - N 氨处理组存活个体较少，故仅三组较低氨浓度处理组个体适合生长分析。

试验最初阶段，氨氮胁迫对个体湿重影响不显著 [单因素方差分析，$F_{(4, 14)} = 0.07$，$p > 0.05$]，线性回归分析表明，最初暴露阶段各组氨氮胁迫与个体湿重间没有关系（图 4 - 55），在 1.16 mg/L NH_3 - N 氨处理平行组之中，个体获得最高总体湿重增量，且该组个体在为期 3 周的胁迫试验中未发生死亡现象（表 4 - 33）。生长参数如特定生长率显著不均一（$p < 0.05$），因此不符合方差分析的假设。非参数检验显示不存在显著性（Kruskall - Wallis：$x_2^2 = 1.99$，$p > 0.05$）。由于两种最高浓度氨处理的个体存活率低，该分析中只应用了 3 种低氨处理个体。各处理组间，FCR [单因素方差

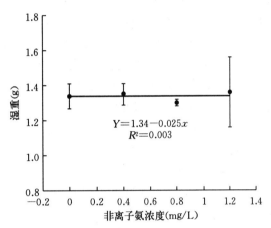

图 4 - 55　急性氨氮胁迫下尖吻鲈幼鱼生长曲线的回归分析

（引自 Økelsrud 和 Pearson，2007）

分析：$F_{(3, 1)} = 0.22$，$p > 0.05$] 和饵料消化率 [$F_{(3, 1)} = 0.94$，$p > 0.05$] 间均不存在显著差异。最高浓度氨处理组（1.16 mg/L NH_3 - N）中，由于死亡个体食物消耗率无法量化，故其中两个平行组个体的食物转化率未能进行计算。

表 4 - 33　急性胁迫 4 d 后，养殖 3 周尖吻鲈个体体重增长和摄食量

（引自 Økelsrud 和 Pearson，2007）

	pH（$n=24$）	NH_3 对照组（$n=24$）	NH_3：1（$n=24$）	NH_3：2（$n=24$）	NH_3：3（$n=15$）
初体重（g）	1.20±0.02	1.30±0.03	1.27±0.02	1.24±0.02	1.29±0.02
末体重（g）	2.56±0.09	2.62±0.08	2.60±0.08	2.55±0.07	2.62±0.24
增长（g）	1.36±0.08	1.32±0.05	1.33±0.04	1.32±0.03	1.33±0.23
特定生长率（每天，%）	3.08±0.5	2.90±0.2	2.97±0.07	2.96±0.02	3.04±0.39
食物转化率	0.85±0.007	0.91±0.01	0.86±0.02	0.87±0.03	N/A
总食物供量（g）	1.18±0.05	1.15±0.009	1.14±0.006	1.13±0.009	N/A

注：数值表示方式为平均值±标准误。

有研究表明，氨氮胁迫对尖吻鲈消化酶和抗氧化酶均存在不同程度影响效应。刘亚娟等人通过半静水毒性试验，对 15 日龄的尖吻鲈稚鱼进行急性氨氮胁迫试验，测定多种抗氧化酶、消化酶活性：超氧化物歧化酶（SOD）、过氧化物酶（POD）、过氧化氢酶（CAT）、酸性磷酸酶（ACP）、谷胱甘肽过氧化物酶（GSH-Px）活性、脂肪酶（LPS）、淀粉酶（AMS）、胰蛋白酶（TRYP），揭示了急性氨氮胁迫下尖吻鲈稚鱼抗氧化酶及消化酶的变化规律。试验采用 96 h 半静水毒性试验法，共设计 3 个氨氮浓度梯度组：0、5、10 mg/L，每组 3 个平行，并分别于 0、6、12、24、36、48、72、96 h 共 8 个时间点进行取样分析。

结果表明，各氨氮处理组中，随着氨氮含量的升高，尖吻鲈稚鱼表现出一定的应激行为，个体表现狂躁不安、呼吸急促及痉挛濒死现象，同时活动缓慢，失去躲避能力，鳃盖煽动频率加快、局部充血及体表黏液分泌增多等，经 24 h 适应后基本恢复正常。10 mg/L 氨氮处理组的个体有些还出现体色变淡现象，并于 48 h 出现少量死亡个体，死亡鱼体僵硬弯曲、背鳍胸鳍张开，鳃盖及口裂也剧烈张开，存活率为 99%，其余两组存活率为 100%。

氨氮胁迫对尖吻鲈稚鱼超氧化物歧化酶活性的影响见图 4-56。试验结果表明，氨氮对尖吻鲈稚鱼超氧化物歧化酶活性影响极显著（$p<0.01$），不同含量氨氮胁迫导致各组处理个体超氧化物歧化酶活性变化趋势存在明显差异（$p<0.05$）。氨氮 5 mg/L 处理组，6 h 内个体 SOD 活性显著下降，6~24 h 先上升后下降，12 h 后显著下降，24 h 酶活性达到最低，24~36 h 显著上升（$p<0.05$），36~96 h 酶活性逐渐下降，36 h 后酶活性始终高于 0 mg/L 组；氨氮 10 mg/L 处理组，6 h 内个体 SOD 活性显著下降，6~24 h 酶活性显著上升，24~36 h SOD 活性显著下降，36~72 h 个体 SOD 活性显著上升，72 h 酶活性与 0 mg/L 组无显著差异，72~96 h 后酶活显著下降（$p<0.05$），自试验开始至 48 h，10 mg/L 组 SOD 活性始终低于 0 mg/L 组。

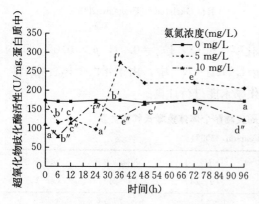

图 4-56 氨氮对尖吻鲈稚鱼超氧化物歧化酶活性的影响

注：数值表示方式为平均值±标准差（$n=3$）；字母不同表示存在显著性差异

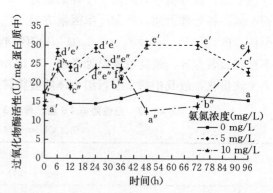

图 4-57 氨氮对尖吻鲈稚鱼过氧化物酶活性的影响

注：数值表示方式为平均值±标准差（$n=3$）；字母不同表示存在显著性差异

氨氮胁迫对尖吻鲈稚鱼过氧化物酶活性的影响见图 4-57。试验结果表明，氨氮对尖吻鲈稚鱼过氧化物酶活性影响极显著（$p<0.01$），不同浓度氨氮胁迫导致各组处理个体

过氧化物酶活性变化趋势存在明显差异（$p<0.05$）。氨氮 5 mg/L 处理组，6 h 内个体 POD 活性显著升高，6～24 h 先下降后上升，12 h 后显著上升，12 h 酶活性达到最低，24～48 h 先下降后上升，48～72 h 酶活性没有显著变化，72～96 h 酶活性显著下降（$p<0.05$），0 h 后酶活性始终高于 0 mg/L 组；氨氮 10 mg/L 处理组，6 h 内个体 POD 活性显著升高，6～12 h 酶活性显著下降，12 h 后活性显著升高，24～36 h 没有显著变化，36 h 后显著下降，活性低于 0 mg/L 组，72 h 至试验结束，POD 活性显著升高（$p<0.05$）。自试验开始至终止，对照组 POD 活性没有显著变化（$p>0.05$）。6～24 h 和氨氮 5 mg/L 处理组酶活性显著高于其他两个处理组（$p<0.05$）。

氨氮胁迫对尖吻鲈稚鱼过氧化氢酶活性的影响见图 4-58。试验结果表明，氨氮对尖吻鲈稚鱼过氧化氢酶活性影响极显著（$p<0.01$），不同浓度氨氮胁迫导致各组处理个体过氧化物氢活性变化趋势存在明显差异（$p<0.05$）。氨氮 5 mg/L 处理组，0～12 h 个体 CAT 活性显著升高，24～36 h 活性显著上升，36～72 h 个体 CAT 活性显著下降，72～96 h 显著上升（$p<0.05$）；氨氮 10 mg/L 处理组，0～12 h 个体 CAT 活性显著升高，12～24 h 活性显著下降，24 h 酶活性与 0 mg/L 组无显著差异，24～36 h 酶活性显著上升，36～48 h 酶活性显著下降，48～72 h 活性显著上升，72～96 h 活性显著下降（$p<0.05$）。6～48 h 与氨氮 5 mg/L 处理组个体 CAT 活性显著高于其他两个处理组（$p<0.05$）。72 h 氨氮 10 mg/L 处理组酶活性显著高于其他两个处理组（$p<0.05$）。试验终止时，各胁迫组个体 POD 活性均显著高于 0（$p<0.05$）。

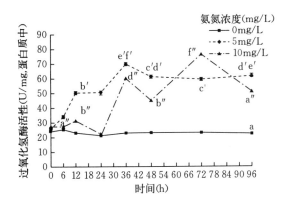

图 4-58　氨氮对尖吻鲈稚鱼过氧化氢酶活性的影响
注：数值表示方式为平均值±标准差（$n=3$）；字母不同表示存在显著性差异

图 4-59　氨氮对尖吻鲈稚鱼酸性磷酸酶活性的影响
注：数值表示方式为平均值±标准差（$n=3$）；字母不同表示存在显著性差异

氨氮胁迫对尖吻鲈稚鱼酸性磷酸酶活性的影响见图 4-59。试验结果表明，氨氮对尖吻鲈稚鱼酸性磷酸酶活性影响极显著（$p<0.01$），不同浓度氨氮胁迫导致各组处理个体酸性磷酸酶活性变化趋势存在明显差异（$p<0.05$）。氨氮 5 mg/L 处理组，0～6 h ACP 酶活性显著下降，6～12 h 酶活性没有显著变化，12～36 h 酶活性显著下降，36～96 h 酶活性显著上升（$p<0.05$）。氨氮 10 mg/L 处理组，0～6 h 酶活性没有显著变化，6～24 h 酶活性显著上升，24～36 h 酶活性显著下降，36～48 h 酶活性显著上升，48～96 h 酶活性显著下降（$p<0.05$）。12 h 后 10 mg/L 处理组酶活性显著高于其他两个处理组（$p<0.05$），

6 h后5 mg/L处理组酶活性显著低于0 mg/L处理组（$p < 0.05$）。自试验开始至终止，0 mg/L处理组酶活性没有显著变化（$p > 0.05$）。

氨氮胁迫对尖吻鲈稚鱼谷胱甘肽过氧化物酶活性的影响见图4-60。试验结果表明，氨氮对尖吻鲈稚鱼谷胱甘肽过氧化物酶活性影响极显著（$p < 0.01$），不同浓度氨氮胁迫导致各组处理个体谷胱甘肽过氧化物酶活性变化趋势存在明显差异（$p < 0.05$）。氨氮5 mg/L处理组，0～6 h GSH-Px酶活性没有显著变化，6～12 h GSH-Px酶活性显著下降（$p < 0.05$），12～24 h GSH-Px酶活性没有显著变化，24～36 h GSH-Px酶活性显著下降（$p < 0.05$），36～48 h GSH-Px酶活性显著上升，48～72 h GSH-Px酶活性显著下降，72～96 h酶活性显著上升。氨氮10 mg/L处理组，0～24 h GSH-Px酶活性没有显著变化，24～36 h酶活性显著下降，36～48 h酶活性显著上升，48～72 h酶活性显著下降，72～96 h酶活性显著上升。对照组个体0～96 h GSH-Px酶活性没有显著变化。36 h氨氮10 mg/L处理组及5 mg/L处理组酶活性显著低于对照组（$p < 0.05$）。48 h氨氮10 mg/L处理组酶活性显著高于其他两个处理组（$p < 0.05$）。72 h氨氮10 mg/L处理组酶活性与0 mg/L处理组没有显著差异（$p > 0.05$），且两者显著高于5 mg/L处理组（$p < 0.05$）。

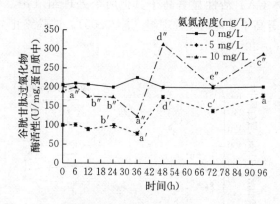

图4-60 氨氮对尖吻鲈稚鱼谷胱甘肽过氧化物酶活性的影响

注：数值表示方式为平均值±标准差（$n=3$）；字母不同表示存在显著性差异

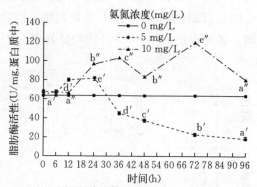

图4-61 氨氮对尖吻鲈稚鱼脂肪酶活性的影响

注：数值表示方式为平均值±标准差（$n=3$）；字母不同表示存在显著性差异

氨氮胁迫对尖吻鲈稚鱼脂肪酶活性的影响见图4-61。试验结果表明，氨氮对尖吻鲈稚鱼脂肪酶活性影响极显著（$p < 0.01$），不同浓度氨氮胁迫导致各组处理个体脂肪酶活性变化趋势存在明显差异（$p < 0.05$）。氨氮5 mg/L处理组，0～6 h脂肪酶活性没有显著变化，6～12 h酶活性显著上升，12～24 h酶活性没有显著变化，24～96 h显著下降（$p < 0.05$）。氨氮10 mg/L处理组，0～12 h脂肪酶活性没有显著变化，12～36 h显著上升，36～48 h显著下降（$p < 0.05$），48～72 h酶活性显著上升，72～96 h酶活性显著下降（$p < 0.05$）。自试验开始至终止，对照组个体脂肪酶活性没有显著变化（$p < 0.05$）。24 h至试验终止，10 mg/L处理组酶活性显著高于其他两个处理组（$p < 0.05$），36 h至试验终止，5 mg/L处理组酶活性显著低于0 mg/L组（$p < 0.05$）。

氨氮胁迫对尖吻鲈稚鱼淀粉酶活性的影响见图 4-62。试验结果表明，氨氮对尖吻鲈稚鱼淀粉酶活性影响极显著（$p<0.01$），不同浓度氨氮胁迫导致各组处理个体淀粉酶活性变化趋势存在明显差异（$p<0.05$）。氨氮 5 mg/L 处理组，0～6 h 淀粉酶活性显著性下降，6～12 h 淀粉酶活性没有显著性变化，12～24 h 酶活性显著下降，24～36 h 酶活性显著上升，36～48 h 酶活性显著下降，48～96 h 酶活性显著上升。氨氮 10 mg/L 处理组，0～6 h 淀粉酶活性没有显著性变化，6～12 h 酶活性显著下降，12～72 h 酶活性显著上升，72～96 h 酶活性显著下降。0 mg/L 组个体 0～96 h AMS 活性没有显著变化（$p<0.05$）。6 h 时 5 mg/L 处理组酶活性显著低于其余两个处理组（$p<0.05$），36 h 时 5 mg/L 处理组酶活性显著高于其余两个处理组（$p<0.05$），72 h 时 5 mg/L 处理组与 10 mg/L 处理组酶活性没有显著差异（$p>0.05$），96 h 时 5 mg/L 处理组酶活性显著高于其余两个处理组（$p<0.05$）。

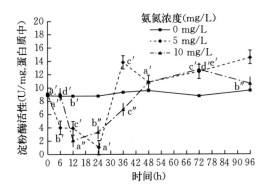

图 4-62　氨氮对尖吻鲈稚鱼淀粉酶活性的影响
注：数值表示方式为平均值±标准差（$n=3$）；字母不同表示存在显著性差异。

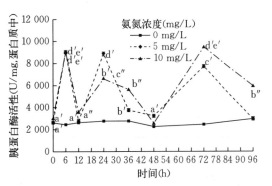

图 4-63　氨氮对尖吻鲈稚鱼胰蛋白酶活性的影响
注：数值表示方式为平均值±标准差（$n=3$）；字母不同表示存在显著性差异。

　　氨氮胁迫对尖吻鲈稚鱼胰蛋白酶活性的影响见图 4-63。试验结果表明，氨氮对尖吻鲈稚鱼胰蛋白酶活性影响极显著（$p<0.01$），不同浓度氨氮胁迫导致各组处理个体胰蛋白酶活性变化趋势存在明显差异（$p<0.05$）。氨氮 5 mg/L 处理组与氨氮 10 mg/L 处理组呈现阶段性交替上升下降趋势。对照组个体 0～96 h 胰蛋白酶活性没有显著变化（$p<0.05$）。试验开始至终止，各胁迫组个体胰蛋白酶活性均显著高于对照组（$p<0.05$）。12 h 时 5 mg/L 处理组酶活性与 0 mg/L 处理组没有显著差异（$p>0.05$），10 mg/L 处理组酶活性显著高于其余两个处理组（$p<0.05$）；24 h 时 5 mg/L 处理组酶活性显著高于其余两个处理组（$p<0.05$）；36 h 时 10 mg/L 处理组酶活性显著高于其余两个处理组（$p<0.05$）；48 h 时 10 mg/L 处理组酶活性与 0 mg/L 处理组没有显著差异（$p>0.05$）；72 h 至试验终止，10 mg/L 处理组酶活性显著高于其余两个处理组（$p<0.05$）；96 h 时，5 mg/L 处理组酶活性与 0 mg/L 处理组酶活性没有显著差异（$p>0.05$）。

　　2. 亚硝酸盐　Woo 和 Chiu（1995）对尖吻鲈幼鱼进行了亚硝酸盐的胁迫试验，测定分析了个体血液学相关参数和呼吸系统属性，共设计了 3 组试验，分别为：

　　a. 个体于 15、20、30、50、80 mg/L NO_2-N 中暴露 4 d。

　　b. 个体于 50 mg/L NO_2-N 中暴露 4 d。

c. 个体于 10 mg/L $NO_2 - N$ 中暴露 8 d。

在试验 a 中，当尖吻鲈个体暴露于含亚硝酸盐海水中时，个体血液亚硝酸亚浓度和高铁血红蛋白比例显著增加，两个参数均大致与环境亚硝酸盐浓度的增加成比例（表 4-34）。当环境亚硝酸盐浓度为 80 mg/L 时，超过 70% 的总血红蛋白含高铁血红蛋白。当环境亚硝酸盐浓度高于 50 mg/L 时，个体总血红蛋白浓度显著下降（表 4-34）。30、50、80 mg/L 亚硝酸盐处理个体，高铁血红蛋白的增加和总血红蛋白的减少的联合效应导致了功能性血红蛋白的减少。超过 30 mg/L 亚硝酸盐处理个体，其静脉血氧张力显著下降（表 4-34）。

表 4-34　暴露于 0、15、20、30、50、80 mg/L $NO_2 - N$ 4 d 后尖吻鲈个体血液学参数

（引自 Woo 和 Chiu，1995）

$NO_2 - N$ 含量（mg/L）	红细胞比容（Hct）（%）	总血红蛋白（THb）（每 100 mL，g）	高铁血红蛋白（MHb）（%）	功能性血红蛋白（FHb）（每 100 mL，g）	血液亚硝酸盐（BN）（μg/mL）	静脉氧的压力（PvO_2）（mmHg*）
0	33.4 ± 2.1^a	8.69 ± 0.49^{ab}	1.82 ± 0.14^a	8.54 ± 0.49^a	0.06 ± 0.002^a	14.1 ± 0.8^a
15	39.6 ± 5.5^a	8.15 ± 0.18^{bc}	15.0 ± 2.2^b	6.93 ± 0.71^{ab}	1.92 ± 0.21^b	12.6 ± 0.5^a
20	34.1 ± 0.5^a	8.95 ± 0.88^{bc}	19.6 ± 3.3^b	7.22 ± 0.69^{ab}	2.35 ± 0.43^b	未测定
30	31.6 ± 1.7^a	8.86 ± 0.16^b	34.6 ± 3.7^c	5.80 ± 0.37^b	3.83 ± 0.19^c	6.3 ± 0.6^b
50	29.9 ± 2.1^a	6.97 ± 0.60^{ac}	51.5 ± 4.8^d	3.53 ± 0.43^c	6.52 ± 0.27^d	5.6 ± 0.5^b
80	29.0 ± 2.3^a	6.70 ± 0.75^c	73.6 ± 3.1^e	2.09 ± 0.67^c	13.3 ± 1.08^e	4.8 ± 0.4^b

注：数值表示方式为平均值±标准误（$n=8$）；不同字母表示存在显著性差异。

在试验 b 中，50 mg/L 亚硝酸盐胁迫下，个体动脉血氧张力、静脉血氧张力、动脉血氧含量、静脉血氧含量以及总携氧能力显著降低，但是，静脉血 pH 不受环境亚硝酸盐浓度影响（表 4-35）。亚硝酸盐胁迫对个体氧解离曲线的影响见图 4-65，亚硝酸盐胁迫血氧解离曲线向左移动。对照组和亚硝酸盐处理组个体的 P_{50} 分别为（14.5 ± 2.3）mmHg、（5.9 ± 1.6）mmHg（图 4-64）。亚硝酸盐处理个体，总携氧能力由对照组个体的 $16.5\%\pm1.7\%$（体积百分比）显著下降至 $8.3\%\pm1.3\%$。希尔系数见图 4-66，亚硝酸盐胁迫后，希尔系数从对照组的 1.46 下降至 0.99。

表 4-35　暴露于 50 mg/L $NO_2 - N$ 4 d 后尖吻鲈个体血液呼吸系统反应

（引自 Woo 和 Chiu，1995）

	对照组（$n=7$）	试验组（$n=7$）
动脉血氧压（PaO_2，mmHg）	52.0 ± 1.8	28.4 ± 1.5^b
静脉血氧压（PvO_2，mmHg）	14.1 ± 0.8	5.6 ± 0.5^b
动脉血氧含量（CaO_2，vol%）	8.93 ± 1.28	3.32 ± 0.71^b
静脉血氧含量（CvO_2，vol%）	4.59 ± 0.81	1.22 ± 0.19^b
总携氧能力（CtO_2，vol%）	16.5 ± 1.7	8.3 ± 1.3^b
静脉血 pH（pHv）	7.84 ± 0.13	7.78 ± 0.11

注：数值表示方式为平均值±标准误（$n=7$）；上角标字母"b"表示与对照组存在显著性差异。

---

* mmHg 为非法定计量单位。1 mmHg=133.322 4 Pa。——编者注

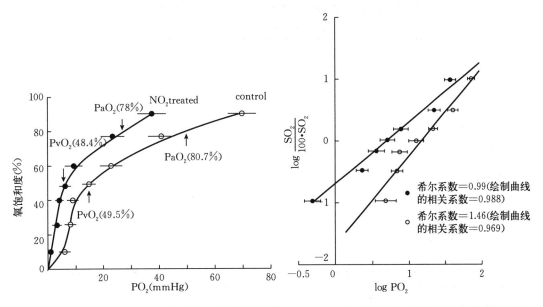

图 4-64 pH 为 7.8 时，尖吻鲈个体血液的溶氧曲线 图 4-65 尖吻鲈个体血液溶氧曲线的希尔系数

注：数值表示方式为平均值±标准误（n=6）；○， 注：○，0 mg/L NO₂-N；●，50 mg/L NO₂-N

0 mg/L NO₂-N；●，50 mg/L NO₂-N （引自 Woo 和 Chiu，1995）

（引自 Woo 和 Chiu，1995）

在试验 c 中，10 mg/L 亚硝酸盐暴露 8 d 后，尖吻鲈个体血液学反应见表 4-36。试验组尖吻鲈个体血液亚硝酸盐和高铁血红蛋白含量（占总血红蛋白百分比）较对照组显著增加。另一方面，试验组个体血红蛋白总量显著降低，且其功能性血红蛋白含量显著减少。亚硝酸盐处理组个体红细胞比容和红细胞数量较对照组变化不显著。计算显示，试验组个体红细胞平均血红蛋白浓度和平均血红蛋白量较对照组显著降低，而红细胞平均体积不受亚硝酸盐处理影响（表 4-37）。

表 4-36 尖吻鲈个体血液学反应

（引自 Woo 和 Chiu，1995）

NO₂-N 含量（mg/L）	红细胞比容（Hct）（%）	总血红蛋白（THb）（每 100 mL，g）	高铁血红蛋白（MHb）（%）	功能性血红蛋白（FHb）（每 100 mL，g）	血液亚硝酸盐（BN）（μg/mL）	PvO₂（mmHg）
0	33.4±2.1[a]	8.69±0.49[ab]	1.82±0.14[a]	8.54±0.49[a]	0.06±0.002[a]	14.1±0.8[a]
15	39.6±5.5[a]	8.15±0.18[bc]	15.0±2.2[b]	6.93±0.71[ab]	1.92±0.21[b]	12.6±0.5[a]
20	34.1±0.5[a]	8.95±0.88[bc]	19.6±3.3[b]	7.22±0.69[ab]	2.35±0.43[b]	未测定
30	31.6±1.7[a]	8.86±0.16[b]	34.6±3.7[c]	5.80±0.37[b]	3.83±0.19[c]	6.3±0.6[b]
50	29.9±2.1[a]	6.97±0.60[ac]	51.5±4.8[d]	3.53±0.43[c]	6.52±0.27[d]	5.6±0.5[b]
80	29.0±2.3[a]	6.70±0.75[c]	73.6±3.1[e]	2.09±0.67[c]	13.3±1.08[e]	4.8±0.4[b]

注：数值表示方式为平均值±标准误（n=8）；不同字母表示存在显著性差异。

表4-37　暴露于10 mg/L NO₂-N 8 d后尖吻鲈个体血液学参数

（引自Woo和Chiu，1995）

项　目	对照组（n＝7）	试验组（n＝7）
Hct（%）	31.6±0.8	32.4±2.3
THb（每100 mL，g）	7.72±0.56	4.88±0.51[b]
MHb（每100 mL，g）	2.50±0.12	8.35±2.34[b]
FHb（每100 mL，g）	7.53±0.55	4.51±0.59[b]
BN（μg/mL）	0.07±0.01	0.34±0.05[b]
红细胞数（ERYC）（10⁶/μL）	3.62±0.40	3.49±0.70
红细胞平均体积（MCV）（fL）	91.4±7.9	104.7±23.2
红细胞平均蛋白量（MCH）（pg）	23.1±3.2	14.9±1.7[b]
平均血红蛋白浓度（MCHC）（每100 mL，g）	24.7±2.3	15.1±1.4[b]

注：数值表示方式为平均值±标准误（n＝7）；字母"b"表示与对照组存在显著性差异。

环境亚硝酸含量同时也会对尖吻鲈抗氧化酶和激素水平均存在不同程度的影响效应。胡静等采用半静水生物测试法，对尖吻鲈仔、稚鱼（15日龄）进行急性亚硝酸盐胁迫试验，测定其抗氧化酶：超氧化物歧化酶（SOD）、过氧化物酶（POD）、过氧化氢酶（CAT）、酸性磷酸酶（ACP）以及谷胱甘肽过氧化物酶（GSH-PX）活性，同时对皮质醇含量进行测定分析。试验设定0（对照组）、100、300、500 mg/L共4个亚硝酸盐浓度梯度，并于0、6、12、24、36、48、72 h 7个时间点分别取样进行测定分析。

亚硝酸盐胁迫对尖吻鲈仔、稚鱼SOD活性的影响见图4-66。试验结果表明，亚硝酸盐对尖吻鲈仔、稚鱼SOD活性影响极显著（p＜0.01），不同含量亚硝酸盐胁迫导致各组处理个体SOD活性变化趋势存在明显差异（p＜0.05）。亚硝酸盐100 mg/L处理组，6 h内个体SOD活性保持平稳水平，6～12 h显著上升、12～24 h显著下降至对照组水平以下，24～48 h上升后显著回落（p＜0.05）；亚硝酸盐300 mg/L处理组，个体SOD活性于6 h内即显著上升，12 h达到最高值后开始回落，24 h达最低值，24～36、36～48、48～72 h分别为上升、下降和上升；亚硝

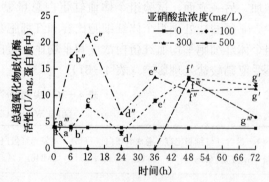

图4-66　亚硝酸盐对尖吻鲈仔、稚鱼超氧化物歧化酶活性的影响

注：数值表示方式为平均值±标准差（n＝3）；字母不同表示存在显著性差异

酸盐500 mg/L处理组，个体SOD活性6 h内显著下降（p＜0.05），6～36 h保持稳定水平，36～48 h显著上升后又显著回落（p＜0.05）。试验终止时，各胁迫组个体SOD活性均显著高于对照组（p＜0.05）。

亚硝酸盐胁迫对尖吻鲈仔、稚鱼POD活性的影响见图4-67。试验结果表明，亚硝酸盐对尖吻鲈仔、稚鱼POD活性影响极显著（$p<0.01$），不同含量亚硝酸盐胁迫导致各组处理个体POD酶活性变化趋势存在明显差异（$p<0.05$）。亚硝酸盐100 mg/L处理组，6 h内个体POD活性显著下降（$p<0.05$），6～12 h略回升后，至48 h一直显著下降，48～72 h显著回升（$p<0.05$）；亚硝酸盐300 mg/L处理组，个体POD活性于各取样测试时间段呈交替下降、上升趋势，且各阶段酶活变化存在显著差异（$p<0.05$）；亚硝酸盐500 mg/L处理组，6 h内个体POD活性显著下降后上升，至48 h后显著回落（$p<0.05$）。试验终止时，各胁迫组个体POD活性均显著低于对照组（$p<0.05$）。

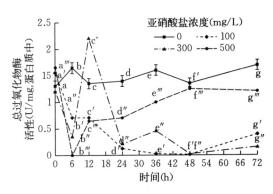

图4-67　亚硝酸盐对尖吻鲈仔、稚鱼过氧化物酶
活性的影响

注：数值表示方式为平均值±标准差（$n=3$）；字母
不同表示存在显著性差异

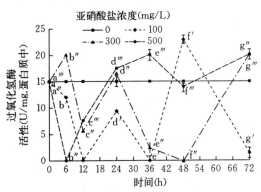

图4-68　亚硝酸盐对尖吻鲈仔、稚鱼过氧化氢酶
活性的影响

注：数值表示方式为平均值±标准差（$n=3$）；字母
不同表示存在显著性差异

　　亚硝酸盐胁迫对尖吻鲈仔、稚鱼CAT活性的影响见图4-68。试验结果表明，亚硝酸盐对尖吻鲈仔、稚鱼CAT活性影响极显著（$p<0.01$），不同含量亚硝酸盐胁迫导致各组处理个体CAT活性变化趋势存在明显差异（$p<0.05$）。亚硝酸盐100 mg/L处理组，12 h内个体CAT活性显著下降后上升（$p<0.05$），自12 h开始，CAT活性呈交替上升、下降趋势，且各阶段酶活变化存在显著差异（$p<0.05$）；亚硝酸盐300 mg/L处理组，个体CAT活性自0 h起至36 h呈交替上升、下降趋势，且变化趋势存在显著差异（$p<0.05$），活性继续下降至48 h后显著回升（$p<0.05$）；亚硝酸盐500 mg/L处理组，个体CAT活性6 h内显著下降后显著回升至36 h（$p<0.05$），36～48 h下降至略低于对照组水平后显著升高，试验结束时，与300 mg/L处理组CAT活性相似。试验终止时，除100 mg/L处理组外，其他各胁迫组个体CAT活性均显著高于对照组（$p<0.05$）。

　　亚硝酸盐胁迫对尖吻鲈仔、稚鱼ACP活性的影响见图4-69。试验结果表明，亚硝酸盐对尖吻鲈仔、稚鱼ACP活性影响极显著（$p<0.01$），不同含量亚硝酸盐胁迫导致各组处理个体ACP活性变化趋势存在明显差异（$p<0.05$）。亚硝酸盐100 mg/L处理组，24 h内个体ACP活性呈持续显著下降趋势（$p<0.05$），自24 h后持续显著上升，且各阶段酶活变化均存在显著差异（$p<0.05$）；亚硝酸盐300 mg/L处理组，个体ACP活性6 h

内呈显著下降趋势（$p<0.05$），后持续显著上升直至 48 h（$p<0.05$），于 48～72 h 回落至略低于对照组水平；亚硝酸盐 500 mg/L 处理组，个体 ACP 活性36 h 内呈交替上升、下降趋势，且各阶段酶活变化存在显著差异（$p<0.05$），36～48 h 及 48～72 h 分别呈显著下降、上升趋势（$p<0.05$）。试验终止时，除 100 mg/L 处理组外，其他各胁迫组个体 ACP 活性与对照组维持相似水平（$p<0.05$）。

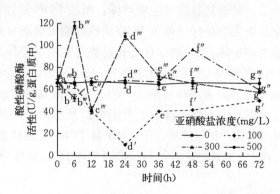

图 4-69　亚硝酸盐对尖吻鲈仔、稚鱼酸性磷酸酶活性的影响

注：数值表示方式为平均值±标准差（$n=3$）；字母不同表示存在显著性差异

亚硝酸盐胁迫对尖吻鲈仔、稚鱼 GSH-PX 活性的影响见图 4-70。试验结果表明，亚硝酸盐对尖吻鲈仔、稚鱼 GSH-PX 活性影响极显著（$p<0.01$），不同含量亚硝酸盐胁迫导致各组处理个体 GSH-PX 活性变化趋势存在明显差异（$p<0.05$）。亚硝酸盐 100 mg/L 处理组，12 h 内个体 GSH-PX 活性显著上升，后显著下降直至 24 h（$p<0.05$），在随后的两个取样时间段 36～48 h 和 48～72 h 个体 GSH-PX 活性分别先升后降，均存在显著差异（$p<0.05$）；亚硝酸盐 300 mg/L 处理组，个体 GSH-PX 活性显著上升直至 36 h，于 48 h 显著回落后又显著回升至试验结束（$p<0.05$）；亚硝酸盐 500 mg/L 处理组，个体 GSH-PX 活性于 6 h 内显著下降，整个试验阶段，个体 GSH-PX 活性变化随每个取样点呈交替式下降、上升趋势，且各阶段酶活变化均存在显著差异（$P<0.05$）。试验终止时，除 300 mg/L 处理组外，其他各胁迫组个体 GSH-PX 活性与对照组维持相似水平（$p<0.05$）。

亚硝酸盐胁迫对尖吻鲈仔、稚鱼 COR 浓度的影响见图 4-71。试验结果表明，亚硝

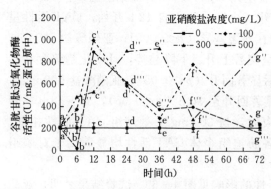

图 4-70　亚硝酸盐对尖吻鲈仔、稚鱼谷胱甘肽过氧化物酶活性的影响

注：数值表示方式为平均值±标准差（$n=3$）；字母不同表示存在显著性差异

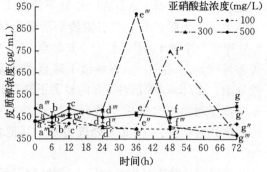

图 4-71　亚硝酸盐对尖吻鲈仔、稚鱼皮质醇浓度的影响

注：数值表示方式为平均值±标准差（$n=3$）；字母不同表示存在显著性差异

酸盐对尖吻鲈仔、稚鱼 COR 浓度的影响极显著（$p<0.01$），不同含量亚硝酸盐胁迫导致各组处理个体 COR 浓度变化趋势存在明显差异（$p<0.05$）。亚硝酸盐 100 mg/L 处理组，48 h 内个体 COR 浓度呈持续显著下降趋势，48～72 h 内显著上升（$p<0.05$）；亚硝酸盐 300 mg/L 处理组，个体 COR 浓度于 36 h 呈交替式下降、上升趋势，且各阶段浓度变化均存在显著差异（$p<0.05$），36 h 处持续上升至 48 h，后显著回落至试验结束（$p<0.05$）；亚硝酸盐 500 mg/L 处理组，个体 COR 浓度于 6 h 内显著下降后，持续上升至 36 h 达到最高点（$p<0.05$），后显著回落至试验结束（$p<0.05$）。整个试验过程中，皮质醇的最高浓度和次高浓度分别出现在 500 mg/L 处理组的 36 h 和 300 mg/L 处理组的 48 h。试验终止时，各处理组个体皮质醇浓度均显著低于对照组（$p<0.05$）。

六、杀虫剂

万灵是一种广谱氨基酸酯杀虫剂，广泛用于农作物。研究表明，该杀虫剂及类似杀虫剂对包括鱼类在内的非目标生物产生一定影响（Gad，2006；Yi 等，2006；Kreutz 等，2008；Ba M'hamed 和 Chemseddine，2002；Shi 等，2004），Van 等（2013）系统描述了该杀虫剂对有机体及环境影响的毒理机制，以下内容阐述了杀虫剂万灵对个体存活与生理活性的影响。

Adriano 等（2013）对全长为 1.5～3.0 cm 尖吻鲈幼鱼进行了虫新型杀虫剂万灵的急性胁迫试验，杀虫剂剂量梯度为 0、1、2、4、6、8 μL/L，并分别于处理 3、6、12、24、48 h 处进行观察和取样测定。研究确定了其 48 h 的半数致死浓度为（6.11±0.33）μL/L，并对尖吻鲈的存活率及其在杀虫剂处理下渗透调节能力变化情况进行了分析研究。结果表明，尖吻鲈对万灵杀虫剂存在一定程度敏感性（图 4-72）。

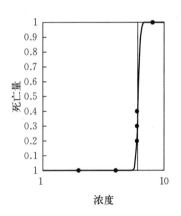

图 4-72 不同杀虫剂浓度下尖吻鲈个体存活率曲线
（引自 Adriano 等，2013）

在最高浓度处理组（8 μL/L），尖吻鲈幼鱼个体全部死亡，并伴随着躯体颜色的改变，从发白到出现黑色斑点，而死亡个体从试验养殖容器中取出后又由黑色开始发白。个体停留在原地后，在水底游动以避开杀虫剂毒害。幼鱼个体死亡前分泌大量黏液且失去平衡，其鳃盖在个体死亡前打开至最大程度并在死亡时立刻关闭。在致死浓度下（8 μL/L），尖吻鲈瘫痪、沉入水底，并迅速死亡。48 h 内，杀虫剂剂量为 1、2、4 μL/L 时，个体存活、生理活力及行为不受影响，因此加入 6 μL/L 胁迫组，该组中尖吻鲈个体死亡率达 30%。

在杀虫剂处理下，尖吻鲈个体呈现一定异常生理行为，最明显的表现为鳃盖煽动频率的改变，观察得出试验组尖吻鲈个体鳃盖平均煽动频率为（55±6）次/min，且最低剂量（1 μL/L）处理试验组个体即高于对照组。

七、容器颜色

尖吻鲈正常生长，除了合适的温度、盐度及光照等外，环境颜色对其生长存活、生理生化等方面也存在显著影响。不少研究表明，养殖容器颜色对个体的生长发育、摄食行为及生理生化各方面有重要作用，尤其是对发育早期的个体影响尤为明显（Ullmann 等，2011；Rahnama 等，2015；Zhang 等，2015）。

Ullmann 等（2011）研究了养殖容器颜色对体重为（0.40±0.01）g（平均值±标准差）尖吻鲈幼鱼增长、颜色偏好和光谱敏感性的影响。在养殖试验之前，发现尖吻鲈视网膜上存在 4 种形态和生理上不同的光感受器，最大波长分别为（472±6）nm、（580±10）nm、（595±10）nm（视锥细胞）和（516±8）nm（视杆细胞），并发现个体本身对蓝色和绿色存在固有偏好。研究中采用蓝、红、黄和绿 4 种光色对尖吻鲈进行为期 9 周的养殖试验，之后测定各个体光谱敏感性、颜色偏好和生长情况。

在试验结束时，各养殖组尖吻鲈个体生长存在统计学差异，如红色养殖容器中个体体重显著大于绿色和蓝色容器养殖个体（$p < 0.05$）。光谱敏感性分析结果与生长分析结果相似，4 种颜色容器养殖的尖吻鲈个体均将光感受器死亡光谱吸收转移到较长的波长（$p < 0.05$）。最终，个体颜色偏好发生改变，如红色养殖容器中尖吻鲈个体表现出在红色和黄色区域活动时间更少的趋势。研究结果表明，环境光环境的影响不是直观的，视觉系统和行为学的分析研究将有助于提高养殖渔业的增长率。

尖吻鲈个体的平均体重量由最初的（0.40±0.01）g 增加至第 9 周的（13.31±1.50），且其生长在第 8、第 9 周间存在显著差异（F3，8；$p < 0.05$）。第 8 周红色养殖容器中个体平均体重为（10.8±1.7）g，显著高于绿色容器内个体［（8.7±1.1）g］，而不显著高于蓝色［（10.37±0.7）g］或黄色［（9.6±1.7）g］容器内个体。第 9 周，红色养殖容器中个体平均体重为 15.0±1.6 g，显著高于绿色［（12.5±1.6）g］和蓝色［（12.4±0.70）g］容器内个体（$F_{3,8}$；$p < 0.05$），而不显著高于黄色容器内个体［（13.28±0.6）g］（图 4-73）。

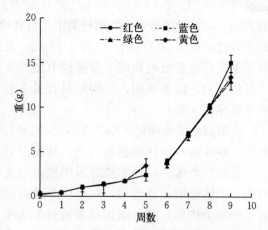

图 4-73 不同颜色养殖容器中，尖吻鲈个体平均体重的变化

注：数值表示方式为：平均值±标准差（$n = 3$）

（引自 Ullmann 等，2011）

尖吻鲈个体对蓝色和绿色存在固有偏好［分别为（277±92）min 和（187±85）min］，蓝色显著优于红色［（132±54）min］和黄色［（64±34）min］（$F_{3,20}$；$p < 0.05$），且绿色显著优于黄色（$F_{3,20}$；$p < 0.05$）（图 4-74）。不同颜色容器养殖 9 周后，蓝色、绿色和黄色容器内尖吻鲈个体的颜

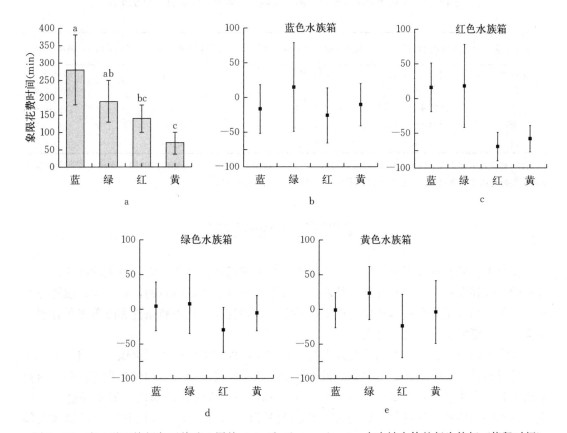

图 4-74 在 4 种环境颜色下养殖 9 周前（a）后（b、c、d、e），尖吻鲈个体的行为偏好（停留时间）

注：条形柱上不同字母表示存在显著性差异；＊表示尖吻鲈养殖于不同颜色容器 9 周后，个体行为偏好与养殖前存在显著性差异

（引自 Ullmann 等，2011）

色偏好与试验前相比变化不显著（$F_{3,20}$；$p > 0.05$）（图 4-74），而红色养殖容器中尖吻鲈个体表现出在红色 [（50±35）min] 和黄色 [（100±61）min] 区域活动时间更少的趋势。

尖吻鲈视网膜上存在 4 种形态和生理上不同的光感受器。包括一个独立的锥体（SC），其具有短波长吸收视觉素；双锥体中两个不同成员（DC，DCOM），两者具有略微不同的长波长吸收视觉素；具有中波长吸收视觉素的视杆（R）。四者最大波长值分别为 SC（472±6）nm、DC（580±10）nm、DCOM（595±10）nm、R（516±8）nm。有色容器中养殖的尖吻鲈个体，9 周后体现出将其光感受器最大吸收波长向更大波长转移的现象（表 4-37）。这些转移在 DC（$F_{4,98}$；$p < 0.05$）、DCOM（$F_{4,100}$；$p < 0.05$）及视杆（$F_{4,111}$；$p < 0.05$）中的光感受器内较为显著。最终检验表明，红色养殖容器中的尖吻鲈个体具有向长波长转移的 DC，蓝色容器内个体具有向长波长转变的 DCOM，而黄色和绿色容器内个体具有想长波长转移的 DC，DCOM 和视杆（表 4-38）。

表 4-38　不同颜色环境养殖 9 周，尖吻鲈个体光感受器最大吸收波长

(引自 Ullmann 等，2011)

颜色处理	独立的锥体（SC）	双锥体中一个成员（DC）	双锥体中另一成员（DCOM）	视杆（R）
预处理	472±6	580±10[a]	595±10[a]	516±8[a]
红	476±9	595±5[b,c]	603±8[a]	520±7[a,b]
蓝	471±2	582±6[a]	586±8[b]	519±10[a,b]
黄	476±7	604±13[b]	624±10[c]	528±7[c]
绿	476±6	593±9[c]	603±13[a]	525±4[b,c]

注：数值表示方式为平均值±标准差（预处理，$n=3$；处理组，$n=2$）；不同处理组的同一光感受器所得的统计学数据差异性由小写字母表示；独立的锥体不存在差异性，故无字母标识，$p<0.05$。

第四节　骨骼发育

在鱼类胚后发育过程中，仔、稚鱼形态、行为和机体代谢等会发生巨大的改变，其中骨骼的形成和发育过程非常复杂。骨骼发育及其环境因子的影响机制，是鱼类自然资源繁殖保护策略和人工繁育技术建立的重要基础之一，并且在优化养殖条件和改善养殖管理等方面有着重要的实践意义（佟雪红，2010）。

与脊椎动物类似，鱼类的骨骼是支持身体和保护内脏器官的重要组织，骨骼外附有肌肉，通过与骨骼共同协作对鱼类运动进行控制。鱼类的骨骼可分为内骨骼和外骨骼，内骨骼指头骨、脊椎骨和附肢骨，外骨骼包括鳞片和鳍条。内骨骼的形成一般要经过 3 个时期，分别为膜质期、软骨期和硬骨期。鱼类的骨骼也可分为主轴骨骼和附肢骨骼两大部分，主轴骨骼包括头骨、脊柱和肋骨。头部骨骼分为脑颅和咽颅两部分，脑颅为嗅觉、视觉、听觉器官以及一些血管和神经提供了安全的发育环境；而咽颅位于消化道的最前端，为鱼类的呼吸、摄食器官的重要组成。脊柱是由数目不等的椎骨组成，用来支持身体和保护脊髓、内脏、主要血管、淋巴、神经等，按其形态构造又可分为躯干部椎骨（简称躯椎）和尾部椎骨（简称尾椎）。鱼类的附肢就是鳍，分偶鳍和奇鳍。每一大类又都包括鳍条和支鳍骨两部分，共同组成鱼类的运动器官和保持身体平衡的工具（孟庆闻等，1989）。

研究物种骨骼发育的详细信息对生物学、形态学和水产养殖学的发展有很重要的作用。鱼类骨骼发育的相关知识可为了解与掌握其不同发展阶段的功能趋势和环境偏好提供了重要的依据（Fukuhara，1988；Fukuhara，1992b）。目前，鱼类骨骼的研究可以为相关化石的鉴定提供有力的证据（Costa，2012），同时可以应用于鱼类分类学，明确仔、稚鱼生长过程中骨骼发育的知识，是早期发现、消除人工养殖条件和自然环境下骨骼畸形的先决条件（Paperna，1978；Daoulas 等，1991；Boglione 等，1995；Andrades 等，1996；Divanach 等，1996a；Fernandes，2010）。

目前，一些海水鱼类的骨骼发育已有探索。如长尾大眼鲷（*Priacanthus tayenus*）、半滑舌鳎（*Solea senegalensis*）、舌齿鲈（*Dicentrarchus labrax*）、日本鳗鲡（*Anguilla japonica*）和赤鲷（*Pagrus pagrus*）等骨骼发育的相关研究已经展开（Boglino 等，2012；Darias，2010；Kurokawa 等，2008；Okamoto 等，2009；Roof，2009；李仲辉

等，2012）。骨骼的发育与鱼类运动方式及功能需求密切相关，其研究包括软骨的延续发育与骨化过程（Koumoundouros 等，2001；Fraser 等，2004）。鱼类养殖中，广泛存在着形体畸形（骨骼、鳍的畸形），其严重影响鱼类的外部形态，从而减缓其生长并导致养殖成本的提高与市场价值的降低（Boglione 等，2001）。一些研究表明，控制骨骼生长发育的基因表达跟投喂饵料的成分有密切关系（Kohno 等，1983；Matsuoka，1985；Watson，1987）。因此，对鱼类骨骼发育过程进行研究，鉴别骨骼畸形，阐明其形成机制，对于优化养殖技术、减少畸形的发生频率有着重要的指导作用。

一、尖吻鲈头部骨骼的早期发育与畸形

为更精确地发现并描述尖吻鲈各处骨骼早期发育状况，自受精卵孵化后及随后的196.5 h 内，试验共进行了 25 次不等间隔的随机采样。对于不同时期发育状况描述的时间节点统一使用"开口前/后** h"此种表述（开口时间约在孵化后 40 h 左右）。主要骨骼发育特征如下：

1. 尖吻鲈头部骨骼的早期发育

颌部骨骼：开口前 15.5 h，美氏软骨最先出现，其前端位于双眼中间位置之间（图 4 - 75a），

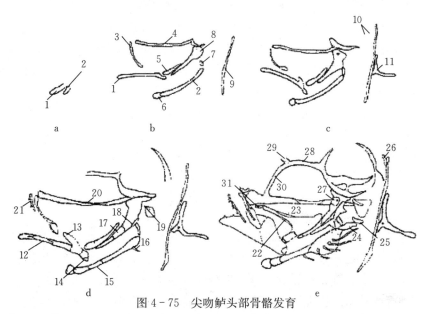

图 4 - 75 尖吻鲈头部骨骼发育

a. 开口前 15.5 h [全长（2.26±0.02）mm] b. 开口后 9.5 h [全长（2.32±0.02）mm] c. 开口后 35.5 h [全长（2.50±0.01）mm] d. 开口后 58 h [全长（2.62±0.01）mm] e. 开口后 104.5 h [全长（2.99±0.02）mm]

1. 美氏软骨 2. 角舌骨-上舌骨复合软骨 3. 上颌骨 4. 小梁软骨 5. 方骨 6. 下舌骨 7. 间舌骨 8. 舌颌-续骨复合软骨 9. 匙骨 10. 枕骨区 11. 乌喙骨-肩胛骨复合软骨 12. 齿骨 13. 隅骨 14. 关节骨 15. 角舌骨 16. 基鳃骨条 17. 续骨 18. 前鳃盖骨 19. 鳃盖骨 20. 副蝶骨 21. 前颌骨 22. 前翼骨 23. 中翼骨 24. 间鳃盖骨 25. 下鳃盖骨 26. 上匙骨 27. 舌颌骨 28. 上围眶骨 29. 髀骨顶 30. 前筛骨 31. 上颚骨（图中比例尺长度为 0.1 mm）

（引自 Kohno 等，1996）

位置随着发育的持续不断前移，至开口时移至眼部前端。美氏软骨后端与悬骨系相连的部分，在开口后 9.5 h 向下弯曲（图 4 - 75b）。开口后 35.5 h，美氏软骨后端形成骨突（图 4 - 75c）。开口后 58 h，美氏软骨下后端开始骨化。与此同时，紧靠该位置下腹部的齿骨、隔骨及关节骨对应部分一同开始骨化（图 4 - 75d）。随着骨化的继续发生，美氏软骨趋于细小。上颌骨出现于开口后 9.5 h（图 4 - 75b），前颌骨出现于开口后 58 h（图 4 - 75d），随后前移至吻部最前端（图 4 - 75e）。开口后 58 h 可观察到 5 枚齿分别生于上下颌（图 4 - 75d），其数量随个体生长迅速增加（图 4 - 75e）。

悬骨系：开口前 7.5 h，舌颌-续骨的复合软骨最先出现，随后出现的是未骨化的方骨（图 4 - 75b）；悬骨系腹面依靠方骨与美氏软骨相连，背面依靠舌颌-续骨复合软骨与听囊相连（图 4 - 75b）；该部分最初的骨化出现于开口后 58 h，位于舌颌-续骨复合软骨的下半部；前翼骨和中翼骨于开口后 104.5 h 出现（图 4 - 75e），同时舌颌-续骨复合软骨余下部分开始骨化。

舌弓：开口前 15.5 h，角舌骨-上舌骨的复合软骨最先出现；下舌骨和间舌骨的软骨于开口后 9.5 h 出现；角舌骨-上舌骨的复合软骨中角舌骨于开口后 58 h 首先开始骨化，同时基鳃骨出现（图 4 - 75d）；间舌骨于开口后 156.5 h 开始骨化（图 4 - 75e）。与此同时，5～6 根鳃条出现。

鳃弓：开口前 7.5 h，基鳃骨软骨和第 1 对角鳃骨软骨最先出现；第 2 对角鳃骨和 3 块下鳃骨于开口后 9.5 h 出现（图 4 - 75b）；开口后 58 h，第 1～3 块角鳃骨开始骨化，第 5 块角鳃骨出现在开口后 68.5 h，同时第 4 块角鳃骨开始骨化，第 5 块角鳃骨的骨化发生在开口后 156.5 h 之后。鳃耙出现在第 1 角鳃骨的背部，第 2～4 角鳃骨和上鳃骨背部则长出小齿，至开口后 156.5 h，齿的数量增至 6～7 个。

鳃盖骨系：主鳃盖骨和前鳃盖骨出现于开口后 58 h（图 4 - 75d）；间鳃盖骨和下鳃盖骨分别再开口后 81 h 和 104.5 h 出现。

脑颅骨：开口前 7.5 h，小梁软骨出现，随后与之相连的筛骨软骨于开口后 9.5 h 出现（图 4 - 75b）；枕骨软骨于开口后 44.5 h 出现，上枕骨软骨于开口后 58 h 出现；副蝶骨梁部骨化后（图 4 - 75d）与上围眶骨相连，骺骨顶和前筛骨出现于开口后 104.5 h。

2. 尖吻鲈颌骨畸形的类型及特征

（1）正常的颌部骨骼特征 　孵化后第 18 天，上颌骨和前颌骨发育完整并完成骨化，并且两者明确完全分离，前颌骨背部前端延伸形成一个有喙状软骨包膜（图 4 - 76a）。正常的颌部齿骨骨化并包围米氏软骨，且在齿骨联合处与隔骨之间正常弯曲（图 4 - 76b）。

（2）颌部骨骼畸形与分类 　Fraser 等（2005）的研究发现，与颌部骨骼相关的畸形发生在孵化后第 18～38 天，通常骨化的进行也仅仅在正常的颌骨发育中产生；在此期间，尖吻鲈仔稚鱼颌部骨骼的畸形率为 4.24%～35.71%。尖吻鲈颌骨的畸形根据 Fraser 等（2005）的研究观察分以下几种：

颌部缺失畸形：可从仔稚鱼侧面明显观察到上颌与下颌的分别或者全部缺失。具体又分为上颌缺失畸形（畸形率 1.69%～16.88%）、下颌缺失畸形（畸形率 0～0.65%）与上下颌缺失畸形（畸形率 1.69%～16.88%）、下颌缺失畸形（畸形率 0～3.90%）3 种类型（图 4 - 76c～h）。

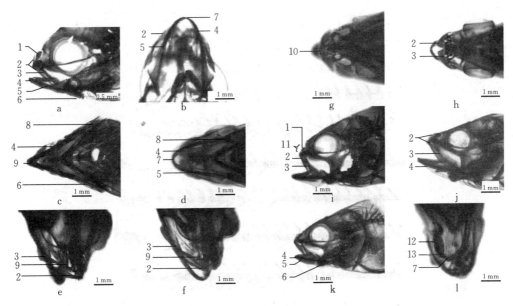

图 4-76　尖吻鲈颌部骨骼与畸形

　　a. 孵化后 18 d 正常发育的尖吻鲈幼鱼，侧面　b. 孵化后 18 d 正常发育的尖吻鲈幼鱼，腹面　c. 孵化后 38 d 下颌缺失畸形的尖吻鲈幼鱼，腹面　d. 孵化后 38 d 正常发育的尖吻鲈幼鱼，腹面　e. 孵化后 36 d 上颌缺失的尖吻鲈幼鱼　f. 孵化后 36 d 上颌正常发育的尖吻鲈幼鱼　g. 孵化后 38 d 上颌缺失的尖吻鲈幼鱼，背面　h. 孵化后 38 d 上颌正常发育的尖吻鲈幼鱼，背面　i. 孵化后 36 d 上颌短小的尖吻鲈幼鱼，侧面　j. 孵化后 38 d 上下颌正常发育的尖吻鲈幼鱼，侧面　k. 孵化后 38 d 下颌短小的尖吻鲈幼鱼，侧面　l. 孵化后 38 d 颌部扭曲的尖吻鲈幼鱼

　　1. 喙状软骨　2. 前颌骨　3. 上颌骨　4. 齿骨　5. 美氏软骨　6. 隅骨　7. 齿骨联合处　8. 关节后突　9. 上颚骨　10. 融合畸形的上颌骨　11. 上颌骨部分缺失　12. 扭曲畸形的美氏软骨　13. 扭曲畸形的齿骨

（引自 Fraser 等，2005）

　　上颌短小畸形：上颌短小畸形指的是前颌骨和颌骨短小，该畸形是由前颌骨的不充分发育导致其背部的喙状软骨不能形成，其畸形率为 0～9.09%（图 4-76i、j）。

　　下颌短小畸形：下颌短小畸形表现为构成下颌齿骨和隅骨的畸形，其形态特征与正常仔稚鱼明显不同，其畸形率为 0～7.35%（图 4-76j、k）。

　　颌部扭曲畸形：颌部扭曲畸形主要表现为下颌的扭曲，该扭曲是由齿骨和隅骨的一侧的短小或扭曲造成的，其畸形率为 0～7.79%（图 4-76l）。

二、仔、稚鱼脊柱发育及畸形的发生

1. 尖吻鲈脊柱的发育

　　（1）髓弓与脉弓的形成　在孵化后的第 2～6 天［脊索长（NL）2.1～2.6 mm］，仔鱼脊柱尚未分化，只有脊索贯穿整个鱼体，呈管状为鱼体提供支撑。孵化后 6～8 d（2.7 mm NL）第 1、第 2 脊体可观察到软骨状髓棘，同时出现第 1、第 2 脉棘（图 4-77）。直至 24 枚髓弓和 14 枚脉弓由前至后依次发生，各脊柱骨骼首先发生为软骨突，软骨突随后由两侧向背部和腹部延伸直至末梢融合形成完整的成髓弓或脉弓。孵化后

图 4-77 尖吻鲈脊柱发育示意图

（加点部分表示软骨，黑色部分表示骨化，刻度尺为椎骨数量，DHA 为孵化后天数）

（引自 Fraser 等, 2005）

8~10 d（3.3~3.6 mm NL），髓弓/髓棘和脉弓/脉棘由前至后依次由基部向外端开始骨化。与此同时，尾鳍支鳍骨数量增至 8~9 枚。孵化后 11~14 d [3.7~6.0 mm SL（标准长）]，至此脊椎骨骨化完全。

（2）脊椎的形成　脊椎在孵化后第 6~9 天（2.9~3.0 mm NL）第 1 枚棘弓出现后开始发育，其软骨的形成从脊椎腹面开始，先形成一个 U 形结构，随后向背部延伸，直至汇合形成脊椎。在第 1 枚脊椎形成之后，其他脊椎迅速形成。脊椎最后 3~4 块脊椎骨的发育迟于其他脊椎骨。前部椎骨的骨化快于尾部椎骨的骨化，至孵化后 12~14 d（4.2~5.2 mm SL）脊椎骨化完全。

（3）椎体横突的形成　椎体横突与肋骨的发生同时进行，其开始发育时间迟于其他脊柱骨骼，且跳过软骨阶段直接从部分骨化开始发育。在孵化后 8~9 d（3.1~3.5 mm NL），4 枚椎体横突在第 8~11 脊椎上发生；在孵化后 9~11 d（3.6~4.0 mm SL），位于最前端的最后 2 枚椎体横突发生。

2. 尖吻鲈脊柱的畸形　尖吻鲈的脊柱骨骼畸形中最为普遍的是椎体的轻微畸形，表现为椎体侧脊的轻微变形与融合（图 4-78a），这种畸形仅产生于第 16 至第 24 枚脊椎骨之间，每尾仔稚鱼最多产生 1~4 枚的脊椎骨变形。首次脊柱畸形发现于孵化后第 20 天，至孵化后第 38 天，畸形率增加至样本采集总量的 7.7%（图 4-79）。在孵化后的第 24 天和第 26 天，发现两例严重的脊椎畸形个体，脊椎骨、髓弓、棘弓多出融合、变形或缺失（图 4-78b、c）。

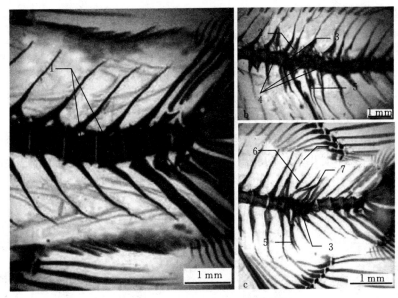

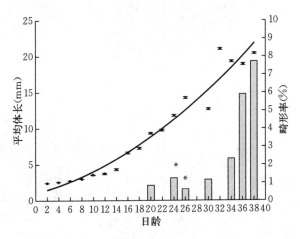

图 4 - 78 尖吻鲈脊柱骨骼畸形样品

　　a. 孵化后第 38 天尖吻鲈幼鱼椎骨轻微畸形　b. 孵化后第 24 天尖吻鲈幼鱼脊柱融合、扭曲严重畸形　c. 孵化后第 26 天尖吻鲈幼鱼脊柱与脉弓融合、扭曲严重畸形

　　1. 轻微扭曲的脊椎　2. 无髓弓脊椎　3. 融合脊椎　4. 扭曲脊椎　5. 双脉弓　6. 破碎的神经棘　7. 扭曲髓弓

8. 神经棘碎片

（引自 Fraser 等，2005）

图 4 - 79 尖吻鲈畸形发生频率与时间统计

注：柱状图为畸形率统计，散点图为生长曲线，箭头表示不同时期投喂饲料种类

（引自 Fraser 等，2005）

三、仔稚鱼尾部骨骼发育与畸形

1. 仔稚鱼尾部骨骼发育　在全长为（1.71±0.1）mm（1～2 日龄）时，尖吻鲈身体

成片状流线型骨骼基本未开始发育，身体在一条直线上，脊柱未发生形变，尾杆骨未出现上翘，尾板和鳍条均未出现（图4-80a）。在全长为（1.87±0.05）mm（3日龄）时伴随着眼睛发育完全、口张开、消化道形成，骨骼开始发育——脊柱出现弯曲，头部与躯干形成139°~149°的夹角（图4-80b）。并且随着鱼苗的生长头部生长的速度快于鱼体生长的速度（图4-80c）。在全长为（2.48±0.1）mm（7~8日龄）时，第1片尾下骨出现（图4-80d），而第2片尾下骨在随后出现，尾部开始发育，在全长为（2.58±0.1）mm时第3片尾下骨出现（图4-80e）。在全长为（2.85±0.1）mm（8~10日龄）时，第4片尾下骨和第5片尾下骨出现，同时出现的还有尾下骨旁骨，然后尾杆骨开始轻微上翘

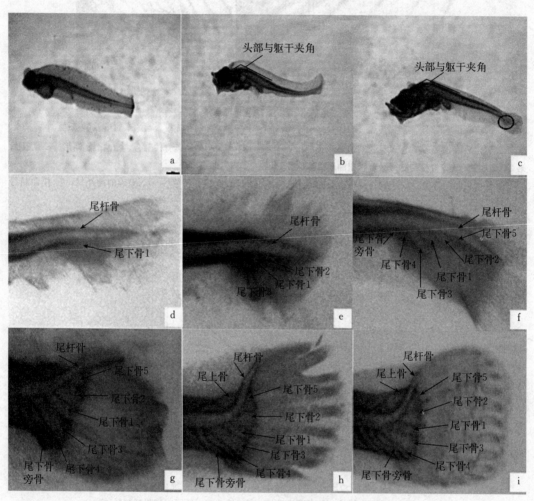

图4-80 尖吻鲈仔、稚鱼尾部骨骼发育示意图

a.1~2日龄，全长（1.71±0.1）mm，未开始发育 b.3日龄，全长（1.87±0.05）mm，脊柱弯曲，头部与躯干形成139°~149°的夹角 c.4~6日龄，头部快速生长 d.7日龄，全长（2.48±0.1）mm，第1片尾下骨出现 e.8日龄，全长（2.48±0.1）mm，第2片尾下骨和第3片尾下骨出现 f.8~10日龄，全长（2.85骨和第3片），第4片尾下骨、第5片尾下骨和尾下骨旁骨出现，同时尾杆骨开始上翘 g.11~13日龄，全长（3.28±0.1）mm，尾杆骨上翘明显，鳍条开始发育 h.13~14日龄，全长（3.64±0.1）mm，尾杆骨开始缩短，尾上骨开始生长 i.15~17日龄，全长（5.11±0.2）mm，尾杆骨进一步缩短，生长加速

（图 4-80f）。在全长为（3.28±0.1）mm（11～13 日龄）时，尾杆骨的上翘逐渐明显，以膜骨骨化方式而形成的尾鳍鳍条也逐渐增多，并与尾下骨末端联结在一起，尾上骨出现，呈芽孢形式出现于第 1 片尾下骨正上方（图 4-80g）。第 1 片尾下骨、第 2 片尾下骨、第 3 片尾下骨、第 4 片尾下骨、第 5 片尾下骨和尾下骨旁骨明显增大（变宽、变长），尾杆骨未缩短（图 4-80g）。在全长为（3.38±0.1）mm 时，背鳍和臀鳍发育。在全长为（3.64±0.1）mm（13～14 日龄）时，尾杆骨开始缩短，并进一步上翘，尾上骨明显生长，鳍条生长。之后尾杆骨进一步缩短，生长速度加快（图 4-80h、i）。在全长（5.11±0.2）mm（15～17 日龄）时，尾杆骨缩短，尾部骨骼变形完成，在全长为（10.11±0.5）mm（18～20日龄）时胸鳍发育完成，之后鱼体骨骼基本不再发生变化，变形完成（图 4-81）。

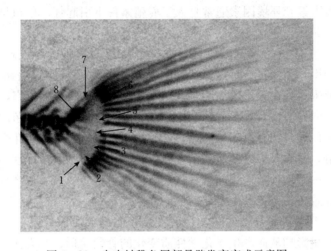

图 4-81　尖吻鲈稚鱼尾部骨骼发育完成示意图

1. 尾下骨旁骨　2. 尾下骨 4　3. 尾下骨 2　4. 尾下骨 1　5. 尾下骨 3　6. 尾下骨 5　7. 尾上骨　8. 尾杆骨
注：18～20 日龄，全长（10.11±0.5）mm，尾杆骨进一步缩短，生长加速。

2. 尖吻鲈尾骨的畸形　尖吻鲈的尾骨畸形中最为普遍的是尾下骨轻微畸形，表现为尾下骨的轻微变形与融合，这种畸形常见与第 3 片尾下骨与第 5 片尾下骨之间的融合或者第 2 片尾下骨与第 4 片尾下骨之间的融合，尾下骨畸形率主要受外力影响。较快的水流速度或者激烈的竞争环境会加大骨骼畸形率。

四、影响鱼类幼鱼骨骼发育与畸形的因素

骨骼畸形是水产养殖业的一个根本问题，因为它们通过影响鱼的外部形态、生长和生存来降低鱼的质量。它们主要是由于不利的非生物条件（Bolla 和 Holmefjord，1988；Wiegand 等，1989；Polo 等，1991）、营养不良（Soliman 等，1986a；1986b；Dabrowski 等，1990）、疾病（Lom 等，1991；Treasurer，1992）、污染物（Van Westemhagen，1988；Bengtsson 等，1988；Bengtsson 等，1988；Carls 和 Rice，1990；Pereira 等，1992）和遗传因素（Taniguchi 等，1984；Matsuoka，1987）造成的。大多数关于骨骼畸形的文章是描述畸形后的生长阶段（Papema，1978；Daoulas 等，1991；Boglione 等，

1993），只有一小部分描述了早期发育阶段（Barahona‐Femandes，1982；Matsuoka，1987；Rodger 和 Murphy，1991；Marino 等，1993；Kiriakos 等，1994）。并且只有少数研究描述了骨骼畸形的整个发展阶段（Matsuoka，1987；Ishikawa，1990；Marino 等，1993；Chatain，1994；Kiriakos 等，1994）。

消除骨骼畸形主要依赖于对其诱导因素的检测。然而，这需要对各种可能的因素以及整个发育阶段进行广泛调查，发现骨骼畸形的发育阶段，在一定的时期集中试验，并逐渐排除影响因素，它还可用于早期发现和消除饲养的鱼群中畸形的发生。早期发现畸形的一个先决条件是对正常和异常早期仔、稚鱼发育的详细了解。

遗传、环境、营养和疾病等因素都可能导致鱼类幼鱼甚至成鱼发生骨骼的畸形变异，而遗传因素、营养因素和环境因素通常是人工养殖条件下引起仔、稚鱼早期骨骼畸形的主要因素（郑柯等，2016）。

1. 遗传因素　在仔鱼内源营养阶段，发育所需营养物质主要依赖于卵黄囊与油球（Ma 等，2012）。因此，亲鱼产前营养状态对于子代的发育具有显著影响。相关研究表明，黄尾鰤和卵形鲳鲹够在孵化后的第 4 天即表现出一定的畸形发生率，此时仔鱼正处于由内源性营养阶段向外源性营养阶段转变中，此时畸形的发生与其亲鱼的营养状体及遗传关系密切（Cobcroft 等，2004；郑攀龙等，2014）。同时，在人工养殖条件下，苗种成活率远高于自然种群，通常人工繁殖所需亲本数量较少，由于基因多样性不丰富，导致近亲繁育、基因突变等一系列种质退化问题，从而致使仔、稚鱼骨骼发育产生畸变。另外，杂交育种也是可能导致鱼类苗种产生骨骼畸形的原因之一。

2. 环境因素　环境因素导致的鱼类仔、稚鱼骨骼畸形成因分以下两种：①通过对鱼体的神经、肌肉产生影响从而产生无化学性质变化的骨骼畸形；②直接干涉骨骼生化生物过程从而产生化学性质变化的骨骼畸形。有研究表明，温度、盐度、溶解氧、光照度以及水流速度等非生物因素均能引起鱼类骨骼的畸形。

（1）温度　水温是影响鱼类骨骼发育的重要因素之一（Georgakopoulou 等，2007）。已有研究表明，孵化后鱼类在从内源性营养转化到外源营养的过程中，对环境温度较敏感（Kamler，1992；Fuiman 等，1998；Martell 等，2005；Ma，2014）。水温度过高或过低会对仔、稚鱼骨骼发育及畸形发生产生显著影响（Bolla 等，1988；Aritaki 等，2004）。

（2）溶氧　在人工养殖条件下，溶氧是导致鱼类畸形的一个重要因素。研究表明，低氧是诱导动物细胞凋亡的关键因子（Sanders 等，1995；Jung 等，2001）。在低氧环境下，碳水化合物的厌氧反应是鱼体获得能量的主要途径，大量碳水化合物的消耗会造成仔鱼发育阻滞、生长迟缓（Nikinmaa 等，2005）。相关研究表明，低氧条件下仔鱼体长显著低于对照组，且对脊索发育造成严重影响（Sanchez 等，2011）。在斑马鱼发育过程中，低溶氧能够导致畸形发生率增加 77.4%（Shang 等，2004）。以饱和溶氧浓度的 60% 对初孵大西洋鲑处理（饱和溶解氧作为对照）的研究结果表明，大西洋鲑的畸形发生率与低氧处理时间呈正相关，且处理组的仔鱼在脊柱矿化和脊索直径等方面均较对照组迟缓（Sanchez 等，2011）。

（3）营养因素　仔、稚鱼的发育生长可分为依赖于卵黄囊、油球供给的内源营养和主动摄食的外源营养两个阶段。目前，有关营养因素导致骨骼畸形的研究主要集中在外源营养阶段，即饵料中由于一种或多种营养物质的不平衡而产生的骨骼畸形，这些营养成分主要包括不饱和脂肪酸（DHA、EPA、ARA 等）、维生素（维生素 A、维生素 C、维生素 D、维生素 E、维生素 K 等）、矿物质（通常鱼类的限制性矿物元素为磷）和蛋白质（氨基酸，如色氨酸、多肽等）（Cahu 等，2003）。

（4）脂肪酸　由于鱼类自身缺乏合成长链脂肪酸的能力，只能从食物中摄入来满足鱼体需要，其中以二十二碳六烯酸（DHA）、二十碳五烯酸（EPA）和二十碳四烯酸（ARA）最为重要（Watanabe，1993）。这些必需脂肪酸是参与机体组成的重要营养成分，并为代谢调控提供物质基础（Kliewer 等，1997）。必需脂肪酸的代谢受控于 PPAR、RXR 和 RAR 等在内的核内受体，这些受体能够通过组合形成同源或异源二聚体，实现对下游基因的调控（Bonilla 等，2000；Ross 等，2000）。而这些下游基因，如骨形态发生蛋白（Bone orphogenetic Protein）（Sasagawa 等，2002）、类胰岛素生长因子（insulin-like growth factors）（Fu 等，2001）等广泛参与机体的生长和发育。因此，不平衡膳食脂肪酸的摄入会影响仔、稚鱼骨骼发育，导致骨骼畸形的发生（Wallaert 等，1993；马慧等，2011）。研究表明，投喂经 DHA 强化的轮虫能够有效降低遮目鱼（Chanos chanos）仔、稚鱼鳃盖畸形的发生率（Gapasin 等，2001）；同样以 DHA 强化后的轮虫喂养赤鲷（*Pagrus pagrus*），脊柱畸形的发生率较未强化组降低 50%。不仅如此，DHA、EPA 和 ARA 等不饱和脂肪酸在膳食中相对含量对鱼类发育也具有影响，例如，当饵料中 EPA 含量较高而 DHA 含量较低时，仔、稚鱼体内的包括膜的流动性等生理功能会失衡（Furuita 等，1999），导致发育畸形的现象。

（5）维生素　维生素 A 是鱼类骨化及骨量代谢的关键营养因子（Weston 等，2003），它不仅能够对仔、稚鱼阶段骨骼发育产生影响，还能对成鱼的骨骼代谢起到调控（Haga 等，2011）。维生素 A 的代谢是通过两组核内受体 RAR（RA receptor）和 RXR（retinoid X receptor）而进行。这两个受体又分别有 a、p 和 y 3 个亚型（Haga 等，2003）。这些受体能够与维生素 D 受体或 PPAR 形成多聚体的功能单元，并与骨化或骨骼代谢相关基因的 DNA 结合区域结合，对其进行调控（Rosenfeld 等，2006）。研究表明，以 RA 处理处于发育中的牙鲆仔鱼，能显著影响其颌骨发育（Haga 等，2002），饵料中高剂量维生素 A 同样会对仔鱼的骨骼发育产生负面影响（MiKi，1989）。例如，在斑马鱼仔鱼饵料中添加超剂量的维生素 A，将导致其椎骨出现椎骨融合等异常发育（Haga 等，2009）。

维生素 D 是维持骨骼中钙和磷平衡、维护骨骼完整的脂溶性激素原物质（Del. uca，2004）。其通过与肠道内的钙结合和转运蛋白等在内的维生素 D 受体相互作用来调节钙元素的摄取，以保持一定血钙含量，维持骨骼中矿物元素的稳态。除此之外，维生素 D 还能直接参与成骨细胞的分裂、分化以及矿化作用等过程（Sutton 等，2005）。研究表明，维生素 D 的缺乏或过量添加均会造成初仔鱼脊柱和鳃骨发育异常（Darias 等，2010）。不仅如此，维生素 D 的存在形式也会影响鱼类的功能性发育。例如，1, 25(OH)：D_3 能够使莫桑比克罗非鱼（*Sarotherodon mossambicus*）骨骼去矿化，促进骨骼生长（Wendelaar Bonga 等，1983），但对于大西洋鲑仔、稚鱼没有显著影响（Graff 等，2002）。

维生素 C 是鱼类重要的微量营养物质，它是合成骨胶原的必需成分（Sandell 等，

1988）。维生素 C 缺乏症会引起鱼类骨骼去矿化，引起鳃骨畸形（Dabrowski，1990）。维生素 E 与维生素 C 均为强氧化剂。研究表明，在缺乏维生素 E 的情况下，维生素 C 可以在一定程度上起到补偿作用，从而降低黄鲈（*Perca flavescens*）骨骼畸形发生率（Lee 等，2004）。

维生素 K 通过参与骨钙素的羟化过程将其激活（Berkner，2005）。骨骼中的骨钙素是一种维生素 K 依赖蛋白，强化后的骨钙素能够提升与 Ca^+ 的亲和力，并能够与羟基磷灰石结合，进而使骨骼矿化（Vermeer，1990；Vermeer 等，1995）。骨钙素又是鱼类脊柱中含量最丰富的非胶原蛋白（Frazao 等，2005）。试验表明，维生素 K 的缺乏能够导致底鳉（*Fundulus heteroclitus*）幼鱼脊柱畸形率显著增高（Udagawa，2001）。饵料中维生素 K 的添加能够提高鱼类骨骼质量（Roy 等，2002）。

（6）矿物元素　鱼类骨骼中含有大量钙元素和磷元素的化合物。因此，钙元素和磷元素的摄入不均衡会导致鱼类骨骼发育不良以及骨骼代谢异常（Beattie 等，1992）。鱼类必需的钙元素可以从水体中获得，但水体中磷元素可供鱼类直接吸收的量很少，需要从饲料中摄入（Iall，2002）。因此，对于鱼类来说，钙元素的缺乏症不常见，但磷元素的缺乏却能导致一系列的骨骼发育异常，包括骨骼矿化障碍、头骨畸形和脊柱侧凸等（Ogino 等，1976；Baeverfjord 等，1998；Roy 等，2003），造成这些畸形是由于磷的缺乏会导致鱼类骨骼无法骨化、脆度增加（Sakamoto 等，1980）。

（7）蛋白质　蛋白质包括氨基酸和多肽，是鱼类生长发育所必需的营养物质，而骨骼的发育也必须以其作为营养基础（Ronnestad 等，1999）。研究表明，虹鳟、大麻哈鱼等在缺乏色氨酸的条件下，会出现脊柱侧凸（Akiyama 等，1986）；而以短肽来替代海鲈饲料中的蛋白水解产物，其骨骼畸形随短肽的添加量增加而升高（Infante 等，1997）。目前，围绕蛋白质类营养物质（氨基酸、多肽等）对海水鱼类仔、稚鱼骨骼畸形影响的研究涉及较少，有待进一步深入研究。

五、小结

人工养殖鱼类骨骼畸形问题已经成为影响海水鱼类养殖健康发展的一个重要问题。研究鱼类早期骨骼发育和骨骼畸形发生具有重要的科学意义和实际应用价值。一方面，可以深入探讨鱼类骨骼发育的过程，丰富鱼类发育学基础理论；另一方面，骨骼畸形的发生可以揭示出鱼类在养殖过程中可能受到来自营养、环境或者遗传等诸多因素的胁迫，通过遗传改良、调整养殖参数达到降低畸形率的目的。在仔、稚鱼养殖阶段，遗传、营养和环境因子是影响鱼类骨骼早期发育的主要因素。由于鱼类早期发育种属间的特异性，不同种类骨骼畸形发生的时间、部位会有所差异，因此，对于特定养殖品种骨骼畸形的研究需要进行针对性的定性和定量研究。

第五章　尖吻鲈形态性状与体重的相关性研究

第一节　概　　述

体重常作为动物遗传亲本选育的指标，而形态性状是影响体重的重要因素，因此，分析形态性状对体重的影响，选择遗传力较高形态性状，可以提高育种的效率。通径分析是由 Sewall Wright 在 1921 年提出的，经过遗传育种学者的不断完善而形成的一种应用范围很广的多元统计分析技术，在水产动物育种过程中对形态性状间的相关关系进行定量，进而可以提高水产育种效率。

在贝类养殖与育种方面，牛志凯等（2015）比较分析了海南三亚（SY）、深圳（SZ）及越南（YN）等 3 个地理群体合浦珠母贝杂交后代生长性状和闭壳肌拉力，综合筛选了生长性状和闭壳肌拉力都较优的群体 YNSY 和 YNSZ。李莉等（2015）对不同贝龄毛蚶壳形态性状与体重的关系作了研究，认为不同贝龄毛蚶各性状间呈正相关，且达到极显著水平（$p < 0.01$），不同贝龄期影响毛蚶体重的主要因素是不同的，壳长是影响 1 龄毛蚶体重的主要因素，壳长和壳宽是影响 2 龄毛蚶体重的主要因素，而影响 3 龄毛蚶体重的主要因素是壳宽。丁德良等（2013）针对山东牟平、山东莱州、大连广鹿岛、大连獐子岛 4 个养殖群体的虾夷扇数量性状对活体重的影响及不同群体间的形态差异进行了比较分析。相关性分析结果表明，4 个虾夷扇贝群体的壳长、壳宽和壳高对活体重的相关系数为 0.727～0.988，均达到极显著水平（$p < 0.01$）。通径分析结果表明，牟平、莱州、广鹿岛、獐子岛 4 个群体的壳高对活体重的直接作用均较大，分别为 0.526、0.422、0.485 和 0.632，说明壳高是影响 4 个虾夷扇贝群体活体重的主要因素；獐子岛群体的壳长对活体重的间接作用较大，而其他 3 个群体均是壳宽对活体重的间接作用较大，说明不同群体之间出现了差异。

在鱼类养殖与良种选育中，何岸等（2012）对印尼阿拉弗拉海浅色黄姑鱼形态性状与体重之间的关系进行了分析，认为雌雄性浅色黄姑鱼各形态性状与体重之间相关性均达到极显著水平（$p < 0.01$）。雌性浅色黄姑鱼各形态性状中体长、最大体周、体高、尾长和躯干长的通径系数均达到极显著水平（$p < 0.01$），而雄性浅色黄姑鱼各形态性状中体长、最大体周、头长、尾长、躯干长的通径系数达到极显著水平（$p < 0.01$）。决定系数分析结果表明，雌性浅色黄姑鱼的体长和最大体周对其体重的决定程度最大，而雄性浅色黄姑鱼最大体周和躯干长对其体重的决定程度最大。赵旺等（2017）对斜带石斑鱼形态性状与体重的相关性和通径分析结果显示，斜带石斑鱼的各形态性状间相互关系达极显著水平（$p < 0.01$），全长、体高、眼间距、眼径和尾柄高对体重的通径系数达极显著水平（$p < 0.01$），其中全长的直接影响最大，

而体高、眼间距、眼径和尾柄高主要通过全长间接影响体重；这 5 个性状对体重的共同决定系数之和为 0.920，说明全长、体高、眼间距、眼径和尾柄高是影响 4 月龄斜带石斑鱼体重的主要性状。王明华等（2014）对黄颡鱼测定全长、体长、尾柄长、尾柄高、体高、头长和头宽 7 个形态性状与体重的相关系数均为极显著水平（$p <$ 0.01），而剔除尾柄长后，其余性状对体重的通径系数也均达到极显著水平；所选形态性状对体重的决定系数 R^2 为 0.915；通过直接作用与间接作用的分析，明确全长、体长和头长是影响体重的主要自变量，其中体长的作用最大。

此外，通径分析在中华鳖（肖凤芳等，2014）、虾（张成松等，2013；武小斌等，2014；赵莹莹等，2016）及蟹（来守敏等，2015；郑宽宽等，2017）等水生物种的养殖、选育等方面均有所应用。

本章主要比较分析不同生长阶段尖吻鲈形态性状与体重的相关性、室内工厂化养殖与室外池塘养殖尖吻鲈形态性状与体重的相关性、深远海养殖与陆基养殖尖吻鲈形态性状对体重相关性等。

一、测定性状与方法

测定性状包括体重、头长、躯干长、体长、全长、体高、体宽、眼间距、眼径、吻长、尾柄高和尾柄长等。使用电子天平（精确度为 0.01 g）称量体重，使用游标卡尺（精确度 0.01 mm）测量形态性状。

其中，头长、躯干长、体长、全长、体高、眼径、吻长、尾柄高和尾柄长见图 5-1，眼间距是指两眼间的距离，体宽为鱼体两侧最远的距离。

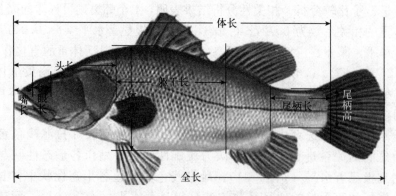

图 5-1 尖吻鲈外部形态

二、数据分析

使用软件 IBM SPSS Statistics 19.0 对尖吻鲈的形态性状和体重等数据进行统计分析。先获得各测定性状的描述性统计结果，然后通过相关分析明确各性状间的相关关系，再经通径分析确定各形态性状对体重的影响程度；逐步回归分析，构建尖吻鲈形态性状对体重的多元回归方程，并进行通径偏回归系数检验。

回归方程等式为：

$$Y = c + b_1 X_1 + b_2 X_2 + b_3 X_3 + \cdots b_n X_n$$

式中，Y 为因变量；c 为截距；x_n 为自变量；b_n 为相应的回归系数。

第二节　不同生长阶段尖吻鲈形态性状与体重的相关性分析

一、不同生长阶段尖吻鲈主要性状的统计结果

20 日龄、40 日龄、60 日龄、4 月龄、6 月龄、9 月龄、12 月龄尖吻鲈体重、头长、躯干长、体长、全长、体高、体宽、眼间距、眼径、吻长、尾柄高、尾柄长表型数据见表 5-1。20 日龄体重为 0.002～0.016 g，平均为 0.007 g；全长为（6.76±0.98）mm。40 日龄体重为 0.34～2.55 g，平均为 0.86 g；全长为（34.93±5.77）mm。60 日龄体重为 4.15～30.36 g，平均为 8.69 g；全长为（81.68±14.20）mm。4 月龄体重为 32.11～172.55 g，平均为 81.44 g；全长为（184.24±21.98）mm。6 月龄体重为 67.04～355.25 g，平均为 183.73 g；全长为（235.30±24.95）mm。9 月龄体重为 133.21～608.36 g，平均为 333.78 g；全长为（279.1±27.23）mm。12 月龄体重为 303.81～828.78 g，平均为 528.05 g；全长为（343.84±29.21）mm。变异系数是进行选育的关键参考依据，变异较大时，选择的潜力也较大，开展选择育种的价值也越高。20 日龄、40 日龄、60 日龄、4 月龄、6 月龄、9 月龄和 12 月龄的体重变异系数分别为 51.68%、48.60%、57.8%、35.66%、30.61%、30.15% 和 26.09%。在这些性状中，体重的变异系数最大；而随着生长日龄的增加，体重的变异系数呈现逐渐缩小的趋势。体重的增长结果显示，20～40 日龄的日均增长量为 0.043 g/d，40～60 日龄的日均增长量为 0.39 g/d，60～120 日龄的日均增长量为 1.21 g/d，4～6 月龄的日均增长量为 1.70 g/d，6～9 月龄的日均增长量为 1.67 g/d，9～12 月龄的日均增长量为 2.16 g/d，即随着日龄的增加，尖吻鲈体重生长越来越快。

二、不同生长阶段尖吻鲈主要性状间的相关性

20 日龄尖吻鲈各性状间的相关性均为正相关（表 5-2），且均达到极显著水平（$p < 0.01$）；体长与全长的相关系数最大，为 0.969；躯干长与眼径的相关系数最小（0.493）；与体重相关系数最大的形态性状为眼间距（0.896），最小为眼径（0.636）。40 日龄尖吻鲈各性状间的相关性均为正相关，且均达到极显著水平（$p < 0.01$）；与 20 日龄相关性结果相似，相关系数最大的为体长与全长的相关性，为 0.981；而头长与尾柄高的相关系数最小（0.774）；与体重相关系数最大的形态性状为体宽（0.968），最小为尾柄高（0.864）。60 日龄尖吻鲈各性状间的相关性均为正相关，且均达到极显著水平（$p < 0.01$）；与 20 日龄、40 日龄相关性结果相似，相关系数最大的为体长与全长的相关性，

表5-1 不同生长阶段尖吻鲈主要性状的统计结果

生长阶段	项目	体重(g)	头长(mm)	躯干长(mm)	体长(mm)	全长(mm)	体高(mm)	体宽(mm)	眼间距(mm)	眼径(mm)	吻长(mm)	尾柄高(mm)	尾柄长(mm)
20日龄	平均值±标准差	0.007±0.004	1.78±0.29	2.02±0.41	5.59±0.79	6.76±0.98	1.88±0.30	1.03±0.16	0.88±0.18	0.63±0.10	0.42±0.08	0.77±0.14	1.01±0.16
	变异系数(%)	51.68	16.15	20.22	14.09	14.43	16.2	15.28	20.03	16.2	19.85	17.61	15.74
40日龄	平均值±标准差	0.86±0.42	9.90±1.95	11.01±2.05	29.43±4.92	34.93±5.77	10.65±1.43	4.45±0.81	4.43±0.81	2.44±0.49	2.65±0.58	4.26±0.67	5.74±0.92
	变异系数(%)	48.60	19.67	18.62	16.71	16.52	13.41	18.12	18.35	19.82	21.67	15.74	15.97
60日龄	平均值±标准差	8.69±5.02	21.62±3.82	28.04±4.83	67.72±11.46	81.68±14.20	22.96±3.72	9.58±1.63	8.19±1.08	4.79±0.48	4.61±0.86	8.84±1.36	11.12±1.96
	变异系数(%)	57.8	17.66	17.24	16.92	17.39	16.2	16.97	13.2	9.92	18.64	15.4	17.6
4月龄	平均值±标准差	81.44±29.04	43.9±4.57	67.96±9.26	155.18±18.78	184.24±21.98	48.03±6.04	22.27±3.15	16.96±2.00	8.48±0.61	7.5±0.89	18.7±2.33	22.07±3.07
	变异系数(%)	35.66	10.41	13.63	12.1	11.93	12.57	14.15	11.78	7.2	11.81	12.48	13.93
6月龄	平均值±标准差	183.73±56.24	47.25±4.70	95.18±11.18	192.68±20.77	235.30±24.95	66.51±7.62	31.09±3.64	20.57±1.64	10.47±0.68	10.82±0.98	26.37±2.98	25.67±3.02
	变异系数(%)	30.61	9.95	11.75	10.78	10.6	11.46	11.71	7.97	6.51	9.03	11.32	11.78
9月龄	平均值±标准差	333.78±100.65	65.86±5.94	110.5±13.24	234.65±23.87	279.1±27.23	81.85±9.00	38.24±4.05	24.13±1.89	12.2±0.90	10.88±1.42	30.77±3.13	30.51±3.56
	变异系数(%)	30.15	9.01	11.98	10.17	9.76	11	10.58	7.84	7.38	13.02	10.17	11.66
12月龄	平均值±标准差	528.05±137.76	91.66±6.70	133.17±13.55	301.91±25.76	343.84±29.21	88.15±8.16	42.12±4.08	28.67±1.82	13.29±1.09	15.26±1.50	36.01±3.28	53.29±4.76
	变异系数(%)	26.09	7.31	10.17	8.53	8.50	9.25	9.70	6.34	8.21	9.84	9.11	8.93

表5-2 不同生长阶段尖吻鲈各性状间的相关系数

生长阶段	性状	体重	头长	躯干长	体长	全长	体高	体宽	眼间距	眼径	吻长	尾柄高
20日龄	头长	0.736**										
	躯干长	0.766**	0.579**									
	体长	0.774**	0.827**	0.853**								
	全长	0.724**	0.784**	0.858**	0.969**							
	体高	0.835**	0.849**	0.799**	0.909**	0.875**						
	体宽	0.744**	0.631**	0.780**	0.795**	0.759**	0.757**					
	眼间距	0.896**	0.719**	0.830**	0.816**	0.797**	0.847**	0.852**				
	眼径	0.636**	0.753**	0.493**	0.716**	0.680**	0.714**	0.556**	0.640**			
	吻长	0.820**	0.746**	0.721**	0.781**	0.722**	0.760**	0.717**	0.744**	0.644**		
	尾柄高	0.781**	0.710**	0.809**	0.856**	0.837**	0.843**	0.736**	0.824**	0.644**	0.674**	
	尾柄长	0.735**	0.681**	0.758**	0.854**	0.833**	0.787**	0.721**	0.739**	0.611**	0.690**	0.791**
40日龄	头长	0.866**										
	躯干长	0.882**	0.799**									
	体长	0.916**	0.922**	0.914**								
	全长	0.903**	0.917**	0.884**	0.981**							
	体高	0.924**	0.833**	0.822**	0.884**	0.883**						
	体宽	0.968**	0.841**	0.881**	0.902**	0.888**	0.903**					
	眼间距	0.950**	0.811**	0.869**	0.878**	0.858**	0.901**	0.970**				
	眼径	0.932**	0.865**	0.860**	0.896**	0.895**	0.860**	0.897**	0.880**			
	吻长	0.926**	0.828**	0.840**	0.871**	0.864**	0.853**	0.892**	0.880**	0.910**		
	尾柄高	0.864**	0.774**	0.798**	0.819**	0.794**	0.858**	0.828**	0.838**	0.831**	0.835**	
	尾柄长	0.950**	0.830**	0.811**	0.868**	0.847**	0.847**	0.888**	0.871**	0.906**	0.841**	0.817**
60日龄	头长	0.965**										
	躯干长	0.929**	0.953**									
	体长	0.964**	0.988**	0.971**								
	全长	0.968**	0.985**	0.963**	0.995**							
	体高	0.970**	0.980**	0.965**	0.985**	0.984**						
	体宽	0.949**	0.946**	0.909**	0.954**	0.955**	0.944**					
	眼间距	0.942**	0.936**	0.916**	0.950**	0.945**	0.929**	0.931**				
	眼径	0.860**	0.888**	0.857**	0.878**	0.875**	0.874**	0.832**	0.882**			
	吻长	0.942**	0.950**	0.902**	0.937**	0.931**	0.938**	0.882**	0.897**	0.850**		
	尾柄高	0.936**	0.938**	0.930**	0.954**	0.955**	0.949**	0.921**	0.921**	0.844**	0.898**	
	尾柄长	0.846**	0.883**	0.890**	0.912**	0.891**	0.892**	0.851**	0.843**	0.802**	0.806**	0.860**

（续）

生长阶段	性状	体重	头长	躯干长	体长	全长	体高	体宽	眼间距	眼径	吻长	尾柄高
4月龄	头长	0.883**										
	躯干长	0.959**	0.868**									
	体长	0.975**	0.928**	0.969**								
	全长	0.976**	0.933**	0.968**	0.997**							
	体高	0.973**	0.873**	0.946**	0.960**	0.959**						
	体宽	0.966**	0.846**	0.946**	0.955**	0.952**	0.960**					
	眼间距	0.760**	0.700**	0.763**	0.783**	0.782**	0.764**	0.752**				
	眼径	0.547**	0.651**	0.521**	0.587**	0.593**	0.551**	0.526**	0.460**			
	吻长	0.620**	0.769**	0.660**	0.664**	0.673**	0.601**	0.597**	0.434**	0.364**		
	尾柄高	0.972**	0.893**	0.943**	0.974**	0.975**	0.968**	0.952**	0.768**	0.595**	0.611**	
	尾柄长	0.832**	0.787**	0.822**	0.861**	0.847**	0.816**	0.793**	0.673**	0.490**	0.580**	0.832**
6月龄	头长	0.827**										
	躯干长	0.894**	0.801**									
	体长	0.933**	0.904**	0.953**								
	全长	0.933**	0.905**	0.947**	0.996**							
	体高	0.934**	0.844**	0.923**	0.956**	0.958**						
	体宽	0.964**	0.778**	0.868**	0.897**	0.896**	0.909**					
	眼间距	0.936**	0.825**	0.848**	0.900**	0.898**	0.877**	0.922**				
	眼径	0.739**	0.621**	0.656**	0.703**	0.699**	0.735**	0.745**	0.714**			
	吻长	0.746**	0.766**	0.689**	0.758**	0.761**	0.753**	0.727**	0.738**	0.637**		
	尾柄高	0.932**	0.873**	0.913**	0.964**	0.966**	0.953**	0.891**	0.877**	0.708**	0.757**	
	尾柄长	0.879**	0.731**	0.821**	0.839**	0.839**	0.828**	0.860**	0.854**	0.622**	0.671**	0.831**
9月龄	头长	0.919**										
	躯干长	0.929**	0.842**									
	体长	0.970**	0.926**	0.951**								
	全长	0.970**	0.927**	0.948**	0.997**							
	体高	0.964**	0.854**	0.897**	0.919**	0.920**						
	体宽	0.966**	0.864**	0.915**	0.932**	0.934**	0.961**					
	眼间距	0.919**	0.882**	0.878**	0.931**	0.929**	0.885**	0.888**				
	眼径	0.438**	0.418**	0.460**	0.467**	0.457**	0.404**	0.395**	0.500**			
	吻长	0.408**	0.478**	0.378**	0.421**	0.416**	0.354**	0.391**	0.428**	0.244**		
	尾柄高	0.950**	0.880**	0.898**	0.937**	0.939**	0.935**	0.926**	0.883**	0.419**	0.368**	
	尾柄长	0.770**	0.712**	0.760**	0.792**	0.794**	0.735**	0.747**	0.755**	0.430**	0.382**	0.720**

（续）

生长阶段	性状	体重	头长	躯干长	体长	全长	体高	体宽	眼间距	眼径	吻长	尾柄高
12月龄	头长	0.854**										
	躯干长	0.959**	0.800**									
	体长	0.976**	0.894**	0.958**								
	全长	0.982**	0.890**	0.951**	0.992**							
	体高	0.969**	0.811**	0.918**	0.937**	0.939**						
	体宽	0.969**	0.819**	0.938**	0.933**	0.944**	0.923**					
	眼间距 X_7	0.924**	0.821**	0.893**	0.934**	0.927**	0.885**	0.893**				
	眼径	0.371**	0.242	0.329*	0.372**	0.375**	0.354*	0.408**	0.327*			
	吻长	0.486**	0.634**	0.483**	0.492**	0.483**	0.443**	0.435**	0.450**	−0.184		
	尾柄高	0.948**	0.827**	0.922**	0.934**	0.939**	0.925**	0.922**	0.851**	0.334*	0.494**	
	尾柄长	0.858**	0.685**	0.857**	0.861**	0.859**	0.787**	0.837**	0.786**	0.324*	0.314*	0.838**

注：标 * 数值之间差异显著（$p<0.05$），标 ** 数值之间差异极显著（$p<0.01$）。其他表同此。

为 0.995；而眼径与尾柄长的相关系数最小（0.802）；与体重相关系数最大的形态性状为体高（0.970），最小为尾柄长（0.846）。4 月龄尖吻鲈各性状间的相关性均为正相关，且均达到极显著水平；与 20 日龄、40 日龄、60 日龄相关性结果似，相关系数最大的为体长与全长的相关性，为 0.997；而眼径与吻长的相关系数最小（0.364）；与体重相关系数最大的形态性状为全长（0.976），最小为眼径（0.547）。6 月龄尖吻鲈各性状间的相关性均为正相关，且均达到极显著水平；与 20 日龄、40 日龄、60 日龄、4 月龄相关性结果相似，相关系数最大的为体长与全长的相关性，为 0.996；而头长与眼径的相关系数最小（0.621）；与体重相关系数最大的形态性状为体宽（0.964），最小为眼径（0.739）。9 月龄尖吻鲈各性状间的相关性均为正相关，且均达到极显著水平；与 20 日龄、40 日龄、60 日龄、4 月龄、6 月龄相关性结果相似，相关系数最大的为体长与全长的相关性，为 0.997；而眼径与吻长的相关系数最小（0.244）；与体重相关系数最大的形态性状为体长及全长，相关系数均为 0.970，最小为吻长（0.408）。12 月龄尖吻鲈各性状间的相关性结果显示，头长与眼径的相关性不显著，眼径与吻长呈负相关，但未达到显著水平；其他各性状间的相关性均为正相关，且达到显著或极显著水平；与 20 日龄、40 日龄、60 日龄、4 月龄、6 月龄、9 月龄相关性结果相似，相关系数最大的为体长与全长的相关性，为 0.992；而眼径与吻长的相关系数最小，且为负值（−0.184）；与体重相关系数最大的形态性状为全长，相关系数为 0.982，最小为眼径（0.371）。

三、不同生长阶段尖吻鲈形态性状对体重的通径分析

各生长阶段尖吻鲈形态性状对体重的通径系数见表 5-3 至表 5-9。经显著性差异检验，各生长阶段剔除通径系数不显著的变量及所保留的形态性状变量有所差异。20 日龄

表 5-3 20 日龄尖吻鲈各形态性状对体重的通径分析

性状	相关系数	直接作用	间接作用		
			Σ	眼间距	吻长
眼间距	0.896**	0.641**	0.240	—	0.240
吻长	0.82**	0.323**	0.477	0.477	—

表 5-4 40 日龄尖吻鲈各形态性状对体重的通径分析

性状	相关系数	直接作用	间接作用				
			Σ	体高	体宽	吻长	尾柄长
体高	0.924	0.138*	0.782	—	0.294	0.167	0.320
体宽	0.968	0.326**	0.635	0.125	—	0.175	0.336
吻长	0.926	0.196**	0.726	0.118	0.291	—	0.318
尾柄长	0.95	0.378**	0.571	0.117	0.289	0.165	—

表 5-5 60 日龄尖吻鲈各形态性状对体重的通径分析

性状	相关系数	直接作用	间接作用			
			Σ	体高	眼间距	吻长
体高	0.970	0.521*	0.469	—	0.238	0.231
眼间距	0.942	0.256*	0.705	0.484	—	0.221
吻长	0.942	0.246*	0.718	0.489	0.230	—

表 5-6 4 月龄尖吻鲈各形态性状对体重的通径分析

性状	相关系数	直接作用	间接作用			
			Σ	全长	体高	体宽
全长	0.976	0.476*	0.368	—	0.220	0.148
体高	0.973	0.229**	0.605	0.456	—	0.149
体宽	0.966	0.155*	0.673	0.453	0.220	—

表 5-7 6 月龄尖吻鲈各形态性状对体重的通径分析

性状	相关系数	直接作用	间接作用				
			Σ	体高	眼间距	尾柄高	尾柄长
体高	0.964	0.452**	0.417	—	0.158	0.189	0.071
眼间距	0.936	0.171**	0.673	0.417	—	0.186	0.070
尾柄高	0.932	0.212**	0.621	0.403	0.150	—	0.068
尾柄长	0.879	0.082*	0.711	0.389	0.146	0.176	—

表5-8 9月龄尖吻鲈各形态性状对体重的通径分析

性状	相关系数	直接作用	间接作用				
			Σ	头长	体长	体高	体宽
头长	0.919	0.122**	0.796	—	0.350	0.264	0.182
体长	0.970	0.378*	0.594	0.13	—	0.284	0.197
体高	0.964	0.309**	0.654	0.104	0.347	—	0.203
体宽	0.966	0.211**	0.755	0.105	0.352	0.297	—

表5-9 12月龄尖吻鲈各形态性状对体重的通径分析

性状	相关系数	直接作用	间接作用				
			Σ	全长	体高	体宽	吻长
全长	0.982	0.353**	0.571	—	0.297	0.251	0.023
体高	0.969	0.316**	0.598	0.331	—	0.246	0.021
体宽	0.969	0.266**	0.646	0.333	0.292	—	0.021
吻长	0.486	0.048*	0.426	0.170	0.140	0.116	—

保留了眼间距和吻长两个形态性状，这两个性状对体重的通径系数达到极显著水平（$p<0.01$）；其中，眼间距对体重影响的直接作用系数最大，为0.641，说明眼间距对20日龄尖吻鲈体重的直接作用最大；吻长对体重影响的直接作用系数相对较小（0.323），但其通过眼间距对体重产生较大的间接作用，为0.477。40日龄保留了体高、体宽、吻长和尾柄长4个形态性状，这4个性状对体重的通径系数达到显著水平；其中，尾柄长对体重影响的直接作用系数最大，为0.378，说明尾柄长对40日龄尖吻鲈体重的直接作用最大；其次是体宽（0.326）、吻长（0.196），体高对体重影响的直接作用系数最小（0.138）；体宽通过尾柄长对体重产生最大的间接作用，为0.336；而尾柄长通过体高对体重的作用最小（0.117）。60日龄保留的形态形状则是体高、眼间距和吻长，这3个性状对体重的通径系数达到显著水平。对体重影响的直接作用系数最大的是体高，为0.521，故其对该日龄尖吻鲈体重的直接作用也就最大；吻长对体重影响的直接作用系数相对较小（0.246）；在间接作用中，吻长通过体高对体重产生最大的间接作用，为0.489；而间接作用最小的则是吻长通过眼间距对体重的作用。4月龄保留的形态性状为全长、体高和体宽，这3个性状对体重的通径系数达到显著水平；全长对4月龄阶段尖吻鲈体重的直接作用最大（0.476），依次为体高（0.229），而体宽对体重影响的直接作用最小（0.155）；体高通过全长对体重产生最大的间接作用（0.456），最小为全长通过体宽对体重的间接作用（0.148）。6月龄保留了体宽、眼间距、尾柄高和尾柄长4个性状；其中，体宽对体重的直接作用最大（0.452），而尾柄长对体重影响的直接作用系数是所保留4个性状中最小的（0.082）；间接作用中，所保留性状通过尾柄长作用于体重均较小，而眼间距、尾柄高和尾柄长通过体宽对体重的间接作用均较大，其中最大的为眼间距（0.417）。9月龄与12月

龄保留的性状均为 4 个，其中共同的性状包括体高和体宽，此外 9 月龄还保留了头长与体长，而 12 月龄有所差异，保留了全长与吻长。2 月龄阶段所保留的性状对体重的通径系数均达到显著水平（$p<0.01$）。体长对 9 月龄尖吻鲈体重直接作用最大（0.378），而 12 月龄则是全长对体重的直接作用最大（0.353）；对 9 月龄与 12 月龄尖吻鲈体重直接作用最小的分别为头长与吻长；间接作用中，头长、体高和体宽通过体长对 9 月龄尖吻鲈的体重产生的间接作用均较大，其中最大的为体宽（0.352）；而在 12 月龄保留的 4 个性状中，体高与体宽通过全长对该月龄尖吻鲈体重的间接作用均较大，分别为 0.331 和 0.333，而体高和体宽通过吻长的间接作用均最小，为 0.021。

四、不同生长阶段尖吻鲈形态性状对体重的决定系数

表 5-10 至表 5-16 为不同月龄尖吻鲈主要形态性状对体重的决定系数。结果表明，影响不同生长阶段尖吻鲈主要性状数量、性状及其对体重的决定系数明显不同。20 日龄尖吻鲈通径系数显著的性状为眼间距和吻长，直接决定系数与间接决定系数的总和为 0.823（表 5-10），其中眼间距对体重的直接决定程度为 0.411，高于性状（0.104）。表 5-11 为影响 40 日龄尖吻鲈主要性状为体高、体宽、吻长和尾柄长，其直接决定系数与间接决定系数的总和为 0.980，其中尾柄长对该月龄尖吻鲈体重的决定系数最大（0.143），体高最小（0.019）。从表 5-12 可以看出 60 日龄尖吻鲈通径系数显著的性状为体高、眼间距和吻长，这 3 个性状对体重直接决定系数与间接决定系数的总和为 0.999，其中体高对其体重的直接决定系数最大（0.271），吻长最小（0.061）。4～12 月龄阶段体宽都是影响尖吻鲈体重的主要形态形状之一，其中 4 月龄与 9 月龄阶段体宽对体重的直接决定系数分别 0.029 和 0.045（表 5-13 和表 5-15），均为所对应月龄阶段对体重主要决定性状中直接系数最小的性状；而在 6 月龄尖吻鲈体重的主要决定性状中体宽的直接决定系数最大（0.204）；12 月龄阶段体宽对尖吻鲈体重的直接决定系数为 0.011（表 5-16），而在该月龄阶段对体重的主要决定形状中直接决定系数最大的是全长（0.125），最小的是吻长（0.002）。

表 5-10 20 日龄尖吻鲈形态性状对体重的决定系数

性状	眼间距	吻长	Σ
眼间距	0.411	0.308	0.823
吻长	—	0.104	

表 5-11 40 日龄尖吻鲈形态性状对体重的决定系数

性状	体高	体宽	吻长	尾柄长	Σ
体高	0.019	0.081	0.046	0.088	
体宽		0.106	0.114	0.219	
吻长			0.038	0.125	0.980
尾柄长				0.143	

表 5－12　60 日龄尖吻鲈形态性状对体重的决定系数

性状	体高	眼间距	吻长	Σ
体高	0.271	0.248	0.240	
眼间距		0.066	0.113	0.999
吻长			0.061	

表 5－13　4 月龄尖吻鲈形态性状对体重的决定系数

性状	全长	体高	体宽	Σ
全长	0.241	0.212	0.160	
体高		0.051	0.074	0.767
体宽			0.029	

表 5－14　6 月龄尖吻鲈形态性状对体重的决定系数

性状	体宽	眼间距	尾柄高	尾柄长	Σ
体宽	0.204	0.143	0.171	0.064	
眼间距		0.029	0.064	0.024	0.779
尾柄高			0.045	0.029	
尾柄长				0.007	

表 5－15　9 月龄尖吻鲈形态性状对体重的决定系数

性状	头长	体长	体高	体宽	Σ
头长	0.015	0.085	0.064	0.044	
体长		0.143	0.215	0.149	0.981
体高			0.095	0.125	
体宽				0.045	

表 5－16　12 月龄尖吻鲈形态性状对体重的决定系数

性状	全长	体高	体宽	吻长	Σ
全长	0.125	0.209	0.177	0.016	
体高		0.100	0.155	0.013	0.880
体宽			0.071	0.011	
吻长				0.002	

五、不同生长阶段尖吻鲈多元回归方程的构建

通过多元回归分析，剔除偏回归系数不显著的形态性状，利用偏回归系数显著的形态性状与体重建立各生长时期尖吻鲈形态性状与体重的多元回归方程：

$$Y_{20日龄} = -0.011 + 0.013X_{眼间距} + 0.015X_{吻长}$$

$$Y_{40日龄} = -1.696 + 0.04X_{体高} + 0.189X_{体宽} + 0.137X_{吻长} + 0.162\,X_{尾柄长}$$

$$Y_{60日龄} = -23.339 + 0.717X_{体高} + 1.207X_{眼间距} + 1.233X_{吻长}$$
$$Y_{4月龄} = -149.273 + 0.597X_{全长} + 1.524X_{体高} + 2.131X_{体宽}$$
$$Y_{6月龄} = -354.024 + 7.438X_{体宽} + 6.064X_{眼间距} + 5.366\ X_{尾柄高} + 1.564\ X_{尾柄长}$$
$$Y_{9月龄} = -660.863 + 2.242\ X_{头长} + 1.512X_{体长} + 3.656X_{体高} + 5.047X_{体宽}$$
$$Y_{12龄} = -1021.61 + 1.965X_{全长} + 5.292X_{体高} + 9.679X_{体宽}$$

式中，Y 为体重、X 为形态性状。

方差分析显示，20 日龄尖吻鲈的多元回归方程的回归关系达极显著水平（$F=194.381$，$p=0.000<0.01$），其 R^2 为 0.855；经显著性检验该回归方程的偏回归系数，所选的性状眼间距和吻长对 20 日龄尖吻鲈体重的偏回归系数达到极显著水平（$X_{眼间距}$：$t=7.692$，$p=0.000<0.01$；$X_{吻长}$：$t=4.157$，$p=0.001<0.01$）。

40 日龄尖吻鲈的多元回归方程的回归关系达极显著水平（$F=882.387$，$p=0.000<0.01$），其 R^2 为 0.987；经显著性检验该回归方程的偏回归系数，所选的性状体高、体宽、吻长和尾柄长对 40 日龄尖吻鲈体重的偏回归系数达到极显著水平（$X_{体高}$：$t=3.311$，$p=0.002<0.01$；$X_{体宽}$：$t=7.169$，$p=0.000<0.01$；$X_{吻长}$：$t=4.835$，$p=0.000<0.01$；$X_{尾柄长}$：$t=9.309$，$p=0.000<0.01$）。

60 日龄尖吻鲈的多元回归方程的回归关系达极显著水平（$F=351.193$，$p=0.000<0.01$），其 R^2 为 0.958；经显著性检验该回归方程的偏回归系数，所选的性状体高、眼间距和吻长对 60 日龄尖吻鲈体重的偏回归系数达到显著水平（$X_{体高}$：$t=5.014$，$p=0.002<0.01$；$X_{眼间距}$：$t=3.121$，$p=0.003<0.01$；$X_{吻长}$：$t=2.381$，$p=0.021<0.05$）。

4 月龄尖吻鲈的多元回归方程的回归关系达极显著水平（$F=1747.438$，$p=0.000<0.01$），其 R^2 为 0.973；经显著性检验该回归方程的偏回归系数，所选的性状全长、体高和体宽对 4 月龄尖吻鲈体重的偏回归系数达到极显著水平（$X_{全长}$：$t=8.61$，$p=0.000<0.01$；$X_{体高}$：$t=5.517$，$p=0.000<0.01$；$X_{体宽}$：$t=4.382$，$p=0.000<0.01$）。

6 月龄尖吻鲈的多元回归方程的回归关系达极显著水平（$F=922.7$，$p=0.000<0.01$），其 R^2 为 0.962；经显著性检验该回归方程的偏回归系数，所选的性状体宽、眼间距、尾柄高和尾柄长对 6 月龄尖吻鲈体重的偏回归系数达到显著或极显著水平（$X_{体宽}$：$t=9.921$，$p=0.000<0.01$。

$X_{眼间距}$：$t=7.449$，$p=0.000<0.01$；$X_{尾柄高}$：$t=3.882$，$p=0.000<0.01$；$X_{尾柄长}$：$t=2.387$，$p=0.018<0.05$）。

9 月龄尖吻鲈的多元回归方程的回归关系达极显著水平（$F=1848.653$，$p=0.000<0.01$），其 R^2 为 0.981；经显著性检验该回归方程的偏回归系数，所选的性状头长、体长、体高和体宽对 9 月龄尖吻鲈体重的偏回归系数达到极显著水平（$X_{头长}$：$t=4.325$，$p=0.000<0.01$；$X_{体长}$：$t=8.345$，$p=0.000<0.01$；$X_{体高}$：$t=7.602$，$p=0.000<0.01$；$X_{体宽}$：$t=4.333$，$p=0.000<0.05$）。

12 月龄尖吻鲈的多元回归方程的回归关系达极显著水平（$F=1669.188$，$p=0.000<0.01$），其 R^2 为 0.991；经显著性检验该回归方程的偏回归系数，所选的性状全长、体高和体宽对 12 月龄尖吻鲈体重的偏回归系数达到极显著水平（$X_{全长}$：$t=8.268$，

$p=0.000<0.01$；$X_{体高}$：$t=7.251$，$p=0.000<0.01$；$X_{体宽}$：$t=6.39$，$p=0.000<0.01$）。

第三节 室内工厂化养殖与室外池塘养殖尖吻鲈数量性状的相关性

为了更全面地了解不同养殖模式下尖吻鲈的形态差异，为培育优良品种奠定基础，笔者通过测定室内工厂化养殖与室外池塘养殖尖吻鲈的头长、躯干长、体长、全长、体高、体宽、眼间距、眼径、吻长、尾柄高、尾柄长和体重，比较分析了这两种模式下养殖5个月后尖吻鲈数量性状对体重的影响以及不同养殖形态差异。采用相关分析和通径分析法比较了室内工厂化养殖与室外池塘养殖尖吻鲈各数量性状与体重之间的关系，建立了数量性状的回归方程，旨在为尖吻鲈人工育苗过程中亲鱼的正确选择以及养殖模式的合理构建提供参考。

一、室内工厂化养殖与室外池塘养殖尖吻鲈主要性状统计结果

室内工厂化养殖与室外池塘养殖尖吻鲈在头长方面无显著差异，但在体重、躯干长、体长、全长、体高、体宽、眼间距、眼径、吻长、尾柄高和尾柄长等方面呈极显著差异。室内工厂化养殖尖吻鲈体重为126.80～530.81 g，平均为291.19 g，平均每月增长52.2 g；全长为208.77～332.52 mm，平均为265.06 mm，平均每月增长25.47 mm。室外池塘养殖尖吻鲈体重为95.81～841.71 g，平均为432.64 g，平均每月增长80.49 g；全长为202.95～388.86 mm，平均为304.06 mm，平均每月增长33.27 mm。室内工厂化养殖和室外池塘养殖尖吻鲈体重的变异系数分别为28.97％和34.70％，均大于其他形态性状的变异系数，说明体重变异幅度较高具有较大的选择潜力（表5-17）。

表5-17 室内工厂化养殖与室外池塘养殖尖吻鲈主要性状的统计结果

群体	项目	体重 (g)	头长 (mm)	躯干长 (mm)	体长 (mm)	全长 (mm)	体高 (mm)
3月龄尖吻鲈	平均值±标准差	30.18±13.22	37.32±5.46	45.97±7.12	113.52±16.46	137.73±18.51	34.88±4.69
室内工厂化养殖尖吻鲈	平均值±标准差	291.19±84.36**	67.83±6.46	101.43±10.85**	223.85±21.93**	265.06±25.05**	78.36±8.02**
	变异系数（%）	28.97	9.519	10.695	9.797	9.449	10.229
	每月平均增长量	52.20	6.10	11.08	22.07	25.47	8.70
室外池塘养殖尖吻鲈	平均值±标准差	432.64±150.13**	67.65±8.03	121.00±16.55**	252.21±29.60**	304.06±33.87**	91.39±12.01**
	变异系数（%）	34.701	11.867	13.675	11.736	11.14	13.139
	每月增长量	80.49	6.07	15.01	27.74	33.27	11.30

（续）

群体	项目	体宽 （mm）	眼间距 （mm）	眼径 （mm）	吻长 （mm）	尾柄高 （mm）	尾柄长 （mm）
3月龄 尖吻鲈	平均值±标准差	14.79±2.27	12.04±1.28	6.70±0.56	6.55±0.99	17.77±2.27	26.80±4.43
室内工 厂化养殖 尖吻鲈	平均值±标准差	36.24±3.89**	23.07±1.69**	12.34±0.91**	13.43±1.59**	29.24±2.83**	28.61±4.30**
	变异系数（%）	10.739	7.343	7.374	11.845	9.99	15.021
	每月平均增长量	4.29	2.21	1.13	1.38	2.29	0.36
室外池 塘养殖尖 吻鲈	平均值±标准差	42.43±5.65**	25.04±2.20**	11.76±0.98**	12.98±1.19**	34.68±4.27**	30.15±4.16**
	变异系数（%）	13.325	8.776	8.302	9.2	12.299	13.715
	每月增长量	5.53	2.60	1.01	1.29	3.38	0.67

二、室内工厂化养殖与室外池塘养殖尖吻鲈主要性状间的相关性分析

室内工厂化养殖尖吻鲈各性状间的相关性均为正相关，且达到极显著水平；体长与全长的相关系数最大，为0.996；吻长与尾柄长、头长的相关系数最小（0.418）；与体重相关系数最大的形态性状为体宽（0.971），最小为尾柄长（0.591）。在室外池塘养殖尖吻鲈各性状间的相关性也呈正相关关系，其各性状间的相关性也达到极显著水平；与室内工厂化养殖群体相似，体长与全长的相关系数最大（0.995）；而该群体的眼径与吻长的相关系数最小（0.516）；与体重相关系数最大的为体高（0.977），最小为眼径（0.631）（表5-18）。

表5-18　室内工厂化养殖与室外池塘养殖尖吻鲈各形态性状间的相关系数

群体	性状	体重	头长	躯干长	体长	全长	体高	体宽	眼间距	眼径	吻长	尾柄高
室内工厂化养殖	头长	0.923**										
	躯干长	0.934**	0.868**									
	体长	0.970**	0.942**	0.962**								
	全长	0.970**	0.942**	0.959**	0.996**							
	体高	0.967**	0.865**	0.908**	0.931**	0.927**						
	体宽	0.971**	0.900**	0.902**	0.941**	0.942**	0.960**					
	眼间距	0.944**	0.920**	0.903**	0.951**	0.949**	0.903**	0.921**				
	眼径	0.652**	0.650**	0.618**	0.666**	0.666**	0.609**	0.619**	0.658**			
	吻长	0.694**	0.719**	0.634**	0.702**	0.697**	0.634**	0.662**	0.683**	0.519**		
	尾柄高	0.941**	0.877**	0.885**	0.928**	0.930**	0.929**	0.923**	0.899**	0.620**	0.670**	
	尾柄长	0.591**	0.583**	0.559**	0.640**	0.637**	0.543**	0.592**	0.636**	0.571**	0.418**	0.596**

（续）

群体	性状	体重	头长	躯干长	体长	全长	体高	体宽	眼间距	眼径	吻长	尾柄高
	头长	0.789**										
	躯干长	0.922**	0.635**									
	体长	0.966**	0.804**	0.948**								
室外池塘养殖	全长	0.969**	0.814**	0.944**	0.995**							
	体高	0.977**	0.773**	0.927**	0.959**	0.961**						
	体宽	0.963**	0.755**	0.906**	0.942**	0.948**	0.970**					
	眼间距	0.937**	0.824**	0.880**	0.947**	0.952**	0.929**	0.924**				
	眼径	0.704**	0.672**	0.716**	0.764**	0.772**	0.723**	0.722**	0.742**			
	吻长	0.631**	0.711**	0.562**	0.646**	0.659**	0.626**	0.604**	0.655**	0.516**		
	尾柄高	0.957**	0.775**	0.929**	0.966**	0.970**	0.954**	0.951**	0.927**	0.751**	0.645**	
	尾柄长	0.787**	0.589**	0.779**	0.790**	0.792**	0.808**	0.782**	0.763**	0.586**	0.518**	0.824**

三、室内工厂化养殖与室外池塘养殖尖吻鲈形态性状对体重的通径分析

室内工厂化养殖尖吻鲈形态性状对体重的通径分析结果见表 5-19。在 11 个形态性状中，全长、体高、体宽和眼间距对体重的通径系数达到极显著水平。全长对体重影响的直接作用系数最大，为 0.373，说明全长对体重的直接作用最大；眼间距对体重影响的直接作用系数相对较小（0.092）；但从间接作用系数来看，眼间距通过全长对体重产生最大的间接作用，为 0.354。

表 5-19　室内工厂化养殖尖吻鲈各形态性状对体重的通径分析

性状	相关系数	直接作用	间接作用				
			Σ	全长	体高	体宽	眼间距
全长	0.97	0.373	0.587	—	0.270	0.230	0.087
体高	0.967	0.291	0.663	0.346	—	0.234	0.083
体宽	0.971	0.244	0.715	0.351	0.279	—	0.085
眼间距	0.944	0.092	0.841	0.354	0.263	0.225	—

室外池塘养殖尖吻鲈形态性状对体重的通径系数见表 5-20，研究所选取的主要形态性状中，全长、体高、体宽和眼径等 4 个形态性状对体重的通径系数达到极显著水平。这 4 个形态性状中，体高对体重的直接作用系数最大为 0.468，其次为全长（0.389），最小为眼径（-0.091）。眼径对体重影响的直接作用系数为负值，说明眼径对体重影响为负向作用，但眼径通过全长、体高和体宽产生较大的间接作用（分别为 0.300、0.338、0.101），其总的间接作用达 0.740，抵消了负向作用；体宽对体重的间接作用系数最大，为 0.757；体高最小，为 0.444。

表 5 - 20　室外池塘养殖尖吻鲈各形态性状对体重的通径分析

性状	相关系数	直接作用	间接作用				
			Σ	全长	体高	体宽	眼径
全长	0.969	0.389	0.512	—	0.450	0.133	−0.070
体高	0.977	0.468	0.444	0.374	—	0.136	−0.066
体宽	0.963	0.14	0.757	0.369	0.454	—	−0.066
眼径	0.704	−0.091	0.740	0.300	0.338	0.101	—

四、室内工厂化养殖与室外池塘养殖尖吻鲈形态性状对体重的决定系数

通径分析得出室内工厂化养殖尖吻鲈通径系数显著的 4 个性状的直接决定系数与间接决定系数的总和为 0.956（表 5 - 21），表明选取的形态性状全长、体高、体宽和眼间距是影响室内工厂化养殖尖吻鲈体重的主要性状，其他性状对体重的影响相对较小；且所选取的这 4 个性状对体重的影响存在差异，全长对体重的直接决定程度为 0.139，高于其他 3 个性状，全长和体高共同作用对体重的决定程度为 0.201。

表 5 - 21　室内工厂化养殖尖吻鲈形态性状对体重的决定系数

性状	全长	体高	体宽	眼间距	Σ
全长	0.139	0.201	0.171	0.065	
体高		0.085	0.136	0.048	0.956
体宽			0.060	0.041	
眼间距				0.008	

室外池塘养殖尖吻鲈形态性状对体重的决定系数见表 5 - 22，直接决定系数与间接决定系数的总和为 0.844，说明性状全长、体高、体宽、和眼径是室外池塘养殖尖吻鲈体重的主要形态性状；形态性状体高对尖吻鲈体重的直接决定程度最大，为 0.219，其次为全长（0.151），最小为眼径（0.008）；从间接决定作用来看，全长和体高共同作用对体重的决定程度最大为 0.350。

表 5 - 22　室外池塘养殖尖吻鲈形态性状对体重的决定系数

性状	全长	体高	体宽	眼径	Σ
全长	0.151	0.350	0.103	−0.055	
体高		0.219	0.127	−0.062	0.844
体宽			0.020	−0.018	
眼径				0.008	

五、室内工厂化养殖与室外池塘养殖尖吻鲈多元回归方程的构建

通过多元回归分析，剔除偏回归系数不显著的形态性状，利用偏回归系数显著的形态

性状与体重建立室内工厂化养殖与室外池塘养殖尖吻鲈形态性状与体重的多元回归方程：

$$Y_{室内工厂化养殖} = -590.25 + 1.21X_{全长} + 3.20X_{体高} + 5.43X_{体宽} + 4.93X_{眼间距}$$

$$Y_{室外池塘养殖} = -713.19 + 1.95X_{全长} + 5.63X_{体高} + 4.53X_{体宽} - 13.18X_{眼径}$$

式中，Y 为体重；X 为形态形状。

方差分析显示，室内工厂化养殖和室外池塘养殖的多元回归方程的回归关系均达极显著水平（$F=1673.1$，$p=0.000<0.01$；$F=1230.99$，$p=0.000<0.01$），其 R^2 分别为 0.971 和 0.979。经显著性检验该回归方程的偏回归系数，室内工厂化养殖所选的性状全长、体高、体宽和眼间距对尖吻鲈体重的偏回归系数达到显著或极显著水平（$X_{全长}$：$t=7.69$，$p=0.000<0.01$；$X_{体高}$：$t=6.78$，$p=0.000<0.01$；$X_{体宽}$：$t=4.95$，$p=0.000<0.01$；$X_{眼间距}$：$t=2.50$，$p=0.014<0.05$）；室外池塘养殖所选的性状全长、体高、体宽和眼径对尖吻鲈体重的偏回归系数达到极显著水平（$X_{全长}$：$t=7.76$，$p=0.000<0.01$；$X_{体高}$：$t=6.56$，$p=0.000<0.01$；$X_{体宽}$：$t=2.87$，$p=0.005<0.01$；$X_{眼径}$：$t=-3.85$，$p=0.000<0.01$）。经回归预测，使用以上两种养殖尖吻鲈的回归方程所得估计值与观测值差异不显著。

第四节　深远海养殖与陆基养殖尖吻鲈形态性状与体重的相关性

为了进一步开展尖吻鲈深远海养殖奠定基础，笔者研究测定了尖吻鲈深远海养殖群体和陆基养殖群体的头长、躯干长、体长、全长、体高、眼径、吻长、尾柄高、尾柄长和体重等主要数量性状，比较分析了这两种养殖条件下 1 年后尖吻鲈的形态差异，通过相关分析和通径分析等方法分析了主要形态性状对体重的影响，并利用逐步回归分析建立了尖吻鲈 2 种养殖方式下形态性状对体重的多元回归方程，以期为评价不同养殖方式下尖吻鲈生长状况提供参考，为尖吻鲈深远海规模化养殖提供理论依据。

一、深远海养殖与陆基养殖尖吻鲈主要性状的描述性统计

深远海养殖群体与陆基养殖群体的尖吻鲈在眼径和吻长 2 个性状间无显著差异，但体重、头长、躯干长、体长、全长、体高、尾柄高、尾柄长和体高与全长的比值等性状间呈极显著差异（表 5-23）。陆基养殖尖吻鲈体重为 401.18～986.90 g，平均为 693.77 g，平均每月增长 55.3 g；全长为 328.64～438.11 mm，平均为 384.14 mm，平均每月增长 20.53 mm。深远海养殖尖吻鲈体重为 461.53～1962.00 g，平均为 1 206.32 g，平均每月增长 98.01 g；全长为 332.44～541.76 mm，平均为 437.24 mm，平均每月增长 24.96 mm。陆基养殖群体和深远海养殖群体尖吻鲈体重的变异系数分别为 23.51% 和 29.62%，均大于其他形态性状的变异系数，说明体重变异幅度较高，具有较大的选择潜力。体高与全长的比值存在显著差异，陆基养殖尖吻鲈体型趋于长纺锤形，而美济礁深远

海养殖尖吻鲈体型偏高。

表 5 - 23　深远海养殖与陆基养殖尖吻鲈主要性状的统计结果

群体	项目	体重 (g)	头长 (mm)	躯干长 (mm)	体长 (mm)	全长 (mm)	体高 (mm)
尖吻鲈 鱼苗	平均值±标准差	30.18±13.22	37.32±5.46	45.97±7.12	113.52±16.46	137.73±18.51	34.88±4.69
陆基养 殖尖吻鲈	平均值±标准差	693.77±163.12**	91.19±7.02**	149.44±15.9**	321.64±28.29**	384.14±33.69**	95.8±8.66**
	变异系数 (%)	23.51	7.69	10.64	8.8	8.77	9.03
	每月平均增长量	55.3	4.49	8.62	17.34	20.53	5.08
深远海 养殖尖 吻鲈	平均值±标准差	1 206.32±357.35**	102.1±9.98**	182.25±24.96**	371.44±36.72**	437.24±42.36**	121.29±14.7**
	变异系数 (%)	29.62	9.77	13.69	9.88	9.69	12.12
	每月增长量	98.01	5.4	11.36	21.49	24.96	7.2

群体	项目	眼径 (mm)	吻长 (mm)	尾柄高 (mm)	尾柄长 (mm)	体高/全长
尖吻鲈 鱼苗	平均值±标准差	6.70±0.56	6.55±0.99	17.77±2.83	26.80±4.43	0.25±0.01
陆基养 殖尖吻鲈	平均值±标准差	13.83±0.94	14.46±1.32	38.96±3.35**	48.64±5.85**	0.25±0.01**
	变异系数 (%)	6.82	9.1	8.6	12.03	2.71
	每月平均增长量	0.59	0.66	1.77	1.82	—
深远海 养殖尖 吻鲈	平均值±标准差	13.83±1.19	14.71±1.86	47.16±4.84**	59.19±6.58**	0.28±0.01**
	变异系数 (%)	8.59	12.62	10.26	11.12	4.48
	每月增长量	0.59	0.68	2.45	2.7	—

二、深远海养殖与陆基养殖尖吻鲈主要性状间的相关性分析

陆基养殖的尖吻鲈各性状间的相关性均为正相关，且达到显著或极显著水平；体长与全长的相关系数最大，为 0.992；而吻长与尾柄长的相关系数最小 (0.299)；与体重相关系数最大的形态性状为全长 (0.974)，最小为吻长 (0.500)。除眼径与吻长无显著相关性外，深远海养殖的尖吻鲈各性状间的相关性均为正相关关系，其他各性状间的相关性达到显著或极显著水平；与陆基养殖群体相似，体长与全长的相关系数最大 (0.991)；躯干长与眼径的相关系数最小 (0.324)；与体重相关系数最大的为体长 (0.951)，最小为眼径 (0.588) (表 5 - 24)。

表 5 - 24 深远海养殖与陆基养殖尖吻鲈各形态性状间的相关系数

群体	性状	体重	头长	躯干长	体长	全长	体高	眼径	吻长	尾柄高
陆基养殖	头长	0.865**								
	躯干长	0.939**	0.836**							
	体长	0.968**	0.893**	0.963**						
	全长	0.974**	0.892**	0.962**	0.992**					
	体高	0.960**	0.842**	0.927**	0.959**	0.954**				
	眼径	0.528**	0.663**	0.496**	0.546**	0.560**	0.510**			
	吻长	0.500**	0.638**	0.526**	0.550**	0.538**	0.503**	0.328*		
	尾柄高	0.935**	0.811**	0.911**	0.940**	0.946**	0.928**	0.516**	0.398**	
	尾柄长	0.754**	0.645**	0.743**	0.824**	0.791**	0.758**	0.306*	0.299*	0.779**
深远海养殖	头长	0.846**								
	躯干长	0.612**	0.539**							
	体长	0.951**	0.893**	0.644**						
	全长	0.949**	0.899**	0.634**	0.991**					
	体高	0.946**	0.822**	0.582**	0.938**	0.940**				
	眼径	0.588**	0.528**	0.324*	0.580**	0.579**	0.605**			
	吻长	0.640**	0.761**	0.384*	0.644**	0.656**	0.546**	0.229		
	尾柄高	0.930**	0.819**	0.611**	0.955**	0.959**	0.929**	0.583**	0.566**	
	尾柄长	0.773**	0.685**	0.556**	0.876**	0.858**	0.778**	0.447**	0.461**	0.832**

三、深远海养殖与陆基养殖尖吻鲈形态性状对体重的通径分析

陆基养殖的尖吻鲈形态性状对体重的通径分析结果见表 5 - 25，在 9 个形态性状中，全长和体高对体重的通径系数达到显著水平。全长对体重影响的直接作用系数最大，为 0.679，说明全长对体重的直接作用最大；体高对体重影响的直接作用系数相对较小（0.312）；但从间接作用系数来看，体高通过全长对体重产生较大的间接作用，为 0.661，大于 X_4（0.304）的间接作用。

表 5 - 25 陆基养殖尖吻鲈各形态性状对体重的通径分析

性状	相关系数	直接作用	间接作用		
			Σ	全长	体高
全长	0.974**	0.679*	0.304	—	0.304
体高	0.96**	0.312*	0.661	0.661	—

深远海网箱养殖的尖吻鲈形态性状对体重的通径系数见表 5 - 26，研究所选取的主要

表5-26　深远海网箱养殖尖吻鲈各形态性状对体重的通径分析

性状	相关系数	直接作用	间接作用			
			Σ	体长	体高	尾柄长
体长	0.951**	0.785*	0.181	—	0.348	−0.167
体高	0.946**	0.371**	0.588	0.736	—	−0.149
尾柄长	0.773**	−0.191*	0.976	0.688	0.289	—

形态性状中，体长、体高和尾柄长3个形态性状对体重的通径系数达到显著或极显著水平。这3个形态性状中，体长对体重的直接作用系数最大为0.785，其次为体高（0.371），最小为尾柄长（−0.191）。尾柄长对体重影响的直接作用系数为负值，说明尾柄长对体重影响为负向作用，但尾柄长通过体长和体高产生较大的间接作用（分别为：0.688、0.289），其总的间接作用达0.976，抵消了负向作用；体高对体重的间接作用系数为0.588，体长最小，为0.181。

四、深远海养殖与陆基养殖尖吻鲈形态性状对体重的决定系数

通径分析得出陆基养殖的尖吻鲈通径系数显著的两个性状的直接决定系数与间接决定系数的总和为0.971（表5-27），表明选取的形态性状全长和体高是影响陆基养殖尖吻鲈体重的主要性状，其他性状对体重的影响相对较小；且全长和体高对体重的影响存在差异，全长对体重的直接决定程度为0.461，高于体高（0.097）；全长和体高共同作用对体重的决定程度为0.413。

表5-27　陆基养殖尖吻鲈形态性状对体重的决定系数

性状	全长	体高	Σ
全长	0.461	0.413	0.971
体高		0.097	

深远海养殖的尖吻鲈形态性状对体重的决定系数见表5-28，直接决定系数与间接决定系数的总和为0.864，说明体长、体高和尾柄长是影响深远海养殖尖吻鲈体重的主要形态性状；形态性状体长对尖吻鲈体重的直接决定程度最大，为0.545，其次为体高（0.136），最小为尾柄长（0.038）；从间接决定作用来看，体长和体高共同作用对体重的决定程度最大为0.511。

表5-28　深水网箱养殖尖吻鲈形态性状对体重的决定系数

性状	体长	体高	尾柄长	Σ
体长	0.545	0.511	−0.253	
体高		0.136	−0.113	0.864
尾柄长			0.038	

五、深远海养殖与陆基养殖尖吻鲈多元回归方程的构建

通过多元回归分析，剔除偏回归系数不显著的形态性状，利用偏回归系数显著的形态性状与体重建立两种养殖尖吻鲈形态性状与体重的多元回归方程：

$$Y_{陆基养殖} = -1\,128.61 + 3.143X_{全长} + 6.418X_{体高}$$

$$Y_{深远海养殖} = -2\,054.81 + 7.377X_{体长} + 9.196X_{体高} - 10.041X_{尾柄长}$$

式中，Y 为体重；X 为形态形状。

方差分析显示，陆基养殖群体和深远海养殖群体尖吻鲈的多元回归方程的回归关系均达极显著水平（$F = 549.5$，$p = 0.000 < 0.01$；$F = 221.741$，$p = 0.000 < 0.01$），其 R^2 分别为 0.957 和 0.931。经显著性检验该回归方程的偏回归系数，陆基养殖所选的性状全长和体高对尖吻鲈体重的偏回归系数达到极显著水平（$X_{全长}$：$t = 6.616$，$p = 0.000 < 0.01$；$X_{体高}$：$t = 3.471$，$p = 0.001 < 0.01$）；深远海养殖所选的性状体长、体高和尾柄长对尖吻鲈体重的偏回归系数达到显著或极显著水平（$X_{体长}$：$t = 5.182$，$p = 0.000 < 0.01$；$X_{体高}$：$t = 3.366$，$p = 0.002 < 0.01$；$X_{尾柄长}$：$t = -2.296$，$p = 0.026 < 0.05$）。经回归预测，以上两种方式养殖尖吻鲈的回归方程所得估计值与观测值差异不显著。

第五节 小 结

本章主要比较分析了不同生长阶段尖吻鲈形态性状与体重的相关性、室内工厂化养殖与室外池塘养殖尖吻鲈形态性状与体重的相关性，以及深远海养殖与陆基养殖尖吻鲈形态性状对体重的相关性等。

在不同生长阶段尖吻鲈形态性状与体重的相关性分析中分别测定了 20 日龄、40 日龄、60 日龄、4 月龄、6 月龄、9 月龄和 12 月龄尖吻鲈的 11 个形态性状，包括体重、头长、躯干长、体长、全长、体高、体宽、眼间距、眼径、吻长、尾柄高和尾柄长，并分别进行了相关分析和通径分析，剖析形态性状对体重的直接作用和间接作用；利用回归分析方法，建立了各个时期以形态性状为自变量，体重为因变量的最优线性回归方程。结果显示，不同生长阶段，影响尖吻鲈体重的主要形态形态性状间存在显著性差异；影响 20 日龄尖吻鲈体重的主要形态形状为眼间距和吻长；40 日龄为体高、体宽、吻长和尾柄长；60 日龄阶段为体高、眼间距和吻长；4～12 月龄阶段体宽是影响尖吻鲈体重的主要性状之一，其中 4 月龄与 9 月龄阶段体宽对体重的直接决定系数均为所对应月龄阶段对体重主要决定性状中直接系数最小的性状，而在 6 月龄尖吻鲈体重的主要决定性状中体宽的直接决定系数最大，12 月龄阶段体重主要决定性状中直接决定系数最大的是全长，最小的是吻长。通过多元回归分析，利用偏回归系数显著的形态性状与体重建立各生长时期尖吻鲈形态性状与体重的多元回归方程：

$$Y_{20日龄} = -0.011 + 0.013X_{眼间距} + 0.015X_{吻长}$$

$$Y_{40日龄} = -1.696 + 0.04X_{体高} + 0.189X_{体宽} + 0.137X_{吻长} + 0.162\,X_{尾柄长}$$

$$Y_{60日龄} = -23.339 + 0.717X_{体高} + 1.207X_{眼间距} + 1.233X_{吻长}$$

$$Y_{4月龄}=-149.273+0.597X_{全长}+1.524X_{体高}+2.131X_{体宽}$$

$$Y_{6月龄}=-354.024+7.438X_{体宽}+6.064X_{眼间距}+5.366 X_{尾柄高}+1.564 X_{尾柄长}$$

$$Y_{9月龄}=-660.863+2.242 X_{头长}+1.512X_{体长}+3.656X_{体高}+5.047X_{体宽}$$

$$Y_{12月龄}=-1021.61+1.965X_{全长}+5.292X_{体高}+9.679X_{体宽}$$

从室内工厂化养殖与室外池塘养殖的尖吻鲈形态性状与体重的相关性分析中,比较了这两种模式下养殖 5 个月后尖吻鲈头长、躯干长、体长、全长、体高、体宽、眼间距、眼径、吻长、尾柄高和尾柄长等形态性状对体重的影响以及不同养殖形态差异。结果表明,影响室内工厂化养殖尖吻鲈体重的形态性状分别为全长、体高、体宽和眼间距,全长、体高、体宽和眼径是室外池塘养殖尖吻鲈体重的主要决定形态性状;建立的室内工厂化养殖与室外池塘养殖尖吻鲈形态性状与体重的多元回归方程分别为:

$$Y_{室内工厂化养殖}=-590.25+1.21X_{全长}+3.20X_{体高}+5.43X_{体宽}+4.93X_{眼间距}$$

$$Y_{室外池塘养殖}=-713.19+1.95.X_{全长}+5.63X_{体高}+4.53X_{体宽}-13.18 X_{眼径}$$

在陆基养殖和深远海养殖尖吻鲈的形态性状与体重的相关性分析中,通过测定头长、躯干长、体长、全长、体高、眼径、吻长、尾柄高和尾柄长等形态性状与体重,比较分析了这两种模式下养殖 1 年后尖吻鲈的形态差异。通过相关分析和通径分析等方法对比研究了主要形态性状对体重的影响,并利用逐步回归分析建立了尖吻鲈两种养殖方式形态性状对体重的多元回归方程。结果显示,全长和体高是影响陆基养殖尖吻鲈体重的主要性状,而影响深远海养殖尖吻鲈体重的主要形态性状是体长、体高和尾柄长,建立的陆基养殖和深远海养殖尖吻鲈形态性状与体重的多元回归方程如下:

$$Y_{陆基养殖}=-1128.61+3.143X_{全长}+6.418X_{体高}$$

$$Y_{深远海养殖}=-2054.81+7.377X_{体长}+9.196X_{体高}-10.041X_{尾柄长}$$

第六章 尖吻鲈营养需求

尖吻鲈的适宜生长水温为 26～33 ℃，20 ℃以下停止摄食，12 ℃以下会冻死。尖吻鲈作为国际上发展的重要养殖对象，受到许多国家和地区特别是东南亚一些国家和地区的关注和重视，如泰国、马来西亚、新加坡、印度尼西亚，我国香港、台湾等地区相继发展了尖吻鲈养殖业。尖吻鲈外形优美、抢食凶猛，也是十分重要的垂钓对象。尖吻鲈养殖一般采用 3 种方式：①咸淡水或淡水池塘养殖；②网箱养殖；③室内工厂化养殖。尖吻鲈具有十分明显的养殖优势，主要表现在适应能力强、生长速度快、饲料系数低、抗病能力强和单位产量高等方面（陆忠康，1998；任维美，1999；林小涛，2002）。

饲料是动物维持生命、生长和繁殖的物质基础，是营养素的载体，含有动物所需要的营养素。水生动物需要的营养素包括蛋白质、脂肪、糖类、维生素和矿物质 5 大类。5 种营养素在体内具有 3 种重要功能：①提供能量。能量被用来维持体温、完成生命活动做功，如机械功（肌肉收缩、呼吸活动等）、渗透功（渗透压调节、体内物质转运）和化学功（合成和分解代谢）。②构成机体。营养素是构成机体的原料，用于新组织生长、原有组织的更新和修补。③调节生理机能。动物体内的化学反应和生理活动需要各种生物活性物质进行调节、控制和平衡，这些生物活性物质本身或其前体也要由饲料中的营养物质来提供。一般来说，蛋白质主要用于构成动物机体；糖类和脂肪主要供给能量；维生素用以调节新陈代谢；矿物质有的构成机体，有的调节生理活动。尖吻鲈营养学研究始于 20 世纪 80 年代，东南亚一些国家和地区十分重视尖吻鲈营养学研究，着重研究营养代谢、营养组成以及配合饲料等，已取得了一些研究进展。东南亚国家和地区尖吻鲈商业性养殖生产，通常采用传统的粗饲料或动物下脚料等作为饲料。养殖户使用这些传统的粗饲料来投喂尖吻鲈，经营养学家研究测定，这些粗饲料中的营养成分，常常不能满足尖吻鲈营养需求，结果导致养殖的尖吻鲈营养不良、存活率低、生长慢。随着水产养殖业的发展，杂鱼供不应求，因此杂鱼供应受到限制，杂鱼销售价上涨，增加了养殖成本。另一个原因，杂鱼常常随气候变化或人工处理或保存不当，产量和质量发生很大的变化，质量也很难保证，鉴于这些原因，很多从事尖吻鲈营养学研究的学者，研制出全人工配合饲料，用来投喂尖吻鲈，促进尖吻鲈生长，提高了养殖者的经济效益，取得了较好的效果（陆忠康，1993）。

尖吻鲈营养需要量与其他海洋肉食性鱼类营养需要量基本相似，如蛋白质、氨基酸、类脂、脂肪酸、碳水化合物、维生素及矿物质等。这些营养物质的需求随种、生长期、环境条件的变化而变化。

第一节 蛋白质和氨基酸

我国是世界上水产养殖大国之一，水产养殖总产量已连续多年居世界第一。水产饲料是水产养殖的重要物质基础，被称为水产养殖的粮草，在水产养殖中具有举足轻重的地位。鱼类对蛋白质要求高，而对能量要求低，蛋白质是维持生物繁殖、生长的主要营养成分，蛋白质不但是鱼体组成和器官发育的主要物质，对其生物体正常生长和保持健康状态也是必需的，而且蛋白质是动物合成各种酶类和抗体蛋白所必需的原料。水产动物对饲料蛋白质水平要求较高，一般为畜禽的 2～4 倍，通常占配方的 25%～50%，甚至更多。因此，饲料费用占鱼类养殖成本的 50% 左右（陈明，2015）。很多研究认为，海水和半咸水主要养殖鱼类对饲料蛋白质的最适需要量在 45%～55%（Sakaras，1981；Boonyaraptal-in，1997；王吉桥，2000）（表 6-1），相同规格的鱼种中，肉食性鱼类对蛋白质的需要量比杂食性鱼类高，比草食性鱼类更高；同种鱼中，稚鱼对蛋白质的需要量高于幼鱼，

表 6-1 几种主要海水和半咸水养殖鱼类饲料蛋白质的最适含量

（引自王吉桥，2000）

种　类	规格（g/尾）	最适蛋白质含量（g/%）
尖吻鲈 *Lates calcarifer*	7.47	50
	食用鱼	40～45
	0.29～4.64	40～50（池塘）
巨石斑鱼 *Epinephelus tauvina*	20.00～70.00	47～60
	65.00～170.00	40
鲑形石斑鱼 *Epinephelus salmonoides*	1.50	54
遮目鱼 *Chanos chanos*	0.04	40
	0.01～0.035	52～60
	2.00～8.00	42.8
点篮子鱼 *Siganus guttatus*	幼鱼	40
鰤 *Seriola quinqueradiata*	鱼苗	55
	鱼种	45～50
	食用鱼	40～45
真鲷 *Pagrosomus major*	幼鱼	45
	幼鱼	50.19
	幼鱼至食用鱼	45～55
黑鲷 *Sparus macrocephalus*	幼鱼	45
	食用鱼	40
牙鲆 *Paralichthys olivaceus*	1.24～1.56	52.78
大菱鲆 *Scophthalmus maximus*	鱼种至食用鱼	50～46

（续）

种 类	规格（g/尾）	最适蛋白质含量（g/%）
鲽 *Pleuronectes platessal*		50
花鲈 *Lateolabrax japonicus*	25～35	43
	2.10	43.3
	98.00	45
	237.00	40
条纹狼鲈 *Morone saxatilis*	1.40	57
	9.00～16.00	52
眼斑拟石首鱼 *Sciaenops ocelletus*	35.00	37（加卤虫）

更高于商品鱼；因为天然饵料起的作用不同，网箱或工厂化养殖同种鱼对蛋白质的需要量又高于土池塘粗养或半精养（林鼎，1980；Tacon 等，1997）。蛋白质供应不足，会导致鱼类生长下降或停滞生长或失重。饲料中蛋白质含量过高，部分多余的蛋白质会积累于组织中，过量的蛋白质是一种消费能源，在脱氨基作用中需要能量，其结果引起过量氮废弃物释放到池塘和网箱养殖的水域环境中，形成富营养化，对鱼类养殖生长不利。

在水产动物营养研究中，蛋白、脂肪和碳水化合物始终被认为是鱼类三大营养物质和能量来源，鉴于三大营养物质的相互关系，鱼类供给足够的脂肪和糖时，便可以减少蛋白质的分解供能；若能量供给不足，而仅仅提高饲料蛋白水平，只能使更多的饲料蛋白用于能量消耗，而不能有效地改善氮平衡和生长。在满足鱼类蛋白质最低需要量的前提下，增加能量供给才能充分发挥脂肪和糖类对蛋白质的节约作用；也只有在能量达到最低需要量以上时，增加蛋白质供给，才会进一步提高蛋白质利用率。同时研究表明，饲料中不同的蛋白质水平显著影响鱼类的免疫力。当饲料中蛋白质缺乏时，鱼的溶菌酶活力、C-反应蛋白含量、抗体水平以及抗病菌感染力显著下降。而随着饲料中蛋白质水平的升高，鱼类的免疫力和抗病力均呈显著上升趋势。但是当饲料中蛋白质含量过高时，鱼类的免疫力并不能进一步提高，相反却造成了一定程度的免疫抑制。这说明饲料中适宜的蛋白质含量对鱼类的免疫力具有明显的改善作用，而过高的蛋白质含量将使体内蛋白质代谢紊乱、氮排泄升高，导致水体污染，从而抑制免疫活性的发挥（艾庆辉和麦康森，2007）。

尖吻鲈在不同生长阶段、不同生长环境条件下对蛋白质的需求是不相同的。在配合饲料中蛋白质含量 52%，类脂含量分别为 6%、10% 和 14%。研究结果表明，对尖吻鲈生长和存活率均无显著差异。尖吻鲈在仔鱼和鱼苗培育期间，通常对蛋白质需求量较高，养成期间，对蛋白质需要量相对较低。尖吻鲈对蛋白质的需求一般为 35%～55%，尖吻鲈饲料中蛋白质含量最佳为 45%（陆忠康，1993）。

目前，水产饲料的蛋白源主要包括动物性蛋白源、植物性蛋白源、单细胞蛋白源以及动、植物和单细胞蛋白源综合开发利用等几方面。

一、动物性蛋白源

动物蛋白源尤其是肉食性鱼类蛋白含量高，糖含量低，矿物元素和维生素含量高，营养价值一般比植物蛋白高。主要包括鱼粉、畜禽加工副产品、昆虫类蛋白源和其他动物性蛋白源。

1. 鱼粉　特点是蛋白质含量高，富含动物必需氨基酸，碳水化合物含量低，适口性好，抗营养因子少，能够很好地被养殖动物消化吸收，一直以来是水产饲料中不可缺少的优质蛋白源。由于人类的过度捕捞、厄尔尼诺现象和环境污染等的影响，鱼粉的产量逐年下降，鱼粉供需矛盾日益突出、价格不断攀升，对养殖业的效益影响很大。另外，鱼粉含磷较高而大多数鱼对鱼粉中磷的利用率很低，未被吸收的磷随残饵和粪便进入养殖水体，导致水体的富营养化。而植物性蛋白饲料价格低廉且来源广泛，是替代鱼粉的理想蛋白源。但鱼用植物性蛋白饲料中的抗营养因子，不仅会影响鱼类的正常生长和代谢，甚至会引起鱼类的大批死亡。

2. 畜禽加工副产品　包括肉粉、肉骨粉、血粉和羽毛粉等。肉粉、肉骨粉是营养比较全面的动物性蛋白源，肉骨粉中钙、磷含量丰富，但肉骨粉的消化率低且必需氨基酸不平衡；血粉是一种非常好的鱼粉替代蛋白源，其营养丰富，粗蛋白质含量往往超过85%，不同加工工艺生产的血粉其营养价值存在很大的差别；羽毛粉蛋白质含量高，但因含有较多的二硫键不易被水解，不易被水产动物消化吸收，可消化率低。

3. 昆虫类蛋白源　昆虫是动物界中最大的类群，是地球上最具开发潜力的动物性蛋白资源。昆虫体内蛋白质含量接近或高于优质鱼粉的含量，各种营养因子齐全，许多国家将人工饲养昆虫作为解决蛋白质饲料来源的主攻方向。目前，可利用的昆虫蛋白源有蚕蛹、蝇蛆、黄粉虫、天虹和天蛾等，用它们代替鱼粉饲喂不同水产动物均取得不错的效果。

4. 其他动物性蛋白源　甲壳动物中的卤虫、环节动物中的蚯蚓和红虫，以及软体动物中的河蚌、蜗牛和福寿螺等也被开发利用为动物性蛋白源。福寿螺被加工成鲇饲料、鲑饲料和鳟饲料。经喂养试验后表明，福寿螺可完全代替鱼粉作为水产动物的蛋白源，鱼体的增长率和蛋白蓄积率均比鱼粉高。

二、植物性蛋白源

植物性蛋白源来源广泛，但营养价值较动物性蛋白源低。植物蛋白饲料中的蛋白酶抑制因子、植物凝集素、大豆抗原、植酸、棉酚、单宁和抗维生素因子等抗营养因子（表6-2），不仅会影响鱼类的正常生长和代谢，甚至会引起鱼类的大批死亡。

植物性蛋白源主要包括大豆产品（大豆粉和大豆饼粕）、棉粕、亚麻饼粕、麦胚芽粉、玉米蛋白粉和土豆蛋白等。

1. 大豆及其制品　豆粕类具有蛋白质含量高、氨基酸组成较合理、消化吸收率高、价格低廉和供应充足等优点，是目前水产动物饲料中使用最多的植物蛋白源之一。但豆粕中的必需氨基酸（赖氨酸、蛋氨酸和色氨酸等）含量相对较低，适口性较差，并含有大豆抗原、植酸、大豆凝集素、胰蛋白抑制剂、植物血凝素和抗维生素等多种抗营养因子，应控制其在水产饲料中的添加量。

表 6-2 鱼用植物蛋白饲料中常见的抗营养因子

（引自吴莉芳，2007）

植物原料	抗营养因子种类
大豆粉	蛋白酶抑制因子、大豆凝集素、抗原蛋白、植酸、寡糖、单宁、抗维生素因子、异黄酮、皂苷等
大豆饼粕	蛋白酶抑制因子、大豆凝集素、植酸、抗原蛋白、抗维生素因子
菜籽饼粕	蛋白酶抑制因子、硫葡萄糖苷、单宁、植酸
棉子饼粕	植酸、植物雌激素、棉酚、环丙烯脂肪酸、黄曲霉毒素、抗维生素因子
花生饼粕	蛋白酶抑制因子、黄曲霉毒素
羽扇豆饼粕	蛋白酶抑制因子、皂苷、抗原蛋白、植物雌激素
豌豆饼粕	蛋白酶抑制因子、凝集素、单宁、植酸、皂苷、抗维生素因子
向日葵饼	蛋白酶抑制因子、皂苷、精氨酸酶抑制因子
芝麻饼粕	蛋白酶抑制因子、植酸
蓖麻饼粕	蓖麻毒素、蓖麻碱、变应原、凝集素

2. 棉粕 棉粕中赖氨酸、蛋氨酸和半胱氨酸含量较低，棉酚含量高。棉粕中游离的棉酚同赖氨酸结合，会降低饲料中赖氨酸的生物有效性。棉粕粗纤维含量较高，会降低饲料蛋白质消化率。同时，棉酚和铁在动物小肠中形成稳定的络合物，从而阻止棉酚被吸收进入血液。棉粕含有植酸、植物雌激素、棉酚、环丙烯脂肪酸、黄曲霉毒素和维生素等多种抗营养因子，应控制其在水产饲料中的应用。

3. 菜粕类 菜粕类蛋白质消化率较豆粕和棉粕低，赖氨酸和蛋氨酸含量及利用率较低，且含有蛋白酶抑制剂、植酸、丹宁酸、芥子酸、芥子油苷和异硫氰酸盐等抗营养因子，应控制其在水产饲料中的应用。另外，由于菜籽粕中存在白芥子酸和鞣酸等影响了饲料的适口性，一般认为，菜粕在水产饲料中的适宜添加量为 $20\%\sim30\%$。

4. 玉米蛋白粉和小麦蛋白粉 玉米蛋白粉和小麦蛋白粉具有蛋白质含量高，纤维含量较低，抗营养因子少，富含 B 族维生素、维生素 E 和矿物质等特点，是较好的植物性蛋白源。但玉米蛋白粉和小麦蛋白粉在水产配合饲料中添加量较高时，会导致生长速度显著降低，蛋白质、必需氨基酸等营养物质的消化吸收率显著下降。玉米蛋白粉和小麦蛋白粉在水产配合饲料中替代鱼粉的比例不超过 20%。

三、单细胞蛋白源

单细胞蛋白又称微生物蛋白，它不是一种单纯蛋白质，而是由蛋白质、脂肪、碳水化合物、核酸，以及非蛋白的含氮化合物、维生素和无机化合物等混合物组成的细胞质团。其蛋白质含量高（$40\%\sim80\%$），氨基酸组成较为齐全，还含有多种维生素、碳水化合物、脂类、矿物质，以及丰富的酶类和生物活性物质，如辅酶 A、辅酶 Q、谷胱甘肽和麦角固醇等。单细胞蛋白往往是一种或多种氨基酸含量不足，或者是氨基酸不平衡，限制了其在水产饲料中的添加量。

四、组合蛋白源

在水产饲料配方中往往采用不同类型的蛋白源组合来替代鱼粉，这可能是因为各种蛋白源的营养成分具有互补性，不同蛋白源的混合使用使配方的营养更均衡，从而有利于鱼类的吸收利用及生长发育。

蛋白质的营养作用主要依赖于氨基酸来发挥，包括鱼类的10种必需氨基酸（赖氨酸、色氨酸、蛋氨酸、异亮氨酸、亮氨酸、精氨酸、组氨酸、苯丙氨酸、缬氨酸、苏氨酸）。鱼类不能合成精氨酸、组氨酸，然而鱼类在生长过程中需要较多的精氨酸，精氨酸经常是鱼类饲料中的一种限制性氨基酸。鱼类一般只能利用L-氨基酸，而不能利用D-氨基酸。化学合成的氨基酸一般为DL-氨基酸，其效价约为相应L-氨基酸的50%。鱼类对羟基蛋氨酸的利用率只相当于L-蛋氨酸的26%（畜禽为80%）。鱼类不能很好地利用结晶氨基酸，其原因主要是结晶氨基酸吸收速度快，而饲料蛋白质须降解为氨基酸、二肽或三肽后才可被吸收，造成二者吸收不同步，氨基酸间得不到平衡互补，影响结晶氨基酸以至整个饲料蛋白质的利用效率。

第二节　脂肪和必需脂肪酸

脂肪是水产动物必需的营养成分之一，它能强化细胞膜韧性，促进营养物吸收。在配合饲料中添加脂肪对鱼类生长、发育和维持正常生理代谢等的重要性已被论证。由于海水鱼类对高度不饱和脂肪酸（HUFA）的合成能力一般缺乏或很弱，所以配合饲料中需要添加一定比例富含高度不饱和脂肪酸的鱼油才能满足其正常生理功能的需要。脂肪不仅仅被作为能源，也被作为必需脂肪酸源，各种动物和植物脂肪源被广泛地使用在鱼类饲料中（Martino，2002）。单位质量脂肪所含的能量比蛋白质和糖高得多，脂类对于鱼类的营养和生理方面起着非常重要的作用，一方面，脂类作为能量物质的储存形式是提供代谢能量；另一方面，脂肪除了为鱼类提供能量外，还作为脂溶性维生素的携带者，以及某些维生素和激素的合成原料，脂肪中的磷脂还是组织细胞的构成成分。饲料中的脂肪在鱼类营养中起到了提供必需脂肪酸（EFA）和能量的重要作用（韩涛，2007）。鱼类脂肪中的脂肪酸是防止必需脂肪酸缺乏的关键，可维持细胞膜的功能和正常结构，是二十烷类物质（Eicosanoids）的前体（March，1992）。

脂肪在鱼类的消化道中，在消化酶作用下被分解为2-单甘油酯和游离脂肪酸的混合物，然后吸收水解后的单个脂肪产物进入细胞内。一般饲料中脂肪可被鱼类很好地消化和利用。但是鱼类对各种脂肪酸的利用有一定的差异。一般来说，消化率会随着脂肪酸链长度的增加而下降，随着脂肪酸不饱和程度的增加而增加（Lie，1985；Olsene，1998）。脂肪的吸收主要是在前肠，包括盲肠，胆盐、2-单酰基甘油、甘油、卵磷脂、固醇、脂肪醇和脂肪酸的混合物一起被缓慢吸收（10 h或以上）进入肠上皮细胞，在肠黏膜细胞中脂肪酸与单酰基甘油、甘油和卵磷脂一起被重新酯化形成甘油三酯和磷脂。通过血液或淋巴系统，这些脂肪被大的脂蛋白复合物（主要是乳糜微滴颗粒和极低密度脂蛋白）运送到肝。随后，脂肪以血浆脂蛋白复合物形式从肝中被运送到肝外组织。鱼类血浆脂蛋白对肝脂肪（主要是甘油三酯）的转运发挥着重要作用。鱼类饲料中的脂肪会抑制脂肪酸的重新合成，只有当饲料中脂肪量超过10％时，这种效果才明显。高脂肪的饲料抑制脂肪酸的重新合成，但依旧允许饲料中甘油三酯在脂肪组织中沉积。鱼类需要3种长链PUFA来进行正常的生长、发育和繁殖，即DHA（22∶6n-3）、EPA（20∶5n-3）和AA（20∶4n-6）。这3种PUFA的生化学、细胞学和生理学功能在鱼类和其他脊椎动物是基本相同的。

脂肪酸不仅是细胞膜的重要组成成分，而且是类花烯酸的前体物质，它对维持膜的流动性、促进淋巴细胞增殖、调节细胞的免疫功能，并使其免疫活性得到正常发挥起到重要作用（Washington，1993；Montero 等，1996）。研究表明，当饲料中必需脂肪酸缺乏时，鱼类吞噬细胞的吞噬能力、补体活性和抗体水平都显著下降，当添加适量的必需脂肪酸时，鱼类的生长和免疫力均得到显著提高。但是当饲料中添加的高度不饱和脂肪酸超过需求量时，鱼类的免疫力并不能进一步提高，而是出现免疫抑制现象（Kiron，1995；Cai，2001）。

鱼类对脂类的最适需要量多为10％～13％。在相同条件下，海水鱼类的脂类需要量略高于半咸水鱼类；同种鱼在相近条件下，对脂类的需要量随规格的增大而逐渐减少。有研究表明，饲料中添加0～12％鱼油（大西洋鲱油）对金眼狼鲈与狼鲈杂交种的成鱼生长及肌肉脂肪酸组成的影响很大。该研究发现，添加4％～8％鱼油的饲料增重效果好于未添加或添加12％鱼油的饲料，饲料中添加8％～12％鱼油能显著提高鱼体肌肉中二十碳五烯酸（EPA）（提高幅度75％～100％）和二十二碳六烯酸（DHA）（提高幅度56％～80％）含量，但同时也明显提高肌肉中脂肪含量（提高幅度22％～38％）；饲料中添加L-肉碱（脂肪氧化过程中乙基和乙酰基通过线粒体膜的载体）对狼鲈幼鱼生长及代谢的影响也较大，有研究发现该物质对鱼类生长有促进作用，还可促进脂肪代谢并降低鱼体组织脂肪含量。

关于脂肪对尖吻鲈的影响，一些营养学家做了大量的研究工作。研究认为，脂肪是尖吻鲈正常生长和代谢功能的必需成分。倘若类脂物配制不当，也会影响饲料、鱼味及质地结构。在饲料中适当添加脂肪不仅可有效促进鱼类的生长，还可以起到节约蛋白质的作用（Sakaras 等，1988）。研究结果表明，尖吻鲈饲料中最佳类脂含量分别为10％和13％，蛋白质含量分别为55％和45％；饲料粗蛋白质含量在45％和50％时，尖吻鲈的最适脂类需要量分别为18％和15％。尖吻鲈对脂肪的利用在很大程度上是与其饲料中所含脂肪的质和量密切相关的。研究结果表明，每尾重9～62 g的尖吻鲈摄食含脂类16.9％、鱼粉60％的饲料时，饲料系数（0.89）与摄食含鱼粉20％、脂类13.4％的相近；尖吻鲈鱼苗摄食含4.5％鳕肝油加4.5％豆油的饲料时比单一油类生长快，成活率高；单一添加椰子油的效果最差。尖吻鲈配合饲料中缺乏ω-3HUFA脂肪酸会出现以下症状：鳍条和皮肤变红、眼异常、身体休克、食欲下降、生长差、腹部膨胀和肝苍白等。研究结果表明，ω-3HUFA（以干重为基础）的需要量为1.72％。

第三节　碳水化合物

在鱼体中，碳水化合物含量很低，在鱼类能量学分析中一般忽略不计（张衡，2013）。鱼类饲料的特点是高蛋白、低能量，而且对能量饲料的利用率低。鱼类对能量需求少的原因主要有以下几个方面：①鱼类为变温动物，其体温仅比水温高 0.5 ℃，用于维持体温的能量消耗小；②鱼类生活在水中，水的浮力大，用于维持体态和水中运动需要消耗的能量少；③鱼类主要以氨（NH₃）的形式排泄含氮废弃物，因而在蛋白质分解代谢及含氮废弃物排出方面损失的能量少。能量饲料在鱼类配合饲料中的用量较少，但能量饲料仍然是鱼类配合饲料配方中用量仅次于蛋白质饲料的一类重要原料，其含量占配方的 10％～45％，肉食性鱼类用量较少，而草食性、杂食性鱼类用量较多。能量饲料富含碳水化合物，含一定量的蛋白质和少量的脂肪。其主要特点是粗纤维含量在 18％以下，各种营养成分消化吸收率高，一般可消化总养分在 56％以上，有的高达 90％左右。因此，这类渔用饲料营养丰富，适口性强，易消化，能值较高。此外，能量饲料对颗粒饲料的物理性状（如黏结性、密度等）也有影响（付琳琳，2007）。

一般认为，饲料能量水平高，会造成肝中脂肪酸合成酶（FAS）活性上升，从而导致肝脂肪沉积。鱼类对碳水化合物的利用和耐受性，可能与温度对鱼体能量代谢水平的影响有关。大西洋鲑（*Salmo salar* L.）在 12 ℃下对碳水化合物的利用比在 2 ℃下更好。虹鳟在较高温度下摄食碳水化合物后高血糖现象持续时间缩短。鱼体葡萄糖的转运能力也随温度增高而增强。在低温下，鱼体偏向于增加脂肪氧化供能的比例，减少了对糖的代谢利用。也有研究发现，鱼类在低温下将糖合成糖原储存的能力增强，磷酸戊糖途径的活性增高，脂肪酸的合成和脂肪沉积增强。当温度从 27 ℃降到 12 ℃时，鲤的磷酸戊糖脱氢酶类活性增高，脂肪酸的合成和脂肪沉积增强。对静止状态下的虹鳟体内蛋白质、脂肪和碳水化合物的氧化供能比例的研究发现，随温度降低，碳水化合物氧化的比例增高，而脂肪的比例降低，在低温下，鱼体氧化分解碳水化合物的能力较强（艾春香，2012）。

尖吻鲈天然饲料中蛋白质含很高，所以有一些研究者假说不利用碳水化合物，尖吻鲈也会生长得很好。事实上，尖吻鲈能从饲料类脂和蛋白质中合成碳水化合物，即使获取最廉价的能量，经过生化测定表明，碳水化合物不是尖吻鲈摄食的必需营养。在饲料中添加少量淀粉（10％），对尖吻鲈的生长有一定促进作用，但碳水化合物含量倘若超过 27％，则将有碍于尖吻鲈的生长。碳水化合物不仅作为能量来源，还是一种黏合剂。配制配合饲料时，添加一定量碳水化合物的作用不仅能将其他配料黏结在一起，而且能减少饲料在水中的溶解度，使饲料的损耗率达到最低限度，同时对养殖环境的污染也减少到最低限度。营养学家建议，尖吻鲈饲料中碳水化合物含量以不超过 20％为宜。

目前，水产饲料碳水化合物的来源主要是谷实类、糠麸类、淀粉质块根和块茎类、草籽树实类和糟渣类等物质。

一、谷实类

谷实类主要包括玉米、高粱、大麦、小麦和稻谷等。

1. 玉米 是配合饲料中使用较多的原料之一，含蛋白质 8.0%～10.0%，且以醇溶蛋白为主，所以蛋白质品质较差。玉米的纤维含量很低，而淀粉含量很高，同时还含有较多的脂肪（4%～5%），因而能量含量很高。玉米中的脂肪酸以亚油酸为主，易氧化。

2. 高粱 去壳后的营养成分与玉米相似，但蛋白质优于玉米。由于高粱籽实中含有单宁（0.2%～2%），略有涩味，适口性差，所以用量不宜过高。

3. 大麦 外面有一层纤维质的颖壳，其粗纤维含量较玉米高，但可消化的糖类含量较玉米低；大麦粗蛋白质含量略高于玉米，赖氨酸含量在谷实类中也是比较高的，多达 0.52%。

4. 小麦 蛋白质含量较高，达 14.6%，营养物质易消化。在水产配合饲料中多用全麦粉或次面粉，小麦粉有提高颗粒饲料黏合性的作用。

5. 稻谷 主要产于南方，其副产品如碎米、糠饼等作为渔用饲料能量价值最高，是玉米能量价值的 1 倍以上。

二、糠麸类

糠麸类主要包括小麦麸、米糠等。

1. 小麦麸 是水生动物适口性较强的饲料。其麸皮的粗蛋白质含量为 13%～16%，粗脂肪为 4%～5%，粗纤维为 8%～12%，B 族维生素含量较高；在矿物质含量方面，钙含量一般较低（约 0.16%），而磷含量可达 1.31%，钙磷极不平衡。此外，麸皮中因含有较多的镁盐而具有轻泻作用。小麦麸是水产饲料中常用的饲料源之一，麸皮质地疏松，粗纤维较多，用量过高会降低饲料的黏结性。

2. 米糠 有清糠和统糠之分。清糠是糙大米深加工时所分离出的副产品，其粗蛋白质、粗脂肪、粗纤维含量分别为 13.8%、14.4%、13.7%。由于其粗脂肪含量较高，且多为不饱和脂肪，所以极易氧化。统糠是稻谷碾米时一次性分离出的混合物。由于其主要成分（约 10%）为谷壳，所以营养价值显著低于清糠，粗蛋白质、粗脂肪含量较低（分别为 7% 和 6%），而粗纤维含量很高（36%）。

三、淀粉类

块根、块茎类主要包括甘薯、马铃薯、木薯和南瓜干等。其鲜品含水分较高，干品的营养成分与谷实类籽实相似。这类饲料含淀粉较多（80%），而其他成分均很低，粗纤维、粗蛋白质含量一般在 5% 以下。在使用这类饲料时，只起到提供糖类和增强饲料黏合性的作用。

四、草籽树实类

采集树叶或籽实，可代替一部分谷实饲料或糠麸类饲料，以补充能量饲料的不足。这类饲料营养价值较高，常用的有稗、白草籽、沙棘、橡实、野燕麦、野箭笪、豌豆、苋菜、白敛（山地瓜）、野山药和水稗子等。

五、糟渣类

糟渣类饲料是酿造、制糖、制药和食品加工业的副产品。常用的有酒糟、啤酒糟、豆腐渣、粉渣和甜菜渣等。糟渣类饲料有五大特点：含水量大，70%～90%；干物质中粗纤维含量高，10%～18%，比其原料（新鲜）的粗纤维高出数倍；能量含量较低，干物质的总能量略低于原料的总能量；粗蛋白质较其原料高，20%～30%；容量大、分布广、资源丰富，但不易贮存，易发酵、发霉或腐烂。

第四节 维 生 素

维生素是一种低分子质量的有机物质，它对所有动物的生命、正常生长、繁殖和健康等均起到重要作用。每一种维生素对鱼类生长发育及生理代谢活动都起着不可替代的特殊营养生理功能（肖登元，2012）。研究表明，维生素 A 过量或不足会引起鱼类的发育异常而造成畸形。适量的维生素 A 可有效降低牙鲆仔稚鱼白化病的比例，维生素 A 过量则可使其脊椎弯曲的比例升高（于海瑞，2012）。

不是所有维生素对配制尖吻鲈饲料都是必需的，有些维生素是尖吻鲈能自行合成的，足够维持尖吻鲈机体需要。在实际饲料配料中可能存在适量的维生素，其需要量取决于鱼体大小、性成熟期、生长率、环境条件及饲料中营养的相互关系。尖吻鲈对维生素的需要量随着鱼体增长而减少。维生素对尖吻鲈的影响，一些营养学家做了大量的研究工作。研究结果表明，配制实用饲料中缺乏胆碱、烟酸、肌醇和维生素含量，对尖吻鲈增重、饲料转化率和总死亡率均无显著差异；给尖吻鲈鱼种投喂缺乏维生素 B_6 和泛酸的实用饲料，其生长、饲料效率均无差异；投喂缺乏维生素 B_1 和维生素 B_2 的实用饲料，60 d 后，尖吻鲈鱼种增重率下降，身体失去平衡，鳃丝出血，脊柱侧凸；45 d 后出现严重死亡；60 d 后，全部死亡；在淡水中饲养尖吻鲈鱼种，投喂不含维生素 C 的饲料，出现鱼体色泽变暗、生长停滞和失去平衡的症状，投喂含有维生素 C 1 000 mg/kg 以上饲料时，可获得最佳生长效果。在海水中饲养尖吻鲈鱼种，投喂不含维生素 C 的饲料，4 周后，生长停滞；3 周后，逐渐出现尾鳍糜烂，色泽变暗，鳃丝出血、易脆断，鳃盖短，吻短，眼球突出症、体短、失去平衡等症状；用添加维生素 C 500 mg/kg 以上的饲料，可获得很好的生长效果；结论是海水养殖尖吻鲈正常生长所需维生素 C 最低添加量为 500 mg/kg，正常组织储藏需要添加维生素 C 含量为 1 100 mg/kg。研究还发现，给尖吻鲈投喂不含维生素 B_1 的饲料，投喂 2～6 周后，出现以下症状：厌食、延迟生长、表层游泳、下唇糜烂、死亡率高、骚动。投喂不含维生素 B_6 的饲料，其饲料效率、获重百分比、存活率均低于投喂含维生素 B_6 每千克干饲料 5 mg 的饲料。研究数据表明，维持尖吻鲈正常生长，饲料中维生素 B_6 需要量为 5 mg/kg；保持正常淋巴细胞数，维生素 B_6 需要量为 10 mg/kg。若给尖吻鲈投喂缺乏维生素 E 的饲料，则会导致出现色泽变暗，肌肉萎缩，鱼体易感染细菌性皮肤病等症状。

维生素在免疫方面的作用：维生素 C 是一种重要的免疫增强剂。研究表明，当饲料中添加或注射较高含量的维生素 C 时，鱼类的淋巴细胞增殖（lymphocyte proliferation）、溶菌酶活力、补体活力、吞噬指数、呼吸暴发和抗感染能力均显著上升。同时研究还表明，较高含量的维生素 C 并没有改善鱼类的免疫力和抗病力。出现这种差异的原因主要是由于不同鱼类对维生素 C 的代谢率各不相同，因而导致维生素 C 影响鱼类免疫力的情况不一致。维生素 E 是鱼类所必需的营养素之一。研究表明，维生素 E 与鱼类的细胞免疫和体液免疫密切相关；维生素 E 是影响鱼类非特异性体液免疫的一个重要因素。同样，维生素 E 也影响鱼类的细胞免疫，它能够提高吞噬细胞的吞噬能力、淋巴细胞的迁移率（leucocyte migration）和自然细胞的杀菌能力（natural cytotoxic activity）；维生素 E 作为抗氧化剂，可清除体内的自由基，防止不饱和脂肪酸的过氧化，保护细胞膜的完整性。此外，维生素 E 可提高鱼类抗应激的能力，降低在应激条件下血浆中皮质醇（cortisol）的浓度，提高免疫力。

第五节　矿　物　质

矿物质微量元素（以下简称微量元素）包括铁（Fe）、铜（Cu）、锰（Mn）、锌（Zn）、硒（Se）、钴（Co）等元素，起着维持鱼体渗透压调节、肌肉收缩、氧传递及代谢的作用。矿物质微量元素在动物体内含量甚微，但在机体生长、发育、繁殖及免疫等方面起着重要作用（陈琴，2001）。饲料中添加适宜的微量元素可显著提高鱼类的生长率和存活率，同时促进鱼类的非特异性免疫力，提高抗病能力。然而当饲料中的微量元素添加量过高时，其免疫力和抗病力并不能进一步提高，相反还会出现免疫抑制效应。这可能是由于过高的微量元素对鱼类产生毒性的结果。不同的微量元素对鱼类免疫系统的作用机制及作用途径各不相同。铁通过影响免疫细胞的结构以及与铁相关的酶活力来影响鱼类免疫力。当铁缺乏时，鱼类的血细胞数量、血液比容、转铁蛋白以及其他一些和免疫相关的酶活力都下降，因此鱼类的抗病力也显著下降。锌是维持 T 细胞正常生理功能所必需的微量元素。锌还是许多金属酶的组成成分，通过这些酶类，锌可影响鱼类抗体蛋白的合成，从而影响其免疫力。铜与体内细胞色素 C 氧化酶、超氧化物歧化酶（SOD）等抗氧化性酶类密切相关。硒是谷胱甘肽过氧化物酶（GSH）的主要成分，一般认为硒对免疫力的调节和 GSH 的活性相关。此外，硒还与维生素 E 相互作用，共同参与体内的抗氧化过程，从而提高鱼类的免疫力。

1. 铁　与肌红蛋白结合用于肌肉储存氧；参与 DNA、蛋白质的合成；作为氧化还原酶催化位置的组成部分。鱼类吸收铁的主要部位是肠膜和鳃膜。

2. 铜　可参与铁的吸收及新陈代谢；作为血液氧的载体。小肠是鱼类吸收铜的主要部位，肝是代谢利用和积累铜的主要器官。

3. 锰　是许多酶的激活因子；是一些金属酶，如精氨酸酶、丙酮酸脱羧酶、超氧物歧化酶的组成部分。另外，锰对鱼类正常生长、预防骨骼畸形和繁殖非常重要。

4. 锌　维持生物膜、中枢和外周免疫器官的结构和功能；影响亲鱼繁殖性能。鱼类通过鳃、胃、肠道吸收一定量的锌。

5. 硒　是生命活动所必需的元素，是谷胱甘肽过氧化酶的组成部分，能防止细胞线粒体的脂类氧化，保护细胞膜不受脂类代谢副产物的破坏。

6. 钴　是维生素 B_{12} 的组成部分，具有防止贫血的功能，还是某些酶的激活因子。海水鱼类对钴的需求量与鱼类的种类有关。

目前，添加到饲料中的微量元素主要分为两种形式，一种是无机物；一种是经过有机物螯合后的微量元素复合物。研究表明，当斑点叉尾鮰饲料中添加不同形式的锌时（硫酸锌和蛋氨酸锌），产生抗体的能力存在一定差异，其中添加有机锌组高于添加无机锌组，并认为添加有机锌组的抗病能力比无机锌组高 3～6 倍；添加有机锌组的斑点叉尾鮰中性粒细胞数量和巨噬细胞的趋化反应显著高于无机锌组；关于亚硒酸钠（$NaSeO_3$）、蛋氨酸硒（Se-M）和硒酵母（Se-Y）对斑点叉尾鮰的免疫力影响，研究结果发现，无论是非特异性免疫学指标，还是病菌的抗感染能力，有机硒的效果都显著高于无机硒。这些研究表明，由于鱼类对经过有机物螯合后的微量元素具有较高的消化吸收率，因此有机微量元素能够更好地促进鱼类的免疫力。同时，饲料中添加适量铁可显著提高牙鲆（*Paralichthys olivaceus*）肝过氧化氢酶活性，适量铜可显著提高大黄鱼（*Larimichthys croceus*）特定生长率，适量锰可显著提高大菱鲆（*Scophthalmus maximus*）肝 Mn-SOD 活性，适量锌可使点带石斑鱼（*Epinephelus malabaricus*）血清、肌肉、脊椎骨和鳞片等含量增加。不同海水鱼类对微量元素的需求量差异很大，原因可能与微量元素的价态、添加形式、鱼的种类、试验鱼初始体重、试验周期、水温和评价指标等因素有关（刘云，2015）。

尖吻鲈对微量元素的需要量，目前还不十分清楚。一些营养学家研究，添加无机盐和乳酸钙对尖吻鲈鱼种进行投喂试验，配制由鱼粉和酪蛋白组成的 5 种饲料，每种饲料中分别含 0、2% 和 4% 无机盐混合物（符合 USPXII），经过试验，含有 2% 无机盐混合物的饲料投喂尖吻鲈，获得最佳生长率；以鱼粉为基础配制的饲料，分别添加 0、0.5%、1.0% 和 2.0% 磷酸-钠，结果表明，投喂含 0.5% 磷酸-钠的饲料，尖吻鲈鱼种生长最好，添加 1% 磷酸-钠的饲料，其饲料效率和蛋白质效率比为最好。

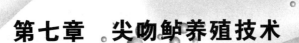

第七章　尖吻鲈养殖技术

　　近年来，海水和咸淡水鱼类的养殖越来越受到重视，其中尖吻鲈是咸淡水养殖的一种重要经济鱼类。尖吻鲈主要分布于热带、亚热带地区，如中国南海、东海南部，以及印度、缅甸等地。人工养殖方面，泰国和我国台湾是世界上从事尖吻鲈养殖较早的国家和地区。20世纪90年代初，广东珠江三角地区的池塘养殖尖吻鲈产业兴起。尖吻鲈为广温、广盐性肉食性鱼类，肉质细嫩，味道鲜美，具有养殖周期短、经济价值高等优势，是目前我国海水和咸淡水养殖鱼类中使用配合饲料养殖的品种之一。另外，尖吻鲈还具有很多特性使得其适合于沿海养殖，如在混浊度高并且盐度不断变化的水中生长良好，能够适应网箱中的高密度养殖条件，较易驯化等。近年来已经成为我国华南地区池塘养殖和海水网箱养殖的重要对象之一。

第一节　尖吻鲈池塘养殖技术

　　海水鱼类池塘养殖主要依靠在近海区的滩涂或陆地上挖建池塘，采用机械抽水将海水引入，利用潮汐涨落进行池内海水的交换，放入捕捞野生的或人工培育的苗种进行半精养或精养。池塘养殖优点是水体较小，管理方便，适用各种养殖技术，可以高密度精养或混养，产量高。同时，投资少，生产周期短，收益大，产量较为稳定等。因此，20世纪70年代以来，在我国沿海地区养殖面积日益增大，发展较快，已成为我国水产养殖业的重要组成部分。池塘养鱼的先进性体现在"水、种、饵、密、混、轮、防、管"八个字上，不断充实和完善这八个字配套技术，是推动我国池塘养鱼健康发展的强大动力。

　　池塘养殖是尖吻鲈最早的养殖模式，其养殖方式主要包括单养、混养两种。相对于网箱养殖，池塘养殖成本较低、养殖周期较短，对盐度要求不高，具有较好的经济、社会效益。尖吻鲈对氧气要求量较大，养殖中须配备完备的增氧设施，切勿盲目施药。因此，掌握尖吻鲈养殖方法尤为重要。

一、池塘养殖

　　池塘养鱼，其水体生态条件直接关系到养殖产量和经济效益。因而，必须创造一个良好的养殖环境。

　　1. 场地选择　养殖池塘应根据当地水产养殖发展的整体规划要求选址。养殖环境应符合《农产品安全质量　无公害水产品产地环境要求》（GB/T 1847.04）的要求，水源应符合国家《渔业水质标准》（GB 11607）的要求，养殖水质应符合《无公害食品、海水养殖用水水质》（NY 2021）的要求。同时，实行池塘、道路、进排水系统以及其他配套设施综合建设，提高集约化、规模化经营水平。目前，广东等地已分别发布了《无公害食品 尖吻鲈养殖技术规范》（DB44T 489—2008）标准以及《尖吻鲈池塘养殖技术规程》，对尖吻鲈无公害养殖以及池塘养殖技术进行了规定，有效地指导了尖吻鲈规范化养殖。

养殖池塘应建在周围无工农业生产废水，无生活污水污染，水源充足，水体交换自净能力强，理化因子相对稳定，潮差大，内湾风平浪静，有一定量陆源淡水注入的高、中潮海区。沙滤井抽水养殖效果会更好。同时，要建设完善的进、排水系统，按照高灌低排的格局，分别建好进水渠道和排水设施，做到灌得进、排得出，水质清新，旱涝保收。养殖水质 pH 7.2～8.5；适宜水温 18～33 ℃，透明度 20～40 cm，化学耗氧量 4.0～17.6 mg/L，溶氧量 6.0 mg/L 以上。

2. 地质及池埂　尖吻鲈对池塘底质要求不高，但池塘土质影响鱼塘塘基的牢固。因此，应选用保水性好、不渗漏、不易坍塌的泥沙质或泥质的池塘。最好以黏壤土为佳，这种土质保水、保肥性能较好。池内坡比以 1∶2 或 1∶2.5 为宜，池底较为平坦，淤泥较少。老旧的精养鱼池，淤泥深超过 10 cm 的，每年冬春应结合鱼池整修，清除过多的淤泥，减少池底的有机物。同时，池底要向排水口方向倾斜，以便排水捕鱼，拉网操作。

3. 池塘大小及形状　精养池塘以长方形、东西向最好，这样的池塘光照时间长，有利于浮游植物进行光合作用，增加水中的溶氧量，有利于鱼体生长。鱼池面积 3～10 亩均可，最佳面积为 7～10 亩。注意把握养殖面积，面积过小，水体受风面小，水中溶氧低，水质不稳定，相对放养密度小，生产效益低；面积过大，容易产生鱼类栖息和摄食不均，给投饵、管理和捕捞带来诸多不便。

4. 其他要求　鱼池水深以 2.5 m 为宜，有条件的可保持 3 m。池水过浅，水温、水质不稳定，单位载鱼量过大。超过 3 m，一方面增加鱼池开挖难度，增加成本；另一方面，水位过深时，底层光线极弱，溶氧极低，不利于底栖生物的繁殖，也会引发有机物缺氧分解，产生有毒物质，不利于鱼类生长。因此，应配备良好的供水系统。养殖池塘的供水系统包括引水渠（或管道）和闸门（阀门），排水系统包括排水渠和闸门等，涨潮开闸纳水，退潮可以开闸放水。对于潮水落差较大的池塘，须配备提水泵，以保障不同季节和不同生长期池塘供水的方便及安全。

二、池塘清整及消毒

池塘的改造是针对低产鱼池而言的，要根据稳产高产的要求，实行"小池改大池、浅水改深水、死水改活水、低埂改高埂"的原则达到鱼池规格化，使其各方面都符合稳产高产的要求。同时，还要结合鱼池改造，搞好鱼池护坡，为发展现代化生态渔业打好基础。而池塘的清整则是指经过一年养殖的池塘，池埂池坡部分倒塌，池底积聚了较多淤泥的鱼池而言。这样的鱼池必须进行整修，否则将会影响下一年的养殖生产。池塘清整的主要内容如下。

1. 整修池埂池坡　结合清淤，整修好池埂池坡，堵塞好漏洞。

2. 进排水系统的整修　清理进水渠道，维修好进水闸门，检修抽水机等机械，为下一年的正常生产做好各项准备工作。

3. 清除过多的淤泥　一般精养鱼池养鱼一年后，淤泥要增加 10 cm 以上，这些淤泥含有大量的残饵及粪便等有机质。因此要在冬季商品鱼起捕后，用机械或人力将过多的淤泥清除掉。清除出的污泥可以用来肥田，种植饲草。

4. 鱼塘消毒处理　经清淤或改造后的池塘，须对其进行科学处理，杀灭病原体，从而提高鱼类养殖的成活率。一般采用药物清塘，常见的药物有生石灰、茶粕和漂白粉等。消毒方法一般采用注水消毒，先将养殖池塘注入 10 cm 水，药物溶于水后，全池泼洒，必要时可采用多种药物配合使用，效果更佳。具体操作如下：

（1）生石灰清塘

干塘清塘：在修整池塘结束后，选择在苗、种放养前 2～3 周的晴天进行生石灰清塘消毒，过早或过晚对苗、种成长都是不利的。在进行清塘时，池中必须有积水 6～10 cm，使泼入的石灰浆能分布均匀。生石灰的用量一般为每亩 60～75 kg，淤泥较少的池塘则用 50～60 kg。生石灰在空气中易吸湿转化成氢氧化钙，如果以后不及时使用，应保存于干燥处，以免效力降低。

方法：先在池底上挖掘若干小潭，小潭的数量及其间距，以能泼洒遍及全池为度。然后将生石灰分放入小潭中，让其吸水溶化，不待冷却即向四周泼洒，务必使全池都能泼到（若不挖小潭，改用木盆、水缸也可）。第 2 天上午再用长柄耙将塘底淤泥与石灰浆调和一下，使石灰浆与塘泥均匀混合，加强其清塘除野的作用。

带水清塘：有些不靠近河、湖的池塘清塘之前水无法排出池外，排出后又无法补入，若暂以邻池蓄水，交相灌注，则增加了传播病原的机会，失去了清塘防病的目的。为了克服这些困难，可以进行带水清塘。生石灰用量为每亩平均水深 1 m 用 25～150 kg，水深 2 m，生石灰用量则加倍，以此类推。

方法：在池边及池角挖几个小潭，将生石灰放入潭中，让其吸水溶化，不待冷却即向池中泼洒。面积较大的池塘，可将生石灰盛于箩筐中，悬于船边，沉入水中，待其吸水溶化后，撑动小船，在池中缓行，同时摆动箩筐，促使石灰浆洒入水中，第 2 天上午用泥耙推动池塘中的淤泥，以增强除害的作用。实践证明，带水清塘不仅省工，而且效果比干塘清塘更好。

（2）茶粕清塘　茶粕（茶饼）是山茶科植物油茶、茶梅（*Camellia sasangua*）或广宁茶（*C. semiserrata*）的果实榨油所剩余的渣滓，与菜饼相似，茶粕含有皂苷（saponin，$C_{32}H_{54}O_{18}$），为一种溶血性的毒素。

茶粕为广东、广西渔农普遍用作清塘的药物，每亩平均水深 1 m 时，用量为 40～50 kg。用时将茶粕捣碎成小块，放在水缸中加水浸泡，在一般情况下（水温 25 ℃左右）浸泡一昼夜即可应用。浸泡后将其放入预置在池塘中的小船舱里，加入大量水后，向全池泼洒。

茶粕清塘的效果：能杀死野鱼、蛙卵、蝌蚪、螺蛳、蚂蟥和一部分水生昆虫，但对细菌没有杀灭作用，且能助长绿藻、裸藻等的繁殖，而绿藻和裸藻中有些种类是鲢、鳙所不易消化的藻类，大量繁殖时对鱼类不利。所以其效果不如生石灰好。

（3）漂白粉清塘　漂白粉一般含氯 30% 左右，遇潮极易分解，放出次氯酸和碱性氯化钙，次氯酸立刻释放出初生态氧，有强力漂白和杀菌作用。

中欧各国早已广泛应用它来清塘，我国在20世纪50年代才开始应用。根据湖北省淡水养殖试验的结果，每亩平均水深1 m用量为3.5 kg，等于每立方米水体用20 g漂白粉。用法为将漂白粉溶化后，立即洒遍全池，用船和竹竿在池内荡动，使药物在水体中均匀地分布，可以加强清塘的效果。清塘后一般在5 d以上放鱼，可保证安全。

使用漂白粉清塘应注意：漂白粉在空气中极易挥发和分解，因此必须密封贮藏在陶瓷器内，在口盖空隙处用油灰堵塞，隔绝空气，以免水分进入发生潮解，并贮藏于阴凉干燥的地方，以免失效；盛置漂白粉的器皿最好用陶瓷器或玻璃瓶，不宜用金属制成的器皿。因为漂白粉分解时放出氧气，易和金属作用（如生成氧化铜或氧化铁等），不但损坏了容器还降低了药效；使用时最好先用"水生"漂白粉有效氯快速测定器测一下，挥发部分按量补足；工人在操作时应戴口罩，在上风处泼洒药剂，以防中毒，还要防止衣裤沾染而被腐蚀。

漂白粉清塘的效果：能杀灭鱼类、蛙卵、蝌蚪、螺蛳、水生昆虫以及致病的病原体及其休眠孢子等，效果与生石灰无异；用漂白粉清塘，用量少，药效消失快，对用生石灰不便的地方和急于使用鱼池时，采用此药物比生石灰有利；漂白粉消毒的效果优劣与池塘水质肥瘦关系很大，越肥池塘效果越差；改良池塘土壤的作用较小。

（4）生石灰和茶粕混合清塘　广西壮族自治区有些地区曾试用生石灰和茶粕的混合物清塘。用量为每亩水深0.66 m用生石灰50 kg和茶粕30 kg。用法是先将茶粕敲碎加水浸泡然后将浸泡好的茶粕连渣带水混入生石灰中，让石灰吸水溶化后，再均匀地遍洒全池。经过1周，用鱼篓盛装鱼放入水中，经过7~8 h不死，即证明药效已过，可以开始放养。应用这两种药物混合清塘，从药物本身看，有取长补短、相得益彰的效果。

（5）生石灰与漂白粉混合清塘　平均水深1.5 m，每亩的用量为漂白粉6.5 kg，生石灰65~80 kg，用法与漂白粉、生石粉清塘相同，放药后经10 d左右即可放养。生石灰和漂白粉混合清塘的效果较单独使用漂白粉好。

各种药物清塘效果的比较：

清除敌害及防病的效果：清除野杂鱼的效力，以生石灰最为迅速和彻底，茶粕、漂白粉次之。

杀灭寄生虫和致病菌的效力：以漂白粉最强，生石灰次之。茶粕对细菌有助繁殖的作用，因此用生石灰、漂白粉清塘可以减少鱼病的发生。

三、必备养殖设施

由于尖吻鲈养殖过程中对水体溶氧要求比较高，因此在池塘养殖过程中须配备增氧机或鼓风机。增氧机有叶轮式、水车式、喷水式和充气式等多种，目前大多采用叶轮式增氧机，其具有增氧、搅水和曝气等作用，适用于水深1 m以上的大面积池塘增氧：3 kW的叶轮式增氧机，适用于1.4~2.0 m水深，5.5 kW的叶轮式增氧机适用于2.1~2.4 m水深，7.7 kW的叶轮式增氧机适用于2.5 m以上水深。如果在1.3 m以下水深中使用叶轮式增氧机会使池底污泥泛起，导致生化耗氧增多，反而降低了池塘的溶氧。水深不足

1.3 m 的池塘配置喷水式增氧机为宜。水浅面积小，配备增氧泵即可。亩产 500~800 kg 的池塘，3~5 亩水面配置 1~2 台 3 kW 的增氧机为宜。池塘面积较大时，可在池塘四周多安装几台增氧机，开启使得池塘内水流呈微环流较佳。近年来，全国都在鱼虾池中推广应用底部微孔增氧机。实践证明，底部微孔增氧机增氧效果优于传统的叶轮式增氧机和水车式增氧机，在主机相同功率的情况下，微孔增氧机的增氧能力是叶轮式增氧机的 3 倍，是当前主要推广的增氧设施（谷坚等，2013）。

目前，尖吻鲈养殖饲料以颗粒饲料为主，为了节省人力，降低劳动强度，可配置池塘投饵机，其工作原理是利用带动转盘，靠离心力把饲料抛撒出去。选择池塘使用的投饵机，还要根据池塘面积及鱼产量进行合理取舍，并不是投饵机电机转速越高，投的距离越远，面积越大越好。在条件许可的情况下尽可能选择功能较全的投饵机。目前，投饵机抛撒面积为 10~50 m²。主电机功率一般为 30~100 W，投饵距离 2~18 m，料箱容积 60~120 kg，每台投饵机的使用面积 5~15 亩。如果投饵机的抛撒距离过远，面积过大，就会造成边缘部分饲料的浪费（肖远金，2006）。

此外，养殖尖吻鲈必须配备一定功率的发电机，以备停电使用，防止因停电导致尖吻鲈缺氧泛池造成不必要的损失。

四、水质检测及肥水

水是鱼类生存的特定环境，水质直接影响养殖对象的生长发育。因此，在养殖过程中首先要了解池塘水质条件，综合分析后对其进行处理。尖吻鲈适宜于中性偏碱、氨氮含量低和溶解氧较高的水体。在养殖过程中，须定期对养殖水质进行检测。主要的检测指标包括水体的 pH、盐度、硬度、溶解氧和氨氮等，并根据检测结果及时对水质进行调整。

一般而言，放养尖吻鲈苗种前 7 d 注水，进水时用 60 目*筛绢袋过滤，精养注水深度控制在 2 m 左右。注水后，用 (0.2~0.5)×10⁻⁶ 的"百菌净"或 0.3~0.4 g/m³ 的溴氯海因全池泼洒，消毒水体。同时，还须采取相关的肥水措施。

肥水是提高养殖鱼类产量的有效措施之一，其目的：①增加水体中各种营养元素的数量，提高鱼池的初级生产力；②施放到水体中的有机肥中，含有一部分有机碎屑，可直接为鱼类和其他水生动物所摄食和利用，从而提高养殖鱼产量。在放养苗前，可投放人工微生物制剂、无机营养盐和有机肥等调节水色，培养有益浮游藻类，提高初级生产力。目前，常用的人工微生物制剂有光合细菌、芽孢杆菌、硝化细菌和 EM 菌。养殖过程中常采用多种微生物制剂配合使用。此外，应特别注意有机肥的施用，禁止使用未经处理的有机肥，有机肥须经过发酵、腐熟、消毒和杀菌处理方可使用。

肥料的使用须根据养殖水质、养殖品种特性而定。此外，不同养殖户对肥料的用量和肥水效果把握也存在差异。在尖吻鲈池塘养殖中，广西钦州养殖户曾在放苗前 4 d，每公

---

* 筛网有多种形式、多种材料和多种形状的网眼。网目是正方形网眼筛网规格的度量，一般是每 2.54 cm 中有多少个网眼，名称有目（英国）、号（美国）等，且各国标准也不一，为非法定计量单位。孔径大小与网材有关，不同材料的筛网，相同目数网眼孔径大小有差别。——编者注

顷施放过磷酸钙 75 kg，有机尿素 15 kg，快绿肥水素 15 kg，有机培藻素 15 kg，再用浓度为 20 mL/m³ 的 EM 菌泼洒水面调节水质，效果较佳（朱瑜等，2010）。海南文昌养殖户利用经发酵腐熟的鸡粪、利生素、复合肥、尿素、过磷酸钙、杂鱼浆（海水鱼类）和肥水育藻剂等进行肥水，使池水呈黄绿色或黄褐色，并取得了较好的经济效益，其每亩用量依次为 85、1.0、1.0、2.0、0.5、8.0、2.0 kg（郭泽雄，2006）。

五、苗种放养

1. 鱼苗购买 苗种质量决定养殖鱼类的成活率和生长，进而影响养殖生产的经济效益。苗种须从信誉度好、资金雄厚和技术过硬的鱼苗场购买，鱼苗场要有水产苗种生产许可证，还要有相关发票或检疫合格证等凭证，最好能问清苗种的来源（包括受精卵产地、亲本信息等）、养殖方法以及养殖条件。

在苗种培育过程中，由于摄食强弱、个体种质差异等原因，常常出现苗种大小参差不齐的现象。因此，在购买苗种时，尽量选择没有出售过的池塘苗种，并对苗种大小进行一定的筛选，选择"头苗"进行购买。正常判别苗种质量尤为重要，尽可能选择体色正常、有银色光泽，苗种活泼，游动有力，且搅动水时具有一定抗逆流能力、体表完整无损、规格整齐均一的苗种。

2. 鱼苗运输 苗种购买后，须用活水车进行运输。运输时配备充气设备或使用纯氧充气，运输水应符合《渔业水质标准》（GB 11607）。由于尖吻鲈不耐低氧，因此，运输鱼苗密度不宜过大，一般每立方米水体装鱼苗 1 500 尾。

塑料袋充氧运输主要针对小规格苗种。一般塑料袋规格为 80 cm×55 cm，可加海水 3~5 kg，水温控制在 20~25 ℃，可运输 10~15 h。而塑料袋充气运输须根据苗种规格大小调整运输密度（表 7 - 1）。

表 7 - 1 不同规格苗种的运输密度

体长（cm）	0.8~1.0	1.0~1.5	1.5~2.0	2.0~2.5	2.5~3.0
密度（尾/袋）	10 000~15 000	2 000~2 500	1 500~2 000	1 000~1 500	500~800

鱼苗装运前最好停食 2 d，让其空腹。运输时应做到快装、快运和快卸，不宜在途中停留，若需要途中停留时，须专人看管氧气供应情况，并随时观察运输桶/袋中氧气供应情况，一旦发现苗种浮头严重、身体发黑，水质发黏、有腥臭时，须及时换水充气。换水时注意水温变化，缓慢加水并不断搅动。苗种运到放入池塘时，应注意水温变化，一般以温差不超过 3 ℃为宜，为了减少因温度刺激造成苗种过激反应，运输时间最好选择在清晨或傍晚。

3. 鱼苗放养 放养的时间及规格。尖吻鲈苗种繁育主要集中在每年的 6 月底和 10 月底。因此，尖吻鲈最早放养时间在 7 月中下旬，在我国南方放养温度大约在 25 ℃。尽早放养，可延长其生长期，提高商品规格。放养规格一般在 2.5~3.0 cm，尽可能地选择大规格苗种放养。

（1）放养密度 鱼苗的放养密度应依据苗种、池塘条件（水源和水质）、商品鱼规格要求以及养殖水平、管理水平而定。尖吻鲈放养密度不宜过大，以 30 000～37 500 尾/hm² 为宜。放养密度过大，容易造成鱼体生长缓慢；养殖密度过低将影响经济效益。

（2）**苗种消毒**　为防止鱼苗携带细菌进入池内，运输途中或入塘时，可利用二氧化氯或二溴海因进行药浴（10 mg/L）10 min。较大规格的苗种可采用 10 mg/L 高锰酸钾药浴 10 min。

六、养殖管理

池塘养殖的日常管理工作十分重要，直接影响着养殖经济效益。在尖吻鲈养殖过程中，要做到科学管理、合理调控、专人专管。主要包括以下内容。

1. 水质调控　水色是水质肥瘦的标志。各类浮游植物含有不同的色素，因而池塘出现浮游生物的种类和数量不同时，池水就会呈现出不同的颜色和浓度。看水色判断水的肥瘦度是池塘养殖的关键，也是难点。对于鱼类养殖有利的水色有两类：①绿色，包括黄绿、褐绿和油绿 3 种；②褐色，包括黄褐、红褐和绿褐 3 种。这是因为这两类水体中的浮游生物数量多，鱼类容易吸收消化的也多，此类水可称为"肥水"。如果水色呈浅绿、暗绿或灰蓝色，只能反映浮游植物数量多，而不能说明其质量好，这种水一般被视为瘦水，是养不好鱼的。如果水色呈乌黑、棕黑或铜绿色，甚至带有腥臭味，这是变坏的标志，是老水或坏水，将会造成泛塘死鱼。池塘常见水色与水质关系见表 7 - 2。

表 7 - 2　池塘常见水色与水质关系

水　色	特　征	优势藻类	水质优劣与评判	备　注
黄绿色	水色清爽、浓度适中	硅藻为主，绿藻、裸藻次之	肥水，一般	
草绿色	水色清爽、较浓	绿藻、裸藻为主	肥水，一般	
油绿色	水质肥瘦程度适中	主要是硅藻、绿藻、甲藻、蓝藻，且数量比较均衡	肥水，一般	施用有机肥的水体中该种水色较为常见
茶褐色（黄褐、茶褐、褐带绿等）	水质肥瘦程度适中	以硅藻、隐藻为主，裸藻、绿藻、甲藻次之	肥水、较佳	施用有机肥的水体中该种水色较为常见
蓝绿、灰绿而混浊	水质老化	以蓝藻为主	瘦水、差	天热时常在池塘下风的一边水表出现灰黄绿色浮膜
灰黄、橙黄而混浊	水色过浓，水质恶化	以蓝藻为主，且已开始大量死亡	瘦水、差	水表面出现灰黄绿色浮膜
淡红色	颜色往往浓淡分布不匀	水蚤繁殖过多，藻类很少	较瘦、差	水体溶氧量很低，已发生转水现象
灰白色		大量的浮游生物刚刚死亡，水质已经恶化	坏水	水体严重缺氧，往往有泛塘的危险
黑褐色	水色较老且接近恶化	以隐藻为主，蓝藻、裸藻次之	坏水	施用过多的有机肥所致，水体中腐殖质含量过多

养殖过程中，池塘水质的调节须结合当时池水的实际情况，适时换水。换水量也须根据池塘水质调整，但不能一次换水量过大，以免盐度、水温等理化因子剧变，或者使得原已形成的较为稳定的生态平衡遭到破坏。一般而言，养殖前期以添加海水为主。每天加1次海水，每次加海水 2～3 cm 深，将水位渐渐加至 2.0 m；养殖中后期阶段根据池水水色变化等情况排、换水。通常每隔 7～10 d 排、换水 1 次，每次换水量控制在 10～20 cm。夏季高温期间，最好采用边排边放的方式换水，保持养殖水体水质的良好状态。中午不宜换水，以晚上换水最好。

在尖吻鲈养殖过程中，须根据池塘水色及时追加肥料，但注意把握好瘦肥水之间的度。施肥的数量与次数应视水温、天气以及水质变化而定。水温较高时，应该遵循施肥次数多而量少原则，特别是夏季，一次施肥过量可能导致池塘缺氧而出现鱼浮头泛塘。水温较低时则相反，遵循量大次数少原则。在施用无机肥或有机肥的同时，可选用光合细菌、EM 菌和芽孢杆菌等微生物制剂配合使用，视水色情况使用微生物制剂改良水质。每 10 d 左右全池泼洒 1 次光合细菌或 EM 原露等活菌剂，使池水菌体浓度为 1×10^{-6}，水色保持黄绿色；定期泼洒生石灰，每半个月 1 次，每次用量 75～150 kg/hm²，使池水 pH 保持在 7～8（朱瑜等，2010）。此外，还须保持溶氧充足，每天都开启增氧机增氧，特别是在阴雨、闷热天气，确保池塘水体溶解氧的含量不低于 6.0 mg/L；透明度保持在 35 cm 左右较佳，使得养殖水质达到"肥、活、嫩、爽"的要求。

2. 饲料投喂　尖吻鲈是杂食偏肉食性鱼类，对饲料蛋白质要求较高，饲料粗蛋白质含量应在 40% 以上；同时为便于观察鱼类摄食、生长情况，浮性颗粒饲料成为尖吻鲈养殖的首选。

海水鱼浮性膨化饲料作为鱼饲料的第二次革命，大大提高了养殖效益。其优点在于：①可长时间漂浮于水面，便于饲养管理，有利于节约劳力，同时可很好地观察鱼的摄食情况，便于根据鱼的摄食情况调整投饵量；同时，可以较为准确地根据鱼摄食量的变化以及鱼到水面摄食的状况了解生长情况和健康状况。养殖人员可根据养殖鱼的品种、规格、数量、水温和投饵率调节投饵量，快速投喂，既节约时间，又能提高劳动生产率。②高温、高压的加工条件，使饲料中的淀粉熟化，脂肪等更利于消化吸收，并破坏和软化了纤维结构及细胞壁，破坏了棉籽粕中的棉酚以及大豆中的抗胰蛋白酶等有害物质，从而提高了饲料的适口性和消化吸收率。另外，由于膨化加工的物理和化学变化，使膨化饲料一般产生粉料在 1% 以内，这就直接地提高了饲料的有效利用。在通常情况下，采用膨化浮性饲料养鱼，与用粉状料或其他颗粒饲料相比，可节约饲料 5%～10%。③采用膨化浮性鱼饲料，可以减轻对水质的污染。膨化浮性鱼饲料在水中长时间不会溶散，优质的浮性鱼饲料漂浮时间可长达 12 h 左右，并且投饵容易观察控制，减轻或避免粉料、剩余的残饵等对水体的污染，这对于环境保护以及对鱼的生长都是极为有利的。

一般在苗种投放后第 2 天开始投喂。根据鱼体不同的生长阶段选用适口的饲料。饲料日投喂量根据池塘水质、鱼类摄食和当日天气等情况适当增减。低温阴雨天气少投饵，晴天多投饵，高温闷热天气适度控制投饵量。尖吻鲈食量大，消化非常快，不注意掌握投喂量会容易造成撑死的现象。鱼苗体长在 4 cm 以前投喂 0 号海水膨化饲料必须先用水泡后方可投喂。为了提高其生长速度，每年 5—8 月，在适宜水温、控制好水质的情况下，投饵量可提高到鱼体重的 6%～7% 或以上。水温低时，可根据摄食情况，控制在鱼体重的 4%～5%。有时可用配合饲料搭配新鲜的杂鱼杂虾等饵料一起投喂作为补充，其效果比单独投喂一种饲料更好。需要特别注意的是，鱼体在 5 cm 以前不能投喂杂鱼杂虾，因为在这阶段进食杂鱼杂虾，其骨头容易在鱼的肠胃产生积食现象。此外，投喂鲜杂鱼时，须对鲜杂鱼进行一定的处理方可投喂，其处理流程为鲜小杂鱼→淡水清洗→消毒（聚维酮碘）→淡水清洗→剁块→全池均匀投喂。

投饵应做到"四定"（定质、定量、定时和定位）、"四看"（看季节、看水质、看天气和看摄食情况）。投喂时间及频率也须注意。正常情况下，日投喂 2 次，时间在 8:00—09:00 和 17:00—18:00 为宜。小潮汛时在清晨和傍晚投喂，大潮汛时应选择平潮或缓潮时投喂，阴雨天可隔天投喂，水温低于 18 ℃不投喂。水温 20 ℃左右每天投喂 2 次，水温 25 ℃以上，每天投喂 3～5 次。

在使用投饵机时，须对投饵机安放位置以及开启时间进行把握：①投饵机位置必须面对鱼池的开阔面，要放在离岸 3～4 m 处的跳板上，跳板高度离池塘最高水位 0.2～0.5 m。投饵台位置可一年一换，由于鱼群抢食，难免池塘因搅水而越来越低。如果两口塘并立，可共用一台投饵机。②开启投饵机，主要根据水温而定，一般水温在 12 ℃以上时，鱼便可摄食，据试验早春水温低于 16 ℃，秋季低于 18 ℃，鱼群一般不浮水面抢食。③投饵机的工作程序为投饵 2 s 左右，间隔 5 s 左右，每次投饵量以鱼群上浮抢食的强度而灵活设置，每次正常投饵不超过 1 h。驯化期间隔时间调到 10 s 以上，每次投饵时间可延长 3～4 h，一般以 80% 鱼吃饱为宜。一般情况下，使用投饵机比人工投喂颗粒饲料节约饲料 15% 左右，亩产增加 15%～20%。

尖吻鲈生长速度较快，若能及时放苗，投喂足量适口饲料，则当年就可养殖达到 500 g 以上的商品鱼规格，在海南 4—5 月放养 5 cm 以上鱼苗，经过 5～7 个月养殖体重可达 500 g 以上。

3. 巡塘　是对水产养殖鱼类工作的综合检查，是发现和解决问题的有效方法。巡塘要每天坚持，做好记录，仔细分析发生的一系列现象，做出准确判断和确定有效措施。经常巡视池塘，观察池塘养殖鱼动态，每天至少早、中、晚巡塘 3 次；黎明时观察池鱼有无浮头现象，浮头程度如何；日间结合投饵和测量水温等工作，检查池鱼活动和摄食情况，近黄昏时检查全天吃食情况和观察有无浮头预兆。酷暑季节，天气突变时，鱼容易发生严重浮头，还须在半夜前后巡塘，以防止浮头发生。

巡塘主要从三个方面着手，概括为"三看"。一看天，天气变化异常（如阴天、大风、闷热和有雾等）对池鱼、池水有不利影响，对饲养也有影响，预测天气变化，推断对生产的影响，准备好防范措施。二看水，观察水质变化，尤其是水生生物、pH 和溶氧量的变化。要经常测量溶氧量、pH，准确把握水质、水色变化，控制适宜肥度。三看鱼，观察鱼吃食的情况，活动情况，有无异常反应，有无死鱼，控制适宜日粮，有病早治，无病先防。巡塘时还要注意鱼病情况，如果有些鱼离群，身体发黑，在池边缓慢游动，要马上捕出检查，确定什么病，采取必要的防治措施，鱼病严重时要少投料和施肥，或停止投料和施肥。

4. 观察、记录 每天定时观测水温、相对密度、溶氧、透明度、水位变化，以及鱼的摄食、活动和病害情况，并做好详细记录。更重要的是每隔 15～30 d 随机抽样 20 尾鱼苗进行生物学测定，以便掌握尖吻鲈生长速度、规格和存活率等情况及确定饲料投喂量。

5. 病害防治 池塘养殖过程中，注重疾病预防，从池塘的清整、暴晒、药物清塘到水质调节、饵料培养、代用料投喂等各个环节着手，为养殖生物创造良好的生存条件，增强其体质，提高免疫力，防止疾病的发生。一旦发生疾病，要正确诊断，找出病因，及时采取相应的治疗措施，防止疾病蔓延。

尖吻鲈病害防治要坚持"以防为主，防治结合"的原则。放养苗种前要经过杀菌消毒，苗种投放前可用淡水或 0.1 mg/L 高锰酸钾溶液浸洗鱼体 10～15 min。此外，在巡塘的过程中，特别留意观察鱼群的游动、摄食情况。及时隔离病鱼进行治疗，清除死鱼并做好无害化处理（如深埋），防止疾病进一步传播。具体鱼病治疗见第八章。

七、收获和运输

要根据尖吻鲈的生长和市场行情，适时捕捞成鱼上市。尖吻鲈池塘精养一般采用"刮网"等方法，即采用人工围网拉网操作起捕。考虑运输能力以及捕捞后鱼体重，一般采取多次起捕，最后采取干塘起捕。起捕还应注意天气情况，根据天气情况做好起捕计划，准备相关工具和人力。尽量选择在早晚进行，不宜在天气闷热及水温较高时操作，起捕前 1 d 须停食，以减少对鱼体伤害以及减少活鱼运输中的风险。操作时，动作要轻快，拉网要小心，减少因机械损伤造成鱼体死亡。每次起捕后，记录相关数据，如规格、日期和大小等，作为以后计算养殖成本和效益的依据。

尖吻鲈由池塘进入市场，即运输环节。成鱼的运输根据客户需求不同，可采用活鱼运输、麻醉运输和冰鲜运输 3 种方式。运输前，须对鱼体进行清洁，保证尖吻鲈鱼体、口腔、鳃内无黏液和污泥后方可运输。活鱼运输多采用水车运输，其适合于短途运输，车内须配备增氧设施，以避免运输途中活鱼的死亡。药物麻醉运输多采用巴比妥钠、乙醚等麻醉剂对鱼体活体保鲜运输，其适合于高密度长途运输，且无毒副作用，减少运输成本。冰鲜运输多利用冰块对鱼体进行保鲜运输。运输过程中尖吻鲈的成活率直接关系到尖吻鲈的出售和经济效益，必须做好相应、有效的措施。

八、尖吻鲈池塘养殖案例

林小涛等（2002）利用低盐度池塘对尖吻鲈进行精养，获得了较高的产量，产生了较好的经济效益。

1. 试验池塘条件 养殖场地水源充足，无污染，盐度变动幅度 0.2～5，养殖池面积 0.7～1 hm²，水深 1.5～2 m，配置增氧机，因位置较高，灌潮能力差，配置了水泵提水。放养前，池塘经清塘消毒，在进水口装好闸窗后纳水。纳水数天后施复合肥 5 kg/亩，光合细菌 2.5～5 kg/亩，养殖期间光合细菌按此用量每隔半月施用 1 次。

2. 池塘准备

（1）清池消毒　鱼苗入池前，将池底的铺沙全部清除干净，洗刷鱼池一次，让其曝晒1周，重新铺沙0.4 m并注入海水浸泡（以刚好没过整个铺沙面为宜），然后，浸泡-排干-再浸泡-再排干，重复3次后再注入新鲜海水，再按每亩用含有效氯30%以上的漂白粉10 kg加水溶解后全池泼洒，3 d后先将消毒池水排干，接着用干净海水冲洗1次，再将池水排干，最后让池塘曝晒1周。

（2）水体消毒　由蓄水池注入鱼池至1.2 m水位，翌日上午用0.3～0.4 g/m³的溴氯海因全池水体消毒。

（3）肥水和饵料生物培养　依次施用的肥料有经发酵腐熟的鸡粪、利生素、复合肥、尿素、过磷酸钙、杂鱼浆（海水鱼类）和肥水育藻剂，其用量分别对应为85、1.0、1.0、2.0、0.5、8.0、2.0 kg/亩，施肥后使池水呈黄绿色或黄褐色，数天后施复合肥5 kg/亩，光合细菌2.5～5 kg/亩，养殖期间光合细菌按此用量每隔半月施用1次。

3. 试验鱼放养　鱼苗放养密度可控制在6～9尾/m²。

4. 饲养管理　前期以添加水为主。每天加水1次，每次加水2～3 cm，将水位渐渐加至1.8 m；饲养中后期根据池水水色变化等情况排换水。通常每隔7～10 d排换水1次。每次换水量控制在10～20 cm。保持水体中溶氧充足。饲养前期日投喂2～3次，饲养中后期日投喂3～4次。饲料日投喂量应根据池水水质、鱼类摄食及当日天气等情况灵活掌握，适当增减。前、中、后期饲料日投喂量分别为鱼类总体重的9%～7%、7%～5%、5%～4%。养殖前期换水量无需过多，换水时间间隔也不用过密，但到养殖后期，则应勤换水和开动增氧机，一般每隔1周换水1次，每次换水30%左右，具体应视天气、水温、水色及水质情况而定。

5. 疾病防治　养殖期间疾病防治以防为主，定期消毒和施入光合细菌等微生物制剂，保持清新的水质环境。饲养期间的消毒用二氧化氯，用量每5亩1 kg，每隔15 d消毒一次。消毒后第3天，施入光合细菌20 kg/亩。尖吻鲈在鱼苗期间最易感染水霉病，特别是低温或大雨过后以及分级疏养时机械损伤都可诱发此病，治疗方法可用治霉灵1 μL/L全池泼洒。成鱼养殖期间常见有寄生虫病和肠炎症，前者可用鱼虫清或杀虫灵0.5 μL/L全池泼洒，后者可用1 μL/L漂白粉泼洒全池，按每千克鱼体重1 g的剂量拌入饲料，连喂5 d。

6. 试验结果　经过4个月左右的养殖，鱼体平均体重500 g即收获上市。目前，低盐度池塘集约化养殖平均产量为15 t/hm²。养殖成本中饲料费用所占比例最大，达50%以上；其次是种苗购置和培育费，约占25%；其余为塘租、电费和药物等。按照当时市场上饲料鱼及尖吻鲈的销售价格，扣除成本后，养殖1亩尖吻鲈的利润可达8 000元以上。

九、尖吻鲈池塘混养技术

混养是我国池塘养鱼的特色，也是池塘养鱼稳产高产的主要技术措施。其优点在于可以合理充分地利用养殖水体与饵料资源，发挥养殖鱼类共生互利的优势，从而降低成本，有效提高单位产量，进而增加养殖经济效益。实践证明，合理搭配养殖品种是池塘混养取得成功的关键。尖吻鲈混养的池塘处理方法与池塘精养方法相同，下面介绍混养品种的选择以及养殖方法。

1. 混养品种选择 混养是根据不同养殖品种的生物学特点（栖息习性、生活习性和食性等），充分运用它们相互有利的一面，尽可能地限制和缩小它们有矛盾的一面，让不同种类的养殖品种或同种异龄鱼类在同一空间和同一时间内生存、生长，从而发挥"水、种、饵"的生产潜力。

养殖品种的选择主要根据其栖息水层、生活习性不同来决定的。一般选用上层、中层和下层不同生活水层的鱼类同时套养。首先确定主养品种和套养品种，主养品种指在放养量上占较大比例，且投饵施肥和饲料管理的主要品种。套养品种是处于配角地位的养殖鱼类，它们可以充分地利用主养鱼的残饵、粪便形成的腐屑以及水中的天然饵料生长。

在尖吻鲈混养过程中，主养品种为尖吻鲈，其主要生存于上、中层水层，饵料以投喂颗粒饲料为主。目前套养品种多选择生活于水体下层，以摄食鱼排泄物和残饵残渣的斑节对虾、南美白对虾等虾类、蟹类，或以青苔、排泄物、残饵残渣为食的鲻、鲮鲮鱼。常见的混养品种如下：

（1）南美白对虾（*Penaeus vannamei*） 学名凡纳对虾，是广温广盐性热带虾类。自然栖息于泥质海底，水深 0～72 m，能在盐度 0.5～35 的水域中生长，体长 2～7 cm 的幼虾，其适养盐度为 2～78。能在水温为 6～40 ℃ 的水域中生存，生长水温为 15～38 ℃，最适生长水温为 22～35 ℃。对高温忍受极限为 43.5 ℃（渐变幅度），对低温适应能力较差，水温低于 18 ℃，其摄食活动受到影响，9 ℃ 以下时侧卧水底。要求水质清新，溶氧量在 5 mg/L 以上，能忍受的最低溶氧量为 1.2 mg/L。离水存活时间长，可以长途运输。适应的 pH 为 7.0～8.5，要求氨氮含量较低；人工养殖生长速度快，60 d 即可达上市规格；适盐范围广，可以采取纯淡水、半咸水、海水多种养殖模式，在自然海区和淡水池塘均可生长，从而打破了地域限制；耐高温，抗病力强；食性杂，幼虾期主要取食池塘中的浮游生物，成虾期主要取食沉落池底的残余饲料、有机碎屑和腐殖质等；此外，还可摄食人工配合饲料，饲料蛋白质要求低，35％ 即可达生长所需。

（2）斑节对虾（*Penaeus monodon*） 俗称鬼虾、草虾、花虾、竹节虾、斑节虾和牛形对虾，联合国粮食及农业组织通称大虎虾，体被黑褐色、土黄色相间的横斑花纹。为当前世界上三大养殖虾类中养殖面积和产量最大的对虾养殖品种。我国沿海每年有 2—4 月和 8—11 月两个产卵期。其喜栖息于沙泥或泥沙底质，一般白天潜底不动，傍晚食欲最强，开始频繁地觅食活动。其对盐度的适应值为 5～25，而且越接近 10 生长越快。适温为 14～34 ℃，最适生长水温为 25～30 ℃，水温低于 18 ℃ 以下时停止摄食，水温只要不低于 12 ℃ 就不会死亡。杂食性强，对饲料蛋白质的要求为 35％～40％，贝类、杂鱼、虾、花生麸和麦麸等均可摄食。自然海区中捕获的斑节对虾最大体长可达 33 cm，体重达 500～600 g。人工池塘养殖 80～100 d，斑节对虾体长可达 12～13 cm，体长日均生长 0.1～0.15 cm，体重达 25 g 左右。每千克可达 40～60 尾，一般单产 100～200 kg/亩，1 年可养 2 造。

（3）锯缘青蟹（*Scylla serrata*） 又名青蟹，属甲壳纲梭子蟹科。其雌蟹，被中国南方人视作"膏蟹"，有"海上人参"之称，喜欢栖息、生活在江河溪海口交汇处，海淡水缓冲交换的内湾-潮间带泥滩与泥砂质的滩涂上。青蟹是游泳、爬行和掘洞型蟹类，一般白天多潜穴而居，夜间出穴（洞）四处觅食。青蟹属于杂食性肉食类，喜欢寻食小杂贝、小杂螺、小杂鱼、小杂虾及小杂蟹等，锯缘青蟹在饵料充足的情况下，不必另投饵料；如饵料不足时，可增投豆饼、米糠、麸皮和鱼用配合饵料等。它们对盐度的适应性特强，在海水和半咸水中都可生活。其养殖的适宜盐度为 7～33，最适盐度 10～20，适温为 6～35 ℃，最适生长水温 18～25 ℃，此时青蟹的活力强，食欲旺盛，耐干露能力也极强，一只健康青蟹离开水后，鳃腔内只要留有极少量的水分，能保持鳃丝湿润，便可以存活数天。青蟹的一生要经过 13 次蜕壳（其中，幼体变态蜕壳 6 次，生长蜕壳 6 次，生殖蜕壳 1 次）。青蟹的变态发育和整个生长生活过程中，始终伴随着蜕壳而进行。一般春季（4—5 月）放养的 6～8 期幼蟹到夏季（7—8 月），养殖 3.5～4 个月，每只蟹的体重就能达到 200～250 g，若是秋季（9—10 月）放养的幼蟹须经越冬，养殖到翌年 5—6 月，也可达到商品规格。

（4）鲻 属鲻科鱼类，全世界鲻科鱼类有 70 多种，中国沿海已发现 20 多种。鲻（*Mugil cephalus*），又名乌支、九棍、葵龙、田鱼、乌头、乌鲻、脂鱼、白眼、丁鱼和黑耳鲻，是一种温热带浅海中上层优质经济鱼类。中国沿海均产之，沿海的浅海区、河口、咸淡水交界的水域均有分布，尤以南方沿海较多，而且鱼苗资源丰富，有的地方已进行人工养殖，是我国东南沿海的养殖对象。其为广盐性鱼类，生命力较强，从盐度为 38 到咸淡水直至纯淡水都能正常生活。适温为 3～35 ℃，致死低温为 0 ℃，较适暖水水域。鲻为杂食性，主食硅藻和有机碎屑，也食小鱼小虾和水生软体动物，在人工饲养条件下，也喜食动植物性颗粒饲料，如合成饲料、麦麸、花生饼和豆饼等，食物来源广，物化成本低。鲻喜欢生活于浅海、内湾或河口水域，一般 4 龄鱼体重 2～3 kg 以上性腺便成熟，游向外海浅滩或岛屿周围产卵繁殖。鱼苗的繁育季节为 1—4 月，此时最适于捕捞收集鱼苗暂养，经过阶段培育、驯化和淡化后，可在水库、鱼塘和半咸水池塘及其他海淡水水域放养。养殖经验表明，鲻的成鱼养殖既可主养又可混养，在鱼塘内混养鲻，一般放养密度为 3 000～5 000 尾/亩，如有增氧设备或流水式养殖，密度可高些，可达 8 000 尾/亩以上，还可搭配适当的其他鱼种，管理得好，当年鲻可长到每尾体重 300～700 g 或以上。此外，鲻病害相对较少，是较好的套养品种。

2. 混养优点 尖吻鲈-虾混养是养殖过程中长期实践摸索的结果，也是主要的尖吻鲈混养模式。其优点为可显著缩短养殖周期，提高养殖效益。这一混养模式获得成功主要归结于尖吻鲈与斑节对虾、南美白对虾的生长特性、生长周期以及管理模式的相似性。

尖吻鲈混养模式有以下优点。

（1）合理利用水体 尖吻鲈主要活动于水体的中上层，且游动速度较快；而凡纳对虾、斑节对虾喜欢在水体的下层活动。尖吻鲈与虾类混养后，可充分利用池塘的各个水层。与单养尖吻鲈相比，增加了池塘单位面积放养量，提高了养殖效益。

（2）充分利用饵料 尖吻鲈抢饵凶猛，摄食量大；幼、成鱼主要以浮性配合饲料为食，也可以鲜杂鱼投喂。在投喂过程中，尖吻鲈游至水面摄食，但也会有一部分饲料或杂鱼散落后下沉被虾类、青蟹或其他套养鱼类如鲻、鲮鲹鱼等摄食，使得全部饲料得到有效利用，不至于浪费，提高了饵料利用率，降低了饵料系数，从而降低能耗和成本。此外，鲻、鲮鲹鱼等滤食营养碎屑，可降低池塘有机物累积与污染，防止了水质过肥，为尖吻鲈养殖提供了优质的养殖水质条件。通过合理利用各个养殖品种食性互补关系，提高饵料利用率，降低饵料系数，从而降低能耗和成本。

（3）减少病害发生　尖吻鲈抗病能力强，病害相对较少。而在对虾的养殖中，病害相对较多，在混养模式下，可利用尖吻鲈捕食患病活力差、体质差的对虾个体，消除直接传染源和易感个体，使对虾的发病率大大减少。

3. 混养关键技术

（1）放养规格及放养时间　尖吻鲈1年可养殖2造，为考虑养殖效益最大化。第1批鱼苗必须在7月投放，否则将影响第2造的养殖生产，尽管有时鱼苗价格高一些，但可以赶在休渔期上市，此时尖吻鲈的商品鱼价格高，可以获得更高的收益。在第1批商品鱼鱼上市前投放第2批鱼苗进行生产，待第1批鱼上市后将生产苗过塘，进行第2造的养殖。

由于不同品种食性和生长周期不同，因此在混养过程中须注意苗种放养顺序和放苗规格。鲻为杂食性，以食硅藻和有机碎屑为主，也食小鱼小虾和水生软体动物，且其繁殖季节较早，可提前放养；斑节对虾、南美白对虾以及青蟹可以同时放养，但青蟹一生蜕壳次数高达13次，其中前6次都是在幼体期，蜕壳后自我保护能力差，容易被虾刺伤，可先入池生产再放虾苗，此外还可通过提高放养青蟹的规格以达到提高青蟹养殖成活率的目的。虾苗的投放规格不宜过小，因为小虾苗活动能力差，尖吻鲈属肉食性鱼类，会捕食弱小虾苗而导致虾苗成活率过低。一般提前将虾苗放入池塘养殖，待养殖一段时间虾苗长至一定规格后再放入相应规格的尖吻鲈鱼苗。此时，虾苗活动能力较强，不容易被鱼苗所摄食，可大大提高养殖虾类的成活率，提高养殖经济效益。

（2）放养密度选择　尖吻鲈不耐低氧，对溶解氧非常敏感，易缺氧死亡，密度过大使水中溶氧量过低，会抑制鱼虾生长，严重时引起鱼虾窒息死亡。养殖密度大，则排泄物多，严重影响水质，致使病害频发，失去鱼虾混养模式的生态优化互补意义。此外，过高的放养密度不利于尖吻鲈生长，并且增大了饵料系数，增加了养殖成本。因此，池塘混养尖吻鲈要确保溶解氧充足，要合理配置和使用增氧机，并要配置备用发电机。如果增氧机数量配置不够，则一定要相应降低混养密度。

试验证明，在尖吻鲈鱼虾混养中，南美白对虾放苗不宜超过3万尾/亩，体长为1.2 cm的斑节对虾最适放养密度为1万尾/亩。而尖吻鲈的放养密度须根据池塘情况以及放养大小而定。一般而言，体长2.5～3 cm的尖吻鲈鱼苗放养密度不宜超过2 000尾/亩（唐志坚等，2008），体长6.5～8.0 cm的尖吻鲈鱼苗适宜放养密度在800～1 000尾/亩（林壮炳等，2013）。否则，尖吻鲈长到200 g以上时容易缺氧或水质恶化而死亡。其他套养品种如鲻、鲮鲮鱼以及青蟹，其主要起到调节水质、降低池塘有机物累积等作用，养殖过程中投放养殖密度可适当降低，一般放养密度为300尾/亩。

（3）饵料投喂　尖吻鲈生产过程中套养的鲻、鲮鲮鱼，由于放养密度较低，一般可不投喂饲料；而青蟹投放后，可在池塘角落适当增加些遮蔽物供其退壳和躲避敌害。青蟹生产阶段可投喂蛋黄或鱼糜，入池后可投喂红肉蓝蛤或人工饲料。斑节对虾、南美白对虾也如此。尖吻鲈苗种入池时，由于池塘中的生物饵料已被鲻、虾以及青蟹大量摄食，因此，尖吻鲈苗种入塘后须及时补充饲料供其生长。目前，一般的尖吻鲈鱼苗在出售之前已经可以摄食颗粒饲料，省去了颗粒饲料驯化过程，大大提高了养殖成活率。鱼苗入池早期，投喂须量少而勤喂，随着鱼体的生长可逐渐增加投喂量，每天投饵量要根据天气、水温、鱼的生长和健康等情况来确定增减，每餐以90%饱为准。然而，在鱼苗入池初期，须坚持投喂1个月的虾料，这将提高虾苗的成活率和抗病力，加快生长速度。投喂时，先投鱼料，再投虾料。因为尖吻鲈的活动能力、摄食能力比虾要强得多，若先投虾料再投鱼料，则虾料均被鱼苗抢食，虾摄食不到饵料。鱼料为膨化浮性料，鱼的摄食量十分容易观察，虾料为沉性料，鱼的摄食量则难以观察，投料量难以把握。先投鱼料后投虾料，两者最好间隔0.5 h，虾可食鱼的塘边料或鱼吐出的食，这样可避免有鱼料残饵浪费及污染水质，鱼虾摄食互补非常好。此后，随着尖吻鲈饲料投喂量的增加，可以停止投喂虾料。此时有足够的残饵和鱼的排泄物供虾摄食，这样可以提高饵料的利用率，降低养殖成本，减少对水环境的污染，改善水质，降低病害发生的概率，提高养殖效益。为了进一步提高配养品种的成活率，可在养殖期间适当地补充些红肉蓝蛤和小杂鱼供虾、蟹摄食。

（4）日常管理及病害防治　混养的日常管理与一般精养大致相同。一定要注意开增氧机的时间、药饵的投喂、微生物制剂的应用、水体消毒用药等，保持充足的溶解氧，否则尖吻鲈很容易因缺氧而导致大量死亡，死亡率达90%以上。特别在养殖中后期，要经常换水、排污，坚持开增氧机增氧，以保持水质清爽。为了降低养殖风险，建议在鱼体重达到250 g以上时尽快上市。此后尖吻鲈抢食较多，排泄物增加，耗氧增大，池塘溶氧减少，水质不易控制。另外，水体的盐度对尖吻鲈的生长也存在较大的影响。特别是暴雨过后尖吻鲈易发病，主要原因是雨水冲淡了池塘水，造成池塘水的盐度几乎接近于完全淡化。再者是暴雨过后氨氮、亚硝酸盐等有毒物质含量超标，而连续的阴雨天气，抑制了池水中浮游植物的光合作用，造成水中溶氧不足，所以在雨天期间，要24 h开增氧机。同时，往池塘里注入盐度较高的新鲜水，保证池水盐度在3以上，否则不利于尖吻鲈的生长。

在养殖过程中可能由于苗种本身有虫或后期感染，日常管理中要注意是否有鱼离群独游、侧游、打转和身体发黑等现象。养殖过程中，定期施放EM菌、光合菌和底质改良剂以保证良好水质；结合内服药物和池塘泼洒杀虫、灭菌药物预防疾病，抑制细菌、病毒、指环虫、车轮虫的滋生。养殖早期每餐拌喂EM菌、免疫多糖，以增强鱼虾的早期营养和免疫力，提高苗种的成活率。中后期每3～5 d拌喂维生素C、蒜泥和火炭母等1次，以预防肠胃病，改善鱼的肠胃健康，增强消化吸收和抗病能力。如果确诊为寄生虫，必须进行杀虫。尖吻鲈对敌百虫等有机磷农药敏感，慎用；同时不要长期使用一种驱虫药品，可交替使用同效的不同药品预防，以免寄生虫产生耐药性。注意在杀虫后要及时用消毒药对水体进行消毒，以免引起细菌性感染，导致出现烂鳃、烂身等病害，同时要注意增氧。养殖过程中尽量使用生物制剂，少用或不用化学药物，倡导绿色养殖，达到出口的标准，提高产品市场竞争力。

常见疾病的防治方法见第八章。

4. 尖吻鲈池塘养殖案例　沈学能等（2010）开展了池塘尖吻鲈和蟹生态混养的技术研究，取得了较好的经济效益。

（1）放养前准备　池塘平整、消毒、清淤及护坡。在苗种放养前1个月，每亩用生石灰65 kg，化浆后全池泼洒，以改善池塘底质和杀灭病菌。

防逃设施，池塘四周要做好防逃设施，材料用加厚薄膜，埋入土中 25 cm，高出埂面 50 cm，每隔 50 cm 用木桩或竹桩支撑，四角做成圆角，防逃设施内留出 1～2 m 的堤埂。

（2）苗种放养　放养尖吻鲈鱼苗，规格 5 cm，每亩放 1 800 尾。鱼苗要选择健康无病、规格整齐的。每亩套养 300 只蟹苗，规格 200 只/kg。蟹苗应健壮，规格整齐，无断肢，无病斑。

（3）养殖管理

① 饲料投喂。仅投喂尖吻鲈鱼苗配合饲料，每天投饲 3 次，分别在 8：00—9：00、12：00—13：00、16：00—17：00，每天投饲量为鱼体重的 5%～8%。蟹苗主要是利用尖吻鲈吃剩的残饵，不另投蟹配合饲料，并根据水质、天气及吃食情况灵活掌握，及时调整。

② 水质管理。尖吻鲈与蟹混养塘要求水质清新偏瘦，溶氧丰富，透明度在 35 cm 以上，前期保持水深 1.2 m 左右，中期达到 1.5 m，后期达到 2 m 以上，特别在高温季节一定要保持较高的水位。3 亩池塘配置 1.5～3 kW 增氧机 1 台。每半个月施用 1 次微生物制剂（底改净）改善水质，分解水中的有机物，降低氨氮、硫化氢等有毒物质的含量，保持良好的水质，减少病害的发生。

③ 病害防治。养殖过程中以生态防病为主，药物治疗为辅。每 2 个月全池泼用二氧化氯消毒剂 3～4 次，每亩（1 m 水深）60～100 g。二氧化氯不仅能杀灭水中的细菌、真菌、病毒和芽孢，还具有良好的灭藻、增氧、除臭、降解有机污染物，以及改善、净化水质等功能；对蟹的细菌性疾病、水霉病等有显著的预防效果，且不产生抗药性，可提高水产动物机体的抗病能力和创伤的自愈能力。

④ 日常管理。每天坚持巡塘，观察水质变化，观察鱼、蟹的生长活动情况。晴天中午开增氧机 2～3 h，防止缺氧。

⑤ 收获。尖吻鲈商品鱼总产量 4 739 kg，成活率 92%。其中，出池规格 0.45 kg/尾，平均售价 24 元/kg，产值 113 736 元；出池鱼种产量 789 kg，平均规格 0.28 kg，平均售价 16 元/kg，产值 12 624 元，鲈总产值 126 360 元。蟹产量 200.2 kg，成活率 70%，出池规格 125 g/只，平均售价 60 元/kg，产值 12 012 元。

第二节　尖吻鲈网箱养殖技术

网箱养殖已成为海水鱼类养殖的主要方式之一，最早起源于 140 多年前湄公河畔的柬埔寨。我国海水鱼类网箱养殖始于 20 世纪 80 年代初，80 年代基本上处于起步和技术积累阶段。进入 90 年代以来，随着多种鱼类人工繁殖苗种培育技术以及养成技术的日臻成熟，网箱养殖呈快速发展。1998 年，我国从挪威引进大型深水网箱设备与技术，在海南临高试验养殖成功，各地相继引进试验，并开发了国产化技术，还引进了其他国家的网箱养殖设备和技术，深水网箱养殖技术在我国海水鱼养殖业中迅速发展。

一、网箱的类型及规格

目前，海水鱼常用的网箱类型按大类划分，可分为简易式网箱、深水网箱；按网箱的操作来划分,主要分为浮动式网箱、升降式网箱、固定式网箱以及沉下式网箱 4 种养殖方式。此外,从外形上可分为方形网箱和圆形网箱;从组合方式上可分为单个网箱和组合型网箱。我国尖吻鲈的养殖主要以浮动式网箱为主,其中包括简易浮动式网箱和深水浮性网箱。

1. 浮动式网箱

(1) 网箱组成及技术特点 浮动式网箱是最早的网箱养殖方式,其构造为将网衣挂在浮架上,借助浮架的浮力使网箱浮于水体上层,网箱随着潮水的涨落而浮动,从而保证养殖水体不变。这种网箱移动较为方便,其形状多为方形,也有圆形的。

浮动式网箱主要是我国南方沿海地区较为流行的、适合于内湾等风浪较小海区使用的木制组合式网箱,也就是俗称的"鱼排"。其具有造价低、简便和大小随意等特点。它由浮架、网箱(网衣)、缆绳以及重物(铁框、沙包或坠子)4 个部分组成。浮架由木制框架和浮子组成,多采用平面木结构组合式,我国福建、广东和海南等地流行这种框架。这种网箱常常 6、9、12 或 16 个组合在一起,每个网箱可设计为 3 m×3 m、4 m×4 m、5 m×5 m 的框架,3 m×3 m 规格常见,可根据养殖需要调整网衣大小,变化出 3 m×6 m、6 m×6 m 等多种规格。框架以厚 8 cm、宽 25 cm 的木板连接,接合处以螺丝钉固定,可便于在上面行走、操作。框架底部捆绑方形泡沫或圆形空心塑料桶作为浮力设施,根据浮力大小增加浮桶数量,一般要求框架木板的上缘至少高出水面 20 cm。为防止网箱漂移或不稳定,还须用铁锚或木桩对网箱加以固定。网衣多采用尼龙、聚乙烯等材料,国内常采用聚乙烯网线(14 股)编结,其水平缩结系数为 0.707,以保证网具在水中张开。网衣的形状随框架而异,大小应与框架一致。网高随低潮时水深而异,一般网高为 3~4 m。网衣网目的大小随养殖对象的大小而定。鱼体越大,网衣网目越大,从而达到节省材料并达到网箱内外水体最大交换率的目的,最好达到破一目而不能逃鱼。网底四周绑上沙袋或铅坠,防止网箱变形。小规格网箱网底可放置比框架每边小 5 cm 的底框。底框由 0.025~0.03 m 镀锌管焊接或包有 PVC 管的铁管弯曲而成,可最大限度地保障网底空间的展开。

(2) 浮动式网箱的优点及不足 传统的网箱较池塘养殖以及工厂化养殖,存在以下优点:①不占土地,海湾和内港均可安置网箱,可最大限度利用水体;②可实现高密度养殖,养殖产量高;③同一水体内可实现多种养殖产品养殖,而管理和鱼产品依然可分开;④溶解氧充足,可充分利用海区中的天然饵料,生长较快;⑤操作方便、管理简单,较易观察鱼群活动、摄食和健康状况,容易控制竞争者和掠食者;⑥鱼病防治简便,直接利用塑料袋套于网箱外围进行药物浸泡;⑦捕捞方便,可一次性将鱼产品收获,也可分批上市,可提供活鱼出售;⑧生产周期减少,操作过程鱼体损失较小,降低死亡率。

然而,传统的网箱养殖也受到许多客观条件的限制,如易受风浪冲击,尤其是台风袭击,常常出现因网箱材料不坚固或网箱设置不牢靠而出现鱼体"集体逃狱"现象,损失惨重。此外,网箱设置过密、养殖鱼类的生物量超过海区养殖容量,以及饵料的投喂,容易导致局部水域养殖自身污染,水体富营养化,浮游生物大量繁殖,甚至形成赤潮,严重影响这个海域渔业生产力。

2. 深水网箱 深水网箱是鱼类养殖的主要载体,产品质量直接关系到网箱的安全,任何一个环节的纰漏都会造成网破鱼跑的重大损失。深水网箱开始从挪威引进并在海南临高试验养殖，随后在各地迅速发展。近年来，我国自行研制的网箱技术已日渐成熟，同时由于造价低、抗风浪能力强、可随意调整养殖容量和使用寿命长等优点，相关技术和设施已拓展至海外市场。

（1）深水网箱类型　随着网箱养殖业的发展，深水网箱的发展根据不同的海况条件，研制了多种形式的网箱类型，主要包括以下几种。

① HDPH重力式全浮网箱。1998年，海南临高引进挪威全浮式重力网箱，大多数为圆形，框架结构以聚苯乙烯（HDPE）为材料。目前，国产全浮式深海抗风浪网箱的性能要求为：抗风能力最大10级，抗浪能力5 m，抗流能力最大1.0 m/s，网衣防附着时间6个月。目前国内使用的为周长50～60 m，国外已发展为90～120 m周长的规格。

整个网箱系统组成可分为框架系统、网衣系统以及锚泊系统3个部分。3个部分紧密相关、缺一不可。因此，各个系统的材料选择、结构设计、制作安装以及海上铺设等，直接影响着这个网箱系统的抗风浪、耐流性能及养殖生产的安全性。其基本结构包括高密度聚乙烯网箱框架系统、网衣、网底、网底圈以及沉子。

a.网箱框架系统。网箱的框架系统主要由内、外圈主浮管，护栏立柱管，护栏管，网衣挂钩及过道组成。主浮管由2～3道、直径250 mm的一次性发泡聚苯乙烯（HDPE）填充复合管组成，用于网箱的成型，同时可在主浮管一旦出现渗水时保证其提供足够的浮力，人可在其上面操作和行走。

目前的深水全浮网箱多以2×2组合型出现，因此，主浮管间须通过三通连接。主浮管连接三通采用高密度聚乙烯原料和抗老化剂，并采用中空结构以及一次性注塑成型工艺，可明显提高连接三通抗老化性能和使用寿命，同时由于中孔设计，可减少网箱框架的受流阻力。

主浮管对接处采用无暴露焊缝热箍套的加固技术，提高焊缝强度。主浮管上设有护栏立柱管，高80 cm，上设护栏立柱管，以保障操作安全。网衣可挂于护栏之上，以防止鱼跳出网衣，无需网盖。

b.网衣系统。目前，网衣材料多采用高密度六边聚乙烯网衣，采用PA网片电热烫裁、特殊缘刚、网衣合缝、扎边、纲索扎结等国际上先进编织工艺，经抗紫外线工艺处理的无结网片缝制而成。网衣强度高，纵向强力大于3 000 N，横向强度大于2 500 N，安全性好，使用寿命长，大大提高了网箱网具整体抗风浪能力。此外，针对海区附着生物难以清洗的难题，可对网衣进行防附着处理，以保障网衣正常条件下有效防附着时间延长半年以上，减少人工换网的频率。

c.锚泊系统。网箱的类型多种多样，设置方法也各不同，应因地制宜。针对不同的海域地质，采用锚固、桩固及混凝土预制块等方式固定网箱，常见的锚泊系统多采用铁锚。采用先进的张力缓冲结构，利用主副缆绳把网箱受的力均匀分散到各点上。保障网箱在恶劣的环境下最大限度地减少风浪对网箱的冲击，为网箱的安全提供了充足的保障。主锚（150～250 kg）固定的位置为主缆绳端点投影处，锚绳用聚乙烯绳或钢索等绳缆均可，长度应超过水深的4倍；副锚（50～100 kg）位置在主锚本身的投影线上，长度为水深的3倍。网箱迎风浪一边安置3个主锚，背风浪处安置2个，利用主锚绳（直接3～4 cm聚乙烯绳）将主锚和网箱架的主缆绳固定；在网箱副缆绳两侧固定副锚，再用副锚绳将副锚和框架网箱四角处的主副缆绳连接在一起，最后将各缆绳拉紧。在不宜打桩或抛锚的海区，可以用混凝土块代替桩和锚。

②高密度聚乙烯圆形升降式网箱。采用网箱下底圈注水或充气来改变地圈的重量，使得网箱下沉或上浮，从而实现网箱沉降至安全水层避免强风大浪对网箱的破坏。其主要采用潜水艇工作原理，将网箱框架浮管的空腔按设计要求分隔为多个水舱，各个水舱均设有气孔及气孔阀门，其开启与关闭由手动或自动控制系统实现。

③浮绳式网箱。是浮动式网箱的改进，相比之下，具较强的抗风浪性能，最早为日本使用。网箱由绳索、箱体、浮力及铁锚等构成，是一个柔软性结构，可随风浪的波动而起伏，具有"以柔克刚"的作用。另外，网箱是一个六面封闭的箱体、不易被风浪淹没而使鱼逃逸。柔性框架由两根直径2.5 cm聚丙烯绳作为主缆绳，多根直径1.7 cm的尼龙绳或聚丙烯绳作副缆绳，连接成一组网箱软框架。该类网箱的操作管理较为方便，在海流作用下，容积损失率也较高。最大的优点是制作容易，价格低廉。养殖渔民自己可以制作，且可根据当地海况调整结构。

④碟形网箱。美国的碟形网箱也称中央圆柱网箱，由浮杆及浮环组成。浮杆是一根直径1 m、长16 m的镀锌钢管，作为中轴，既作为整个网箱的中间支撑，也是主要浮力变化的升降装置。6～30 min可从海面沉到30 m水深。周边用12根镀锌管组成周长80 m、直径2.5 m的十二边形圈，即浮环。用上下各12条超高分子量聚乙烯纤维编结的网衣，构成碟式形状，面积600 m^2，容量3 000 m^3。箱体在2.25 kn流速下不变形，抗浪能力7 m。网箱上部有管子便于放鱼苗及投饵，中上部网衣上有一拉链入口，供潜水员出入，以便于高压水枪冲洗清洁网衣，收集死鱼、检查网衣破损。这类网箱抗风浪性能好，养殖容积损失少，比较适合较开放海域，但进口设备成本高，管理及投饵不便，常由潜水员操作。

⑤其他类型网箱。随着养殖品种的增加，针对不同养殖品种，开发了多种类型网箱，其中包括挪威制作的强力浮式网箱、张力腿网箱、美国制作的海洋圆柱网箱、加拿大Futurucua技术公司制作的SEA系统网箱。这些网箱在不同海洋品种的养殖过程中发挥了重要作用，同时推动了网箱制作业的发展，进一步促进了海产品养殖业的发展，为人类提供了优质的海洋蛋白质。

（2）深水网箱的优点

①经济效益高。网箱体积大（700 m^3），产量高（10 t），适合规模化生产、企业化运作，传统的浮筏式网箱养殖容量有限，产量低。按养殖容量及产量计，一组（4口）深海网箱相当于100个传统网箱。

远离海湾、陆地，水质好，环境优，成活率高，生长速度快，养殖品质高。因此，深海网箱养殖产出高，水产品价值高，经济效益良好。

②抗风浪、使用寿命长。抗风浪深海网箱材料新颖（HDPE），可抗12级台风，使用寿命10年以上，适宜深海养殖；传统浮筏式网箱由木板、螺丝及泡沫等组成，其结构决定其只能在内湾养殖，抗风浪能力差，使用寿命短（3～5年）。

③拓展海洋空间。由于HDPE材料的深海网箱具有抗风浪、使用寿命长等特点，因

此适合在远离陆源污染的深海养殖，能极大地转移近海海湾的养殖压力，保护环境、拓展养殖海域。

④ 质量安全、绿色健康。由于远离各种污染源，养殖水质优良，成活率高，而且养殖饲料为天然捕捞冰鲜鱼，养殖过程中不使用渔药、抗生素等，产品品质接近野生鱼类，绿色健康。

⑤ 环保、无污染。养殖区处于外海，养殖密度合理，养殖海域水质自净化能力强，整个养殖过程环保、无污染。

（3）网箱养殖配套设施

① 分离栅框。鱼苗投放一段时间后，其规格差异很大，必须按大、中、小进行分级，否则会产生强弱混养、浪费饵料、管理困难的现象。福建省水产研究所与中国海洋大学共同研制的棱台形鱼规格分级装置，分级效果明显。该装置由分离栅、网衣、绳索和属具构成，分离栅为棱台形刚性结构，由 4 个正梯形（侧面）和 1 个正方形（底面）格栅平面构成，并在其上方连接由 PE 网片制成的导鱼网笼。采用 35 mm×25 mm×0.7 mm 的不锈钢方管，栅条采用 20 mm×2 mm 的浅灰色 PVC 管。栅间距应按不同品种的鱼类进行生物学参数统计分析后确定（朱健康等，2006）。

② 换网设备。液压传动技术已日益普及且应用于渔船捕捞机械，能实现较大范围的无级变速，使整个传动简化，操作方便安全可靠，结构紧凑，便于甲板布置，渔民乐于接受。只要在工作船上安装一套小型的设备（立式液压绞纲机和伸缩臂液压吊机），共用一个泵站，并且配套操作技术，换网的问题便可迎刃而解（朱健康等，2006）。

③ 高压洗网机。网衣清理机是利用高压水射流清洗网衣上的附着物，也称高压洗网机。其主要包括一台独立驱动（通常采用汽油机或柴油机）的高压柱塞泵、一根高压连接软管和一个会旋转的清洗头。网衣清理机工作时，高压柱塞泵通常放在工作艇上，独立驱动的柴油机或汽油机动力能够四处移动。清洗人员手持连接清洗头的操作杆站在网箱边上进行清洗工作，高压柱塞泵产生的高压水经喷嘴喷射出很细的高压水射流，同时由于高压水射流在水里产生的反作用力，推动清洗盘转动，从而产生一个高压水射流圈，把网衣上的附着物清洗掉（朱健康等，2006）。

④ 投饲装置。目前，我国的尖吻鲈网箱养殖主要使用人工投料，存在劳动强度大、喂料不均匀和投料量难控制等问题，容易导致饵料残留过多。长期的人工投料易使养殖水域环境恶化，增加了养殖成本的同时也造成了环境污染。同时，我国现有的水产养殖投料装备主要是在小型池塘养殖上使用的机械式简易投料机，这类装备大多存在储料量小、不能定时、投料量不准确和需要人工启动等诸多缺点。人工投料和现有的简易投料机无法满足深水网箱养殖规模化、现代化、自动化发展的需要。为此，虞为（2016）研究开发了适用于深水网箱的投料机（图 7-1），实现了定时定量、精准均匀投料，减少了残饵对水环境的影响，降低了深水网箱养殖成本，提高了工作效率，有着重要的生态效益和经济效益。本发明的方案包括浮台、储料仓、螺旋送料器、直流电机、出料嘴、太阳能发电板、蓄电池以及控制面板。其结构特点是在浮台上设有储料仓，储料仓中设有螺旋送料器，螺旋送料器的顶部设有出料嘴。浮台上设有太阳能发电板、蓄电池和控制装置，控制装置、

螺旋送料器均与蓄电池连接。通过太阳能电池供电，这样十分节能环保，而且不需要定期更换电池，减少了劳动量，并且能保持整个系统长久运行。控制面板包括电源开关和定时器，投饵机每秒钟投料 0.65 kg，可通过定时器设置投料时间点和投料时间，通过设置投料时间长短控制投料量。储料仓可储存饲料 0.5 t，浮台和储料仓为 304 不锈钢材质，表面涂防腐漆。喂料时，启动电源开关，螺旋上料器由直流电动机驱动，即可将储料仓内的饲料输送到出料嘴上均匀投入到网箱内，或启用定时器，定时定量投喂。

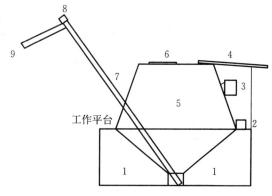

图 7 - 1　一种适用于深水网箱的定时定量投料机
1. 浮台　2. 蓄电池　3. 控制面板　4. 太阳能发电板
5. 储料仓　6. 进料口　7. 螺旋送料杆　8. 直流电机　9. 出料口
（引自虞为，2016）

⑤ 起捕设备。网箱吸鱼泵要符合养殖工况条件，捕捞输送活鱼也无损伤。目前，国内研究用于网箱起捕的吸鱼泵，是利用真空负压原理，将鱼水吸上来，鱼受的是负压作用，鱼体无损伤。中国水产科学研究院黄海水产研究所研发的网箱真空活鱼起捕机，其工作原理就是将吸鱼橡胶管放入达到一定鱼水比例的网箱中（鱼水比例 1：1 以上），启动自动控制电路开关，真空泵开始工作。连接真空泵的真空集鱼罐内部抽气形成负压，当罐内的负压达到设定值时，吸鱼口电动球阀自动打开，鱼和水通过吸鱼胶管被吸入集鱼罐内。当罐内的水位达到设定的水位时，高位浮球限位开关动作，进气电磁阀打开进气，罐内负压消除，出鱼水的密封门因内外气压差消除而打开，完成出鱼出水工作。当罐内水位降至排净时，低位浮球限位开关动作，自动控制系统重复以上的工作程序和步骤，从而实现间歇式真空起捕活鱼的目的（朱健康等，2006）。

⑥ 安全监测装置。目前，水下安全监测装置依据原理来分主要有两种形式，即光波传输和声波传输。厦门大学研发的网箱鱼群安全状态声学监控仪，就是采用高性能声呐探测系统进行鱼群探测的，监测系统由水声换能器、发射机、接收机、数据显示屏和换能器转向驱动机组成。该监控仪能对回波强度进行统计积分，并由此判断鱼群量的相对值，判断是否无鱼或少鱼，并能及时发出报警信号（朱健康等，2006）。

⑦ 网衣固定装置。在深水网箱养殖的过程中，根据实际情况，需要更换网衣和清洗网衣。现行使用的网衣固定装置是将水泥沉子捆绑在网衣底部，其主要问题是：更换网衣和清洗网衣时，需要潜水员潜水去网衣底部松解和捆绑水泥沉子。潜水员的作业市场价格是 1 500 元/d，现行使用的网衣固定装置使得更换网衣和清洗网衣受制于潜水员，增加了养殖成本，且工作效率较低。因此，亟待改进深水网箱网衣的固定装置，以降低深水网箱养殖成本，提高工作效率。虞为（2016）研发了带网衣固定装置的深水网箱（图 7 - 2），本发明包括网箱浮架、网衣、坠子、连接绳组件以及滑环，网衣形状开口向上且开口边缘固定于网箱浮架上，每个连接绳组件包括第一连接绳以及第二连接绳，第一连接绳

一端连接网箱浮架另一端固定坠子，第二连接绳一端连接网箱浮架另一端连接网衣底部，滑环固定于第一连接绳上靠近坠子处，第二连接绳穿过滑环中空位置且滑环可沿第二连接绳上下滑动。本装置当拉网收鱼或更换网衣时，先向上拉起第一连接绳，因为滑环的作用，第二连接绳不会向上拉起；然后再拉第二连接绳即可将网衣拉起；既能避免网衣聚集挤压养殖对象，又能解决在更换网衣及拉网时，须人工去水底松解网衣，而导致高成本、低效率的问题。

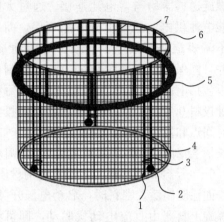

图7-2　带网衣固定装置的深水网箱

1. 第二连接绳　2. 坠子　3. 滑环　4. 第一连接绳　5. 浮管　6. 横管　7. 网衣

（引自虞为，2016）

⑧ 水质监测系统。网箱养鱼是一项高投入、高产出的渔业方式。网箱养鱼向环境输出的废物主要包括未食的饲料、粪便、排泄物等，其所含营养物质对水体和底泥产生富营养化影响。它们增加了水体的营养物负荷。随着养殖规模和养殖强度的扩大，我国有些开展网箱养鱼的水库，曾因网箱养鱼负荷量过大造成水质恶化，发生大规模死鱼或浮头事件，在网箱中大量使用药物也可使周围的水质恶化。不仅渔业生产遭受直接经济损失，还严重影响水体其他功能的正常发挥，影响国计民生。近年来，随着水产养殖规模化、集约化程度的不断提高，养殖种类的增多和养殖密度的增加，养殖水域水质环境日趋恶化，病害发生率越来越高，由此引发水产品质量安全问题也日益突出。因此，迫切需要构建一种水产养殖水质环境监测系统，以便及时地了解养殖鱼类生活环境的水质状况，从而采取有效的措施调控水质，保障水产品质量安全，达到安全、高效的生产目的。黄建清等（2013）构建了基于无线传感器网络的水产养殖水质监测系统，可随时监测养殖水体中亚硝酸盐、氨氮、溶氧、pH和温度等各项指标，及时了解养殖水质，该系统的传感器节点负责水质数据采集功能，并通过无线传感器网络将数据发送给汇聚节点，汇聚节点通过RS232串口将数据传送给监测中心，传感器节点的处理器模块采用MSP430F149单片机，无线通信模块由nRF905射频芯片及其外围电路组成，传感器模块以PHG-96FS型pH复合电极和DOG-96DS型溶解氧电极为感知元件，电源模块以LT1129-3.3、LT1129-5和Max660组成的电路提供（3.3±5）V。设计了传感器输出信号的调理电路，将测量电极输出的微弱信号放大，满足A/D转换的要求。节点软件以IAR Embedded Workbench为开发环境，采用单片机C语言开发，实现节点数据采集与处理、无线传输和串口通信等功能。监测中心软件采用VB6.0开发，为用户提供形象直观的实时数据监测平台。对系统的性能进行了测试，网络平均丢包率为0.77%，pH、温度和溶解氧的平均相对误差分别为1.40%、0.27%和1.69%，满足水产养殖水质监测的应用要求，并可对大范围水域实现水质环境参数的实时监测。

⑨ 水下视频监控系统。在网箱养殖生产中，养殖业者最为关注的是网衣是否破损、是否发生逃鱼及网箱内鱼类的活动情况等。传统的小型养殖网箱，由于其养殖容量较小、网具重量轻，通过诱集鱼群或人力提升网衣，能很容易观察到网箱内的鱼类和网衣状况。

而对于大型深水网箱，通过人力操作进行网箱状况观察则十分困难。因此，随着大型抗风浪深水网箱在我国的逐步推广应用，养殖生产中迫切需要解决深水网箱水下观察和监控等技术问题。为提高深水网箱养殖过程监控的准确性与实时性，胡昱等（2013）设计了一种深水网箱养殖远程无线视频监控系统。该系统利用 3G 无线网络技术实现深水网箱养殖网络化的本地或远程的实时视频监控，采用 3G＋VSaaS 模式，通过网络摄像头采集深水网箱现场数据，通过无线网络传输、发布和共享，并同时实现执行机构的反馈控制。该系统构建起深水网箱全方位远程监控体系，可实现深水网箱养殖信息化管理，提高养殖生产效率及风险防范能力。

二、尖吻鲈网箱养殖技术

1. 养殖海区的选择

（1）海区选择　选择网箱养殖的海区，既要考虑其养殖条件，最大限度地满足养殖品种生存和生长需要，又要满足养殖方式的要求。因此，网箱养殖尖吻鲈的海区选择非常重要。尖吻鲈为暖水性鱼类，如越冬须考虑海区最低水温。尖吻鲈网箱养殖应选择在风浪较小的港湾，南方沿海地区可选抗台风、水流畅通、水体交换充分、不受港湾污染影响的海区。海水在大潮期的流速在 12～26 cm/s 时为适宜，如流速较小，网箱的水流交换不好，在短时间内容易被海藻、牡蛎和藤壶等附着堵塞，若流速过大，虽然水体交换较快，但在投喂饵料时容易造成饵料流失大，鱼体本身消耗能量过大，影响鱼的生长速度（陈傅晓等，2008）。网箱放置海区水深最佳在 10～15 m（指落潮后），深水网箱可以设置在水深 20 m 以上的海区，在最低潮时，网箱底部到海底的距离应在 2 m 以上（陈锋等，2011）。传统网箱与深水抗风浪网箱养殖水域要求比较见表 7－3（黎文辉等，2012）。

表 7－3　深水抗风浪网箱与传统网箱养殖水域要求比较
（引自黎文辉和黄旭君，2012）

项　　目	深水抗风浪网箱	传统网箱
水深	20 m 以上	10 m 以上
水质	符合《渔业水质标准》	符合《渔业水质标准》
风浪	可抵抗十二级以上台风	十级以上风速出现损坏情况
养殖面积	安装区域投影面积大于 40 000 m²	安装区域投影面积大于 500 m²
气温	因网箱可沉降可抵御 5 ℃以下气温	气温 8 ℃以下出现鱼类死亡

（2）海区条件要求

① 盐度。盐度 18～32 均可适合其生长，23 左右为最佳，故在选择海区时可少考虑常年盐度较高的海区。还要考虑港湾在台风季节或雨季时淡水冲击的情况。

② 水温。适宜的水温为 18～32 ℃，我国海南地区为较理想的生长环境，在其他地区需考虑越冬问题。

③ 水质条件。要求海区水质较好，符合国家渔业水质标准，pH 7～9，透明度 8～15 m，溶解氧＞5 mg/L。

2. 苗种放养

(1) 鱼苗选择　苗种筛选要求鱼苗健康活泼，无畸形，鱼体鳞片完整无损伤，体表与鱼鳃内部无任何病害和寄生虫感染，鱼种大小整齐。此外，尖吻鲈幼鱼中间培育也尤为关键，一般在育苗场内进行中间培育，也可以通过池塘、传统网箱进行培育，直至苗种达到适宜网箱养殖的最适大小规格。

(2) 网箱准备　鱼苗放养前 1 d 将洗净后检查无破损的网衣系挂于网箱框架上，并潜水对网箱锚泊系统进行全面检查，网衣内侧露出水面部分加挂密围网，以防浮性饲料随水流流失。

(3) 放苗时间及养殖密度　放苗时间在每年的 7 月和 11 月，放养规格为 2～3 cm，最好在中间培育过程中将苗种规格提高至 6～10 cm，以提高鱼的养殖成活率及生长速度。当水温回升并稳定在 18 ℃以上时，为鱼种的适宜投放时间。鱼苗放养前要进行消毒，杀灭病原菌及寄生虫，放养后要加强鱼苗早期的营养，壮苗，增强抗应激能力。

在网箱养殖尖吻鲈中，放养密度高低不但直接影响上市规格所需的时间，同时直接影响养殖经济效益。因此，合理的放养密度是养殖成败的关键之一。网箱养殖放养密度，须根据养殖鱼体的生长情况，及时分苗并调整养殖密度，同时须根据养殖海区水质条件、水流条件等决定，从而提高养殖成活率和鱼体生长速度，以保证养殖效益最大化。养殖密度过大，鱼类对饲料的消化率降低，从而导致鱼类的生长率降低，饲料系数增大。Philpose 等 (2013) 对尖吻鲈养殖初期不同放养密度下养殖 3 个月鱼苗生长情况以及经济效益进行研究，结果见表 7 - 4。由此可见，放养密度对于深水网箱养殖尖吻鲈的生长、成活率和饲料系数均有影响。放养密度太大，尖吻鲈生长减慢，要达到上市规格势必延长养殖时间，相应地要投喂更多的饲料，并且密度越大成活率越低，如放养密度为 80 尾/m³ 时，鱼的成活率明显比其他密度低，因而从收获规格、饲料系数和成活率 3 个指标分析，深水网箱养殖尖吻鲈的放养密度以 40～50 尾/m³ 较适宜。此外，随着放养密度增加和养殖时间的延长，虽然鱼的单位产量和产值也增加，但每千克商品鱼的养殖成本却也依次递增。因而养殖密度越大，最终的养殖利润越小，甚至亏损 (表 7 - 5)。Suresh 等 (2013) 也开展了不同养殖密度对尖吻鲈生长、经济效益影响的研究。结果表明，规格 13～14 g/尾的尖吻鲈，放养密度为 40～60 尾/m³ 最适宜，经济效益也最好，这与 Philpose 等 (2013) 结果相一致。

表 7 - 4　不同放养密度下尖吻鲈放养和收获时的情况

(引自 Philpose 等，2013)

放养密度 (尾/m³)	放养 (n=100)			收获 (n=收获总数量)			投饵量 (kg)	饲料系数	成活率 (%)
	规格 (g/尾)	数量 (万尾)	总重 (kg)	规格 (g/尾)	数量 (万尾)	总重 (kg)			
40	14.5±0.6	2.0	286	446.10±16.76	1.834 0	8 181.5	13 817.1	1.75	91.7
50	14.5±0.6	2.5	357.5	436.10±10.81	2.257 5	9 845.0	17 077.4	1.80	90.3
60	14.5±0.6	3.0	429.0	416.20±11.99	2.688 0	11 187.5	20 656.2	1.92	89.6
80	12.5±0.4	500.0		387.10±13.26	3.456 0	13 378.2	27 044.2	2.10	86.4

表 7-5　不同密度养殖尖吻鲈的产量和经济效益情况

（引自 Suresh 等，2013）

放养密度（尾/m³）	养殖时间（d）	产量（kg/m³）	成本（元/kg）	产值（元/m³）	利润（元/m³）
40	102	16.36	16.68	316.0	43.0
50	102	19.68	19.68	378.0	44.6
60	107	22.37	22.37	422.0	23.4
80	122	27.37	27.37	492.0	−17.4

　　一般而言，在尖吻鲈网箱养殖中，体长 2～3 cm 的鱼苗可放 200～300 尾/m³；体长为 10 cm 左右的鱼苗，放养密度可调整为 40～50 尾/m³；若养殖水质条件及管理到位，可适当加大养殖密度，养殖密度可调整至 60 尾/m³，但生长周期会增大。同时，随着鱼体的增长，苗种的放养密度也要随之改变，最终养殖密度为 18～20 尾/m³。

3. 日常管理及病害防治

　　（1）饲料投喂　饵料的质量对尖吻鲈养殖存在一定的影响。尖吻鲈为杂食偏肉食性鱼类，可摄食小杂鱼、软体动物、小型动物、浮游藻类和甲壳类等。目前大规模养殖主要投喂高档海水鱼膨化配合饲料，要求饲料蛋白质含量达到 35%～40%，或采用粗蛋白质含量 43% 的尖吻鲈专用膨化饲料。养殖到一定规格后，可搭配投喂鲜杂鱼，效果更佳。需要注意，尖吻鲈鱼体长在 15 cm 以内不能投喂杂鱼杂虾，因为尖吻鲈嘴巴较小，杂鱼杂虾的骨头容易卡住喉咙或在鱼肠胃内造成积食。投喂鲜杂鱼时，须根据鱼体大小，对鲜杂鱼进行搅碎或剁切至适宜大小方可投喂。必要时，可定时在饲料中添加维生素 C 和维生素 E，以提高鱼体饲料转化效率和抗应激能力。

　　鱼苗放养后到起网收捕期间的饲料投喂也是至关重要的，应该结合放养的数量、养殖饲料的品种以及养殖海区的环境条件来制订投喂规程。尖吻鲈食量大，消化非常快，不注意掌握投喂量容易造成撑死现象。在投喂时可遵循小潮多投，大潮少投；水清时多投，水混时少投；流水急时少投，平潮、缓流时多投；水温不适时少投或不投，每年 5～8 月多投，越冬时少投等原则。养殖过程中须根据鱼体不同生长阶段选用适口饲料，在养殖的不同阶段，根据鱼的大小依次投喂 2、3、4、5 号饲料（颗粒直径对应为 3.0～3.8、4.0～4.8、5.0～5.8、6.1～7.0 mm）。各阶段日投喂量及投喂次数见表 7-6（Shubhadeep 等，2011）。

表 7-6　日投喂量、投喂次数

（引自 Shubhadeep 等，2011）

鱼体重（g）	投喂量（占鱼体重比例,%）	投喂次数	投饲时间			
18～100	5～6	4	7:00—7:30	12:00—12:30	17:00—17:30	20:30—21:00
100～300	3～4	3	7:00—7:30	12:00—12:30	17:00—17:30	
300 以上	2～3	3	7:00—7:30	12:00—12:30	17:00—17:30	

　　尖吻鲈的投喂方法，开始应少投、慢投，诱集鱼群上浮摄食；待鱼群纷纷游到上水层争食时，则多投快投；当部分鱼开始吃饱散开时，则减慢投喂速度，以照顾弱者，一般每

次投喂时间保持在1 h以上。

（2）养殖管理　网箱养殖的日常管理要做好"五勤"，即勤观察、勤检查、勤检测、勤洗网和勤防病。每天早、晚对网箱进行巡查，检查网箱是否存在破损，重点检测饲料台网有无破损，特别是台风过后；观察鱼体摄食及活动情况是否正常，有无游泳能力较弱的鱼；有无残饵，做好相关养殖记录。

网衣清洗和更换是非常重要的工作。养殖海域海水里的浮游生物较多，特别是夏季（6—9月），网衣更容易生长附着物，如藤壶、牡蛎和石灰虫等，且附着物生长繁殖的速度极快，影响了网箱内外水体的交换，导致网箱内水体溶氧量和水质下降，影响养殖鱼体的生长率和成活率。因此，须根据网衣附着生物量确定换网次数，深水网箱一般3～6个月换1次网，而内湾中则1个月换1次网较佳。换网时，须防止养殖鱼卷入网衣边角内造成擦伤，操作须小心。网衣清洗可使用高压水枪喷洗、淡水浸泡和暴晒等方法。虞为等（2006）开展了抗风浪网箱养殖尖吻鲈过程中网衣清洗和更换的时间与频率的研究，在抗风浪网箱上投放试验挂板，挂板的取换过程、样本收集、环境资料收集、室内分析等均按《海洋调查规范》进行。挂板分月板及季度板2种，吊挂深度分1、2、3、4、5 m共5个水层，不同深度挂板有3个重复，分别取平均值。通过1年的挂板试验，经鉴定共有污损生物53种（表7-7），其中，藻类4种、苔藓虫4种、多毛类10种、软体动物11种、藤壶4种、其他甲壳类15种、海鞘2种、鱼类2种、其他类群1种。优势种是网纹藤壶、多室草苔虫、翡翠贻贝和变化短齿蛤等；常见种有独齿围沙蚕、华美盘管虫、缘齿牡蛎、疣荔枝螺、螺赢蜚、光辉圆扇蟹、小相手蟹、皱瘤海鞘和褐菖等。抗风浪网箱养殖区的污损生物每月的附着量见图7-3。月平均附着生物量为277.37 g/m²，在30.5～612.08 g/m²变动。污损生物的月变化表现出双峰形走势，即1月为次高峰，3月降至最低峰，4月开始逐渐递增，至9月达到顶峰，然后

表7-7　抗风浪网箱养殖区的污损生物数量及组成

月份	生物种类	湿重(g/m²)	湿重百分组成（%）							
			藻类	苔藓虫	多毛类	软体动物	藤壶	其他甲壳类	海鞘	其他
1	9	540.23	1.42	20.7	0	15.92	56.86	1.56	3.76	0
2	12	215.45	8.36	42.86	0.21	11.53	33.98	2.51	0	0
3	7	30.61	93.65	0	42.96	0	0	6.23	0	0
4	8	84.87	78.32	6.42	0	9.53	5.41	0	0	0
5	9	164.23	51.82	4.15	6.43	7.15	35.51	0	0	1.27
6	4	236.61	0.31	0	4.13	0	98.12	1.61	0	0
7	7	622.31	0	0	0	2.11	96.05	1.87	0	0
8	10	525.83	0	0.77	0.76	1.29	93.71	1.27	0	0
9	10	612.35	0	0.09	0.08	12.13	87.42	0.36	0	0
10	12	311.52	0	0.36	0.36	20.31	77.71	0.83	0	0.26
11	12	187.52	0	0.27	0.27	33.45	63.53	2.31	0	0
12	6	101.42	0	0	0	18.36	77.41	3.54	0	0

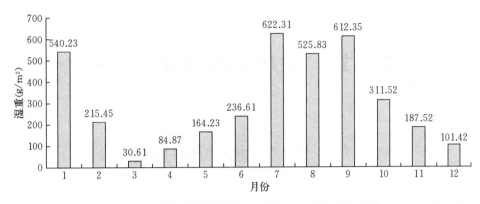

图7-3　抗风浪网箱养殖区污损生物生物量的月份变化

又逐渐下降。不同水深污损生物的附着生物量见图7-4。其生物量表现为随着水深的增加而生物量呈递减的趋势，1 m水深的主要污损生物为藤壶，其次为苔藓虫和藻类；2、3、4 m水深的主要污损生物也为藤壶，其次为藻类和苔藓虫；5 m水深的主要污损生物也是藤壶，其次为软体动物和苔藓虫。综上所述，抗风浪网箱在2—6月和11—12月可以间隔2～3个月清洗网衣1次；在1、7、8、9月每半个月清洗网衣1次；在2、6、10月每1个月

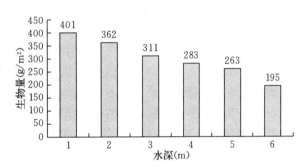

图7-4　不同水深污损生物附着的生物量

清洗网衣1次；在3—5月、11—12月每2个月清洗网衣1次；且网衣的上半部分要重点清洗。

　　每天做好日常记录，记录水温、pH、盐度、饲料投喂、药物使用、天气变化以及鱼病防治等情况，每隔半个月或1个月测定鱼体的体长、体重，以掌握其生长速度及规律等情况，以便合理确定饲料的投喂量；同时检测鱼体是否有病害发生。应特别注意，在天气闷热、阴雨天气时，须及时开启增氧机或鼓风机，防止尖吻鲈因缺氧造成的浮头和泛箱现象。

　　（3）疾病防治　鱼病是影响尖吻鲈成活率的主要因素，由于深水网箱养殖放养密度大，一旦鱼发病，交叉感染速度快，病情难以控制，易造成大批量死亡。因此，尖吻鲈病害防治要像其他品种一样，坚持"以防为主，防治结合"原则，主要是从维护良好的水质、提供充足的营养和控制病原传播等三方面入手。日常工作坚持巡视，留意观察鱼群游动、摄食情况，在病害流行季节加强疾病预防工作，在预混配合饲料中添加大蒜素、免疫多糖或中草药制剂，加工制成软颗粒饲料投喂，网箱内挂消毒剂袋，一旦发现病、死鱼应及时隔离治疗，或进行无害化处理，切勿随意将其扔出网箱外，使病原传播蔓延。尖吻鲈常见疾病及治疗方法见第八章。

第八章　尖吻鲈的病害与防控

第一节　尖吻鲈细菌性疾病

一、概述

1. 细菌的形态与结构　细菌以微米（μm）作为测量它们大小的单位，肉眼的最小分辨率为 0.2 mm，观察细菌要用光学显微镜放大几百倍到上千倍才能看到。不同种类的细菌大小不一，绝大多数细菌直径为 0.2～2 μm，长度为 2～8 μm。细菌的大小因生长繁殖的阶段不同而有所差异，也可受环境条件影响而改变。细菌按其外形主要可分为三类，球菌、杆菌和螺形菌。细菌的结构包括基本结构和特殊结构。基本结构指细胞壁、细胞膜、细胞质、核质、核糖体、质粒等各种细菌都具有的细胞结构；特殊结构包括荚膜、鞭毛、菌毛、芽孢等仅有某些细菌才有的细胞结构。

2. 细菌的分类与命名　细菌的分类单元也分为 7 个基本的分类等级或分类单元，由上而下依次是界、门、纲、目、科、属、种。细菌检验常用的分类单位是科、属、种，种是细菌分类的基本单位。形态学和生理学性状相同的细菌群体构成一个菌种；性状相近、关系密切的若干菌种组成属；相近的属组成科，依次类推。在两个相邻等级之间可添加次要的分类单位，如亚门、亚纲、亚属、亚种等。同一菌种不同来源的细菌称该菌的不同菌株。它们的性状可以完全相同，也可以有某些差异。具有该种细菌典型特征的菌株称为该菌的标准菌株，在细菌的分类、鉴定和命名时都以标准菌株为依据，标准菌株也可作为质量控制的标准。国际上菌种的科学命名采用拉丁文双命名法，由两个拉丁字组成，前一字为属名，用名词，首字母大写，印刷时用斜体字；后一字为种名，用形容词，首字母小写，印刷时用斜体字。

3. 细菌的生长繁殖　在适宜条件下，多数细菌分裂一次仅需 20～30 min。若将一定数量的细菌接种于适宜的液体培养基中，在不补充营养物质或移去培养物，保持整个培养体积不变条件下，以时间为横坐标，以细菌数为纵坐标，根据不同培养时间里细菌数量的变化，可以做出一条反映细菌在整个培养期间细菌数变化规律的曲线，称为细菌的生长曲线。生长曲线可为分为迟缓期、对数生长期、稳定期和衰亡期。①迟缓期：指细菌进入新环境的适应阶段，1～4 h，此期细菌体积增大，代谢活跃，但不分裂，主要是合成各种酶、辅酶和代谢产物，为之后的增殖准备必要的条件；②对数生长期是细菌培养至 8～18 h，则以几何级数恒定快速增殖，在曲线图上，活菌数的对数直线上升至顶峰，此期细菌的大小、形态、染色性、生理活性等都较典型，对抗生素等外界环境的作用也较为敏感，细菌的鉴定等选用此期为佳；③稳定期：指由于培养基中营养物质的消耗，毒性代谢产物积聚，pH 下降，使细菌的繁殖速度渐趋减慢，死亡数逐步上升。此时，细菌繁殖数与死亡数趋于平衡，此期细菌形态和生理特性发生变异。④衰亡期：随着稳定期发展，细菌繁殖越来越慢，死亡菌数明显增多，此期细菌变长肿胀或畸形衰变，甚至菌体自溶，难以辨认其形。

4. 细菌的致病机制 侵入生物机体并引起疾病的细菌称为病原菌。感染（infection）是指病原微生物在宿主体内持续存在或增殖，也反映机体与病原体在一定条件下相互作用而引起的病理过程。一方面，病原体侵入机体，损害宿主的细胞和组织；另一方面，机体运用各种免疫防御功能，杀灭、中和、排出病原体及其毒性产物。两者力量的强弱和增减，决定着整个感染过程的发展和结局，环境因素对这一过程也产生很大影响。因此，通常认为病原体、宿主和环境是决定传染结局的 3 个因素。病原菌突破宿主防线，并能在宿主体内定居、繁殖、扩散的能力，称为侵袭力。细菌通过具有黏附能力的结构，如菌毛黏附于宿主的消化道等黏膜上皮细胞的相应受体，于局部繁殖，积聚毒力或继续侵入机体内部。细菌的荚膜和微荚膜具有抗吞噬和体液杀菌物质能力，有助于病原菌在体内存活。

5. 细菌性鱼病的主要种类 第一次对鱼类病原菌进行分离和明确描述的报道是1894 年由 Emmericrh 和 Weibel 正式发表的对疖疮病的研究。其后，微生物学研究技术的发展和鱼类集约化养殖的兴起，促进了世界各国对鱼类细菌性疾病的研究。迄今已分离报道的鱼类主要致病菌有上百种，按症状分，有烂鳃、烂尾、溃疡、腹水、肠道白浊、白皮、赤皮、竖鳞、败血症、肠炎、疖疮、打印等；按致病菌的种属分，主要有产气单胞菌属、弧菌属、邻单胞菌属、假单胞菌属、爱德华氏菌属、屈挠菌属、嗜胞菌属、黄杆菌属、耶尔森氏菌属、巴斯德菌属、乳酸杆菌属、链球菌、埃希氏菌属、诺卡氏菌属、分支杆菌属和不动杆菌属等。细菌也包括一些条件致病菌，以及一些已被鱼病学研究者发现或认可但尚须国际细菌分类组织承认的种类。

6. 诊断技术与流行病学 鱼类细菌病准确的诊断必须建立在对致病菌准确鉴定的基础上，而传统的细菌鉴定（即生理生化性状分析）费时长、工作量大，给鱼病的及时治疗和流行病学调查带来极大的困难。为改进繁杂的传统鉴定方法，鱼病研究者花费大量的心血寻找快速准确的方法，如表型快速鉴定技术、血清学快速鉴定技术等。2005—2017 年以来，鱼类致病菌的免疫快速诊断已取得了丰硕成果。主要采用的技术有细菌凝集试验、免疫荧光技术、免疫扩散试验、抗体致敏胶粒凝集试验、协同凝集试验、免疫印迹技术及酶联免疫吸附技术等，应用这些技术所进行的快速鉴定几乎涵盖了所有的鱼类致病菌种类。这些技术的应用使得检验灵敏度不断提高。特别是近几年，单克隆抗体技术、核酸探针、PCR 检测等新的分子生物学技术在鱼类致病菌鉴定中得到采用，从而使检测的速度和专一性进一步提高。

随着致病菌诊断技术的不断发展，大量鱼类细菌病流行病学调查得以深入开展。对众多致病菌在水体、底泥、动物携带者中的生存能力及环境对其影响进行了广泛调查；对致病菌的可能传播途径和感染模式进行了探索；尤其是对某些菌经口感染和体表接触感染等方式进行了细致的研究工作；并对各致病菌的宿主范围及各种鱼种群间、种群内抗菌攻击能力进行了大量研究。这些都为细菌性鱼病的防治研究提供了重要的依据。

7. 细菌性鱼病的病理学 在细菌性鱼病研究的最初阶段，人们就已开始描述细菌性鱼病发生的过程和症状特征，这便是细菌性病理学研究的开始。随着组织学和医学微生物学理论和技术的进步，鱼类细菌病的病理学研究也逐步深入。初期人们通过肉眼观察鱼的体表、内脏症状，进行描述；1924 年以后运用组织切片进行显微观察，成为研究鱼类细菌病病理学的主要手段；进入 20 世纪 70 年代，又运用电子显微镜对组织病理进行超微结构观察。为更准确地观察致病菌在感染鱼体组织中的侵袭途径，Nelson 等应用荧光抗体染色技术与组织切片技术相结合的方法，对组织中的特定致病菌进行了定位观察。Baldwin 和 Newton 则应用免疫金标记技术，对鮰爱德华氏菌的感染途径进行了超微结构观察。

初期的病理学研究是解释细菌致死的直接原因，依据细菌病的特定病理特征建立病理学诊断技术。随着研究的深入，人们发现对致病菌引起的各种病理生理变化进行观察可以较为容易地找出鱼体死亡的直接原因，但由于许多细菌引起的病理生理变化具有比较相似的特征，因此仍需依赖病原的鉴定才能完善病理学的准确诊断。如今的鱼类病理学研究与致病菌的侵袭力及侵袭途径研究相结合，正朝着揭示致病机制而努力。

8. 鱼类致病菌致病性的研究　长期以来，人们对鱼类致病菌的致病性研究一直停留在用分离菌进行各种感染方式导致发病来判断其致病力的阶段，而对疾病的发生、发展等感染过程缺乏了解。近年来，随着医学微生物学技术的不断发展，对鱼类致病菌致病性的研究已成为鱼类细菌学研究的重点和最为活跃的研究领域。主要包括对常见的主要鱼类致病菌在鱼体内外的生存能力、侵袭能力以及抗宿主的防御能力等方面进行研究。大量的研究结果表明，许多鱼类致病菌具有较强的环境适应能力，它们会通过某种吸附方式进行最初侵袭，侵袭后会适应鱼体体内环境离子转运蛋白系统及抵抗鱼体血清溶血或吞噬细胞吞噬作用等。借助于医学微生物学和分子生物学技术，当今对鱼类致病菌的致病性研究已进入超微结构观察和分子生物学阶段。如对致病菌的毒性因子进行了蛋白质结构及调控遗传结构的分析，寻找其毒性结构基因、遗传表达的位点及其方式，或通过电镜观察致病菌的侵袭途径，了解致病菌的吸附方式及吸附侵袭受体。

9. 鱼类细菌病的控制　目前，对鱼类细菌病进行控制的主要手段是用抗菌药物。早在 1945 年 Gutsel 报道了用磺胺类药物治疗虹鳟疖疮病，这是抗菌药物用于水产业的最早报道。此后，人们陆续将许多医用、兽用抗生素应用于水产病害治疗。1950 年，氯霉素被首先引入水产业，此后很快扩展到土霉素（1951）、卡那霉素（1960）、红霉素和利福平等，并对其疗效范围、施药方式和剂量进行了大量研究报道。进入 20 世纪 70 年代后，对革兰氏阴性菌具广谱杀菌作用的喹诺酮类药物，被各国获准在水产上使用，从而开创了喹诺酮类药物的新时代。80 年代初期，不少研究者又开始了新一代喹诺酮类药物研发，并研制出了以氟哌酸、环丙沙星等为代表的第三代喹诺酮类药物，它们具有更强、更快的杀菌效果。抗生素所发挥的积极作用主要体现在防治水生动物疾病、促进生长、节约营养成分等方面。尤其是抗生素的应用有效控制了许多水产疾病的发生，促进了水产养殖业的发展。但是，由于抗生素的不断使用容易产生耐药菌株、存在药物残留以及容易破坏水生动物微生态平衡，一方面，使得水产养殖疾病越来越难治；另一方面，水产品质量安全得不到保证。因此，为了人类的健康和水产养殖业的可持续发展，必须充分认识到抗生素在水产养殖中所带来的副作用。

抗生素的副作用集中表现在以下几个方面：①耐药菌株的产生。某种曾经有效的抗生素在生产上低剂量、长时间使用后，会出现药效减弱或完全消失的现象，这是因为病原菌对抗生素产生抗性或耐药性，即产生了耐药菌株。耐药菌株的产生使得生产上用药量越来越大，药效越来越差，既增加了生产成本，又增加了防治难度。耐药菌株的产生同时也对人类的公共卫生构成了威胁。②在水产品中产生药物残留。抗生素使用后进入水生动物的血液循环，大多数会被排出体外，极少数会残留在体内组织中，并且随着多次使用在体内蓄积起来。抗生素的残留在影响人类身体健康的同时，也会影响水产养殖业的发展。③破坏微生态平衡。水是水生动物赖以生存的环境，其中有许多有益微生物，如光合细菌、硝化细菌等；水生动物肠道里也有大量的有益微生物，如乳酸杆菌、部分弧菌等。它们在维持水环境的稳定、水生动物代谢平衡中起着关键性的作用，成为水产动物体内外微生态平衡中的重要组成部分。抗生素的使用在抑制或杀灭病原微生物的同时也会抑制这些有益微生物，使水生动物体内外微生态平衡遭到破坏，导致微生物恶化或消化吸收障碍而引起新的疾病。④对免疫系统有抑制作用。抗生素对免疫系统的作用主要表现为对吞噬细胞的抑制。抗生素直接影响吞噬细胞的功能，通过影响微生物而影响吞噬细胞对微生物的趋化、摄取和杀灭等功能。抗生素在水产养殖疾病防治中虽然有较好的应用效果，但是随着人们生活水平的提高，对水产品的质量安全意识不断增强，抗生素利弊之间的矛盾日益激化，已经引起人们的普遍关注。因此，为了生产无公害水产品，提升水产品质量，应该科学、合理地认识抗生素使用的利与弊，要谨慎使用抗生素，严禁使用国家违禁的氯霉素、红霉素、杆菌肽锌、泰乐菌素及环丙沙星等抗生素药物，以确保养殖水产品安全卫生。

在对鱼类细菌病治疗的过程中，人们发现对于鱼类细菌病预防比治疗更为重要。尽管水产养殖防病与诸多因素有关，但借鉴预防医学人们便想到了使用细菌疫苗对养殖鱼类进行免疫保护。国外水产疫苗发展较快，产品和技术不断更新进步，应用效果显著。国外水产疫苗研究起步较早，早在 20 世纪 40 年代杀鲑气单胞菌菌苗就在鱼病防治方面开始应用。1975 年，疖疮病疫苗在美国进入商品化生产。至 2006 年，据不完全统计，针对 24 种不同的水产病原，一些国家或地区准发许可证的疫苗已超过 100 种。日本近年水产疫苗发展较快，2001 年，水产疫苗仅 4 种 5 制剂；2006 年，有 9 种 17 制剂；2010 年，已发展到 11 种 23 制剂。水产疫苗在鱼类病害的防治中发挥了极其重要的作用。亚洲一些国家也通过实施免疫补贴等方案推动水产疫苗的应用。据报道，日本 2007 年对水产疫苗使用的补贴额度为价格的 1/3，韩国对水产疫苗补贴的额度为 1/4。目前，挪威、美国、加拿大和荷兰等国鱼用疫苗产业化程度高、市场成熟，孵化出众多从事鱼用疫苗开发的跨国公司，如 Alpharma、Aqua Health、Intervet 和 Bayotek 等。水产疫苗的免疫技术设备也已经取得突破。挪威成功地研制出鱼群疫苗自动注射机，1 台自动注射机每小时可注射数千尾鱼，一人可同时操作数台注射机，加快了水产疫苗的使用。挪威三文鱼养殖是水产疫苗推广应用成功的典范。目前，挪威的三文鱼养殖基本达到健康养殖的目的，此种进步主要归功于鱼用疫苗的研究和产业化开发。

国内水产疫苗发展快，技术成熟，已储备了一批疫苗产品，并在中试推广过程中产生了良好效益。我国渔用疫苗研究始于 20 世纪 60 年代末，草鱼出血病组织浆灭活疫苗开创了我国水产疫苗的先河。截至目前，共有 4 个水产生物疫苗获得国家新兽药证书，分别为草鱼出血病活疫苗，草鱼出血病细胞灭活疫苗，鱼嗜水气单胞菌败血症灭活疫苗，牙鲆溶藻弧菌、鳗弧菌/迟缓爱德华菌病多联抗独特型抗体疫苗。其中，草鱼出血病活疫苗于2010 年获得国家一类新兽药证书，2011 年获国内第一个水产疫苗生产批准文号，标志着我国水产疫苗研发与应用开始进入实质性的产业化阶段。近年来，随着人们对化学药物残留危害认识的加深，水产动物免疫研究成为热点，得到了国家自然科学基金、国家 973 计划、国家 863 计划和国家攻关计划等重大科技计划的资助，疫苗研究有了飞跃式的进展，储备了一批疫苗产品。据不完全统计，全国有 20 多家科研单位开展水产疫苗相关研究，涉及病原 20 多种（类），包括危害严重的草鱼呼肠孤病毒、海水鱼类虹彩病毒、主要淡水养殖鱼类嗜水气单胞菌、鱼类弧菌、罗非鱼链球菌以及鱼类爱德华氏菌等，在研已有多种疫苗制品，其中淡水鱼嗜水气单胞菌灭活疫苗、草鱼细菌病三联灭活疫苗、海水鱼弧菌二联苗、海水鱼弧菌 OMP 亚单位疫苗、创伤弧菌 Iscom 口服疫苗等疫苗制品已经完成中间试制工作，预计将很快进入实用化阶段。

10. 我国鱼类细菌病的研究概况　我国对鱼类细菌病的研究工作开展得较晚，起步于王德铭先生 1956 年对荧光假单胞菌引起青鱼赤皮病的研究。随后我国鱼病工作者先后对引起肠炎、腐皮病、烂鳃病、烂尾病、白皮病、白头白嘴病、竖鳞病、鲤白云病、疖疮病、溃烂病、鳗赤鳍病、弧菌病、爱德华氏病、鳗红点病、链球菌病、淡水鱼类细菌性出血病等进行了致病菌的分离、鉴定、药物筛选和菌苗研究。我国鱼病学者分离报道的鱼类病原菌主要有 20 多种，开展了对草鱼烂鳃病、异育银鲫溶血性腹水病、虹鳟肠道感染症和淡水鱼类细菌性出血病等的组织病理学、病理生理学及致病菌在组织中的定位观察研究；鱼类细菌免疫学受到重视，免疫酶技术、荧光抗体技术、凝集试验等免疫学得到广泛应用；抗菌药物的药理、毒理、抗菌药物作用的后效应、致病菌耐药性等的研究已日趋活跃。菌苗试验研究应用受到重视，有关学者开始了鱼类致病菌致病性的研究。随着分子生物学的发展，对细菌致病性的研究有了新的突破。嗜水气单胞菌在进行 HEC 毒素、S 层、胞外酶的研究基础上，又开展了铁载体的提纯及特性研究，进一步明确了致病的分子基础。与此同时，核酸探针、PCR、基因克隆等分子生物学技术得到应用。随着我国水产养殖集约化程度的不断提高，鱼类细菌性疾病造成的危害也呈日趋严重的趋势。因此，研究致病机制和发病条件，将为水产健康养殖提供可靠的理论依据；研究出准确、快速的诊断技术应成为我国今后鱼类细菌病研究的重点。同时，生态、生物防治的研究应引起足够的重视（黄志斌和巩华，2012；孟庆显，1996；钱云霞等，2001；夏春，2005；杨兴丽，2001；殷战和徐伯亥，1995；俞开康等，2000；战文斌，2004）。

二、细菌性疾病

1. 哈维弧菌病

【病原】哈维弧菌（*Vibrio harveyi*）是最近十几年被认识到的水产养殖病害中重要的病原菌，并且得到了广泛的研究。哈维弧菌属于弧菌科（Vibrionaceae）弧菌属（*Vibri-*

o），是一种氯化钠依赖型、弯杆状、革兰氏阴性、发光的海洋细菌，在水环境中呈自由生活状态，是海洋生物中正常菌群的一部分。哈维弧菌为端生单鞭毛，氧化酶阳性，葡萄糖氧化发酵型的弧菌。菌体大小为$0.44\sim1.38~\mu m$，形成的菌落在营养琼脂平板上呈圆形灰色，TCBS培养基为黄色，对O/129敏感，是一种广泛存在于海洋环境中的条件致病菌，可导致多种水产经济动物的感染，给海水养殖业带来了巨大的经济损失（图8-1）。其感染对象广泛，包括海洋鱼类、甲壳类、软体动物和珊瑚等。20世纪90年代以来，哈维弧菌感染造成了南美洲、澳大利亚和亚洲大型虾养殖场严重的经济损失，曾引起斑节对虾和日本对虾幼虫阶段100%的死亡率。哈维弧菌在无盐培养基中不生长，在含盐营养琼脂平板上生长良好，28℃培养24 h可以形成圆形光滑、边缘整齐、稍隆起、闪光的

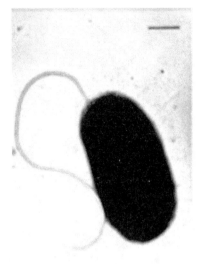

图8-1　弧菌电镜下形态

菌落，在TCBS平板上为黄色菌落，4℃以下和40℃以上不能生长。

【症状和病理变化】病鱼表现出不同的症状，主要表现为眼球突出、充血，角膜不透明，鳍条基部、肛门红肿，肌肉溃烂，肠胃炎，严重的甚至出现死亡等。感染初期，体色多呈斑块状褪色，食欲不振，缓慢地浮游于水面，有时回旋状游泳；中度感染，鳍基部、躯干部等发红或出现斑点状出血；随着病情的发展，患部组织浸润呈出血性溃疡；有的吻端、鳍膜烂掉，眼内出血，肛门红肿扩张，常有黄色黏液流出。可引起发病鱼的鳃、肝、脾、肠、胃、肾等多组织器官发生严重的病变。鳃病变表现为大部分鳃小片呼吸上皮细胞肿大变性，毛细血管扩张、充血并伴有渗出，黏液细胞增生，鳃小片间充有大量的增生细胞，部分鳃小片融合在一起呈棍棒状。肝出现广泛的脂肪变性，许多肝细胞胞浆中出现空泡，肝组织结构疏松，肝细胞变性坏死，炎性细胞浸润，呈变质性炎症。脑膜充血，脾充血、出血明显，脾髓充满红细胞，白髓与红髓难以辨认，多数病例可见大量的被苏木精-伊红染成棕黄色的血源性色素沉着。部分肾小球变性坏死，有的肾小管上皮细胞肿胀或坏死，核固缩或核溶解，管腔缩小，腔内有蛋白样物质，病变严重者部分肾出血（图8-2）（Dong等，2017）。

【流行情况】弧菌病害的发生，往往是由于外界环境条件的恶化，致病弧菌达到一定数量，同时因各种因素造成养殖动物本身抵抗力降低等多方面相互作用的结果。由哈维弧菌引起的疾病对鲈养殖业危害较大，其高发病率和死亡率给鱼类养殖业造成了严重损失。由哈维弧菌引起的疾病多数发生在大潮水后3～4 d，4—10月均可发生，但以夏季高温期为盛，6月中旬至9月下旬是主要危害期。发病水温为22～28℃，一般死亡率为20%～40%。

【诊断方法】利用哈维弧菌的多克隆抗体，采用ELISA技术可以快速、特异性地检测养殖水体及宿主体内的哈维弧菌；利用多重PCR可在同一PCR管中检测出哈维弧菌；利用荧光定量PCR可以定量表述哈维弧菌各基因在不同环境下的表达情况。

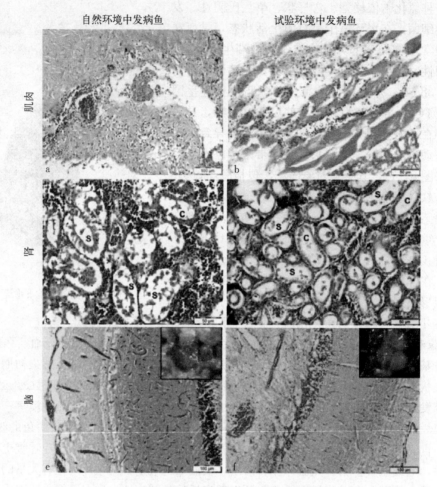

图 8-2 自然感染和人工感染尖吻鲈组织病理学

a，b. 肌肉严重坏死，伴随大量的免疫相关细胞浸润   c，d. 肾小管上皮细胞塌陷（c）、脱落（s）于管腔   e，f. 脑组织严重充血

（引自 Dong 等，2017）

【防治方法】

① 预防措施。养殖期间在饲料中投放乳酸杆菌，利用其代谢产物对哈维弧菌产生颉颃作用；也可以将抗生素乳酸诺氟沙星添加在饲料中，这种方法普遍、常用、见效快，可以达到很好的治疗效果，但是抗生素的添加量不宜过多，否则哈维弧菌容易形成耐药性，失去治疗效果。哈维弧菌病可用 $1 \sim 1.5 \ g/m^3$ 漂白粉、$0.3 \sim 0.6 \ g/m^3$ 二氯异氰尿酸钠、$0.2 \sim 0.5 \ g/m^3$ 三氯异氰尿酸粉和 $0.1 \sim 0.3 \ g/m^3$ 二氧化氯等药物进行预防，疾病流行季节，全池泼洒，每 10 d 1 次；也可用 $0.2 \sim 0.3 \ g/m^3$ 含 8% 的溴氯海因全池泼洒进行预防，每 7 d 1 次；而最有效的方法是提取哈维弧菌 SpGY020601 的 ECP、LPS 成分，分别制成疫苗，进行浸泡和注射来免疫鱼群。

② 治疗方法。投喂抗生素药饵，如用土霉素，每千克鱼每天用药 $70 \sim 80 \ mg$，制成药饵，连续投喂 $5 \sim 7 \ d$；在口服药饵的同时，用漂白粉等消毒剂全池泼洒，视病情泼洒 1～

2 次，可以提高防治效果；氟苯尼考，一次用量，每千克鱼体重 10～20 mg，拌饲投喂，每天 1 次，连用 5～7 d；高锰酸钾，一次用量，每升水体 15～25 mg，浸浴，5～10 min；大蒜素和强力霉素，一次量，每千克鱼体重分别用 50 mg 和 30 mg，拌饲投喂，每天 1 次，连用 5 d。最后一次投药后，间隔 10 d，以同样方法再连用 5 d。使用以上药物的休药期，氟苯尼考 14 d，土霉素 30 d。

2. 溶藻弧菌病

【病原】溶藻弧菌（*Vibrio alginolyticus*）属于弧菌科（Vibrionaceae），革兰氏阴性短杆菌，无芽孢、荚膜，单独存在或尾端相连成 C 或 S 形，为嗜盐嗜温性、兼性厌氧海生弧菌。通常在固体培养基上以单极生鞭毛运动。在 IP 培养基上 27 ℃ 培养 24 h 菌体大小为（0.6～0.9）$\mu m \times$（1.2～1.5）μm，菌落直径 2 mm 左右。两株菌在营养琼脂上生长良好，菌落均为圆形，表面光滑，有光泽，边缘整齐；在 TCBS 培养基 28 ℃ 培养 24 h 后菌落均为圆形，中央隆起表面光滑，有光泽，边缘整齐，形成黄色大菌落。两株菌经革兰氏染色，均为革兰氏阴性，短杆状，无芽孢、荚膜，无 NaCl 不生长，3%～10% NaCl 均可生长，可运动，对弧菌抑制剂 O/129（150 μg）敏感，甲基红、靛基质、V－P 反应均为阳性（图 8 - 3）。

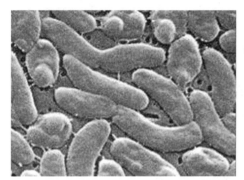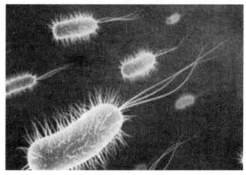

图 8 - 3　溶藻弧菌的形态特征

【症状和病理变化】被溶藻弧菌感染的尖吻鲈发病初期体色变深，行动迟缓，经常浮出水面，体表病灶充血发炎，胸鳍腹鳍基部出血，眼球突出、混浊，肛门红肿；随着疾病的发展，发病部位开始溃烂，形成不同程度的溃疡斑，重者肌肉烂穿或吻部断裂，尾部烂掉。解剖发现内脏器官病变明显，腹部膨胀、有腹水，肝肿大，肾充血，有时肠内有黄绿色黏液。病鱼大多体色较黑，胸腹鳍充血，肌肉溃烂。出现出血症状后，一般 1～7 d 便死亡，常为急性死亡。表皮发生溃疡、出血、常有黑斑，眼球凸起、充血，腹部充水肿胀，肾发白，脾肿大、常有小瘤伴生，肝充血、损伤；病鱼的肝、肾、脾等组织细胞均出现不同程度的坏死现象，严重时整个细胞呈溶解状态，而肠道组织病变不明显。在此基础上对该病的致病机制和致死原因进行了探讨，认为溶藻弧菌对鲈致病的传播不是经口，而是由体表伤口进入机体。该菌在体表病灶处大量繁殖，产生毒素，使体表出血溃烂；病原菌进一步进入血管，随血液循环至肝、脾、肾等主要器官，造成全身性组织严重损害，最终导致鱼体的死亡。各组织器官共同的组织病理变化主要表现为细胞变性、坏死，病变组织炎性细胞浸润，呈变质性炎症（图 8 - 4）（Sharma 等，2012）

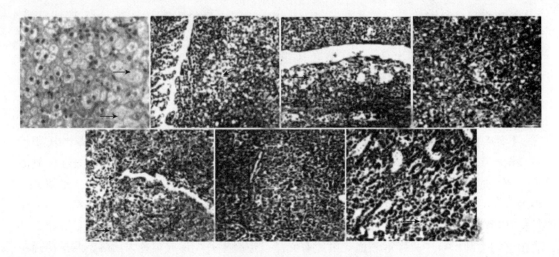

图 8-4　溶藻弧菌感染鱼的组织病理变化

箭头示细胞结构改变

（引自 Sharma 等，2012）

【流行情况】溶藻弧菌广泛分布于世界各地海水中，为嗜温菌，从夏季到冬季，由赤道向两极随着温度的降低其数量明显减少，在水温 25～32 ℃下易流行，在鱼体免疫机能下降或环境恶化时也容易发生。每年的 7—9 月为溶藻弧菌感染的高峰期。另外，台风后感染率更高。

【诊断方法】可用溶藻弧菌的间接荧光抗体检测方法，现场检测结果显示，该方法对具有典型症状的发病鱼的病原检出率为 100%，表观健康鱼病原检出率为 30%，养殖海水检测结果为阴性，表明所建立的检测方法不仅可以用于已感染的发病鱼的快速检测，而且可以用于检测已感染的未发病鱼。进行溶藻弧菌的 ELISA 快速检测方法研究，以甲醛灭活方法获得菌苗，通过免疫动物获得抗血清，该抗血清经吸附后与副溶血弧菌、河流弧菌等 10 株对照菌株无交叉反应，对溶藻弧菌的最低检测极限可以达到 97 000 个 cfu/mL。还有建立了检测溶藻弧菌的单抗-ELISA 技术，该反应系统可用于溶藻弧菌的快速诊断，反应时间为 6～7 h，检测灵敏度为 10^4 个 cfu/mL。另外，根据 23S rRNA 序列设计引物进行 PCR 检测，能够从种的水平上鉴定和区分亲缘关系很近的哈维氏弧菌、溶藻弧菌等弧菌属细菌。

【防治方法】

① 预防措施。日常管理中要防止养殖密度过大，操作中要小心，避免造成鱼体皮肤损伤，保持水质干净，防止水平传染。免疫刺激是能够增强鱼体免疫力和疾病抵抗力的一种有效方式，因此溶藻弧菌的灭活疫苗能够在一定程度上提高机体免疫力。用甲醛灭活溶藻弧菌，通过口服灭活疫苗，可获得较高的免疫保护率。用溶藻弧菌制备全细胞、全细胞-FCA 和 LPS3 种疫苗，经免疫接种后，免疫组的抗体效价及其他各免疫指标较对照组显著高，在攻毒之后，都表现出很好的免疫保护力，其中最高的属全细胞-FCA 组，免疫保护力高达 85.7%。用福尔马林灭活法，制备了溶藻弧菌的全菌疫苗，免疫接种后，灭活疫苗提高了鱼体的免疫功能，使鱼的死亡率大为减少。一般预防溶藻弧菌病可选用 10% 聚维碘酮液，一次用量，每千克鱼体重 30～50 mg，拌饲投喂，每天 1 次，连用 3～5 d；

或盐酸土霉素，一次用量，每千克鱼体重 30～50 mg，拌饲投喂，每天 1 次，连用3～5 d。

　　② 治疗方法。对患病初期的个体，使用有效抗生素拌料投喂，能够有效地防治该病。溶藻弧菌对磺胺＋TMP、环丙沙星和呋喃妥因等较为敏感，用这些药物可预防和治疗溶藻弧菌病。可用大蒜素，一次用量，每千克鱼体重 50 mg，拌饲投喂，每天 1 次，连用 7 d；磺胺甲基嘧啶、4-磺胺-2，6-二甲氧嘧啶或 4-磺胺-6甲氧嘧啶，一次用量，每千克鱼体重 200 mg，拌饲投喂，每天 1 次，连用 3～7 d，首次用量加倍；四环素、金霉素，一次用量，每千克鱼体重 50～75 mg，拌饲投喂，每天 1 次，连用 5 d。使用以上药物的休药期均为 30 d。

3. 鳗弧菌病

　　【病原】鳗弧菌（*Vibrio anguillarum*）是弧菌属中较早的成员，在水产养殖动物细菌病中较为常见，能够引起多种水产养殖动物相应的"弧菌病"，但是在陆生动物及人体的感染中尚未有明确的记述。鳗弧菌为革兰氏阴性，短杆状、两端钝圆、弯曲呈弧形，以极端单鞭毛运动，大小为（0.5～0.7）μm×（1～2）μm；无荚膜、芽孢；经长期人工培养后有多形性趋向，可以呈球形或长丝状。最适温度为 25 ℃左右，生长的温度为 10～37 ℃；发育的适宜 pH 为 6～10，最适 pH 为 8 左右；发育的适宜盐度为0.5～6，以 1 为宜，盐度为 0 和 7 时该菌不生长。该菌能够在普通营养琼脂培养基上生长，形

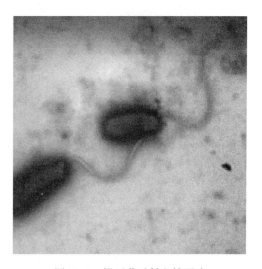

图 8-5　鳗弧菌透射电镜照片

成圆形、边缘整齐、稍隆起、有光泽、乳白色略透明的菌落；通常在血液（马或羊血）营养琼脂培养基上培养 24 h 后产生 β-溶血，菌落呈现灰白色；在胰蛋白胨大豆胨琼脂（TSA）培养基上形成隆起、圆形、黄褐色不透明的菌落；在 Zobell 的 2216E 培养基上，可形成浅橘黄色、圆形光滑的菌落；在硫代硫酸盐-柠檬酸盐-胆盐-蔗糖琼脂（TCBS）培养基上易生长，形成黄色菌落（图 8-5）。

　　【症状和病理变化】发病初期体表部分褪色，然后鳞片脱落、出血变红，接着真皮组织被破坏，最后甚至形成溃疡；各鳍基部充血发红，眼球突出，肛门红肿，眼内出血或眼球变白混浊或有气泡。解剖检查可见有明显的黄色黏稠腹水，肌肉组织和内部器官有点状或弥散性出血，肠道存在严重的炎症、出血或充血呈红色，肠黏膜组织常溃烂脱落，形成黄红色或黄色的黏液，肾、肝和脾瘀血、出血甚至坏死，肠黏膜组织腐烂脱落，部分鱼肝坏死（图 8-6）（Kumar 等，2008）。

　　【流行情况】流行高峰期为水温较高的夏秋两季，春冬季节发病少，一般发病水温在 28 ℃以上，当水温低于 25 ℃时较少发病。一旦发病，传播速度快，死亡率高。本病主要流行于沿海地区养殖场。

　　【诊断方法】鳗弧菌病以体表溃疡为特点，体表和鳍条发红，肝瘀血等。可根据发病

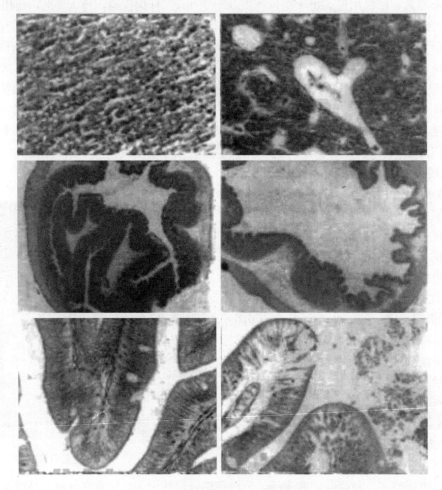

图 8-6 感染鳗弧菌病的组织病理学

(引自 Kumar 等，2008)

症状和流行情况作出初步诊断，确诊须用血清学或通过患病鱼肝、肾、脾和血液取样培养，其菌落有反光，通过分子生物学方法可鉴定。

【防治方法】

① 预防措施。鱼池应挖去过多淤泥，用 150 kg/亩生石灰清塘，合理放养，不投喂氧化变质的饲料，防止鱼体受伤，及时杀灭体外寄生虫。或用 8% 溴氯海因，一次用量，每立方米水体 0.2～0.3 g，全池泼洒，每 7 d 1 次；盐酸土霉素，一次用量，每千克体重 30～50 mg，拌饲投喂，每天 1 次，连用 3～5 d。

② 治疗方法。可用三氯异氰尿酸全池泼洒，按 0.3～0.4 g/m³；强碘，一次用量，每 667 m³ 水体 300 mL，全池泼洒 1 次，同时用每千克体重 100～150 mg 氟苯尼考粉、每千克体重 0.1～0.15 g 消食利胃散和每千克体重 0.1～0.2 g 多维，一次用量，拌饲投喂，每天 1 次，连用 3～4 d；土霉素拌饲投喂，按每 10 kg 体重 1 g，连续投喂 4～6 d。氟苯尼考，一次用量 10～20 mg/kg，拌饲投喂，每天 1 次，连用 5～7 d。使用以上药物的休药

期为土霉素 30 d，氟苯尼考 14 d。

4. 河流弧菌病

【病原】河流弧菌（*Vibrio fluvialis*）菌体可呈短杆状、弧状、球杆状，直或稍弯曲，革兰氏染色阴性，无芽孢、荚膜，菌体极端有一根单鞭毛，有动力，细菌运动呈活泼的穿梭状。氧化酶、黏丝试验阳性，硝酸盐还原阳性，靛基质反应、V－P 试验均为阴性，精氨酸双水解酶阳性，赖氨酸和鸟氨酸脱羧酶阴性。为发酵型代谢，分解蔗糖、阿拉伯糖和甘露糖。嗜盐，需氧或兼性厌氧，在无盐培养基上一般不能生长或生长不良，在 1%～6% 甚至 8% NaCl 培养基上能良好生长，菌体直或稍弯曲，两端圆形；能运动，极端单鞭毛；单个存在，很少出现 2 个或连成链条状；菌落呈圆形，表面光滑湿润，微凸，边缘整齐，质地软，奶白色；在 TCBS 培养基上生长呈现黄色，无色素，不发光，需 Na$^+$ 才能生长，40 ℃ 以上及 4 ℃ 以下不生长，最适生长温度为 27～30 ℃，不存在赖氨酸脱羧酶酶类（利用柠檬酸盐作为唯一碳源），可利用 D－果糖、L－阿拉伯糖、D－半乳糖、麦芽糖、蔗糖及水杨酸甘露醇海藻糖等糖类；微利用纤维二糖和腐胺；不能利用 D－木糖蜜二糖和乳糖鼠李糖等糖类（图 8－7）。

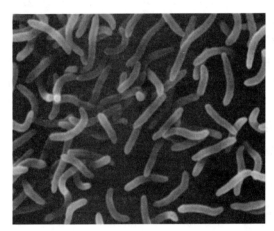
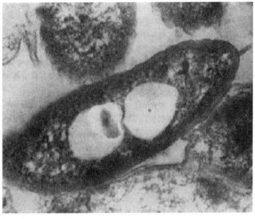

图 8－7 河流弧菌电镜照片

【症状和病理变化】河流弧菌生物 Ⅰ 型是尖吻鲈体表溃烂病的致病菌，发病早期的尖吻鲈行动缓慢，经常浮出水面，摄食量下降或不摄食，尾鳍、腹鳍、背鳍等溃烂，鳍末端充血发炎，鳍间组织逐渐散开，肌肉组织坏死，鱼体表面发生部位不定的溃烂面，溃烂面渐变成一深洞，体色异常，最终死亡（吴后波和潘金培，1995）。

【流行情况】在东南亚养殖的尖吻鲈每年大约 11 月开始发病，死亡率较高，造成严重的经济损失。

【诊断方法】通过病理学诊断可初步判断是弧菌感染，进一步从内脏器官进行细菌的分离培养鉴定，可确诊。也可通过灭活的河流弧菌抗原，注射免疫实验兔，制得抗血清。用试管凝集法检测抗血清的特异性，再用免疫吸附法去除交叉反应，从而得到高效价、高特异性的抗河流弧菌血清。用所制备的抗血清建立起河流弧菌荧光抗体检测技术（FAT），在荧光显微镜下可清楚地看到被标记的病原菌，整个检测过程只需 3 h。用 FAT

测定尖吻鲈的血液、肾和肝中的河流弧菌，在血液中河流弧菌的检出率最高，其次是肾，肝的检出率最低。

【防治方法】

① 预防措施。彻底清塘，生石灰干法清塘，水深约 10 cm，每公顷用 750～1 125 kg，8 d 后，放鱼入池；漂白粉清塘，每立方米水体用 20 g，7 d 后，放鱼入池。水体消毒主要有漂白粉消毒，挂篓或池边泼洒法，每月 1～2 次；二氯异氰尿酸钠消毒，食台挂篓或池边泼洒法，每月 1～2 次；复消净，在食台挂篓或池边泼洒，每月 1～2 次。

② 治疗方法。外用生石灰，每公顷 1 m 水深的水面用药 225～300 kg，全池泼洒，可有效地控制并缓解此病；用漂白粉，每立方水体用药 1 g，全池泼洒；内服药，鱼服康 A型，每 100 kg 鱼体重用药 150～200 g，拌饲投喂，1 d/次，连用 3 d；若病情较重，间隔 3 d 后，再用 1 个疗程；鱼血散，按 0.1% 鱼体重给药，每天 1 次，连用 7 d；氟苯尼考，一次用量，每千克鱼体重 10～20 mg，拌饲投喂，每天 1 次，连用 5～7 d。

5. 海豚链球菌病

【病原】 海豚链球菌（*Streptococcus iniae*，曾用名 *Streptococcus shiloi*），隶属于芽孢杆菌纲（Bacilli）乳杆菌目（Lactobacillales）链球菌科（Streptococcaceae）链球菌属（*Streptococcus*）。1976 年，最早由 Pier 和 Madin 从美国旧金山市某水族馆一头亚马孙淡水海豚皮下脓肿中分离并定种。《伯杰氏鉴定细菌学手册》第九版中将其归入化脓性链球菌，ATCC29178 为模式菌株。海豚链球菌为圆形或近圆形、呈链状或呈双排列的革兰氏阳性球菌，直径为 0.2～0.8 μm，有时老龄菌呈革兰氏阴性；呈链状排列，链的长短与菌株和培养基有关，一般在液体培养基中链长，固体培养基中链则短；无鞭毛、不形成芽孢。在绵羊血琼脂平板上呈 β-溶血活性。大多数菌株最适生长温度 37 ℃，在 6.5% NaCl或 45 ℃时不生长；在 5 ℃盐水（0.85%）中，该菌可以存活 9 d，25 ℃时可以存活 2 d，35 ℃时可以存活不超过 24 h（图 8-8、图 8-9）。

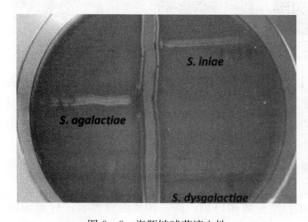

图 8-8 海豚链球菌溶血性

S. agalactiae 无乳链球菌　　*S. iniae* 海豚链球菌
S. dysgalactiae 停乳链球菌

（引自 Kayansamruaj 等，2017）

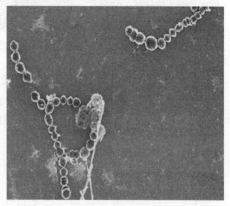

图 8-9 海豚链球菌在电镜下的形态

【**症状和病理变化**】海豚链球菌感染主要症状为鱼类的脑膜炎。被此菌感染后，病鱼的临床表现为单侧或双侧眼球突出，体色发黑，缺乏活力，游动缓慢，眼球充血，角膜混浊，肛门红肿；鳃盖下缘、胸鳍基部、体表的其他部位有出血现象；临死前出现间断性狂游、翻滚或转圈。解剖病鱼发现其脑部充血，有出血点；肝瘀血、出血，有的有坏死灶；脾肿大，呈暗红色；胆囊肿大，肠腔积水。但并非所有的鱼类感染海豚链球菌都会表现出此症状。组织病理学显示，尖吻鲈的肾、肝和脑等组织会出现严重的出血，大量的炎症细胞浸润（图 8 - 10）（Kayansamruaj 等，2017）。

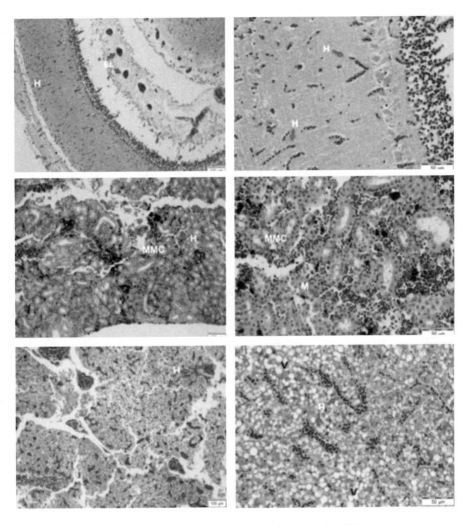

图 8 - 10 尖吻鲈感染海豚链球菌的组织病理学

H. 出血 MMC. 黑色素巨噬细胞中心 EL. 类结节 M. 巨噬细胞 V. 空泡化细胞

（引自 Kayansamruaj 等，2017）

【**流行情况**】海豚链球菌可全年感染尖吻鲈，其死亡率与温度有显著性的关系，即 25～28 ℃死亡率最高，该温度范围之外死亡率便下降。

【**诊断方法**】感染海豚链球菌后，根据病鱼的特征和病原的流行病学特征，可以简单判断病因。病鱼在池塘表面慢游，部分会跳跃，鳃盖内侧充血发红但不腐烂，血管明显粗大，眼球突出，或在池塘中眼球不突出，离水后很快眼突出；眼表面有白色膜，常一只眼有白色膜，一侧正常；60％左右的病鱼眼球白色处充血，肛门发红。如发病后池塘减料或不投喂，有30％左右的鱼不表现此症状，病鱼血液凝固时间超过5 s。

【防治方法】

① 预防措施。改善鱼类养殖环境，尽量保证水源的清洁，因为鱼类生存的水体环境是鱼类传染性疾病发生的一个关键因素。在养殖水体中，感染的鱼类、食物以及粪便都处在同一水体中，因此有利于病原菌的传播；预防海豚链球菌可用1～1.5 g/m³ 漂白粉、0.3～0.6 g/m³ 二氯异氰尿酸钠、0.2～0.5 g/m³ 三氯异氰尿酸粉和0.1～0.3 g/m³ 二氧化氯，全池泼洒，每10～15 d 1次；或用0.2～0.3 g/m³ 含8％的溴氯海因，全池泼洒，10～15 d/次；也用每千克体重30～50 mg 盐酸强力霉素，拌饲投喂，每天1次，连用3～5 d。

② 治疗方法。可用盐酸强力霉素，一次用量，每千克鱼体重40～50 mg，拌饲投喂，每天1次，连用7～14 d；氟苯尼考，一次用量，每千克鱼体重20 mg，拌饲投喂，每天1次，连用7～10 d；鱼菌灵或复方磺胺甲噁唑粉，一次用量，每千克鱼体重分别为80～160 mg 或0.45～0.6 g（按磺胺间甲氧嘧啶钠计），拌饲投喂，每天1次，连用5～7 d，首次用量加倍；消毒净水液，一次用量，每立方米水体用药0.22 g，全池泼洒，每天1次，连用2～3 d，同时用令弧安和出血止，一次用量，每千克鱼体重8 g和4 g，拌饲投喂，每天1次，连用5 d。使用以上药物的休药期，磺胺甲基嘧啶30 d，氟苯尼考14 d。

6. 假单胞菌病

【病原】假单胞菌（*Pseudomona-daceae*）为假单胞菌属，该菌为直或稍弯的革兰氏阴性杆菌，是无核细菌，以极生鞭毛运动，不形成芽孢，严格好氧，呼吸代谢，从不发酵。模式属为假单胞菌属，此属有29种。其中至少有3种对动物或人类致病（图8-11）。生长发育温度为7～32 ℃，最适温度为23～27 ℃；盐度为0～6，最适为15～25；pH 为5.5～8.5。多分布于土壤、水中和各种植物体上，有极强分解有机物的能力，可以将多种有机物作为能量来源。其生物学特性主要为4 ℃不生长，而42 ℃生长。在血琼脂、麦康凯培养基上均可形成5种不同形态的菌落，在普通培养基上可产生多种色素。

【症状和病理变化】病鱼皮肤褪色，鳃盖出血，鳍腐烂等。有的病鱼在体表

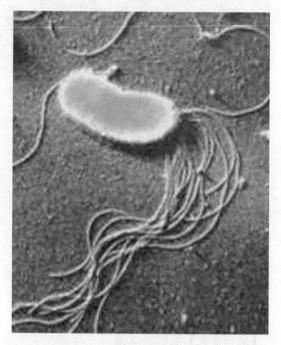

图8-11 假单胞菌透射电镜照片

形成溃疡和疖疮。解剖病鱼，消化道内充满淡黄色黏液。肝淡黄色或暗红色，幽门垂

出血。在低水温期的病鱼腹腔内往往有积水。皮肤及造血器官为主要病灶区。急性期皮肤真皮部血管充血、表皮下层水肿。表皮溃疡可蔓延至肌层。脾及肾病灶出现在间质、黑色素吞噬中心降解、造血组织坏死、丝球体内出现大量胞质具有黑色素颗粒的巨噬细胞，有时还会出现在全身循环之中。慢性病程时只有皮肤病灶可见。肝、心脏及脾出现局部出血性坏死。脾、肾造血组织坏死，黑色素吞噬中心降解，菌块也可在病灶处观察到。大量胞质具有黑色素颗粒的巨噬细胞会出现在全身循环中，可由血液抹片观察到。

【流行情况】在日本养殖的真鲷上首先报道过此病。我国养殖鲈出现过此病症。据有关资料，假单胞菌病的流行范围很广，世界各地的海、淡水鱼类都有发生。放养密度过大、水质不良等可诱发疾病发生。从幼鱼到大鱼都可被感染，操作不慎鱼体受伤，也会引起继发性感染。流行季节不明显，但以初夏到秋季较多发生此病。

【诊断方法】

肉眼诊断：病鱼行动迟缓，离群独游。体表出血发炎，鳞片脱落，尤其是鱼体两侧及腹部最为明显；鳍条的基部或者整个鳍条充血，鳍的末梢端腐烂，常烂去一段，鳍条间的软组织也常被破坏，使鳍条呈扫帚状，根据发病鱼及外观症状及流行情况进行初步诊断。病变组织印片或涂片镜检观察。致病菌确诊：取少许病灶组织（最好是肾、脾组织）接种TSA培养基，进行细菌分离、培养和鉴定。其他诊断方法：间接荧光抗体（IFAT）技术和ELISA方法已被用于快速检测鱼类的假单胞菌病；采用细菌16S rRNA基因保守区特异性引物，以假单胞菌为研究对象，建立一种通用引物PCR技术配合单链构象多态性（SSCP）分析即UPPCR-SSCP技术，配合限制性片段长度（RELP）及UPPCR-RELP技术鉴别假单胞菌病。

【防治方法】

① 预防措施。彻底清塘；加强饲养管理，保持优良水质，严防鱼体受伤；在北方越冬池应增加水深，防止鱼体冻伤；投喂优质颗粒饲料，增强鱼体抵抗力；预防假单胞菌病药物有含氯石灰（漂白粉）、二氯异氰尿酸钠、三氯异氰尿酸粉和二氧化氯，一次用量，每立方米水体分别为1～1.5、0.3～0.6、0.2～0.5、0.1～0.3 g，疾病流行季节，全池泼洒，每10～15 d 1次；8％溴氯海因，一次用量，每立方米水体0.2～0.3 g，疾病流行季节，全池泼洒，每10～15 d 1次；10％聚维酮碘溶液，一次用量，每立方米水体1 mL，疾病流行季节，全池泼洒，每10～15 d 1次。发现鱼体表有寄生虫寄生，要及时将寄生虫杀灭；发现鱼体受伤后，应立即全池遍洒1～2次消毒药。

② 治疗方法。用四环素族抗生素、卡那霉素、多黏菌素B、噁喹酸和萘啶酸等治疗对本病均有疗效。每千克鱼体重每天用药20～50 mg，制成药饵投喂，连续投喂7～10 d；氟苯尼考，一次用量，每1 kg鱼体重100 mg，拌饲投喂，每天1次，连用5 d；杀菌灵和百菌杀，一次用量，每立方米水体分别为0.4 g和0.5 g，全池泼洒，每天1次，连用2～3 d；同时用病毒净、克菌客、多维素和三病康，一次用量，每千克饲料分别为6 mL、8 g、4 g和5 g，拌饲投喂，每天1次，连用5～7 d；也可用强氯精、菌毒净、富氯和强氯精片，一次用量，每立方米水体分别为0.3 g、0.45 mL、0.090～0.135 g（以有效氯计）和0.090～0.135 g（以有效氯计），全池泼洒，每天1次，连用1～2 d。

7. 美人鱼发光杆菌病

【病原】主要病原为美人鱼发光杆菌杀鱼亚种（*Photobacterium damsela subsp. piscicida*），即以前报道的杀鱼巴斯德氏菌（*Pasteurella piscida*）。该菌为革兰氏阴性菌，菌体椭圆状，呈单个分布，大小约为 $2.1\,\mu m \times 1.6\,\mu m$，能运动，1～2 根鞭毛侧极生，为 α 溶血，对 O/129 不敏感，不产生芽孢，在无盐胨水、1% NaCl 胨水、6% NaCl 胨水、8% NaCl 胨水和 10% NaCl 胨水中均不生长（图 8-12）。在营养琼脂培养基上菌落为圆形，表面光滑湿润，边缘光滑，菌落直径 1～2 mm。在脑心浸液琼脂培养基或血液琼脂培养基上（含食盐 1.5%～2.0%）发育良好，生成的菌落正圆形，无色，半

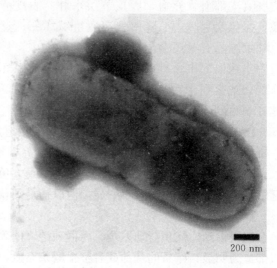

图 8-12 美人鱼发光杆菌杀鱼亚种形态

透明，露滴状，有显著的黏稠性。为兼性厌氧菌，发育的适宜温度为 17～32 ℃，最适温度为 20～30 ℃。发育的适宜 pH 为 6.8～8.8，最适 pH 为 7.5～8.0。刚从病鱼上分离出来的菌有致病性，但重复地继代培养后，致病性迅速下降以致消失，该菌在富营养化的水体或底泥中能长期存活。

【症状和病理变化】发病初期，病鱼无食欲，无力游动，离群，静止于网箱的角落。急性发病时，病鱼可在短期内死亡，病症常不明显。然而，临床上发病多为慢性病状。解剖病鱼可见内脏上有大量小白点坏死灶，常见于脾、肾，大小不一，形状不规则，但多近似球形。白点为发光杆菌菌落外包而形成纤维组织。肾出现大量白点时，肾呈现贫血状态。脾出现大量白点时，同时发生肿胀，呈暗红色。病鱼的血液中也存在大量细菌，严重时可使微血管内形成栓塞。由于患病鱼的内部器官，特别是脾和肾，常出现典型的结核样白色结节，所以该病又被称为假结核病。病鱼体表无破损，头部、鳃盖、腹部、背鳍和尾鳍有血丝，肠透明变薄，胃有多处大破洞甚至局部断裂；病鱼内脏出现灰白色结节，最终死亡，5 d 内的死亡率可达20% 以上。有些病鱼表现为鳃盖部位轻微出血，腹腔积水和内脏器官多灶性坏死，脾、肾和心脏内有灰白色结节（图 8-13）（Kanchanopas-Barnette 等，2009）。

图 8-13 美人鱼发光杆菌杀鱼亚种感染鱼的脾脏结节
（引自 Kanchanopas-Barnette 等，2009）

【流行情况】流行季节从春末到夏季，发病最适水温是 20～25 ℃，一般在水温25 ℃以上时很少发病，水温 20 ℃以下也不发病。在秋季，即使水温适宜也很少出现此病。人工养殖的军曹鱼、黑鲷、真鲷、金鲷、牙鲆、塞内加尔鳎、黄带鲹、海鲈、美洲狼鲈和条纹狼鲈等也容易被感染此病。

【诊断方法】从肾、脾等内脏组织中观察到小白点，基本可以诊断，还可从患病鱼的肝、脾和肾分离病原，可以采用添加 1%～2% 的 NaCl 的 TSA、BHI 或血琼脂来培养、分离美人鱼发光杆菌。初步的诊断鉴定需要从病原、菌落的形状和革兰氏的性状等结果来判断。进一步对细菌的表型生化特征进行鉴定，并且要从分子生物学的角度对其微观的方面加以鉴定。运用 PCR 对美人鱼发光杆菌杀鱼亚种病进行早期快速诊断，如可通过 DNA 自由扩增的 PCR 方法对美人鱼发光杆菌杀鱼亚种病进行早期快速该断克隆。

【防治方法】

① 预防措施。保证水源清洁，养殖期间应经常换用新水或保持流水式，避免养殖水体富营养化，勿过量投饵或投喂腐败变质的生饵。一般预防可用高锰酸钾，一次用量，每立方米水体 15～20 g，浸浴，10～30 min；含氯石灰（漂白粉）、漂白粉精（有效氯 60%～65%），一次用量，每立方米水体分别为 1 g、0.2～0.3 g，全池泼洒，每 10 d 1 次；二氧化氯或 8% 澳氯海因，一次用量，每立方米水体分别为 0.1～0.3 g 和 0.2～0.3 g，全池泼洒，每 10 d 1 次；诺氟沙星，一次用量，每千克鱼体重 10～30 mg，拌饲投喂，每天 1 次，连用 3～5 d。免疫试验发现，用美人鱼发光杆菌制备外膜蛋白（OMP）、脂多糖（LPS）及甲醛灭活全菌（FKC）疫苗，均可提供一定的免疫保护效果。

② 治疗方法。可用氟苯尼考治疗，一次用量，每千克鱼体重 10～20 mg，拌饲投喂，每天 1 次，连用 5～7 d；新霉素，一次用量，每千克鱼体重30～50 mg，拌饲投喂，每天 1 次，连用 5～7 d；磺胺异噁唑，一次用量，每千克鱼体重 200 mg，拌饲投喂，每天 1 次，连用 5～7 d，首次用量加倍；百菌杀和敌菌清，一次用量，每立方米水体分别为 0.4 g和0.5 mL，全池泼洒，每天 1 次，连用 2～3 d，同时用肝胆灵（鱼肝宝散）、病毒净和克菌客，一次用量，每千克饲料分别为 8 g、6 mL 和 8 g，拌饲投喂，每天 1 次，连用 7 d；强氯精、菌毒净、富氯和强氯精片，一次用量，每立方米水体分别为 0.3 g、0.45 mL、0.090～0.135 g（以有效氯计）和 0.090～0.135 g（以有效氯计），全池泼洒，每天 1 次，连用 1～2 次。

8. 嗜水气单胞菌病

【病原】嗜水气单胞菌（*Aeromonas hydrophila*）属于弧菌科气单胞菌属，是嗜温、有动力的气单胞菌群。嗜水气单胞菌两端钝圆，直或略弯，革兰氏阴性，发酵的短杆菌，大小为（0.8～1.0）μm×（1.0～3.5）μm。大多数细菌能在 37 ℃下生长，在液体培养基中具极生单鞭毛，能运动，无芽孢、荚膜、兼性厌氧。生长的适宜 pH 为5.5～9.0，最适生长温度为 25～30 ℃。在普通营养琼脂培养基上生长良好，菌落呈圆形，边缘整齐，表面湿润，隆起，光滑，半透明，乳白色至奶黄色。菌落的大小与培养时间及温度有关，菌落小的只有针尖大小，大的直径可达 3～4 mm。一般不产生色素，大多数菌株有溶血性，在血琼脂平板上形成 β-溶血环。培养物的气味变化很大，有的没有，有的则气味很强。嗜水气单胞菌能在不同的培养基上生长，既可在非选择性培养基如营养琼脂或胰陈大豆胨琼脂上生长，也可在选择性培养基如 Rimler‐Shotts 琼脂、蛋白胨酵母浸出液琼脂（PYEA）、氨苄青霉素糊精琼脂（ADA）、谷氨酰胺淀粉青霉素琼脂（GSP）和淀粉氨苄青霉素琼脂上生长。嗜水气单胞菌的生理生化及营养特征：它们是兼性需氧微生物，能发酵碳水化合物产生酸和气体；也能发酵甘露醇、果糖、葡萄糖、阿拉伯糖、水杨苷、蔗糖和麦芽糖，以及 VP 试验、氧化酶、硝酸盐还原、明胶液化、吲哚试验、精氨酸双水解和赖氨酸脱羧酶阳性，能在含 0～4％ NaCl 营养肉汤中生长。DNA 中（G＋C）含量为58％～62％。对弧菌抑制剂 O/129 不敏感，鸟氨酸脱羧酶、MR 和尿素酶阴性。不能在含5％ NaCl 的营养肉汤中生长。由于各地菌株存在着差异，因而生理生化试验结果也存在着差异（图 8‐14、图 8‐15）（Hamid 等，2016）。

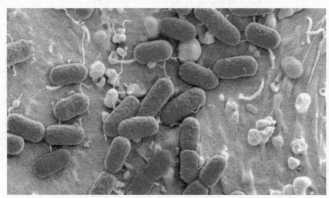

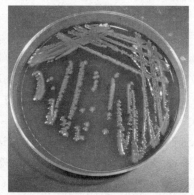

图 8‐14　嗜水气单胞菌形态

图 8‐15　嗜水气单胞菌在血琼脂上的菌落

（引自 Hamid 等，2016）

【症状和病理变化】嗜水气单胞菌普遍存在于淡水、污水、淤泥、土壤和人类粪便中，对水产动物、畜禽和人类均有致病性，是一种典型的人‐兽‐鱼共患病病原，可引起多种水产动物的败血症和人类腹泻，往往给淡水养殖业造成惨重的经济损失，已引起国内外水产界、兽医界和医学界学者的高度重视。嗜水气单胞菌属可根据有无运动力分为两类：一类是嗜冷性、非运动性的气单胞菌；另一类为嗜温性、运动性的气单胞菌。嗜水气单胞菌属第 2 类，在气单胞菌属中是最重要的，它是气单胞菌的模式种。病鱼的临床症状为体表局部损伤、坏死、水肿、突眼和腹部膨胀；另外，可能产生腹水、贫血及破坏内脏器官；脾、肾颜色变黑，肝出血，胆汁变黄。组织病理变化主要表现为肌肉坏死和肾出血（图 8‐16、图 8‐17）。在体内、体外均可检测到溶血活性，所以溶血素被认为是嗜水气单胞菌的主要毒力因子，胞外蛋白酶是嗜水气单胞菌毒力因子之一（Hamid 等，2016）。

【流行情况】嗜水气单胞菌病发病范围广，每年的 4—11 月均有发病，其中 7—9 月为疾病高发期，发病后平均死亡率为 20％～30％。发病原因主要是夏、秋季节持续高温使得嗜水气单胞菌大量滋生，加之鱼种放养密度过高，养殖水体环境恶化，养殖区域过度密集等，诱发了疾病的广泛流行。

【诊断方法】由嗜水气单胞菌感染引起的疾病的诊断，最直接的方法是直观的临床症

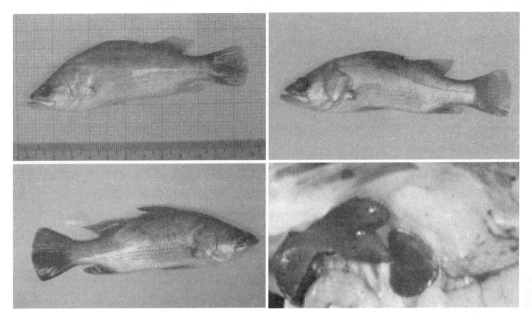

图 8-16 嗜水气单胞菌感染导致尖吻鲈体表和肝病变
（引自 Hamid 等，2016）

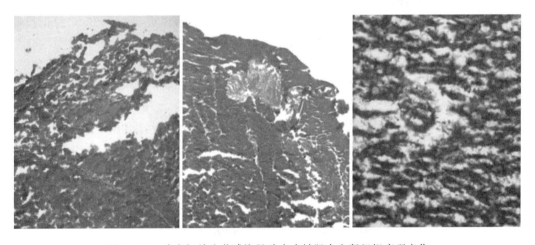

图 8-17 嗜水气单胞菌感染导致尖吻鲈肌肉和肾组织病理变化
（引自 Hamid 等，2016）

状，用组织病理学方法鉴定和区别不同的疾病组织。病理检查，肝出血，肝坏死区白细胞渗透，体表充血、出血；解剖检查，可见肠壁有出血现象，有的肝、肾和脾等内脏器官也会有出血现象。组织病理观察血管中的红细胞变形、溶解，白细胞数量减少等，毛细血管壁受损，引起出血；细菌侵入肝、肾和脾等组织器官，引起炎症。但是，一些症状并不是仅由嗜水气单胞菌感染引起的。所以，确定病因还要用其他的技术，如病原的分离与鉴定等相结合。关键的生理生化特性为：革兰氏阴性，使葡萄糖产生气体，能发酵甘露醇、蔗糖，能利用阿拉伯糖，精氨酸双水解酶呈阳性，氧化酶及接触酶呈阳性，鸟氨酸脱羧酶、苯丙氨酸脱氨酶呈阴性。符合上述指标的，则可判定为嗜水气单胞菌。也可采用 API20E 等检测试剂盒进行鉴定。由于表现型、血清型和基因型的异源性，可用气液相色谱法分析细胞的脂肪酸甲基酯（FAMES）作为区分鱼类的不同气单胞菌的方法。气单胞菌 FAMES 新数据库的建立可以用于鉴定未知的气单胞菌。随机扩增多态 DNA 法也可用于区分不同的气单胞菌。鉴定嗜水气单胞菌的方法还有许多，如确定溶血素基因，晶格状排列的表面蛋白层（S 层蛋白）；蛋白酶和具溶血活性及细胞毒活性的细胞毒素；胞外蛋白酶的检测；HEC 毒素检测；有效及快速诊断法，如薄层色谱，SDS-PAGE，单克隆抗体的免疫转印法和 PCR 法；选择性培养基，在 Rimler-Shoots 培养基中于 37 ℃培养 20～24 h，嗜水气单胞菌的菌落呈现黄色，其他菌落则呈现另外的颜色；玻片凝集反应鉴定嗜水气单胞菌，尤其适用于野外。还有更快速的诊断方法，如免疫荧光技术（IFAT）、免疫组织化学技术（IHC）和酶联免疫吸附法（ELISA）。

【防治方法】

① 预防措施。一般常用含氯石灰（漂白粉）、二氯异氰尿酸钠、三氯异氰尿酸粉和二氧化氯，一次用量，每立方米水体分别为 1～1.5、0.3～0.6、0.2～0.5、0.1～0.3 g，疾病流行季节，全池泼洒，每 10～15 d 1 次；可用 8% 溴氯海因，一次用量，每立方米水体 0.2～0.3 g，疾病流行季节，全池泼洒，每 10～15 d 1 次；10% 聚维酮碘溶液，一次用量。每立方米水体 1 mL，疾病流行季节，全池泼洒，每 10～15 d 1 次；可用盐酸土霉素，一次用量，每千克鱼体重 30～50 mg，拌饲投喂，每天 1 次，连用 3～5 d。

② 治疗方法。用土霉素或四环素，一次用量。每千克鱼体重 50～70 mg，拌饲投喂，每天 1 次，连用 5～7 d；氟苯尼考，一次用量，每千克鱼体重 100 mg，拌饲投喂，每天 1 次，连用 5 d；杀菌灵和百菌杀，一次用量，每立方米水体分别为 0.4 g 和 0.5 g，全池泼洒，每天 1 次，连用 2～3 d；同时用病毒净、克菌客、多维素和三病康，一次用量，每千克饲料分别为 6 mL、8 g、4 g 和 5 g，拌饲投喂，每天 1 次，连用 5～7 d；强氯精、菌毒净、富氯和强氯精片，一次用量，每立方米水体分别为 0.3 g、0.45 mL、0.090～0.135 g（以有效氯计）和 0.090～0.135 g（以有效氯计），全池泼洒，每天 1 次，连用 1～2 d；鱼血康，一次用量，每立方米水体 0.10～0.15 g（以有效成分计），全池泼洒，每 2～3 d 1 次，连用 2～3 次。

第二节　尖吻鲈病毒性疾病

一、概述

病毒（virus）是由一个核酸分子（DNA 或 RNA）与蛋白质构成的非细胞形态，靠寄生生活的介于生命体及非生命体之间的有机物种，它是没有细胞结构的特殊生物体。它是由一个保护性外壳包裹的一段 DNA 或者 RNA，借由感染的机制，这些简单的有机体可以利用宿主的细胞系统进行自我复制，但无法独立生长和复制。病毒可以感染几乎所有具有细胞结构的生命体。第 1 个已知的病毒是烟草花叶病毒，由马丁乌斯·贝杰林克于 1899 年发现并命名，迄今已有超过 5 000 种类型的病毒得到鉴定。病毒由 2～3 个成分组成：病毒都含有遗传物质（RNA 或 DNA，只由蛋白质组成的朊毒体并不属于病毒）；所有的病毒也都有由蛋白质形成的衣壳，用来包裹和保护其中的遗传物质；此外，部分病毒在到达细胞表面时能够形成脂质包膜环绕在外。病毒的形态各异，从简单的螺旋形和正二十面体形到复合型结构。病毒颗粒大约是细菌大小的 1/100。病毒的起源目前尚不清楚，不同的病毒可能起源于不同的机制：部分病毒可能起源于质粒（一种环状的 DNA，可以在细胞内复制并在细胞间进行转移），而其他一些则可能起源于细菌。

1. 病毒的分类与结构　按遗传物质分类：DNA 病毒、RNA 病毒；按病毒结构分类：真病毒（*Euvirus*，简称病毒）和亚病毒（*Subvirus*，包括类病毒、拟病毒、朊病毒）；按寄主类型分类：噬菌体（细菌病毒）、植物病毒（如烟草花叶病毒）和动物病毒（如禽流感病毒、天花病毒、HIV 等）；按性质分类：温和病毒（如 HIV）、烈性病毒（如狂犬病毒）。病毒分类系统采用目（order）、科（family）、属（genus）、种（species）分类。病毒的目是由一些具共同特征的病毒科组成；科是一些具共同特征、明显区别于其他科的病毒属组成，科名的词尾是"viridae"；病毒的属是由一些具共同特征的病毒种组成，属名的词尾是"virus"。在 2013 年的 ICTV 分类中，7 个目已经建立，分别是有尾噬菌体目（Caudovirales）、疱疹病毒目（Herpesvirales）、线状病毒目（Ligamenvirales）、单股反链病毒目（Mononegavirales）、网巢病毒目（Nidovirales）、微 RNA 病毒目（Picornavirales）和芜菁黄花叶病毒目（Tymovirales）。分类委员会没有正式区分亚种、株系和分离株之间的区别。分类表中总共有 7 个目、103 个科、22 个亚科、455 个属、2 827 个种以及约 4 000 种尚未分类的病毒类型。

病毒的基本结构有核心和衣壳，二者形成核衣壳。核心位于病毒体的中心，为核酸，为病毒的复制、遗传和变异提供遗传信息；衣壳是包围在核酸外面的蛋白质外壳。衣壳的功能：①具有抗原性；②保护核酸；③介导病毒与宿主细胞结合。病毒的衣壳通常呈螺旋对称或二十面对称。螺旋对称即蛋白质亚基有规律地以螺旋方式排列在病毒核酸周围，而二十面体是一种有规则的立体结构，它由许多蛋白亚基的重复聚集组成，从而形成一种类似于球形的结构。还有的病毒衣壳呈复合对称，这类病毒体的结构较为复杂，其壳粒排列既有螺旋对称，又有立体对称，如痘病毒和噬菌体。有的病毒在衣壳蛋白外有一层包膜。包膜由脂类、蛋白质和糖蛋白组成。大多数有包膜病毒呈球形或多形态，但也有呈弹状的。另外，有些病毒核衣壳外还有一层脂蛋白双层膜状结构，是病毒以出芽方式释放，穿过宿主细胞膜或核膜时获得的，称之为包膜。在包膜表面有病毒编码的糖蛋白，镶嵌成钉状突起，称为刺突。有包膜病毒对有机溶剂敏感。包膜功能：①保护核衣壳；②促进病毒与宿主细胞的吸附；③具有抗原性。

2. 病毒感染机制　病毒感染的传播途径与病毒的增殖部位、进入靶组织的途径、病毒排出途径和病毒对环境的抵抗力有关。无包膜病毒对干燥、酸和去污染的抵抗力较强，故以粪-口途径为主要传播方式。有包膜病毒对干燥、酸和去污染的抵抗力较弱，必须维持在较为湿润的环境，故主要通过飞沫、血液、唾液和黏液等传播，注射和器官移植也为重要的传播途径。病毒的传播方式包括水平传播和垂直传播。水平传播指病毒在群体的个体之间的传播方式，通常是通过口腔、消化道或皮肤黏膜等途径进入机体；垂直传播指通过繁殖、直接由亲代传给子代的方式。

病毒对细胞的致病作用主要包括病毒感染细胞直接引起细胞的损伤和免疫病理反应。细胞被病毒感染后，可以表现为顿挫感染、溶细胞感染和非溶细胞感染。顿挫感染也称流产型感染，病毒进入非容纳细胞，由于该类细胞缺乏病毒复制所需酶或能量等必要条件，致使病毒不能合成自身成分，或虽合成病毒核酸和蛋白质，但不能装配成完整的病毒颗粒，对某种病毒为非容纳细胞，但对另一些病毒则表现为容纳细胞，能导致病毒增殖造成感染。溶细胞感染指病毒感染容纳细胞后，细胞提供病毒生物合成的酶、能量等必要条件，支持病毒复制，从而以下列方式损伤细胞功能：①阻止细胞大分子合成；②改变细胞膜的结构；③形成包含体；④产生降解性酶或毒性蛋白。非溶细胞感染被感染的细胞多为半容纳细胞，该类细胞缺乏足够的物质支持病毒完成复制周期，仅能选择性表达某些病毒基因，不能产生完整的病毒颗粒，出现细胞转化或潜伏感染；有些病毒虽能引起持续性、生产性感染，产生完整的子代病毒，但由于通过出芽或胞吐方式释放病毒，不引起细胞的溶解，表现为慢性病毒感染。抗病毒免疫所致的变态反应和炎症反应是主要的免疫病理反应。

3. 鱼类病毒病研究概况　鱼类的病毒性疾病是从 20 世纪 50 年代才开始研究的，在初始阶段主要是用电子显微镜观察病变组织内的病毒，以后用鱼的活细胞进行病毒分离、培养和感染试验，研究发展很快。我国对淡水鱼类的病毒性疾病已有较多的研究成果，但是对海水鱼类的病毒病研究较滞后。随着养殖品种的不断增多以及水环境的恶化，病毒病传播范围不断扩大，给水产养殖业乃至野生水生动物资源带来巨大损失和影响，严重制约了水产养殖业的健康发展。病毒病常常具有暴发性、流行性、季节性和致死性强的特点，其病毒病原对宿主细胞的专一寄生使得病毒病防治异常困难。因此，水产动物病毒病的防治要依赖于早期检测、早期预防、降低养殖密度和改善养殖环境等来减少病毒病带来的损失。

（1）病毒性神经坏死症研究概况　病毒性神经坏死症的研究历史可追溯到 20 世纪 80 年代中期。1985 年，澳大利亚、日本、东南亚和加勒比海地区几乎同时在多种海水鱼类种苗培育中暴发了一种新的疾病，死亡率高达 90％以上。患病鱼苗食欲差，体色灰白或者偏黑，通常浮在水面，间或作突发性的螺旋游动，组织切片观察可见脑部有空泡化病变。起初，人们推测此病是由于饲料中缺乏高度不饱和脂肪酸或者水中氨氮过高所致。直到 1990 年，日本 Yoshikoshi 等在空泡化的条石鲷稚鱼脑部观察到大量的直径约为 34 nm 的病毒粒子，并首次命名此病为病毒性神经坏死症。同年，澳大利亚 Glazebrook 等在尖吻鲈的脑和视网膜上也观察到大量的空泡和直径为 25～30 nm 的病毒粒子。1991 年，日本 Mori 等报道了赤点石斑神经坏死病毒，并做了回归感染，证实了此病毒是导致神经组织空泡化的病原。1992 年，Mori 等从患病的拟鲹幼鱼上纯化了病毒，研究了病毒的核酸和衣壳蛋白，将病毒命名为拟鲹神经坏死病毒（Striped jack nervous necrosis virus, SJNNV），隶属于野田病毒科（Nodaviridae）。在此之前，野田病毒科只分布在昆虫，由于鱼类神经坏死病毒的出现，《国际病毒分类委员会病毒分类》第七版上，将所有鱼类来源的野田病毒类归入 β-野田病毒属（Betanodavirus），代表种为拟鲹神经坏死病毒，而将昆虫来源的野田病毒类归入 α-野田病毒属（Alphanodavirus）。尽管已经有许多关于 NNV 的研究报道，但大都集中于疾病的描述和部分病毒编码蛋白的功能等方面，对病毒的复制过程了解还有限。病毒的复制是病毒生活史的核心环节，也是开展病毒防治的重要靶位点。关于病毒的入侵途径，病毒在宿主细胞内的复制过程和机制，病毒粒子的包装、释放过程和机制等方面还有待深入研究。不同血清型病毒之间的异同还需要进一步证实。病毒的命名也应引起重视。目前，通常以发现病毒时所感染的鱼类和主要病征来命名病毒。而一些病毒没有宿主特异性，可感染多种鱼类；同时，一种鱼类可受多种病毒株的感染。因此，现有的命名方法容易引起混乱，给研究工作带来不便。探究一种规范、统一的命名规则是当前亟待解决的问题之一。疫苗的研究引起人们极大的兴趣，使用高效价抗血清被动免疫亲鱼和口服疫苗的研发，是值得探讨的领域，而抗病毒转基因鱼的研究工作还有待开展。

(2) 虹彩病毒病研究概况 虹彩病毒属大型二十面体状、细胞质型 DNA 病毒，主要感染无脊椎动物和低等脊椎动物。虹彩病毒科（Iridoviridae）共分为 5 个病毒属：虹彩病毒属（Iridovirus）、绿虹病毒属（Chloriridovirus）、淋巴囊肿病毒属（Lymphocystivirus）、蛙病毒属（Ranavirus）和肿大细胞病毒属（Megalocytivirus）。其中，虹彩病毒的肿大细胞病毒属是鱼类重要的病毒性病原之一。近年来，在东亚、东南亚和欧洲地区，由肿大细胞病毒属虹彩病毒引起的鱼类疾病已呈明显上升趋势，患病鱼的死亡率从 30%（成鱼阶段）～100%（幼苗阶段）不等，给世界水产养殖业造成重大的经济损失，严重阻碍了鱼类养殖业的健康可持续发展，在国内外受到越来越大的关注。迄今为止，已发现鱼类肿大细胞病毒属虹彩病毒有 20 余种，该属虹彩病毒感染的硬骨鱼类包括鲈形目、鲽形目、鳕形目和鲀形目等 4 个目近百种海水鱼类和淡水鱼类。1992 年，Inouye 等在患病真鲷的组织切片中观察到坏死组织中存在可被姬姆萨染色的异常肥大细胞，并在肥大细胞中发现了真鲷虹彩病毒（Red sea bream iridovirus, RSIV）。这是第一个被发现的肿大细胞病毒属虹彩病毒。1995 年，Nakajima K 等从患病鲈、日本条石鲷体内各分离出一种虹彩病毒，并将它们分别命名为海鲈虹彩病毒（Sea bass iridovirus, SBIV）和日本条石鲷虹彩病毒（Japanese parrotfish iridovirus, JPIV）。Jung 等报道韩国南部海域网箱养殖的条石鲷暴发了一种虹彩病毒性疾病，患病鱼死亡率高达 60%，Do 等测定了该病毒的基因组序列，发现该病毒 ATP 酶和 DNA 聚合酶的基因序列与 RSIV 的同源性分别高达 99% 和 97%，并将其命名为条石鲷虹彩病毒（Rock bream iridovirus, RBIV）。2003 年，Do 等从韩国沿海 5 个地域的患病牙鲆（Paralichthys olivaceus）体内分离出 13 株虹彩病毒，通过对病毒的主要衣壳蛋白（Major capsid protein, MCP）基因及氨基酸序列分析发现这些病毒株与 ISKNV、RSIV 和 RBIV 等病毒的同源性较高。泰国养殖的点带石斑鱼染了一种虹彩病毒性昏睡病，利用电镜在病鱼体内观察到该病毒粒子，依据病鱼病征将其命名为石斑鱼昏睡病虹彩病毒（Grouper sleeping disease iridovirus, GSDIV）。驼背石斑鱼幼鱼对 GSDIV 也是非常敏感的。患病鲻、老虎斑体内均发现了虹彩病毒性病毒粒子，直径分别为 100～120 nm 和 210～245 nm。在我国，多种肿大细胞病毒属虹彩病毒陆续被发现，其宿主几乎涵盖了我国主要的海水养殖鱼类以及重要的淡水养殖鱼类。1992 年，在我国台湾澎湖养殖的养殖石斑鱼、真鲷等暴发了一种虹彩病毒病，这种病毒可导致养殖石斑鱼、真鲷等大量死亡，死亡率高达 60%～100%，并通过回归感染试验证明了病毒的致病性，并依据病毒形态特征将其命名为台湾石斑鱼虹彩病毒（Taiwan grouper iridovirus,

TGIV）。1994 年，广东省养殖鳜的暴发性流行病是由一株新的虹彩病毒性病原引起，在病鱼脾组织中可以观察到一种截面呈六角形，直径约 150 nm 的球状病毒。由于该病毒主要感染鳜的脾和肾，将该病毒命名为传染性脾肾坏死病毒（Infectious spleen and kidney necrosis virus，ISKNV）。2002 年，报道了广东网箱养殖的石首鱼患有病毒性传染病，通过对病鱼的临床症状、病理及病毒的核酸序列分析后将其鉴定为虹彩病毒。2003 年，从福建沿海养殖场患病大黄鱼体内分离到一种病毒，通过组织病理和病毒形态学分析，鉴定为大黄鱼虹彩病毒（Large yellow croaker iridovirus，LYCIV）。2004 年，在山东半岛患病大菱鲆的病变细胞内观察到一种二十面体状病毒颗粒，并根据病毒的形状、大小、在细胞内的位置、靶组织类型以及病毒的 MCP 和 ATP 酶基因序列同源比对分析等将其鉴定为虹彩病毒，命名为大菱鲆红体病虹彩病毒（Turbot reddish body iridovirus，TRBIV）。此外，在其他养殖鱼类，如罗非鱼、鳕，以及观赏鱼类，如剑尾鱼、神仙鱼、非洲灯眼鳉和小密鲈等患病鱼体内陆续发现了不同种类的肿大细胞病毒属虹彩病毒。总的来说，肿大细胞虹彩病毒在东亚和东南亚发现最早，种类最多，流行最为广泛，感染的鱼类品种也最多，而在美洲、欧洲等地区则较为少见（孟庆显，1996；俞开康等，2000；夏春，2005；刘新建和李贵生，2004；战文斌，2004；冯东岳和温周瑞，2011）

二、病毒性疾病

1. 神经坏死病毒病

【病原】病原是鱼类神经坏死病毒（Fish nervous necrosis virus，NNV），属于野田村病毒科 II 型野田村病毒属。在电镜超薄切片中，病毒粒子呈二十面体，呈晶格状排列在细胞质中，大小为 25～30 nm。病毒由衣壳和核心两部分组成，无囊膜（图 8-18）。病毒基因组由 RNA1（3.1 kb）和 RNA2（1.4 kb）组成，3′端无多聚腺嘌呤结构。RNA1 编码 RNA 聚合酶，RNA2 编码衣壳蛋白，为唯一的病毒结构蛋白。在病毒复制过程中，会合成亚基因组 RNA3，RNA3 编码 B1 和 B2 两种非结构蛋白。

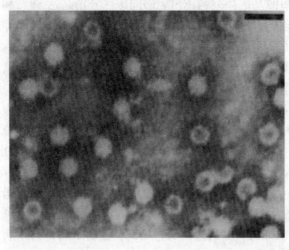

图 8-18　神经坏死病毒电镜照片和模拟图

【症状和病理变化】患病尖吻鲈食欲下降，体色发黑，游动无力，行为反应迟钝，腹部朝上，在水面作水平旋转或上下翻转，呈痉挛状等病毒性神坏死病典型症状。病鱼的脑部可见明显空泡，空泡主要存在于端脑、间脑、小脑和延脑，前脑比后脑的空泡化更严重；患病鱼眼睛视网膜也有明显空泡坏死病变。其他器官，包括脊髓、鳃、心脏、肝、肾、脾、皮肤和肌肉等组织通常不发生明显的空泡化（图 8-19）。用电镜观察，在脑和视网膜的细胞质上可以看到 20～30 nm 的病毒粒子。病毒为等面体，无外膜。病毒随机分布在细胞质中或者包在膜性结构内。这些致密体大小不一，所含的病毒颗粒数也不一样。偶尔可以观察到较大的致密体外膜已经破裂，病毒样粒子释放到细胞质中。感染细胞出现两种明显的降解性病变，细胞致密变化和细胞溶解。细胞溶解比细胞致密变化更为严重，因而形成了空泡。

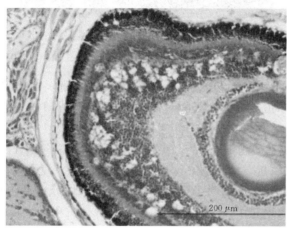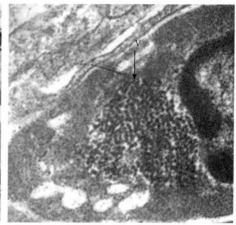

图 8-19　患神经坏死病毒病的鱼视网膜组织病理学变化
箭头示脑组织内病毒粒子

【流行情况】NNV 是一种分布广、毒性大的病毒，能感染多种鱼类。目前报道的受感染的鱼类大都是海水鱼类，淡水鱼类少有报道。1988 年首次报道了生长在西印度洋的欧洲鲈患有"神经性脑病"。此后，在世界很多国家和地区的海水鱼类发现了此病毒。NNV 具有潜伏感染的特性，某些鱼类可以携带 NNV，传染其他鱼类，但对自身却无致病性。NNV 对仔鱼和幼鱼危害很大，其传播途径分为垂直传播和水平传播。垂直传播是指亲鱼感染病毒使受精卵和所繁殖的后代也带有病毒，每年 4—9 月都有死亡，死亡高峰期为 6—8 月，平均水温 30～32 ℃的夏季，可引起仔、稚鱼的大量死亡，累积死亡率超过 90%，低温季节一般不发病。

【诊断方法】初步诊断可用光学显微镜观察脑、脊索或视网膜出现空泡，但有的鱼只在神经纤维网中出现少量空泡。进一步诊断，取患病鱼的脑、脊髓或视网膜等做组织切片，苏木精-伊红染色，观察到神经组织坏死并有空泡。通过电镜，可在受感染的脑和视网膜中观察到病毒粒子，有时可观察到约 5 μm 大小的胞浆内包含体。采用免疫组织化学方法和间接荧光抗体技术（IFAT）及 ELISA 检测病毒。利用分子生物学逆转录：PCR（RT-PCR）方法增殖病毒的衣壳蛋白基因。LAMP 为基础的便捷、灵敏度高、特异性好、RGNNV 快速的检测方法，以 RGNNV 型基因组 RNA 序列为基础设计的 4 条特异性引物（2 条外引物和 2 条内引物）只能扩增该病毒的核酸序列，其灵敏度比 nested - PCR 法高 100 倍（图 8 - 20）。

【防治方法】

① 预防措施。预防常用 10% 聚维碘酮溶液，一次用量，每升水体 60～100 mL，浸浴鱼苗，30 min，每天 1 次，连用 2～3 次；通过筛选没有携带病毒的亲鱼可以切断垂直传播途径，但是由于检测灵敏度的局限等原因，很难保证获得没有携带病毒的亲鱼。另外，

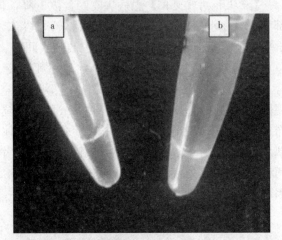

图 8 - 20 LAMP 方法 SYBR Green Ⅰ 染液检测 NNV
a. 阴性对照，橙色 b. 阳性样品，变为绿色

使用臭氧、碘试剂消毒可以减少病毒的水平传播。此外，加强鱼苗进出口检疫工作，放养经检测无病毒侵染的健康苗种；用于产卵的亲鱼，性腺经检测不携带病毒，避免用同 1 尾亲鱼多次刺激产卵；受精卵用含 0.2～0.4 μg/mL 臭氧的过滤海水冲洗。

② 治疗方法。无有效的治疗药物，正在研制 NNV 的 DNA 疫苗。可用次氯酸钠、次氯酸钙、氯化苯甲羟胺和碘伏防治，一次用量，每升水体（20 ℃水温）50 mg，浸浴受精卵，10 min；也可用灭菌灵、百菌杀和菌毒消防治，一次用量，每立方米水体分别为 0.4 g、0.5 g 和 0.5 mL，全池泼洒，每天 1 次，连用 3 d，第 4 天起，再用灭菌灵和百菌杀治疗，一次用量，每立方米水体分别为 0.4 g 和 0.2 g，全池泼洒，每天 1 次，连用 2～3 d；同时用病毒净、三病康和多维素，一次用量，每千克饲料分别为 6 mL、4 g 和 5 g，拌饲投喂，每天 1 次，连用 7 d。

2. 虹彩病毒病

【病原】虹彩病毒属大型二十面体状、细胞质型 DNA 病毒。虹彩病毒科（Iridoviridae）共分为 5 个病毒属，即虹彩病毒属、绿虹彩病毒属、淋巴囊肿病毒属、蛙病毒属和细胞肿大病毒属。其中，细胞肿大病毒属虹彩病毒是鱼类重要病毒性病原之一。通过系统发育分析发现，尖吻鲈虹彩病毒属于细胞肿大病毒属的真鲷虹彩病毒（图 8 - 21、图 8 - 22）。近年来发现，由该类病毒引起的鱼类疾病已呈明显上升趋势，患病鱼的死亡率从 30%（成鱼阶段）～100%（幼苗阶段）（文琳等，2015）。

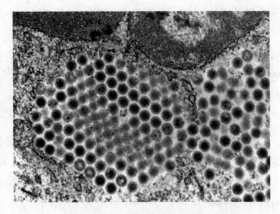

图 8 - 21 虹彩病毒电镜照片
（引自文琳等，2015）

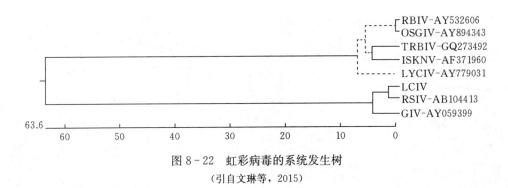

图8-22　虹彩病毒的系统发生树
（引自文琳等，2015）

【**症状和病理变化**】病鱼在塘中游动缓慢，体色发黑，反应迟钝，呼吸困难，最后全身衰竭死亡。养殖密度越高发病越严重，与饲料及饲喂方式无关，饲喂抗生素对本病无明显效果。解剖病鱼见鳃充血发紫，胃肠空，无食，肠道微红，肝肿大，严重者呈"花肝"，脾和肾严重肿大，发黑，有出血点，胆囊充盈，有胆汁渗出，其他组织器官无明显变化。组织病理切片观察发现：病鱼的肝、脾、肾、肠道和鳃等出现了不同程度的组织病理变化，正常鱼的组织器官无明显病变（图8-23、图8-24）。细胞肿大病毒属的虹彩病毒导致上述各器官出现大小不一、数量众多、形态多样、处在不同发育阶段的肿大细胞。其中，肝和脾是感染虹彩病毒最严重的器官。肿大细胞出现的同时，肝还有瘀血，有大量红细胞浸润，肝细胞界限不明，细胞肿胀，肝实质细胞稀疏，严重者肝细胞呈颗粒变性，局部坏死。脾除有大量肿大细胞外，瘀血、出血严重，有血液瘀滞，脾组织大面积严重坏死，淋巴细胞消失。肾中仅有少数肿大细胞，但可见瘀血、坏死，肾小球毛细血管扩张充血，肾小管颗粒变性，淋巴样组织坏死，血管壁坏死。鳃小片瘀血，细胞坏死，有嗜酸性粒细胞。肠上皮结构不清晰，严重者完全脱落，淋巴细胞增生，轻微瘀血，有红细胞浸润（文琳等，2015）。

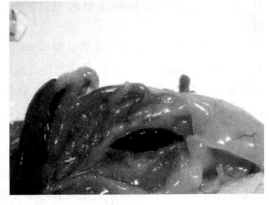

图8-23　尖吻鲈感染虹彩病毒的眼观病理变化
（引自文琳等，2015）

【**流行情况**】人工养殖的尖吻鲈在6—9月高温期，特别是水温20～25 ℃易发病。发病率约50%，死亡率达20%。发病初期死亡少，一天几尾鱼，随后死亡量逐渐上升，高峰期每天死几百尾鱼。一般11月以后发病率减少。

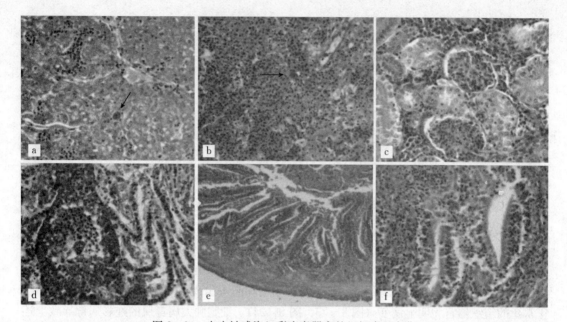

图 8-24 尖吻鲈感染虹彩病毒器官的组织病理变化

a. 肝（40×） b. 脾（40×） c. 肾（40×） d. 鳃（40×） e. 肠（10×） f. 肠（40×） 箭头示肿大的细胞

（引自文琳等，2015）

【诊断方法】病理诊断：病鱼体色发黑，解剖检查可见鳃充血发紫；空肠空胃，肠道微红，脾和肾肿大，有出血点，胆囊充盈，有胆汁渗出，肾发黑，有出血点，其他组织器官无明显变化。

病理切片显示：肝和脾出现肿大细胞。可初步确定引起尖吻鲈发病死亡的原因是肿大细胞病毒属虹彩病毒感染。结合寄生虫和细菌诊断排除：从病鱼的鳃、肝、肾、肌肉、肠道和血液中进行寄生虫检查，从肝、脾和肾中分离致病菌，看是否发现上述病原。

分子生物学检测：参考世界动物卫生组织（OIE）设计引物，提取自然发病鱼各种组织的 DNA 作为模板，扩增特异性产物，测序比对，如果扩增的条带的基因序列与真鲷虹彩病毒（RSIV）的基因序列同源性高达 98.0% 以上即可。采用免疫荧光单抗法或 PCR 方法可确诊。

【防治方法】

① 预防措施。避免过密饲养，保持良好水环境，注射虹彩病毒细胞灭活疫苗，可以有效防治此病；也可用含氯石灰（漂白粉）预防，一次用量，每立方米水体 10 g，用于消毒发病鱼池排出水；或用易消安和消毒净水液防治，一次用量，每千克饲料分别为 3.2～4.8 g 和 6 g，拌饲投喂，每天 2 次，疾病流行季节连用 3～5 d。

② 治疗方法。发病池塘全池泼洒烟叶 7～10 g/m³，第 2～3 天泼洒二氧化氯 3～5 g/m³、五倍子 5 g/m³，第 4 天泼洒“博灭”，第 8 天全池泼洒光合细菌和净水剂 30～50 g/m³。停食 1～2 d 后，再每 100 kg 饲料添加 4 g 氟哌酸，连喂 5～7 d；或是在发病池塘中用聚维酮碘 0.5 g/m³ 与中药 10 g/m³ 浸泡 12 h 后，全池泼洒。

第三节 尖吻鲈寄生虫性疾病

一、概述

1. 寄生的由来 营寄生生活的动物称为寄生虫，被寄生虫寄生而遭受损害的动物称为寄主。寄主不但是寄生虫食物的来源，同时又成为寄生虫暂时的或永久的栖息场所。寄生虫的活动及寄生虫与寄主之间相互影响的各种表现称为寄生现象，系统研究各种寄生现象的科学称为寄生虫学。寄生生活的形成是同寄主与寄生虫在其种族进化过程中，长期互相影响分不开的。一般说来，寄生生活的起源可有下列两种方式。第一，由共生方式到寄生。共生是两种生物长期或暂时结合在一起生活，双方都从这种共同生活中获得利益（互利共生），或其中一方从这样的共生生活中获得利益（片利共生）的生活方式。但是，营共生生活的双方在其进化过程中，相互间的那种互不侵犯的关系可能发生变化，其中的一方开始损害另一方，此时共生就转变为寄生。第二，由自由生活经过专性寄生到真正寄生。寄生虫的祖先可能是营自由生活的，在进化过程中由于偶然的机会，它们在另一种生物的体表或体内生活，并且逐渐适应了那种新的环境，从那里取得它生活所需的各种条件，开始损害另一种生物而营寄生生活。由这种方式形成的寄生生活，大体上都是通过偶然性的无数次重复，即通过兼性寄生而逐渐演化为真正的寄生。

2. 寄生方式

（1）按寄生虫寄生的性质 可分为：①兼性寄生也称假寄生，营兼性寄生的寄生虫，在通常条件下过着自由生活，只有在特殊条件下（遇有机会）才能转变为寄生生活。②真性寄生也称真寄生，寄生虫部分或全部生活过程从寄主取得营养，或以寄主为生活环境。

（2）按照时间的因素 可分为暂时性寄生和经常性寄生。暂时性寄生也称一时性寄生，寄生虫寄生于寄主的时间甚短，仅在获取食物时才寄生。

（3）按寄生虫寄生的部位 可分为：①体外寄生，寄生虫暂时地或永久地寄生于寄主的体表者。②体内寄生，寄生虫寄生于寄主的脏器、组织和腔道中者。③超寄生，在寄生虫还有一种特异的现象，寄生虫本身又成为其他寄生虫的寄主。

3. 寄主种类

（1）终末寄主 寄生虫的成虫时期或有性生殖时期所寄生的寄主，成为终末寄主或终寄主。

（2）中间寄主 寄生虫的幼虫期或无性生殖时期所寄生的寄主。若幼虫期或无性生殖时期需要两个寄主时，最先寄生的寄主称为第一中间寄主；其次寄生的寄主称为第二中间寄主。

（3）保虫寄主 寄生虫寄生于某种动物体的同一发育阶段，有的可寄生于其他动物体内，这类其他动物常成为某种动物体感染寄生虫的间接来源，故站在某种动物寄生虫学的立场可称为保虫寄主或储存寄主。

4. 寄生虫的侵染机制 寄生虫的感染方式主要表现在以下几方面。

（1）经口感染 具有感染性的虫卵、幼虫或胞囊，随污染的食物等经口吞入所造成的感染称为经口感染。

(2) 经皮感染　感染阶段的寄生虫通过寄主的皮肤或黏膜（在鱼类还有鳍和鳃）进入体内所造成的感染称为经皮感染。可分为感染性幼虫主动地由皮肤或黏膜侵入寄主体内；感染阶段的寄生虫并非主动地侵入寄主体内，而是通过其他媒介物之助，经皮肤将其送入体内所造成的感染，称为被动经皮感染。寄生虫、寄主和外界环境三者间的相互关系十分密切。寄生虫和寄主相互间的影响，是人们经常可以见到的，它们相互间的作用往往取决于寄生虫的种类、发育阶段、寄生的数量和部位，同时也取决于寄主有机体的状况；而寄主的外界环境条件，也直接或间接地影响着寄主、寄生虫及它们间的相互关系。

寄生虫对寄主的作用表现在许多方面。①机械性刺激和损伤：寄生虫对寄主所造成的刺激及损伤的种类很多，机械性刺激和损伤是最普遍的一类影响，作用是一切寄生虫病所共有，仅是在程度上有所不同而已，严重的可引起组织器官完整性的破坏、脱落、形成溃疡、充血、大量分泌黏液等病变。②夺取营养：寄生虫在其寄生时期所需要的营养都来自寄主，因此寄主营养或多或少地被寄生虫所夺取，故对寄主本身造成或多或少的损害；但其后果仅在寄生虫虫体较大，或寄生虫量较多时才明显表现出来。③压迫和阻塞：体内寄生虫大量寄生时，对寄主组织造成压迫，引起组织萎缩、坏死甚至死亡，此种影响以在肝、肾等实质器官较为常见。④毒素作用：寄生虫在寄主体内生活过程中，其代谢产物都排泄于寄主体内，有些寄生虫还能分泌出特殊的有毒物质，这些代谢产物或有毒物质作用于寄主，能引起中毒现象。

寄主对寄生虫的影响有以下几方面。①组织反应：由于寄生虫的侵入而刺激了寄主，引起寄主的组织反应，表现为寄生虫寄生的部位形成结缔组织的胞囊，或周围组织增生、发炎、以限制寄生虫的生长，减弱寄生虫附着的牢固性，削弱对寄主的危害；有时更能消灭或驱逐寄生虫。例如，四球锚头鱼蚤侵袭草鱼鳃时，寄主形成结缔组织包囊将虫体包围，不久虫体即死亡消灭。②体液反应：寄主受寄生虫刺激后也能产生体液反应。体液反应表现多样性，如发炎时的渗出，既可稀释有毒物质，又可增加吞噬能力，肃清致病的异物和坏死细胞；但在体液反应中主要为产生抗体，形成免疫反应。有机体不仅对致病微生物会产生免疫，对寄生原虫、蠕虫、甲壳类等也有产生免疫的能力，不过一般较前者弱。③寄主年龄对寄生虫的影响：随着寄主年龄的增长，其寄生虫也相应发生变化。某些寄生虫的感染率和感染强度随寄主年龄增长而递减，有一些寄生虫的感染率和感染强度随寄主年龄增长而递增，其主要原因是由于寄主食量增大，所食中间寄主增加；对体外寄生虫而言，则由于附着面积增大及逐年积累，以及幼体和成体生态上的差别所引起。④寄主食性对寄生虫的影响：水产动物与寄生虫在生物群落中的联系，除了外寄生虫和通过皮肤而进入寄主的内寄生虫之外，皆通过食物链得以保持，因此寄主食性对寄生虫区系及感染强度起很大作用。⑤寄主的健康状况对寄生虫的影响：寄主健康状况良好时，抵抗力强，不易被寄生虫所侵袭，即使感染，其强度小，病情也较轻。

5. 我国鱼类寄生虫病概况　鱼类寄生虫病是发病率最高、危害也比较严重的一类鱼类疾病。我国最早研究的淡水鱼类寄生虫病是寄生在草鱼苗和夏花鱼种阶段的鳃隐鞭虫。

徐墨耕等试验出硫酸铜和硫酸亚铁合剂杀灭中华鳋效果显著，此法一直沿用至今，并对多子小瓜虫的形态、生活史做了较详细地研究。陈英鸿报道了车轮虫病的流行和防治方法。最早研究的鱼类蠕虫病是九江头槽绦虫病，对该虫的生活史和防治方法都作了详细地研究。尹文英对锚头鳋病病原的形态、生活史及防治作了详细地研究，并证明寄生在鲢、鳙和草鱼、鲤的锚头鳋是不同的种类。潘金培等研究了寄生在鱼眼水晶体内的复口吸虫病。近年来，鱼类寄生虫与寄生虫病的研究正逐步转向海洋，新养殖品种的寄生虫病的研究也取得一系列成果，如海水鱼类的刺激隐核虫、老虎斑锥体虫、真鲷格瘤虫等，对鱼类寄生虫病进行了大量的研究工作，主要有寄生虫病病原的确定、寄生虫病流行、危害及防治、寄生虫病的区系发生情况、病理学和免疫学等方面的研究工作。

黄琪琰、郑德崇等对 9 种黏孢子虫病的组织病理进行了比较研究，报道了组织病理变化、胞囊的形成和消失的全过程及胞囊的结构。黄琪琰、郑德崇等研究了鲤棘头虫病的病理，报道了病鱼的组织及血液病理变化，阐明了引起病鱼慢性死亡，而累计死亡率又高达 60％的机制。吴灶和、潘金培等报道南海鱼虱引起的石斑鱼鱼虱病病理变化的研究结果，南海鱼虱对青石斑鱼的危害主要是由于桡足幼体期对寄主组织的大量摄食，导致鳃部组织的完整性受到破坏，使寄主的生理功能受损害而引起病变，红细胞数量减少和血清钙的增加变化明显。徐奎栋、孟繁林等报道鲈的鳃寄生车轮虫病及病理组织的扫描电镜观察结果，表明鳃寄生车轮虫可对宿主的上皮组织产生明显的机械性损伤，并造成鳃丝黏液分泌增多及炎症反应。陈信忠、龚艳清等对养殖石斑鱼匹里虫病进行了组织病理学观察。

使用药物是目前防治鱼类寄生虫病的最主要手段。寄生虫的种类很多，特性各异，决定了防治药物的多样性。药物防治效果总的来说还是比较好的，但有些疾病由于其感染途径、寄生部位的特殊性，一旦发生就没有有效的治疗手段，如华支睾吸虫病、双穴吸虫病等。因此，鱼病防治重点在于防，防重于治。免疫预防是鱼病防治的根本途径和发展方向，在鱼类寄生虫病的研究史上，虽然未曾有利用鱼类的免疫系统免遭寄生虫侵害的成功范例，然而近几年来学者对这方面的研究兴趣日益浓厚。谢杏人等对鲤肠道单极虫病进行了系统研究，对感染和未感染鲤血清进行了免疫试验，发现病鲤血清蛋白带比未感染黏孢子虫鲤血清多 5～7 条，该血清与单极虫孢子经交叉免疫电泳发生沉淀反应，表明病鲤血清具有特异性抗体产生。ELISA 和 IFAT 试验表明，不同发育时期的圆形碘泡虫存在共同抗原，并且黏孢子虫具有属特异性抗原。圆形碘泡虫的抗原成分主要集中在虫体后部的一特异位点及四周的虫壁上，两个极囊无抗原成分，而其营养体的抗原成分存在于整个虫体。章晋勇等探索建立鱼类寄生圆形碘孢虫完整孢子酶联免疫吸附试验检测的可行性，对丙酮、戊二醛、甲醛、多聚甲醛和乙醇等几种常用固定剂应用于此方法的效果进行评价，初步建立了针对鱼类黏孢子虫的完整孢子 ELISA 检测模式。

6. 展望　有关鱼类寄生虫病研究，无论在应用方面或基础研究方面都做了不少的工作，也达到了相当的水平。但与国外该领域的研究相比还有很大差距，且远远跟不上迅猛发展的养殖业需要。还需要做好以下几方面工作：第一，集约化养殖技术推广应用及生态环境改变等因素，使得鱼类寄生虫病极为普遍而猖獗。为了更好地发展水产养殖业，养殖者不仅需要知道如何治疗寄生虫病，还需要熟悉寄生虫的生物学基础知识，以更好地预防寄生虫病。第二，完善鱼类病害监测体系，全国各地做好鱼类病害的监测工作，并及时在网上公布监测结果，使生产单位、管理部门能及时掌握病害的发生动态和趋势，为防治决策提供科学依据。第三，建立严格的检疫制度，加强鱼类检疫，多途径切断病源传染途径。各地在引进新品种时，特别是从国外引进新品种时必须经过彻底地检疫，杜绝疾病的蔓延。第四，加强鱼类寄生虫病病原基础研究。在研究论述寄生虫各个种的形态结构和生活史的基础上，应用电子显微镜研究其亚微结构，应用新技术研究寄生虫的体外培养、体内寄生的生物化学和生物物理学、寄生虫的营养和生理学等，进一步发展到寄生虫染色体组型分析技术、同工酶电泳技术和重组 DNA 等。根据病原的生物学特点、感染机制和途径，利用生物生态技术控制养殖病害（孟庆显，1996；夏春，2005；俞开康等，2000；战文斌，2004；邱兆祉，2000；张剑英等，1999）。

二、寄生虫性疾病

1. 刺激隐核虫病

【病原】刺激隐核虫（*Cryptocaryon irritans*），属于前口目（Prorodontida）隐核虫科（Cryptocaryonidae）隐核虫属（*Cryptocaryon*）成员。海水小瓜虫（*Ichthyophthirius marinus*）是同物异名。成熟个体的直径一般在 50 μm×450 μm，体表均匀分布纤毛，外部形态与淡水小瓜虫相似，但体内有由 4～8 个卵圆形团块连接成 U 形排列的念珠状大核。刺激隐核虫的生活史按形态大体可分 4 个虫体变态阶段：滋养体（Trophont）、包囊前体（Protomont）、胞囊（Tomont）和幼虫（Theront）。寄生滋养体期：虫体呈卵圆形，个体大，成熟后或受外因刺激下，会从鱼体体表脱落下来，发育形成胞囊前体；胞囊期：纤毛退化，胞囊虫体开始无性分裂，产生大量纤毛虫，当水温达到 18～25 ℃时，幼虫进入水中；感染幼虫期：幼虫感染寄主，开始营寄生生活（图 8-25、图 8-26）。该类寄生虫钻入鱼体组织后刺激宿主分泌黏液形成胞囊，对外界不良环境条件有很强的抵抗能力。

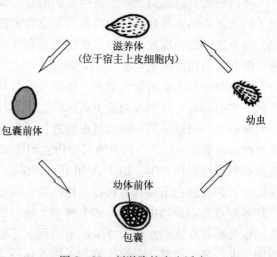

图 8-25 刺激隐核虫生活史

【症状和病理变化】刺激隐核虫是一种常见寄生虫。病鱼皮肤、鳃和眼部出现大量针尖大小的小白点，特别是深色皮肤上较易观察到（浅色皮肤鱼须将鱼放在水中才容易发现小白点）。鳃上小白点清晰可见，为生长中的滋养体。患病初期，鱼摄食量减少，在养殖池中分布散乱、漫游不止，时常翻转身体摩擦池底，开口呼吸，频率加快。患病后期，病鱼的皮肤和鳃上小白点越加明显，在鳍条、鳃上滋养体显现得最为明显；病鱼体表发炎溃疡，鳍条缺损、开叉，眼角膜混浊发白；体表、鳃丝分泌大量黏液；鳃变苍

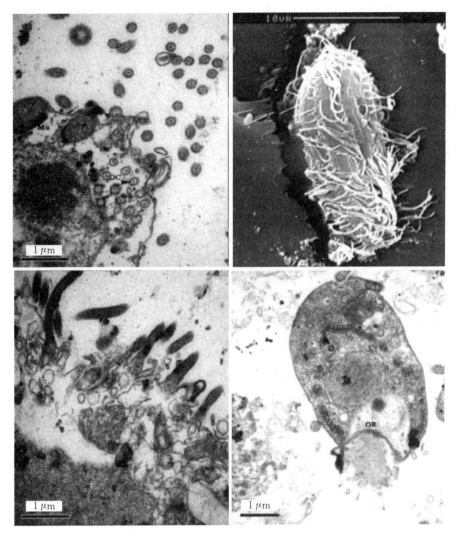

图 8-26　刺激隐核虫各个阶段的电镜观察

白；因瘙痒而引起的行为异常，表、鳃、眼角膜和口腔等呈现肉眼可见白色点状物。此病末期时体表皮肤点状出血物出现，体表与鳃的黏液分泌增多，形成一层白色混浊状薄膜（图 8-27）。病鱼摄食量大大减少（Khoo 等，2012）。

【流行情况】刺激隐核虫在 10～30 ℃水温下可以繁殖，最适繁殖水温为 25～29 ℃，无需中间寄主，靠包囊及其幼虫传播。在水流不畅、水质差、有机物含量丰富和高密度养殖的网箱养殖海区发病率最为严重。当海水出现上凉下热的温差，从而导致海底残饵、粪便等污物上升到水面，造成水质混浊、海水富营养化程度增加，加上温度适宜，从而引起刺激隐核虫短时间内大量繁殖。在水泥池、室内水族箱及海水网箱等高密度养殖场所，虫体就能够大量繁殖而使鱼类致病。近年来，海水刺激隐核虫病的大量发生与海区中养殖密度不断增加密切相关。此外，该病在海区环境变化大（如台风过后）、水流不畅、鱼体营养不良和抗病力差时常发生，具有高致病性和高暴发性特征，一旦发病，难以控制。

图 8-27　尖吻鲈上感染的刺激隐核虫
a. 鳃丝上有运动的滋养体　b. 对照组，鱼体色正常　c. 皮肤产生大量黏液　d. 皮肤、鳍条上有大量的黏液和白点
（引自 Khoo 等，2012）

【诊断方法】

初步诊断：根据病鱼皮肤、鳍条、眼和鳃上出现小白点，病鱼不食，在水面漫游等症状即可初步诊断。

实验室确诊：取病鱼鳃片，放在载玻片上，加数滴海水，在显微镜 4×10 下镜检，滋养体在鳃丝之间呈黑色圆形或椭圆形团块，有的还作旋转运动；另从鱼体表或鳍条上轻轻刮拭黏液压片，镜检。如从鳃、鳍条和皮肤的刮拭物中观察到持续旋动、梨形纤毛虫，可确诊为刺激隐核虫病。

PCR 技术检测水体中的幼虫：取养鱼水样 1 000 mL，以 300 目滤网过滤除去杂质，加入福尔马林，10 000 r/min 离心 5 min，取沉淀物以冻融法提取 DNA，用套式 PCR 扩增法扩增并以电泳检测，若检测到阳性条带，表明水体中有大量刺激隐核虫幼虫存在。

注意刺激隐核虫病和黏孢子虫病的区别：患刺激隐核虫病的鱼体体表白点为球形，大小基本相等，比油菜籽略小，体表黏液较多，显微镜下可观察到隐核虫游动；黏孢子虫病鱼体白点大小不等，有的呈块状，鱼体黏液很少或没有，无虫体游动现象，但可观察到孢子（图 8-28）（Mohd-Shaharuddin 等，2013）。

【防治方法】

① 预防措施。池塘或室内鱼池等封闭式养殖环境中，应在刺激隐核虫病发生早期进行大量换水，日交换量为 50%，连续 2 周；进水口配置过滤装置，过滤杂鱼、虾和水草

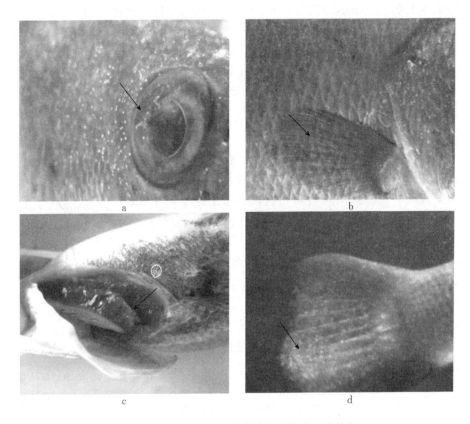

图 8-28 尖吻鲈感染刺激隐核虫的病理学特征
a. 变形的眼球（箭头示） b~d. 鳍条、鳃和尾鳍出有大量的白点（箭头示）
（引自 Mohd-Shaharuddin 等，2013）

杂物，减少刺激隐核虫随这些生物带进池塘的可能；加大换水量，有助于清除包囊和幼虫，减少传染的机会，并可增强鱼体免疫力，防止细菌继发感染。在海水网箱养殖等开放式水体中，可将发病和将要发病网箱拖到水体流动较好、清洁的海区暂养，可大大缓解刺激隐核虫病引起的危害和死亡。设计制作网箱时从病害防治出发，网箱密度适宜，网箱尽能够分散，以便发病时能够拖移网箱到水环境好的地方。在海洋养殖区增设生物哨所以免疫缺损或养殖较易感鱼类作为指示生物，以指示生物的感染水平，通过数学模型预测养殖生物将被感染的期限，为预防提供科学依据。预防刺激隐核虫病可用 10% 甲醛溶液，一次用量，每立方米水体 25~30 mL，全池泼洒，每 2 d 1 次，连用 2~3 次。也可用青蒿末，一次用量，每千克鱼体重 0.3~0.4 g，拌饲投喂，每天 1 次，连用 5~7 d。

　　② 治疗方法。由于刺激隐核虫这种特殊的生活史，使用药物时只能杀灭寄生在鱼体上的部分幼虫，但成虫在遇到药物时则形成胞囊从鱼体上脱落。在条件适宜时，迅速分裂，增殖出更多的、呈几何级数增长的纤毛幼虫，侵袭宿主，造成更大的危害。这就是迄今为止对刺激隐核虫病尚无特别有效的防治药物和防治措施的原因。可选用以下几种方法防治：醋酸铜，一次用量，每立方米水体 0.3 g 全池泼洒，每天 1 次，连用 4 d；硫酸铜，一次用量，每立方米水体 1 g，全池泼洒，每天 1 次，连用 3~5 d；30% 双氧水，一次用

量，每升水体 100～150 mg，浸浴，30～40 min，每天 1 次，连用 4～6 d；40％甲醛溶液和硫酸铜，一次用量，每升水体分别为 0.2～0.25 mL 和 0.3～0.5 mg，浸浴，30 min，每天 1 次，连用 2～3 d；可用槟榔、苦参和苦楝叶，一次用量，每立方米水体各为 0.2 g，煎汁，全池泼洒，每天 1 次，连用 2 d；可用使君子和新鲜苦楝叶，一次用量，每升水体各为 25 mg，煎汁，浸浴 2 h，每天 1 次，连用 2 d；可用淡水，浸浴，3～5 min。

2. 尾孢虫病

【病原】孢子正面观为卵圆形或倒梨形，前端较宽大，后端稍窄小。由两壳瓣延伸形成两条尾丝。孢子缝面观椭圆形。缝脊直而明显。两极囊梨形，"八"字形排列于孢子前端，未见囊间突起。孢质均匀颗粒状，分布于孢子后半部。其中，有一圆形嗜碘泡。孢子形态参数：长 8.9（8.5～9.0）μm，宽 5.7（5.5～6.0）μm，厚 4.9（4.8～5.0）μm；极囊长 2.8（2.0～3.0）μm，宽 1.8（1.5～2.0）μm；尾丝长 16.0（14.0～21.0）μm（图 8-29）（吴建平和华鼎可，1994）。

【症状和病理变化】感染初期，鳃上有白色孢囊，咽喉无任何症状；感染中期，寄生鳃部的伴有黏液增多，鳃丝腐烂肿胀。病鱼常伴有在下风处非缺氧性集群浮头现象，出现少量死亡；感染后期，咽喉肿胀或溃烂，有大量尾孢子虫孢囊，死亡量急剧增加。孢子虫寄生鳃部和体表，白

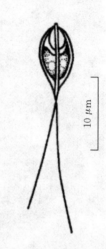

图 8-29　尖吻鲈尾孢虫模式图
（引自吴建平和华鼎可，1994）

色包囊堆积成瘤状，包囊寄生部位引起鳃组织形成局部充血呈紫红色或贫血呈淡红色或溃烂，有时整个鳃瓣上布满胞囊，使鳃盖闭合不全，体表鳞片底部也可看到白色包囊（图 8-30）。

【流行情况】尖吻鲈尾孢虫病主要危害成鱼养殖，发病率近年也不断升高，常流行于每年的 4—10 月，5—9 月为发病高峰期。孢子虫主要寄生于鱼的鳃、鳞、鳍、吻、喉、肠、肝和肌肉等部位。

【诊断方法】虫体寄生在鳃、皮肤等处，在寄生部位可见大小不等的白色包囊。打开鱼的腹腔，可见白色、椭圆形孢囊，镜检可确诊。尾孢虫寄生于鱼鳃、胆、心脏和肠道，寄生于鳃丝的胞囊白色，形状大小不一，大的胞囊达 1～3 cm，造成鳃组织的损害。根据流行病学症状可进行初步诊断，镜检鳃部孢囊即可确诊。

【防治方法】

① 预防措施。90％晶体敌百虫，一次用量，每立方米水体 0.2～0.3 g，全池泼洒，每 15 d 1 次，连用 3～6 次；孢虫净（环烷酸铜溶液），一次用量，每立方米水体 45～60 mL，疾病流行季节，全池泼洒，每月 1 次。

② 治疗方法。生石灰带水清塘，杀灭寄生虫幼虫和中间宿主；按照每亩 100 mL 的用量，泼洒浓度为 45％ 的环烷酸铜，每天 1 次，连用 2 d；百部贯众散拌饵投喂，每天 1 次，连用 5～7 d；按照 1 t 饲料 25 kg 的剂量，将含量为 5％的地克珠利预混剂与饲料混合投喂，每天 2 次，连用 5～7 d。

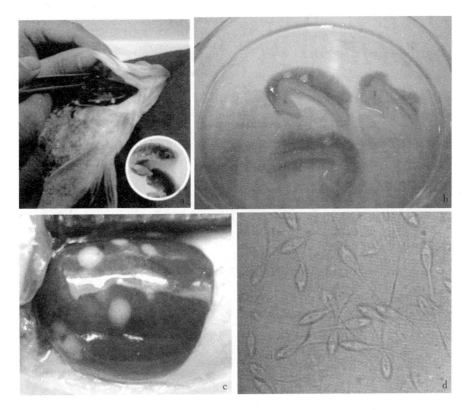

图 8-30　尾孢虫感染的寄生部位、病理变化和孢子形态
a. 鳃上孢囊　b. 孢囊大小比较　c. 肝上孢囊　d. 显微镜下孢子

3. 艾美耳球虫病

【病原】尖吻鲈艾美耳球虫（*Goussia kuehae*）卵囊呈球形或椭圆形，外被一层厚的、坚硬的卵囊膜，内有 4 个孢子囊，孢子囊呈卵形，被有透明的孢子膜，膜内包裹着互相颠倒的长形的稍弯曲的孢子体，每个孢子体有一个核，两个孢子体之间有一孢子残余体，胞囊之内尚有卵囊残余体和 1～2 个粒状极体，卵囊上有 1 小孔称卵孔，卵孔上有 1 个盖，称作极帽，卵囊随宿主粪便外排，被另一宿主吞食后，就被感染，极帽被消化溶解，孢子体被释放出来，钻入宿主肠或胆管等上皮细胞内掠夺营养，发育为球形，称为裂殖体。形成孢子的卵囊椭圆形，长 37～40（37.9±1.49）μm，宽 28～30.3（29.3±0.97）μm，2～3 个苍白球形卵囊残体 7～8.5（7.8±0.54）μm，存在一些球形或无定型压缩卵囊残余体直径 1～3.5 μm。卵囊内含有 4 个椭圆形孢子（16.2±0.7）μm×（6.7±0.8）μm，它们之间的空隙较大，松散的处于胞囊中，孢子呈香蕉状。艾美耳球虫发育周期包括 3 个阶段，裂殖生殖、配子生殖和孢子生殖（图 8-31）（Székely 等，2013）。

【症状和病理变化】发病鱼摄食下降，病鱼体黑，精神沉郁，消瘦，鳃瓣苍白，腹部肿大，肠道前段的肠壁内有许多白色小结节，有时突出明显，肉眼可见其病灶，肠管粗于正常的 2～3 倍，结节是由卵囊群集而成的，严重时肠壁溃烂穿孔。艾美耳球虫主要感染部位是尖吻鲈的小肠，卵块发育和孢子几乎发生于外胚层，感染水平由轻到重，经常导致

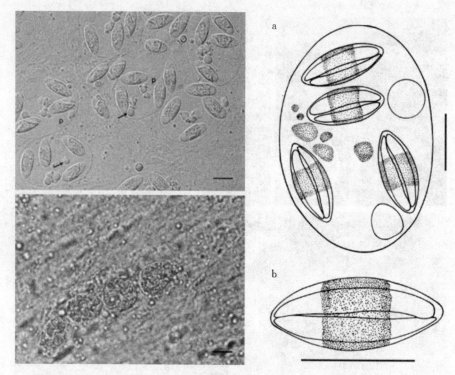

图 8-31 尖吻鲈肠道上皮内的球虫胞囊及孢子

a. 卵囊　b. 孢囊

（引自 Székely 等，2013）

肠绒毛刷状缘脱落，分裂体比配子母细胞小得多，裂殖子排列成玫瑰花或平行状，通常可观察到含有至少 18 个裂殖子的胞浆内分裂体或异常大的分裂体，成熟的小配子母体有大量的带有鞭毛的雄配子。病鱼肠壁黏膜层、浆膜层发生病变，以黏膜层为甚，肠壁发炎，充血。在组织切片中很难观察到孢子化卵囊，在 181 尾鱼中仅能观察 1 例。艾美耳球虫感染时导致小肠上皮细胞由鳞状向立方形转化，伴随着由轻到重的单核细胞浸润（图 8-32）（Gibson 等，2011）。

【流行情况】该病是海水鱼类养殖中的一种常见病，主要靠虫卵和幼虫传播，主要危害鱼苗鱼种，可引起大批死亡。严重的感染率高达 80%，流行期在 4—7 月，适宜水温 24～30 ℃，尖吻鲈通过吞食卵囊感染，对宿主有选择性。

【诊断方法】取病变组织做涂片或压片，在显微镜下可看到卵囊及其中的孢子囊。

【防治方法】

① 预防措施。碘，一次用量，每千克鱼体重 24 mg，拌饲投喂，每天 1 次，连用 4 d。

② 治疗措施。硫黄粉，一次用量，每千克鱼体重 1 g，拌饲投喂，每天 1 次，连用 4 d；碘酒，一次用量，每千克鱼体重 120 mL，拌饲投喂，每天 1 次，连用 4 d；灭虫精（溴氰菊酯溶液）和克虫威，一次用量，每立方米水体分别为 0.15 mL 和 0.5 g，全池泼洒，每天 1 次，连用 1～2 d，同时用敌孢王，一次用量，每千克饲料 8 g，拌饲投喂，每天 1 次，连用 4 d。

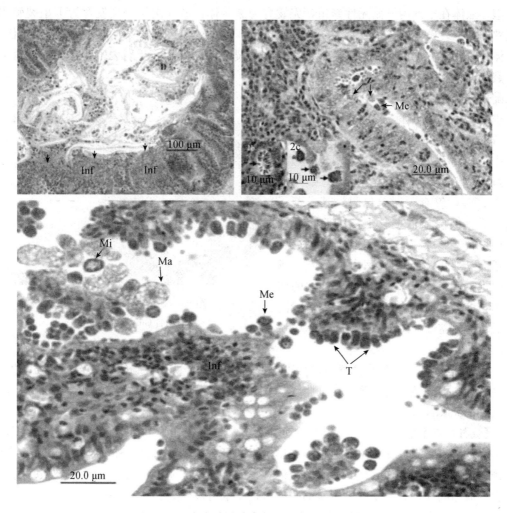

图 8 - 32　尖吻鲈肠道感染艾美球虫的病理变化

箭头示肠上皮细胞被侵蚀；Inf. 炎症反应　Me. 分裂体　Mi. 小配子母体　Ma. 大配子母细胞　T. 滋养体
D. 细胞碎片　Z. 裂孢子

（引自 Gibson 等，2011）

4. 隐孢子虫病

【病原】隐孢子虫属于孢子虫纲、球虫目、隐孢子虫科、隐孢子虫属。卵囊是隐孢子虫的唯一感染阶段，呈圆形或椭圆形，直径 $4\sim6~\mu m$，卵囊壁光滑无色，无卵膜孔。成熟的卵囊内有 4 个裸露的香蕉样子孢子和由颗粒物组成的圆形的残留体。卵囊对外界的抵抗力强，常用的消毒剂不能将其杀死，用 10% 甲醛盐水、5% 氨溶液和将卵囊冷冻干燥可使其失去感染作用，在冰点以下或 65 ℃以上加热 30 min 可杀死卵囊。隐孢子虫的生活史简单，不须转换宿主就可以完成。隐孢子虫的发育过程和球虫相似，包括无性生殖、有性生殖和孢子生殖 3 个阶段，均在同一宿主体内进行，称为内生阶段，随宿主粪便排出的卵囊具感染性。当宿主吞食成熟卵囊后，在消化液的作用下，子孢子在小肠脱囊而出。隐孢子虫的生活史，先附着于肠上皮细胞，再侵入其中，在被侵入的胞膜下与胞质之间形成带虫空泡，虫体在空泡内开始无性繁殖，先发育为滋养体，经 3 次核分裂发育为 I 型裂殖体。成熟的 I 型裂殖体含有 8 个裂殖子。裂殖子被释出后侵入其他上皮细胞，发育为第二代滋养体。第二代滋养体经 2 次核分裂发育为 II 型裂殖体。成熟的 II 型裂殖体含 4 个裂殖子。此裂殖子释出后侵入肠上皮发育为雌、雄配子体，进入有性生殖阶段，雌配子体进一步发育为雌配子，雄配子体产生 16 个雄配子，雌雄配子结合形成合子，进入孢子生殖阶段。合子发育为卵囊。卵囊有薄壁和厚壁两种类型，薄壁卵囊约占 20%，仅有一层单位膜，其子孢子逸出后直接侵入宿主肠上皮细胞，继续无性繁殖，形成宿主自身体内重复感染；厚壁卵囊约占 80%，在宿主细胞内或肠腔内孢子化（形成子孢子）。孢子化的卵囊随宿主粪便排出体外，即具感染性。完成生活史需 5~11 d（图 8 - 33）（Gibson 等，2011）。

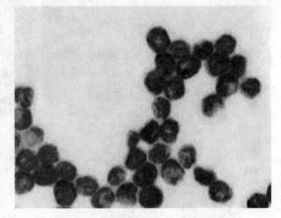

图 8 - 33　隐孢子虫形态结构
（引自 Gibson，2011）

【症状和病理变化】虫体通过改变寄居的宿主细胞活动或从肠管吸收营养物质等方式损害肠道。引起鱼类肠黏膜上皮细胞受损，肠黏膜萎缩、变粗、脱落，影响营养和水分吸收（Gibsonkueh 等，2011）。

【流行情况】隐孢子虫病一年四季均有发生，具有较强的季节性，温暖、潮湿季节发病率高。隐孢子虫卵囊排出的数量多，排出后即具有感染力，且对外界抵抗力较强，各种常规的消毒剂对之杀伤力低。卵囊被鱼体吞食后，不易被消化液杀死，反而有促进子孢子自囊内脱出的作用。即使吞食少量的卵囊，宿主也可被感染。

【诊断方法】将死鱼解剖，取消化道黏膜做成涂片检查，通过免疫荧光试验、PCR 作为实验室常规检查。可用改良抗酸染色法，染色后背景为蓝绿色，卵囊呈玫瑰色，圆形或椭圆形，囊壁薄，内部可见 1~4 个梭形或月牙形子孢子，有时尚可见棕色块状的残留体，但标本中多存在红色抗酸颗粒，形同卵囊，难以鉴别。利用卵囊分离与纯化方法，隐孢子虫卵囊分离纯化方法的原理大多是根据卵囊密度与纯化介质密度之间的差异，通过离心使卵囊与纯化介质、杂质分离。

【防治方法】

① 预防措施。必须清除池底过多淤泥，并用生石灰或漂白粉彻底清塘，以杀灭休眠的孢子。选择有信誉的鱼苗厂的苗种，并且下塘前用聚维酮碘或高效的苗种浸泡剂浸泡消毒以切断传染源；投喂优质饲料，增强鱼体抵抗力。

② 治疗方法。在饲料中添加 1% 的孢虫杀 1 号投喂，每 15 d 1 次，可有效预防孢子虫病。

5. 斜管虫病

【病原】斜管虫属是原生动物门、动基片纲、管口目、斜管科的一个属。虫体有背腹之分，背部稍隆起。腹面观左边较直，右边稍弯，左面有 9 条纤毛线，右面有 7 条，每条纤毛线上长着一律的纤毛。腹面中部有一条喇叭状口管。大核近圆形，小核球形，身体左右两边各有一个伸缩泡，一前一后（图 8 - 34）（Bowater 等，2015）。

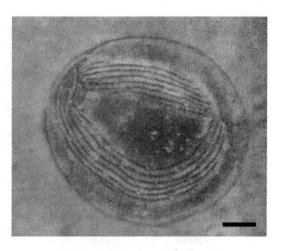

图 8 - 34　斜管虫形态
（引自 Bowater 等，2015）

【症状和病理变化】斜管虫寄生在鱼的鳃、体表，刺激寄主分泌大量黏液，使寄主皮肤表面形成苍白色或淡蓝色的黏液层，组织被破坏，影响鱼的呼吸功能。病鱼食欲差，鱼体消瘦发黑，靠近网箱或池塘，浮在水面做侧卧状，不久即死亡。发病初期，鱼体没有明显的症状出现，只有少数漂浮在水面上，摄食能力减弱，呼吸困难，部分有浮头现象，反应迟钝；捞取死亡个体观察发现：病鱼体色较深，口常张开不能闭合，体表完好无充血，鳃丝颜色较浅，表层、鳃部黏液较多，鳃小片上皮细胞增生，鳃丝融合在一起，鳃丝点状出血，炎症细胞浸润，细胞坏死（图 8 - 35）（Bowater 等，2015）。

【流行情况】此病流行广泛，对鱼苗、鱼种危害较大，能引起大量死亡，该寄生虫繁殖最适温度为 12～18 ℃，2～3 d 就可布满病鱼皮肤、鳍和鳃丝间，导致鱼苗大批量死亡，初冬和春季最为流行。在 20 ℃以上时很少引发病变。

【诊断方法】镜检病鱼鳃及体表，能见斜管虫病原体，可观察到大量活动的椭圆形虫体，显微镜下一个视野内可观察到 100 个以上，进一步判断病原还可以进行电镜切片观察等。

【防治方法】

① 预防措施。苗种放养前 10 d 左右用生石灰或漂白粉彻底清塘消毒；泼洒生石灰后第 3 天，用鱼虫宁彻底杀虫；鱼苗可用 10～20 mg/L 高锰酸钾溶液或 8～10 mg/L 硫酸铜和硫酸亚铁（5∶2）合剂浸浴 10～30 min。入秋后，可内服三黄散、水产用维生素 C 和维生素 E 拌料，连服 5～7 d，每月 1 次。此外，加强饲养管理，保持良好环境，要长期添加一些鲜活饵料、维生素和脂类，增强鱼体自身抵抗力，尝试泼洒微生态制剂、底质改良剂来调节水质；对于需要拉网的苗种，尽量减少拉网频率，减少擦伤。

② 治疗方法。硫酸铜制剂，当鱼种或成鱼发现有斜管虫病原体，可用 8 mg/L 硫酸铜溶液浸洗病鱼，水温 10～20 ℃时，浸洗 20～30 min；水温 20～25 ℃时，浸洗 15～20 min。如果鱼苗体质虚弱，抗药性差，可用 0.35～0.4 mg/L 的硫酸铜溶液全池泼洒，每天 1 次，连泼 2 d；也可用 0.7 mg/L 的硫酸铜和硫酸亚铁合剂（比例 5∶2）进行全池泼洒。硫酸铜属重金属盐类，其铜离子很容易结合某些酶的巯基，巯基一般是酶的活性基团，一旦与重金属离子结合就会失去活性，影响到病原体的正常生长繁殖；硫酸亚铁在此

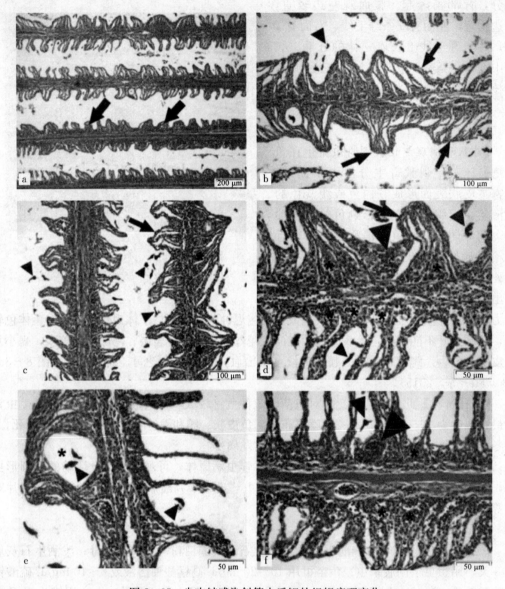

图 8-35 尖吻鲈感染斜管虫后鳃的组织病理变化

a. 鳃上皮细胞增生（箭头示） b、c. 相邻的鳃丝融合（箭头示） d、f. 大箭头示出血，星号示炎症和坏死 e. 星号示假囊泡形成

（引自 Bowater 等，2015）

只是辅助药品，对伤口起到收敛作用；高锰酸钾，一般可用 20 mg/L 高锰酸钾溶液浸洗病鱼，时间保持在 30 min 左右即可有不错的效果。

6. 单殖吸虫病

【病原】病原为 *Laticola paralatesi*（Nagibina，1976），隶属于扁形动物门的吸虫纲，单殖亚纲（Monogenoidea）、鳞盘虫科（Diplectanidae）。后吸器与前体部有明显的区分，头器发达，具有眼点 2 对。具 2 对中央大沟、3 根联结片、背腹各有 1 鳞盘。鳞盘由同心圆排列的棘状鳞或几丁质小杆片组成。交接管全部或部分为管状，支持器或有或无。有阴道。前列腺1对。一般长叶状，有的为椭圆形、圆形或圆柱形，身体较小，具有前、后固着器，体壁由皮层和肌肉层组成。绝大多数是外寄生虫，寄生在鳃、皮肤、鳍以及与体外相通的口腔、鼻腔、膀胱等处。极少数寄生在胃和体腔中，以血液、黏液为食（图8-36）（Chotnipat等，2015）。

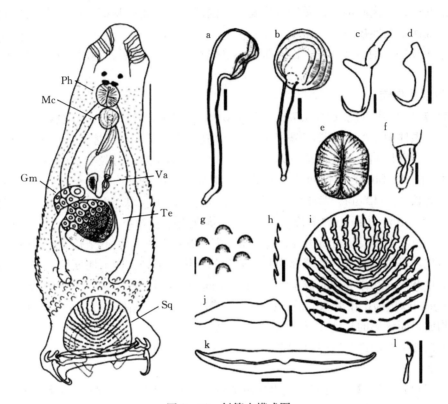

图8-36 斜管虫模式图

Mc. 雄性交配器　Gm. 生殖腺　Ph. 咽　Sq. 鳞盘　Te. 睾丸　Va. 阴道

a. 雄性交配器侧面图　b. 雄性交配器腹面图　c. 腹部锚　d. 背部锚　e. 咽　f. 阴道瓣膜　g、h. 皮肤鳞

i. 鳞盘　j. 背部条　k. 横向腹鳍条　l. 边缘沟

（引自Chotnipat等，2015）

【症状和病理变化】被感染的鱼体表现为头部时而摆动，烦躁不安，游动迅速，基本不摄食；大量寄生时，病鱼呼吸困难，鳃部显著浮肿，掀开鳃盖，肉眼可见白色的吸虫，鳃盖有充血现象；随着病情的加重，病鱼体色逐渐变黑，身体消瘦，同时伴有烂鳃现象。

【流行情况】该病是海水鱼类养殖中的一种常见病，主要靠虫卵和幼虫传播。多数流行于春末夏初，适宜温度为20～25℃，主要危害育苗鱼种，可引起大批死亡。

【诊断方法】通过鉴别病原体的存在与感染数量来确诊。病鱼部分鳃丝溃烂、发白。肉眼仔细观察红的鳃丝，可见上面有针尖大小的白点。剪下一些有白点的鳃丝放在载玻片上滴数滴海水，可见红色的鳃丝边有白色的虫体伸展开来，十分显眼。使用显微镜观察鳃丝压片时，在10倍物镜下，虫体长1～1.5个视野。虫体末端附着在鳃丝上，头端游离常

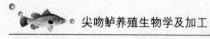

左右弯曲或伸缩。活虫内部结构清晰。幼苗感染 10 只以上、成鱼感染 50 只以上虫体即可确诊为 *Laticola paralatesi* 引起的单殖吸虫病。

【防治方法】

① 预防措施。鱼苗的运输及养殖换网时的操作要细心，避免鱼体擦伤脱鳞及眼睛受伤；控制放养密度，保持优良的网箱养殖环境；每天认真观察鱼摄食及活动状况，及时发现异常情况；投喂优质饲料、做好网具及工具的消毒，防止病从口入；养殖区的料台布局要合理，确保水交换畅通。

② 治疗方法。使用 0.2 μL/L 的 90% 晶体敌百虫全池泼洒，连用 3 d，可以取得良好效果。

7. 拟合片虫病

【病原】拟合片虫属（*Pseudorhabdosynochus*）是扁形动物门、吸虫纲、单殖亚纲、鳞盘虫科。虫体中小型，体长 350～770 μm，体宽 136～175 μm。身体后半部分被有鳞片。食管较短，于咽后端分叉，伸至身体后 3/4 处，末端不相连。后吸器长 88～122 μm；背、腹鳞盘由 11～12 列同心圆排列的几丁质小杆组成。背中央大钩外突长 25～36 μm；腹中央大钩外突长 34～42 μm。背联结片全长 40～55 μm；中央联结片中部凹陷，两端削窄，全长 97～122 μm。边缘小钩全长 8～11 μm。雄性交接器球形部大小为（30～39）μm×（28～35）μm，由四层肌肉质构成；管状部全长 62～88 μm。阴道全长 28～38 μm，前端部几丁质化，呈现花瓶状；后端部为几丁质化的纤维状细管。卵呈四面体，端部圆形，并由一端伸出一条细长的极丝。新种与同样寄生在尖吻鲈上的 *P. latesi* 和 *P. monosquamodiscusi* 在形态上最为相似，尤其是交接器的结构，其基部为球形，由四层肌肉质构成；而该属的其他 23 种虫的交接器基部均为肾形，并明显分隔为 4 个小室。新种可以依据独特的阴道及后吸盘的形态特征明显地区别于已知种（图 8-37）（吴相云和李安兴，2005）。

【症状和病理变化】尖吻鲈明显出现不适现象，在水中急游，时而浮游于水面，体表黏液明显增多，摄食量减少，并表现出呼吸困难，鳃张闭的呼吸频率加快，鳃表面布满黏液，鳃丝贴黏，肉眼可观察到微小的白色虫体。随着病情的发展，鱼呼吸频率减慢后，会逐渐死亡（图 8-38）。

【流行情况】该虫在华南沿海鱼类养殖区常见，当寄生数量多时，可引起鱼大量死亡，死亡率可达 15% 左右。

【诊断方法】取发病鱼的鳃进行压片，用显微镜观察，发现鳃丝上有大量虫体，在低倍镜视野下能达到 20 条左右。该虫具有两对眼点，发达的咽，两对中央大沟，三根联结片，具有典型的鼠状交接器。用显微镜的方法观测到上述虫体特征，基本可确诊鱼类感染拟合片虫（图 8-39）。

【防治方法】

① 预防措施。放养密度不宜过大，常清除污物；高锰酸钾，一次用量，每升水体 15～20 mg，浸浴，15～30 min。

② 治疗方法。采用淡水浸泡或聚维酮碘过水处理；也可用敌百虫全池泼洒；可用 40% 甲醛溶液，一次用量，每升水体 200～250 mL，浸浴，25 min，每天 1 次，连用

图 8-37　*Pseudorhabdosynochus yangjiangensis* 的模式图

1. 整个虫体　2. 腹部条　3. 边缘沟　4. 背部条　5. 腹部翅钩　6. 背部翅钩　7. 鳞盘　8. 雄性交配器　9. 阴道　10. 带长丝的卵

（引自吴相云和李安兴，2005）

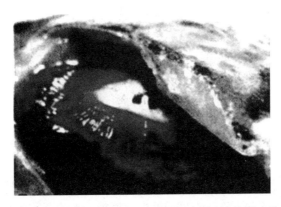

图 8-38　鳃表面黏液增多，鳃丝贴黏，肉眼可观察到白色点状虫体黏附在鳃丝上

2～3 d；或用90%晶体敌百虫，一次用量，每立方米水体0.2～0.3 g，全池泼洒，每天1次，连用2～3 d；或用蠕虫净，一次用量，每千克鱼体重200 mg，拌饲投喂，每天1次，连用4～7 d；或用灭虫精（溴氰菊酯溶液）和敌菌清，一次用量，每立方米水体分别为0.15 mL和0.5 mL，全池泼洒，每天1次，连用1～2 d。

图8-39　低倍显微镜下显示大量的拟合片虫吸附在鳃丝上
1. 鳃丝　2. 虫

8. 新本尼登虫病

【病原】新本尼登虫（*Neobenedenia* sp.），虫体背腹扁平，腹面观呈近长椭圆状、微凹，侧面观似鳞片，体表无棘，个体大小一般为（3.5～6.6）mm×（3.1～3.9）mm，最长可达11.6 mm。虫体前端具两个并列的前吸器为吸盘样，后端有1个卵圆形的后吸器，比前吸器大得多，后吸器无柄，不分隔，具形态各异中央大钩3对，边缘有7对辐射状对称排列的边缘小钩。虫体口囊漏斗状，位于两吸器之间的后缘。两树枝状肠管分两侧向后延伸至后吸器前缘，并终止于盲端，向前有分支绕咽部至顶端，肠管向体中央和侧边缘均有侧支。两对黑色眼点呈"八"字形前后并列分布于两吸盘之间的中后下方。雄性生殖器官具紧靠的睾丸2个，并列分布于虫体中部稍偏后位置，具发达的雄性交接器。雌性卵巢1个，含有受精囊，卵黄腺细胞发达。虫卵呈不规则多面体形状，后端一般有2个小钩，末端有一细长卵丝（图8-40）。虫卵在25 ℃水温条件下6 d孵化出纤毛蚴，而在28 ℃水温下只需4 d纤毛蚴就发育成熟。纤毛蚴有趋光性，靠近水面游泳，遇到适宜的宿主即可附着，蜕掉纤毛，开始新的寄生生活。10 d后虫体所有内部器官发育成熟。在26～30 ℃水温条件下，16 d后虫体开始排出虫卵（Brazenor和Hutson，2015）。

图8-40　从尖吻鲈上皮内采集到的活的成年 *Neobenedenia* sp.（腹视图）
（引自 Brazenor 和 Hutson，2015）

【症状和病理变化】新本尼登虫寄生在尖吻鲈的皮肤上，尤其是背部的前半段，在鱼体上寄生时，鱼在水中焦躁不安，在网或池壁上摩擦，体表受伤发炎，分泌大量黏液，严重时贫血，消瘦，体表溃烂，眼睛发白或红肿充血。在感染的皮肤区域有明显的炎症反

应，表皮缺失，吸盘边缘处可导致表皮的基底膜分离（图 8 - 41、图 8 - 42）
（Trujillogonzález 等，2014）。

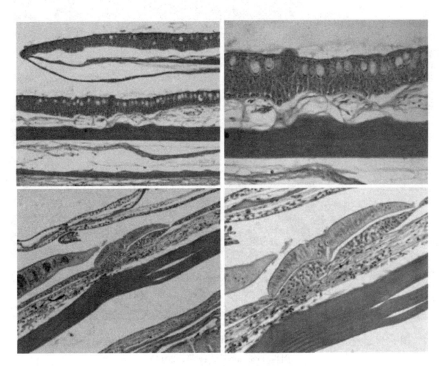

图 8 - 41　*Neobenedenia* sp. 感染尖吻鲈的皮肤组织病理学变化

（引自 Trujillogonzález 等，2014）

【流行情况】新本尼登虫种群的季节动态变化和水温的变化是相关联的：在 16 ℃左
右，其感染水平处在全年的最低水平，感染率也明显下降；温度回升至 22.7 ℃，达到
27 ℃，相应地在宿主上的感染率有一个明显的回升，平均丰度和平均感染强度也有小幅
提升；水温升高超过 30 ℃，宿主的丰度和平均感染强度都处在下降的折点上；水温都高
于 30 ℃，感染率有所下降，平均丰度和平均感染强度维持在低水平；水温降低到
26.8 ℃，平均丰度和平均感染强度上升至全年最高值；水温下降，丰度和平均感染强度
也相应下降。可见，新本尼登虫种群增长的最适温度为 25～26 ℃，高温（超过 30 ℃）和
低温（低于 16 ℃）都会抑制新本尼登虫种群的增长，且低温的影响更明显。

【诊断方法】刮取病鱼白斑部位的鳞片、鳞条和黏液，用解剖镜（5×10）观察，发现
有不断蠕动的虫体，呈椭圆形，背腹扁平，前端两侧各具一吸盘，后端有一固着器，有 3
对中央大钩、8 对边缘小钩，口在前吸盘之后，不断吞食，下接咽及 2 条树枝状肠，在口
的前方两侧有 2 对眼点，外观虫体为半透明状，其形态特征酷似本尼登虫。同时，可将病
鱼放在桶中用淡水进行浸浴观察，浸浴 2～3 min，发现有大量虫体从病鱼体表脱落，变
白，故确诊为新本尼登虫所致。

【防治方法】

① 预防措施。用淡水加入 20 mg/L 痢特灵浸浴病鱼 5～10 min，并在浸浴过程中充

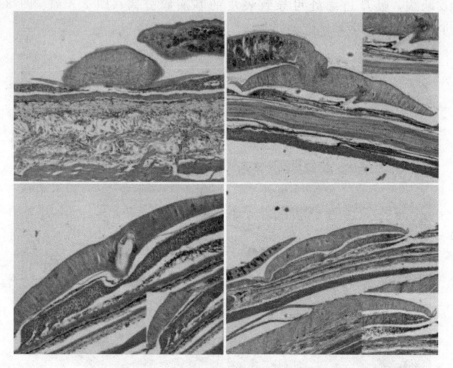

图 8-42 *Neobenedenia* sp. 吸盘黏附在尖吻鲈身体各处的组织病理学变化

（引自 Trujillogonzález 等，2014）

气，观察鱼的承受情况，若发现鱼有翻肚等异常情况，应立即捞出放入网箱进行恢复；可用编织布加工成网箱套，将其套在养鱼网箱外，进行消毒、治疗，加入 300～400 μL/L 福尔马林和 20 mg/L 痢特灵，浸浴病鱼 20～30 min；可用三氯异氰尿酸加海水充分稀释溶解后均匀泼洒。用药时间选择在清晨或傍晚，鱼群上浮时使用，最好能选择在平潮时间施药，因平潮时水流缓慢，药效保持时间长，流失慢。适时换网，高温期一般 5～10 d 换网 1 次，及时消除黏附在网衣上的本尼登虫卵，从而降低水中幼虫密度。

② 防治方法。投喂含抗虫药吡喹酮的饲料，可降低新本尼登虫的感染强度，且低浓度长时间的添加吡喹酮效果更佳。另有研究表明，含有大蒜素的大蒜提取物能够很好地防治本尼登虫病，投喂添加大蒜提取物的饲料能够防止新本尼登虫的感染；可用淡水加福尔马林、高锰酸钾浸泡；或用晶体敌百虫挂瓶于网箱中驱虫，并经常更换网具；最可行又有效的方法是用淡水浸泡，将鱼捞入盛有淡水的水箱内，充氧浸泡 2～3 min，虫体即可大部分自然脱落。

9. 桡足类寄生虫病

【病原】寄生病原为 *Lernanthropus latis*，桡足类，隶属于节肢动物门、甲壳纲、桡足亚纲，为小型甲壳动物，营浮游与寄生生活，分布于海洋、淡水或半咸水中。桡足类活动迅速、世代周期相对较长，在水产养殖上的饵料意义不如轮虫和枝角类。无节幼体呈卵圆形，背腹略扁平，身体不分节，前端有 1 个暗红色的单眼，附肢 3 对，即第 1～2 触角和大颚，身体末端有 1 对尾触毛。体型多样，与生活环境有关，体色分节明显，由16～17个体节组成，但由于愈合的结果，一般不超过11节。身体可分为头胸部和腹部。在光镜和电镜下，雌性个体体长为（4.45±0.37）mm，触角、上颌和颚足可牢牢勾住宿主的鳃丝，下颌骨长而薄，内缘有八颗牙齿（图8-43、图8-44）（Kua等，2012）。

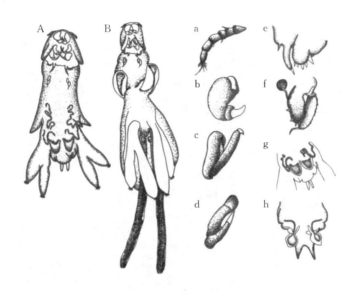

图8-43　基于光镜和扫描电镜下的 *Lernanthropus latis* 的结构

A. 雄性，腹面观　B. 雌性，腹面观　a. 小触角　b. 触须　c. 上颌　d. 颚肢　e. 腿1　f. 腿2　g. 雄性后部末端，腹面观　h. 雌性后部末端，腹面观

（引自 Kua 等，2012）

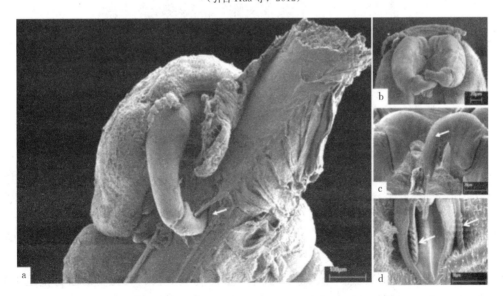

图8-44　扫描电镜下显示勾在鳃丝上的成年雌性 *Lernanthropus latis*

a. 成年雌性附件　b. 近距离显示成年雌性附件　c. 近距离显示钩状的触角末端　d. 下颌内缘有8颗牙齿（箭头示）

（引自 Kua 等，2012）

【症状和病理变化】发病初期，病鱼急躁不安、食欲减退。6～7 cm 长的鱼种患病后还会引起鱼体畸形、弯曲，失去平衡。由于桡足类虫体以头角钻入寄主组织内，引起周围组织红肿发炎，在虫体寄生处也出现出血的红斑，但肿胀一般不明显。组织病理学显示，尖吻鲈鳃小片被虫体黏附的部位发生严重的出血、增生和坏死（图 8 - 45）（Kua 等，2012）。

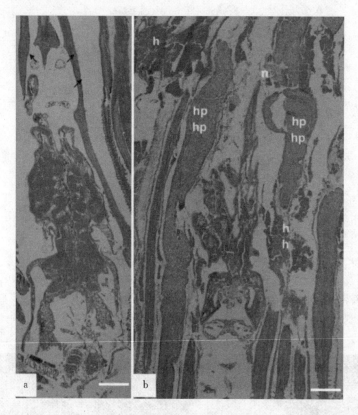

图 8 - 45　尖吻鲈鳃丝感染 *Lernanthropus latis* 的组织病理学变化

a. 鳃丝侵蚀（箭头示）　b. 感染鳃丝的病理学变化　h. 出血　hp. 增生　n. 坏死

（引自 Kua 等，2012）

【流行情况】*Lernanthropus latis* 寄生在尖吻鲈的鳃、皮肤、鳍、眼和口腔等处，桡足类幼体营暂时性寄生生活，桡足类繁殖较快的季节在每年的 4—10 月，大量繁殖是在每年 6—8 月，水温在 12～33 ℃桡足类均可繁殖，水温 20～25 ℃为流行季节，其繁殖很快，活动力较强。本病对鱼种危害很大，当有 4～5 个虫体寄生时即可引起死亡，甚至 1～2 个虫体也能引起生长停滞，鱼体瘦弱或产生畸形，对 2 龄以上成鱼虽不引起死亡，但影响生长、繁殖，导致商品价值降低。

【诊断方法】用肉眼在鳃丝上观察到虫体，根据病鱼症状，可初步诊断为桡足类病，如需进一步诊断，可用显微镜检查确诊（图 8 - 46）（Kua 等，2012）。

【防治方法】

① 预防措施。彻底清塘，鱼塘尽量用沙滤池处理的水；在养殖鱼类的过程中发现桡

足类不太多时，尽量不要施药，避免桡足类产生耐药性，最好大量换水，必要时全池换水倒池；采用一边加水一边出水的方式，可减少桡足类的大量繁殖。

②治疗方法。施用敌百虫，若发现有较多的桡足类时，可全池泼洒敌百虫，一般2~3 h即可将桡足类卵和桡足类全部杀灭；或施用灭蚤灵3~4 h后倒池即可；也可用高锰酸钾10~20 μL/L浸泡1 h。

10. 水蛭病

【病原】海水水蛭（Leech，*Zeyla-*

图8-46　尖吻鲈鳃丝上感染 *Lernanthropus latis* 箭头示虫体。

（引自 Kua 等，2012）

nicobdella arugamensis），俗名蚂蟥，体长稍扁，乍视之似圆柱形，体长4.5~14.0 mm，新产生的卵囊壁比较厚，分几层，圆形，棕黄色，吸盘上含一层厚厚的黏液。在发育的5 h可观察到早期囊胚和原肠胚阶段，104 h后形成神经索，168 h后可观察到吸盘和吻。幼虫身体呈圆柱形，白色透明，在身体两端各有一个吸盘（图8-47、图8-48）（Bengchu 等，2010）。

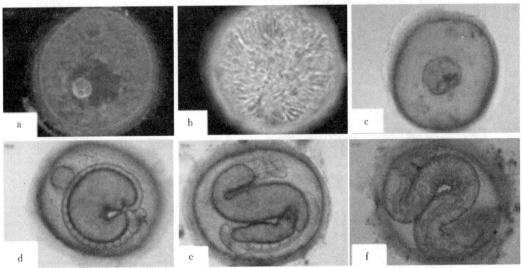

图8-47　*Zeylanicobdella arugamensis* 在（27.0±0.5）℃下的胚胎发育过程
a. 新产生的卵囊　b. 囊胚早期　c. 原肠胚早期　d. 原肠胚晚期　e. 游离的胚胎　f. 幼体
（引自 Bengchu 等，2010）

【症状和病理变化】初期病鱼无明显临床表现，随着病情的发展，病鱼在水中浮水漫游、乏力，鱼体色泽变深，鱼体背腹部两侧细鳞部位可见针状虫体寄生，虫体寄生处充血发炎，黏液增多，鳞片松动，甚至脱落，形成明显的溃疡，导致水霉继发感染。水蛭除可使鱼体虚弱外，还是血鞭毛虫的携带者，如锥体虫。水蛭造成的伤口是二次感染的起因，

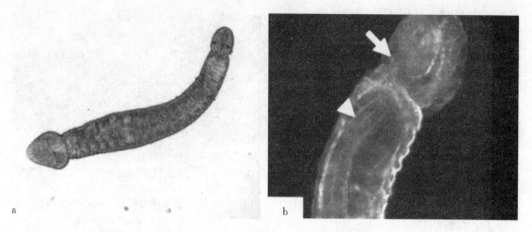

图 8-48　*Zeylanicobdella arugamensis* 的幼体

a. 拥有两个吸盘的幼体　b. 幼体的前吸盘上有一对眼点（箭头）和吻（短箭头）

（引自 Bengchu 等，2010）

如真菌和细菌性败血病，危害很大。受水蛭侵害的鱼非常不安，在硬物体上摩擦，试图除掉寄生虫。仔细检查，显露出蠕虫状的水蛭，至少达到 30 mm 长，黏在鱼身上（图 8-49）（Bengchu 等，2010）。

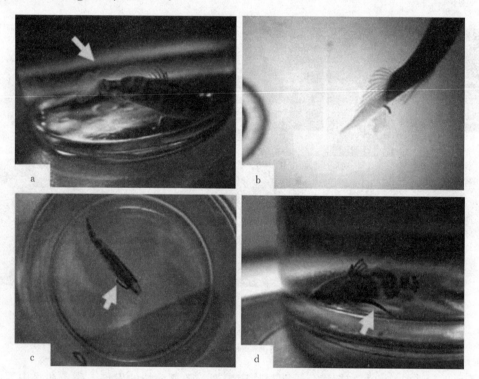

图 8-49　*Zeylanicobdella arugamensis* 的幼体在尖吻鲈鱼苗中的感染过程

a. 附着在鱼体上刚孵化出的幼虫（箭头）　b. 幼虫吸宿主的血液（箭头）　c. 体长达到 4～5 mm 的幼虫

d. 成虫体长达到 12 mm

（引自 Bengchu 等，2010）

【流行情况】每到春暖季节流行活跃，6—10 月为其产卵期，到冬季往往蛰伏在近岸湿泥中，不食不动，生存能力强。水蛭属冷血环节动物，生长适温为 10～40 ℃，低于 3 ℃时在泥土中进入蛰伏冬眠期，翌年 3—4 月高于 8 ℃左右出蛰活动。Z. arugamensis 可在 16～17 d 完成一个生活周期，新产生的胞囊到成熟的幼体需要 7 d，另外 9～10 d 可发育到成体（图 8-50）（Bengchu 等，2010）。

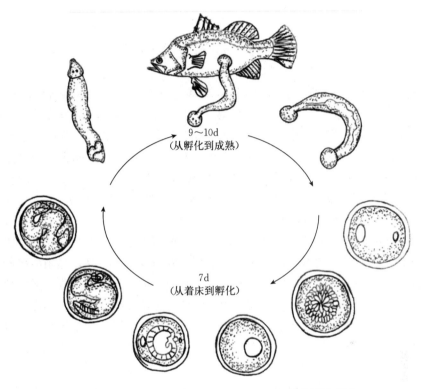

图 8-50　*Zeylanicobdella arugamensis* 在 27 ℃下生活史

（引自 Bengchu 等，2010）

【诊断方法】根据虫体的形态可肉眼观察到，病鱼溃疡处可见灰白色棉毛状物，呈典型的水蛭虫病和并发水霉病的症状。

【防治方法】

① 预防措施。一是清除池底过多淤泥，使用生石灰彻底清塘；在放养、捕捞和运输过程中，操作小心，避免鱼体受伤。二是保持池塘良好水质，养殖过程定期使用底质改良剂、EM 菌等微生态制剂调节池塘水质。三是在发病季节，每月在食台周围或池边泼洒 1 次生石灰；注意水质，改善池塘生态环境，防止鱼体受伤。

② 治疗方法。用 3% 的盐水溶液通常可有效地除掉水蛭。把浸泡时没有掉下去的水蛭拉下来，但是为避免对鱼造成不适当的伤害，用盐水治疗之前不要拔除水蛭。有时可以使用敌百虫（0.25～0.4 mg/L，连续洗浴 7～10 d）。

第九章 尖吻鲈加工

第一节 营养成分分析

近年来，随着鲈育种的成功，鲈的养殖规模越来越大，产量不断增加，2014年，全国养殖鲈总产量46.56万t。其中，海水养殖鲈产量占24.44%，在养殖海水鱼中产量位居第三，淡水养殖鲈占75.56%，广东省为全国养殖鲈第一大省，占全国养殖鲈总产量的62.11%。目前，我国养殖海水鲈主要为海鲈（*Lateolabrax japonicas*），学名为日本真鲈，又称七星鲈、鲈鲛等，属鲈形目（Perciformes）鲈亚目（Percoidei）鮨科（Sarranidae）花鲈属（*Lateolabrax*）；养殖淡水鲈主要为大口黑鲈（*Micropterus salmoides*），又称加州鲈，原产美国，是一种淡水鱼类，属鲈形目（Perciformes）鲈亚目（Percoidei）太阳鱼科（Centrarchidae）黑鲈属（*Micropterus*）。随着鲈大量养殖，养殖鲈的加工迫在眉睫，根据海、淡水鲈自身的营养特点研究开发相应的精深加工产品，是当前鲈产业急需的技术。因此，有必要对养殖鲈鱼的营养成分、氨基酸组成、脂肪酸组成、无机盐、微量元素和有毒有害物质进行测定和分析比较，为鲈的精深加工和综合开发利用提供参考。吴燕燕等（2017）对养殖海水鲈（海鲈）和淡水鲈（大口黑鲈）肌肉的常规营养成分、氨基酸组成、脂肪酸组成、无机盐、微量元素和有毒有害物质进行测定和分析比较。结果表明，海水养殖的海鲈营养价值比淡水养殖的大口黑鲈高，其蛋白质含量显著比大口黑鲈高（$p < 0.01$）（表9-1）；两种养殖鲈均含有人体所必需的优质氨基酸，海鲈氨基酸总量显著比大口黑鲈高（$p < 0.05$）（表9-2），且各种氨基酸含量均略高于大口黑鲈，鲜味氨基酸中谷氨酸含量最高，海鲈的肉味更鲜甜（表9-3）。海鲈肌肉脂肪含量与大口黑鲈相近，但内脏脂肪含量显著比大口黑鲈高（$p < 0.01$）。海鲈肌肉中不饱和脂肪酸含量显著比大口黑鲈高（$p < 0.01$），但二十碳五烯酸（EPA）和二十二碳六烯酸（DHA）含量均低于大口黑鲈（$p < 0.01$）（表9-4），大口黑鲈是人体补充EPA和DHA的优质食用鱼类。鲈的矿物元素含量均很丰富，特别是富含钙和微量元素锌，而养殖海水鲈在无机盐和微量元素含量方面均优于淡水鲈。

表9-1 海鲈和大口黑鲈的基本成分的比较[湿重（每100 g，g），$n=5$]

养殖方式	品种	水分	蛋白质	灰分	全鱼脂肪	内脏脂肪	腹肌脂肪	背肌脂肪
海水	海鲈	77.92±0.32	20.30±0.68A	0.94±0.14	1.58±0.03A	72.24±0.03A	10.220±0.15	1.130±0.09a
淡水	大口黑鲈	76.65±0.44	16.70±0.30B	1.05±0.43	5.44±0.55B	25.991±0.10B	10.060±0.02	0.81±0.04b

注：同列不同大写字母表示差异极显著（$p < 0.01$），小写字母表示差异显著（$p < 0.05$）。

表 9-2 海鲈与大口黑鲈的氨基酸含量 [湿重（每 100 g，g）]

氨基酸种类		海鲈	大口黑鲈
必需氨基酸	Thr	0.92±0.09	0.82±0.09
	Val	1.03±0.19	0.96±0.04
	Met	0.64±0.08	0.56±0.05
	Phe	0.88±0.14	0.80±0.02
	Ile	0.98±0.11	0.89±0.11
	Leu	1.65±0.04[a]	1.49±0.10[b]
	Lys	1.97±0.08[a]	1.83±0.05[b]
	Arg	1.19±0.24	1.08±0.11
	His	0.46±0.07	0.45±0.10
非必需氨基酸	Ala*	1.19±0.20	1.07±0.09
	Gly*	1.02±0.11[a]	0.86±0.08[b]
	Glu*	3.01±0.24[a]	2.70±0.08[b]
	Asp*	2.07±0.12[a]	1.90±0.06[b]
	Ser	0.77±0.05	0.71±0.04
	Tyr	0.73±0.07	0.64±0.05
	Pro	0.61±0.03	0.58±0.05
	TAA	19.12±0.66[a]	17.34±0.59[b]
	EAA	9.72±0.47[a]	8.88±0.42[b]
	DAA	7.29±0.83[a]	6.53±0.75[b]
EAA/TAA（%）		50.84	51.21
DAA/TAA（%）		38.13	37.66

注：色氨酸在水解过程中被破坏，未作分析；* 表示该氨基酸为鲜味氨基酸的一种；TAA. 氨基酸总量；EAA. 必需氨基酸；DAA. 鲜味氨基酸；EAA/TAA. 必需氨基酸占总氨基酸的比值；DAA/TAA. 鲜味氨基酸占总氨基酸的比值。

表 9-3 海鲈和大口黑鲈必需氨基酸组成的评价

必需氨基酸 EAA	FAO/WHO 评分标准模式氨基酸含量 [mg/(g·N)]	鸡蛋白氨基酸含量 [mg/(g·N)]	海鲈			大口黑鲈		
			氨基酸含量 [mg/(g·N)]	AAS	CS	氨基酸含量 [mg/(g·N)]	AAS	CS
Met	220	386	197	0.90	0.51	210	0.95	0.54
Lys	340	441	607	1.79	1.38	685	2.01	1.55
Val	310	410	317	1.02	0.77	359	1.16	0.88
Ile	250	331	302	1.21	0.91	333	1.33	1.01
Leu	440	534	508	1.15	0.95	558	1.27	1.04
Thr	250	292	283	1.13	0.97	307	1.23	1.05
Phe+Tyr	380	565	496	1.31	0.88	539	1.42	0.95

表 9-4　海鲈和大口黑鲈的脂肪酸组成（％）

脂肪酸	海鲈	大口黑鲈
$C_{12:0}$	0.7 ± 0.13^A	0.1 ± 0.03^B
$C_{14:0}$	2.5 ± 0.21^A	4.5 ± 0.21^B
$C_{14:1n5}$	0.2 ± 0.08^a	0.1 ± 0.04^b
$C_{15:0}$	0.3 ± 0.07^A	0.7 ± 0.10^B
$C_{16:0}$	19.4 ± 0.37^A	21.3 ± 0.75^B
$C_{16:1n7}$	6.7 ± 0.74^a	7.9 ± 0.10^b
$C_{17:0}$	0.3 ± 0.09^A	0.7 ± 0.12^B
$C_{18:0}$	2.8 ± 0.20^A	4.2 ± 0.60^B
$C_{18:1n9c}$	18.5 ± 0.93^A	3.3 ± 0.64^B
$C_{18:2n6c}$	14.4 ± 0.51^A	2.5 ± 0.12^B
$C_{20:0}$	0.2 ± 0.06	0.2 ± 0.07
$C_{18:3n6}$	0.3 ± 0.10^A	0.1 ± 0.06^B
$C_{20:1}$	0.7 ± 0.12	0.7 ± 0.11
$C_{18:3n3}$	3.0 ± 0.57^A	0.8 ± 0.12^B
$C_{21:0}$	$<0.05^A$	0.2 ± 0.04^B
$C_{20:2}$	0.2 ± 0.04	0.3 ± 0.10
$C_{22:0}$	2.7 ± 0.30^a	3.4 ± 0.56^b
$C_{20:3n3}$	$<0.05^a$	0.1 ± 0.02^b
$C_{22:1n9}$	0.3 ± 0.07^A	0.1 ± 0.05^B
$C_{20:4n6}$	0.4 ± 0.05^A	1.5 ± 0.11^B
$C_{24:0}$	0.9 ± 0.07^A	5.6 ± 0.15^B
$C_{20:5n3}$	6.4 ± 0.22^A	12.5 ± 0.58^B
$C_{24:1n9}$	$<0.05^A$	0.2 ± 0.04^B
$C_{22:6n3}$	12.8 ± 0.77^A	18.0 ± 0.65^B
脂肪酸总量	93.7 ± 5.95^a	89.0 ± 5.69^b
不饱和脂肪酸	63.9 ± 6.13^A	48.1 ± 5.38^B
脂肪酸不饱和度	68.2	54.0

注：同行不同小写字母表示具有显著差异，$p<0.05$；不同大写字母表示具有极显著差异，$p<0.01$。

第二节　冷藏与保鲜

　　鲈因其肉质鲜美、营养丰富深受各国消费者的喜爱。鲈虽经济价值高，但其在储运加工过程中易腐败变质，使其货架期缩短。因此，如何延长鲈在运输贮藏、加工和销售过程中的保鲜期，保证其品质稳定和安全显得尤为重要。Nisin 又名乳酸链球菌素，是一种天然防腐剂和抑菌剂，具有安全性高、抗菌效果好等优点。目前，许多研究工作者已经在水产品加工领域内对 Nisin 展开了广泛的研究，也已证实 Nisin 具有良好的保鲜效果。辐照是一种安全、无二次污染的保鲜技术，尤其适用于冷藏食品的保鲜。它不会因温度波动而影响其对水产品的保鲜效果，且对水产品中的微生物具有较强的杀菌效果。此外，采用低剂量的射线照射食品不仅不会改变食品原有的感观性状且无任何有害物质残留。鞠健等（2016）以新鲜鲈为原料，研究了 Nisin 结合辐照对冷藏鲈品质的影响，为鲈的生物保鲜提供思路。将鲈分别用 0.3‰ Nisin、辐照及 0.3‰ Nisin 结合辐照处理后置于 4℃条件下冷藏。通过测定菌落总数（TVC）、硫代巴比妥酸（TBA）、挥发性盐基氮（TVB-N）、pH、汁液流失率、表面疏水性和白度等指标，研究 Nisin 结合辐照处理对冷藏鲈的保鲜效果。结果表明，0.3‰ Nisin 结合 4 kGy 的辐照处理能明显延缓鲈在冷藏期间 TVC、TVB-N 值和表面疏水性的增长，延迟冷藏后期 pH 增加的时间，延长货架期。TBA 值在经 0.3‰ Nisin 处理后较低；汁液流失率和白度值分别在辐照剂量为 2 kGy 和 4 kGy 时最低。根据 TVC、TVB-N 值、表面疏水性及 pH 指标预测在 4℃冷藏条件下经 0.3‰ Nisin 结合 4 kGy 辐照处理的鲈相对于空白对照组延长 4～5 d 的冷藏货架期。

为探究 6-姜酚浸渍协同超高压处理对海鲈冷藏期间挥发性风味物质及品质变化的影响，马帅等（2016）通过感官评定、色差与质构特性分析，结合顶空固相微萃取-气相色谱质谱联用（HS-SPME-GC-MS）技术，比较分析了不同处理方式的样品在 4℃条件下品质及挥发性风味物质的变化。结果表明，6-姜酚＋200 MPa 处理样品能有效改善海鲈感官品质、色泽及质构特性。在同一贮藏时间内 200 MPa 和 6-姜酚浸渍＋200 MPa 处理组的硬度和咀嚼度均高于 6-姜酚浸渍组和空白组。同时，海鲈样品经不同方式处理后，在不同贮藏时间下的挥发性风味物质发生明显变化，主要挥发性风味物质有醇、醛、酮、酸、酯、烃、芳香族和含氮化合物等。挥发性风味物质的组合，形成了各自的风味特征，决定了不同处理方式样品在不同贮藏时间下海鲈肉风味的差异。

为解决养殖鲈脂肪含量较高不利于后续加工和贮藏的问题，朱小静等（2017）采用脂肪酶 B4000 和 P1000，在室温（20±2）℃条件下对鲜鲈鱼片进行脱脂处理，分析鱼片的脱脂率和蛋白损失率以及感官变化，比较脂肪酶 B4000 和 P1000 的脱脂效果，并采用正交试验法优化脂肪酶 B4000 和 P1000 复合脱脂工艺。结果表明，脂肪酶 B4000 对鲜鲈鱼片的脱脂率为 46.22%，蛋白损失率为 7.19%；脂肪酶 P1000 的脱脂为 37.74%，蛋白损失率为 7.04%，均对鱼片的色泽和完整性无影响。正交试验法优化复合酶最佳脱脂工艺：脂肪酶 B4000：P1000 酶浓度比为 50 U/mL：20 U/mL，料液比 1：3（w：v），室温下脱脂处理 60 min，脱脂率达到 51.06%，蛋白损失率为 8.18%。该脱脂工艺可有效脱除鲜鲈鱼片 50% 的脂肪，有利于后续产品的加工贮藏和保持产品品质。

第三节　加工技术

风干鲈因其独特的腌腊风味深受消费者喜爱。但是由于水产品中蛋白质含量丰富，为微生物的繁殖提供了有利的生长环境，并且蛋白质水解产生的氨基酸为水产品中生物胺的形成提供了一定的前体物质，导致传统的风鱼制品出现微生物数量超标、胺类物质含量较高等食用安全质量问题。南京农业大学章建浩团队探讨不同添加量的八角茴香提取物、阿魏酸对风干鲈加工贮藏过程中生物胺及微生物的抑制效应，从而为提高风干鲈的食用安全品质提供理论依据。魏延玲等（2015）在风干鲈腌制过程中分别添加 0、50、100、150、200 mg/kg 的抑制剂阿魏酸，15 ℃、相对湿度 80％～90％条件下风干 84 h，研究阿魏酸对风干鲈中 N-亚硝胺及生物胺含量等安全指标影响。结果显示，阿魏酸对风干鲈中腐胺、尸胺、组胺和酪胺的生成具明显的抑制作用，但对样品中精胺和亚精胺的生成具有促进作用。当阿魏酸添加量不超过 150 mg/kg 时，随着阿魏酸添加量的提高，N-二甲基亚硝胺含量显著降低。贮藏 27 d 时对照组菌落总数为 7.59 [lg（cfu/g）]，添加 200 mg/kg 阿魏酸组菌落总数为 5.45 [lg（cfu/g）]，相对于对照组降低了 28.20％。结果表明，添加阿魏酸在不影响风干鲈感官品质的基础上能显著降低风干鲈中生物胺总量、微生物菌落总数、N-二甲基亚硝胺含量、亚硝酸盐残留量。杨蓉蓉等（2016）加入不同添加量（0、100、300、500 mg/kg）的八角茴香提取物进行鲈腌制，通过测定原料、腌制结束、风干结束、贮藏 1～3 周样品中生物胺及微生物的含量变化，研究八角茴香提取物对风干鲈加工及贮藏过程中生物胺及微生物的抑制效应。结果表明，八角茴香提取物能够显著减少菌落总数、肠杆菌数和金黄色葡萄球菌数（$p < 0.05$），但对乳酸菌的抑制作用不显著（$p > 0.05$）。在风干鲈加工贮藏过程中共检测出 5 种生物胺，分别为腐胺、尸胺、组胺、酪胺和苯乙胺，八角茴香提取物对于上述 5 种生物胺均具有明显的抑制作用。总生物胺含量呈先增加后减少的趋势，贮藏 2 周时达到最大值，此时 300 mg/kg 处理组总生物胺含量最低，为 283.97 mg/kg，相对于对照组下降了 29.01％。

目前，我国传统风干鱼制品大多存在产品含盐量高、胺类物质含量高等问题。氯化钠是腌制过程中最常用的腌制剂，但饮食中高含量的氯化钠是导致高血压和心血管疾病最重要的因素之一。世界卫生组织建议成人每天摄入食盐量不超过 6 g，而我国人均食盐摄入量已达 12 g/d，为世界卫生组织建议值的 2 倍以上，因此减少我国人群钠的摄入量迫在眉睫。国内外关于肉制品食盐替代物的研究中，钾盐是用以代替钠盐最常用的盐类。钾盐和钠盐具有相同的化学性质，而钾盐的摄入不会给人体带来高血压和心血管疾病等问题。魏延玲等（2014）用不同比例的 KCl 部分替代 NaCl 腌制，在 15 ℃、80％～90％相对湿度条件下风干成熟 84 h 得风干鲈产品。通过测定产品中理化指标、挥发性盐基氮、生物胺含量以及感官品质的变化，研究 KCl 部分替代 NaCl 对风干鲈中生物胺的抑制作用。风干鲈产品中共检测到 6 种生物胺，分别为腐胺、尸胺、组胺、酪胺、精胺和亚精胺。当 KCl 替代比例从 0 增大到 50％，产品中生物胺总含量先下降后上升。当 KCl 替代比例为 20％时，风干鲈产品中生物胺总含量达到最低值 192.17 mg/kg，比对照组（KCl 含量为 0）降低 62.90％；同时，腐胺、尸胺、组胺含量的减少量分别为 76.94％、84.68％、54.46％。感官分析结果表明，当 KCl 替代比例不超过 40％时风干鲈产品的感官品质未有明显变化。以上结果表明，在保持风干鲈原有感官品质的基础上，用 KCl 部分替代 NaCl 腌制可以显著抑制（$p < 0.05$）产品中生物胺的形成。

魏涯等（2017）运用栅栏技术，通过分析淡腌半干鲈加工过程各主要栅栏因子对制品的感官品质、风味和细菌总数的影响，优化前处理、腌制工艺（食盐、糖、酒、柠檬酸、腌制温度和时间）、干燥工艺（干燥方式、温度和水分活度）和包装工艺（包装前处理、杀菌方式、包装方式）等多种栅栏因子，获得最佳生产工艺。结果表明，鲈前处理选择4 g/L 柠檬酸进行浸泡清洗，采用食盐 60 g/L、糖 20 g/L、酒体积分数 1.5%，在 4 ℃ 腌制 4 h，在（30±2）℃ 热泵干燥机中烘 12 h，产品水分活度（Aw）控制在 0.88 左右，将产品真空包装在 0~4 ℃ 放置 24 h 后进行巴氏杀菌（85 ℃，杀菌 30 min），能很好地保持产品品质和风味，有效降低微生物数量，延长保质期，经贮藏试验表明淡腌鲈半干制品在 4 ℃ 条件下可贮藏 2 个月以上。

李冰等（2016）研究了茶香淡腌鲈新工艺，采用正交试验法优化茶香淡腌鲈的加工工艺，在单因素试验的基础上，选取腌制温度、加盐量、调味料配比和调味时间为影响因素的四因素三水平正交试验，确定淡腌鲈加工的最佳工艺条件，并且分析了该工艺条件下产品的营养成分和保藏期。结果表明，当腌制温度为 8 ℃，加盐量为每 100 g 10.5 g，调味料总量为每 100 g 鱼 44 g，调味时间为 6 h，其感官评分最高，与过氧化值作为评价指标的分析结果一致。影响产品感官评分的主次顺序为腌制温度＞调味时间＞调味料配比＞加盐量，其中腌制温度对感官评分有极显著影响（$p=0.0058<0.01$）。验证试验结果表明，该工艺条件下产品的感官评分为 96.5±1.2，过氧化值为（0.307±0.013）g/kg，菌落总数小于 $1×10^5$ cfu/g，大肠菌群和致病菌未检出，符合相关标准且列在满意范围内。将产品真空包装后，在室温下可贮存 10 d，4 ℃ 可贮存 30 d，是一款美味健康的预烹饪即食方便水产品，为鲈深加工提供新的深加工技术。

淡腌鲈工艺流程：鲜活鲈→去鳞→清洗→剖杀→去内脏→二次清洗→干腌→调味→风干成熟。清洗：首先去内脏、去腮、用纯净水进行清洗，将残留在体内的残血以及其他脏污清洗干净，沿背脊剖开，形成鱼片，室温下沥干水分，准备腌制。干腌：按照鱼体重的百分比称取食盐，均匀涂抹在鱼体的表面和内部（如食盐有剩余，加入调味液中），干腌 2 h。调味：除去干腌后渗出的液体，按照调味液配方配制调味液，将鱼片放入其中，按照料液比 1∶2 进行浸渍，腌渍数小时。烘干：在低温热泵干燥箱中 25 ℃ 烘干 16 h，使最终产品的水分含量达 50% 左右。

孟祥忍等（2014）在借鉴清蒸鲈制作工艺的基础上，结合现代工业化生产加工设备，对影响清蒸鲈品质的主要因素进行分析，并以中心温度体现最佳优化工艺。以单因素试验为基础，以清蒸鲈的感官评分为指标值，以鱼体中心温度、设备腔体蒸汽温度、腌渍盐量和腌渍时间为 4 个主要影响因素进行正交设计试验。影响清蒸鲈品质的因素主次顺序：鱼体中心温度＞设备腔体的蒸汽温度＞腌制时间＞腌渍盐量，并最终确定 Rational 万能蒸烤箱-清蒸鲈的最佳工艺条件为：腌渍盐量 3 g、腌渍 10 min、设备腔体蒸汽温度 100 ℃、鲈中心温度 66 ℃、加热 11 min。此工艺条件下，清蒸鲈的品质最好，为该产品的工业化生产提供新思路。

第四节 副产物利用

尖吻鲈深加工后主要的副产物——鱼鳞和鱼皮富含胶原，可作为提取胶原的新原料。尖吻鲈深加工后的副产物得到充分利用后不仅可以增加鱼制品的附加值，还可以减少它们对环境的污染。廖伟等（2018）以尖吻鲈鱼鳞和鱼皮为原料，提取并分离纯化酶溶性胶原

（pepsin‐soluble collagen，PSC），通过 SDS‐PAGE 电泳、氨基酸组成分析、差示扫描量热仪（DSC）、红外光谱、X 衍射和 Zeta 电势以及溶解度研究分析和比较了其主要理化性质。冷冻干燥后鱼鳞和鱼皮胶原得率（干质量）分别为 2.3% 和 47.3%；SDS‐PAGE 结果显示两种胶原构型均为 $[\alpha_1（Ⅰ）]_2\alpha_2（Ⅰ）$，初步判断属于 Ⅰ 型胶原；DSC 结果显示鱼鳞和鱼皮胶原热变性温度（Td）分别为 37.54 ℃ 和 36.74 ℃；红外光谱和 X 衍射结果显示胶原经胃蛋白酶（Pepsin）处理后仍能保持其完整的三股螺旋结构；Zeta 电势结果显示鱼鳞和鱼皮胶原等电点分别为 pH 6.40 和 6.64；溶解度研究结果显示两种胶原在酸性条件和低盐浓度下均表现出良好的溶解性。综上数据表明，尖吻鲈鱼鳞和鱼皮是工业中胶原蛋白提取潜在的新资源。

尖吻鲈鱼鳞和鱼皮胶原 SDS‐PAGE 结果见图 9‐1，两种胶原都含有两条不同的 α 链（α_1 和 α_2）和一条 β 链，其中 α_1 条带色度明显高于 α_2 且接近于 α_2 谱带色度的两倍，提示该胶原是由两个单位 α_1 链和一个单位 α_2 链组成，可初步判定尖吻鲈鱼鳞和鱼皮胶原属于典型的 Ⅰ 型胶原。分析可知，鱼鳞胶原在电泳条带上分子量分布（α_1 120 ku 和 α_2 114 ku）与鱼皮胶原（α_1 122 ku 和 α_2 116 ku）基本一致。另外，图中条带清晰，杂带少，说明胶原纯度较高。

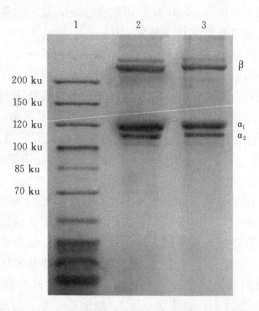

图 9‐1 尖吻鲈鱼鳞和鱼皮胶原的 SDS‐PAGE
1. Markers 2. 尖吻鲈鱼鳞胶原 3. 尖吻鲈鱼皮胶原
（引自廖伟等，2018）

参考文献

艾春香，2012. 海水养殖动物营养生态学研究及其养殖可持续发展 [J]. 饲料工业，33（8）：1-9.

艾庆辉，麦康森，2007. 鱼类营养免疫研究进展 [J]. 水生生物学报，31（3）：425-430.

蔡春芳，吴康，潘新法，等，2001. 蛋白质营养对异育银鲫生长和免疫力的影响 [J]. 水生生物学报. 25（6）：590-595.

陈锋，陈效儒，2011. 金鲳鱼网箱养殖技术 [J]. 饲料博览（1）：56.

陈傅晓，朱海，2008. 卵形鲳鲹网箱养殖技术 [J]. 科学养鱼（12）：22-23.

陈刚，叶善明，黎祖福，等，2005. 尖吻鲈规模化育苗技术研究 [J]. 内陆水产（7）：42-44.

陈贵滨，于岩，刘世君，2016. 水下视频监控技术在水产养殖中的初步探讨与研究 [J]. 农业开发与装备（1）：90-92.

陈红林，田永胜，刘峰，等，2016. 不同时期牙鲆形态性状对体重影响的通径分析及曲线拟合研究 [J]. 中国水产科学，23（1）：64-76.

陈明，2015. 水产饲料新型蛋白源的研究进展 [J]. 广东饲料，24（2）：35-38.

陈琴，2001. 鱼虾类对微量矿物元素的需要 [J]. 河南水产（3）：43-45.

陈永乐，1992. 池养尖吻鲈人工繁殖的研究 [J]. 水产科技情报，19（3）：68-73.

陈永乐，1993. 尖吻鲈的人工繁殖及苗种培育 [J]. 水产科技，5（6）：13-16.

陈永升，陈奋昌，胡隐昌，等，1992. 池养尖吻鲈人工繁殖的研究 [J]. 水产科技报，19（3）：68-73.

陈郁辉，蒙耀荣，2000. 尖吻鲈低盐度池塘集约化养殖技术 [J]. 水产科技（5）：5-7.

陈渊戈，夏冬，钟俊生，等，2011. 刀鲚仔稚鱼脊柱和附肢骨骼发育 [J]. 上海海洋大学学报（2）：217-223.

崔奕波，陈少莲，1995. 五种淡水鱼类脂肪的能值 [J]. 水生生物学报，19（13）：287-288.

邓平平，施永海，徐嘉波，等，2017. 美洲鲥仔稚鱼脊柱及附肢骨骼系统的早期发育 [J]. 中国水产科学（1）：73-81.

董晓慧，杨俊江，谭北平，等，2015. 幼鱼和养成阶段斜带石斑鱼对饲料中脂肪的需要量 [J]. 动物营养学报，27（1）：133-146.

冯东岳，温周瑞，2011. 鱼类病毒病的研究进展及其展望 [J]. 养殖与饲料（6）：18-21.

付琳琳，2007. 能量饲料在鱼用配合饲料中的研究应用 [J]. 北京水产（1）：44-46.

戈汝学，陈风林，1993. 尖吻鲈池塘集约化养殖的试验研究 [J]. 福建水产（4）：20-25.

谷坚，徐皓，丁建乐，等，2013. 池塘微孔曝气和叶轮式增氧机的增氧性能比较 [J]. 农业工程学报，29（22）：212-217.

关长涛，崔国平，李娇，等，2008. 多视角深水网箱水下监视器的研制 [J]. 渔业现代化，35（1）：10-14.

关长涛，王清印，2005. 我国海水网箱技术的发展与展望 [J]. 渔业现代化 (3)：5-7.

郭根喜，陶启友，黄小华，2011. 深水网箱养殖装备技术前沿进展 [J]. 中国农业科技导报，13 (5)：44-49.

韩涛，王骥腾，张学舒，2007. 海水鱼脂肪营养研究进展 [J]. 浙江海洋学院学报（自然科学版），3 (26)：312-319.

何岸，朱清澄，2012. 印尼阿拉弗拉海浅色黄姑鱼形态性状与体重之间的关系分析 [J]. 海洋湖沼通报，1 (5)：41-48.

胡祎，肖瑜，彭雪妍，等，2011. 海洋酸化研究进展 [J]. 水科学与工程技术 (1)：19-21.

胡静，吴开畅，叶乐，等，2015. 急性盐度胁迫对克氏双锯鱼幼鱼过氧化氢酶的影响 [J]. 南方水产科学，11 (6)：72-77.

胡静，叶乐，吴开畅，等，2016. 急性盐度胁迫对克氏双锯鱼幼鱼血清皮质醇浓度和 Na^+-K^+-ATP 酶活性的影响 [J]. 南方水产科学，12 (2)：112-120.

胡隐昌，陈奋昌，陈永乐，等，1990. 尖吻鲈胚胎及仔、稚鱼发育的研究 [J]. 珠江水产 (16)：57-63.

胡昱，郭根喜，黄小华，等，2013. 基于 3G+VSaaS 技术的深水网箱养殖远程视频监控系统 [J]. 南方水产科学，9 (2)：63-69.

黄爱平，2008. 斑点叉尾鮰人工繁殖及无公害苗种培育技术（中）[J]. 科学养鱼 (5)：14-16.

黄丁郎，1974. 台湾之养殖渔业 [J]. 台湾银行季刊 (1)：140-236.

黄建清，王卫星，姜晟，等，2013. 基于无线传感器网络的水产养殖水质监测系统开发与试验 [J]. 农业工程学报，29 (4)：183-190.

黄志斌，巩华，2012. 鱼类疫苗国内外现状与实用技术 [C]. 中国兽医大会暨中国兽医发展论坛.

蒋高中，2010. 我国鱼类苗种培育的现状与发展思路的研究 [J]. 家畜生态学报 (6)：83-86.

鞠健，胡建中，廖李，等，2016. Nisin 结合辐照处理对冷藏鲈鱼品质的影响 [J]. 食品工业科技，37 (21)：280-284.

来守敏，王仁杰，姜令绪，等，2015. 逐步线性回归法实现中华虎头蟹（*Orithyia sinica*）形态指标与体重的通径分析 [J]. 海洋与湖沼，46 (6)：1438-1443.

黎文辉，黄旭君，2012. 深水抗风浪网箱养殖效果的观察 [J]. 养殖技术顾问 (8)：254-255.

李爱杰，1996. 水产动物营养学与饲料学 [M]. 北京：中国农业出版社.

李冰，吴燕燕，魏涯，2016. 茶香淡腌鲈鱼的加工工艺技术研究 [J]. 食品工业科技，37 (9)：267-272.

李翠萍，2013. 隆肛蛙（*Rana quadrana*）蝌蚪骨骼系统发育的研究 [D]. 西安：陕西师范大学.

李宏宇，陈波，1989. 鲈鱼在海水网箱中的养殖试验报告 [J]. 水产科技情报 (6)：176-177.

李莉，郑永允，徐科凤，等，2015. 不同贝龄毛蚶壳形态性状对体质量的影响 [J]. 海洋科学，39 (6)：54-58.

李文笙，刘永坚，何建国，等，2004. 生物技术在海洋鱼类苗种培育中的应用：现状与前景 [J]. 沈阳师范大学学报（自然科学版），22 (4)：295-300.

李仲辉，马云霞，杨太有，2012. 长尾大眼鲷骨骼学的研究 [J]. 水产科学 (12)：741-744.

李仲辉，杨太有，2001. 大口黑鲈和尖吻鲈骨骼系统的比较研究 [J]. 动物学报 (A1)：110-115.

李卓佳，袁丰华，林黑着，等，2011. 地衣芽孢杆菌对尖吻鲈生长和消化酶活性的影响 [J]. 台湾海峡，30 (1)：43-48.

梁旭方，1997. 温水鲈类食性驯化和饲料营养研究的进展 [J]. 水产科技情报，24 (1)：25-30.

梁幼嫦，陈奋昌，陈永乐，等，1990. 池养尖吻鲈人工繁殖技术的研究 [J]. 珠江水产 (3)：65-72.

廖伟，夏光华，李川，等，2018. 尖吻鲈鱼鳞和鱼皮胶原蛋白的提取及其理化分析 [J]. 食品科学，

139 (1)：36-41.

林鼎，毛永庆，蔡发盛，1980. 草鱼 *Ctenopharyngodon idellus* 鱼种生长阶段蛋白质最适需要量的研究 [J]. 水生生物学刊，7 (2)：207-212.

林黑着，袁丰华，李卓佳，等，2010. 光合细菌 P S2 对尖吻鲈的生长、消化酶及非特异性免疫酶的影响 [J]. 南方水产，6 (1)：25-29.

林烈堂，等，1985. 渔场养成金目鲈之人工繁殖及仔鱼培育 [J]. 中国水产 (394)：25-40.

林小涛，2002. 尖吻鲈低盐度池塘集约化养殖技术 [J]. 中国水产 (9)：61-62.

刘云，王际英，李宝山，等，2015. 海水鱼类微量元素需求研究进展 [J]. 海洋渔业，37 (4)：378-385.

刘镜恪，1997. 国外仔稚鱼卵磷脂需要的研究 [J]. 海洋科学 (1)：22-24.

刘新建，李贵生，2004. 国内鱼类病毒病研究进展 [J]. 生态科学，23 (3)：282-285.

刘宗柱，张培军，1997. 海水鱼类营养需要特点和配合饵料生产 [J]. 饲料研究 (2)：224.

鲁双庆，刘少军，刘红玉，等，2002. Cu^{2+} 对黄鳝肝脏保护酶 SOD、CAT、GSH-Px 活性的影响. 中国水产科学 [J].9 (2)：138-141.

陆忠康，1993. 尖吻鲈 *Lates calcarifer* (Bloch) 营养学研究的现状 [J]. 现代渔业信息，8 (4)：15-19.

陆忠康，1998. 尖吻鲈 *Lates calcarifer* (Bloch) 养殖技术及其发展前景 [J]. 现代渔业信息，13 (9)：12-16.

陆忠康，1991. 尖吻鲈人工繁殖技术现状及其发展前景 [J]. 现代渔业信息，6 (12)：21-23.

陆忠康，1993. 尖吻鲈 *Lates calarifer* (Bloch) 营养学研究现状 [J]. 现代渔业信息，8 (4)：15-19.

陆忠康，1998. 尖吻鲈养殖技术及发展前景 [J]. 现代渔业信息，13 (9)：12-16.

马慧，庄志猛，柳淑芳，等，2011. 养殖半滑舌鳎仔、稚鱼骨骼畸形的发生过程 [J]. 中国水产科学，18 (6)：1399-1405.

马帅，曹爱玲，冯建慧，等，2016.6-姜酚结合超高压处理对海鲈鱼冷藏期间品质及风味变化的影响 [J]. 食品工业科技，137 (16)，313-319.

马振华，于刚，吴洽儿，等，2017. 海水鱼类早期发育与养殖生物学 [M]. 北京：中国农业出版社.

孟庆闻，缪学祖，1989. 鱼类学形态、分类 [M]. 上海：上海科学技术出版社.

孟庆闻，苏锦祥，李婉端，1987. 鱼类比较解剖 [M]. 北京：科学出版社.

孟庆显，1996. 海水养殖动物病害学 [M]. 北京：中国农业出版社.

孟祥忍，王恒鹏，吴鹏，2014. 正交设计法优化清蒸鲈鱼的加工工艺 [J]. 美食研究 (1)：47-50.

莫介化，张郊杰，林加敬，等，2002. 人工海水培育尖吻鲈 *Lates calcaifer* (Bloch) 稚幼鱼的生长特性 [J]. 现代渔业信息，17 (2)：21-24.

牛志凯，刘宝锁，张东玲，等，2015. 合浦珠母贝 3 个地理群体杂交后代生长性状和闭壳肌拉力的比较分析 [J]. 南方水产科学，11 (1)：27-32.

农业部渔业局，2010. 中国渔业年鉴 [M]. 北京：中国农业出版社.

平洪领，李玉全，2013. 逐步线性回归法实现天津厚蟹 (*Helice tientsinensis*) 表型性状与体重的通径分析 [J]. 海洋与湖沼，44 (5)：1353-1357.

钱云霞，王国良，邵健忠，2001. 海水养殖鱼类细菌性疾病研究概况 [J]. 海洋湖沼通报 (2)：78-87.

邱兆祉，2000. 鱼类的寄生虫和寄生虫病 [J]. 生物学通报，35 (11)：9-11.

区又君，李加儿，艾丽，等，2014. 广东池塘培育条石鲷仔、稚、幼鱼的早期发育和生长 [J]. 南方水产科学，10 (6)：66-71.

任维美，1999. 世界尖吻鲈养殖及市场 [J]. 河北渔业，2 (104)：39-40.

闻路娜，1998. 鲈鱼的营养需求 [J]. 河北大学学报 (18)：64-71.

石莉，桂静，吴克勤，2011. 海洋酸化及国际研究动态 [J]. 海洋科学进展，29 (1)：122-128.

苏锦祥，1995. 鱼类学与海水鱼类养殖学 [M]. 2 版. 北京：中国农业出版社.

孙伯伦，李秋华，杨小林，1998. 美国红鱼配合饲料初步试验 [J]. 上海水产大学学报，7：191-194.

田文斐，2012. 鳜鱼骨骼早期发育以及主要摄食器官发育与摄食行为的适应性研究 [D]. 上海：上海海洋大学.

佟雪红，2010. 大菱鲆早期发育及其相关生理特性研究 [D]. 青岛：中国科学院研究生院（海洋研究所）.

王吉桥，2000. 海水和半咸水主要养殖鱼类对营养物质的需要 [J]. 大连水产学院学报，15 (3)：215-222.

王静，张俏，赵琼，等，2017. 合方鲫肌间骨骨化过程及形态学观察 [J]. 湖南师范大学自然科学学报 (2)：39-43.

王明华，钟立强，蔡永祥，等，2014. 黄颡鱼形态性状对体重的影响效果分析 [J]. 浙江海洋学院学报（自然科学版），33 (1)：41-46.

王秋荣，毕建功，林利民，2012. 青石斑鱼骨骼发育异常的形态特征 [J]. 大连海洋大学学报，27 (5)：417-421.

王胜林，2001. 鱼类营养能量学研究进展 [J]. 中国饲料 (1)：29-30.

王文派，曾素梅，陈奋昌，等，1991. 尖吻鲈种苗培育 [J]. 水产科技 (6)：7-19.

王秀英，邵庆均，黄磊，2004. 亚洲尖吻鲈养殖技术 [J]. 中国水产 (2)：60-63.

王秀英，邵庆均，黄磊，等，2003. 亚洲尖吻鲈的养殖技术综述 [J]. 水产养殖，24 (5)：42-44.

王有基，胡梦红，翟旭亮，2007. 微料饲料在水产动物苗种培育中的应用研究 [J]. 北京水产 (3)：52-57.

王妤，庄平，章龙珍，等，2011. 盐度对点篮子鱼的存活、生长及抗氧化防御系统的影响 [J]. 水产学报，135 (1)：66-73.

魏涯，钱茜茜，吴燕燕，等，2017. 栅栏技术在淡腌半干鲈鱼加工工艺中的应用 [J]. 南方水产科学，13 (2)：109-120.

魏延玲，孟勇，田甜，等，2014. KCl 部分替代 NaCl 腌制对风干鲈鱼中生物胺的抑制作用 [J]. 食品科学，35 (3)：90-95.

魏延玲，唐静，王健，等，2015. 阿魏酸对风干鲈鱼中 N-亚硝胺及生物胺的抑制作用 [J]. 食品科学，36 (8)：266-273.

文琳，雷燕，戚瑞荣，等，2015. 尖吻鲈 Lates calcarifer 虹彩病毒病的诊断 [J]. 水产学杂志，28 (4)：28-32.

吴后波，潘金培，1995. 海水网箱养殖尖吻鲈体表溃烂病致病菌的研究 [J]. 逻辑学研究 (3)：102-106.

吴建平，华鼎可，1994. 南海鱼类寄生粘孢子虫：II. 篮子鱼两极虫与尖吻鲈尾孢虫两新种 [J]. 热带海洋学报 (3)：67-71.

吴莉芳，2007. 鱼用植物饲料中的抗营养因子及其对鱼类的影响 [J]. 北京水产，1：40-43.

吴相云，李安兴，2005. 尖吻鲈寄生拟合片虫属一新种描述（单殖吸虫纲，鳞盘虫科）（英文）[J]. Zoological Systematics [动物分类学报（英文）]，30 (1)：41-45.

吴燕燕，李冰，朱小静，等，2017. 养殖海水和淡水鲈鱼的营养组成比较分析 [J]. 食品工业科技，37 (20)：349-352，359.

武小斌，2014. 日本沼虾 4 个野生群体形态学（体征）分析及遗传多样性研究 [D]. 保定：河北大学.

夏春，2005. 水生动物疾病学 [M]. 北京：中国农业出版社.

肖登元，2012. 维生素在亲鱼营养中的研究进展［J］. 动物营养学报，24（12）：2319－2325.

肖凤芳，李伟，朱新平，等，2014. 中华鳖 3 个养殖群体形态性状对体质量的影响［J］. 基因组学与应用生物学，33（6）：1247－1253.

徐伯亥，殷战，吴玉深，等，1993. 淡水养殖鱼类暴发性传染病致病细菌研究［J］. 水生生物学报，17（3）：259－267.

杨景峰，王兆茗，等，2015. 水产动物营养成分的季节变化［J］. 食品科技，40（6）：99－101.

杨蓉蓉，王永丽，章建浩，2016. 八角茴香提取物对风干鲈鱼加工贮藏过程中生物胺及微生物的抑制效应［J］. 食品科学，37（2）：225－231.

杨兴丽，2001. 鱼类细菌性疾病的研究进展［J］. 河南水产（4）：8－10.

叶金云，2003. 鱼类苗种培育技术发展趋势［J］. 科学养鱼（7）：7－8.

叶坤，王秋荣，等，2017. 饲料脂肪水平对黄姑鱼幼鱼生长性能、肌肉组成和血浆生化指标的影响［J］. 动物营养学报，29（4）：1418－1426.

叶星，陈奋昌，1991. 盐度对尖吻梦卵子解化及幼苗存活之影响［J］. 珠江水产（17）：42－49.

叶星，1991. 泰国尖吻鲈培苗技术的研究概况［J］. 珠江水产（17）：118－122.

殷名称，1995. 鱼类生态学［M］. 北京：中国农业出版社.

殷战，徐伯亥，1995. 鱼类细菌性疾病的研究［J］. 水生生物学报（1）：76－83.

于道德，宁璇璇，郑永允，等，2010. 微藻在海水类苗种培育过程中的作用［J］. 海洋通报，29（2）：235－240.

于德良，丁君，郝振林，等，2013. 不同养殖群体虾夷扇贝数量性状的相关性与通径分析［J］. 大连海洋大学学报，28（4）：350－354.

于海瑞，2012. 海水仔稚鱼营养生理与人工微颗粒饲料的研发进展（Ⅱ）：仔稚鱼营养生理［J］. 潍坊学院学报，12（2）：44－49.

俞开康，战文斌，周丽. 2000. 海水养殖鱼类病害诊断与防治手册［M］. 上海：上海科教出版社.

袁丰华，林黑着，李卓佳，等，2009. 地衣芽孢杆菌对尖吻鲈血液生理生化指标的影响［J］. 南方水产（2）：45－50.

袁丰华，林黑着，李卓佳，等，2010. 凝结芽孢杆菌对尖吻鲈的生长、消化酶及非特异性免疫酶的影响［J］. 上海海洋大学学报，19（6）：792－797.

战文斌，2004. 水产动物病害学［M］. 北京：中国农业出版社.

张邦杰，梁仁杰，毛大宁，等，1998. 池养尖吻鲈和花鲈的生长特性［J］. 水产科技情报（3）：18.

张邦杰，等，1998. 池养尖吻鲈和花鲈的生长特性［J］. 水产科技情报（2）：60－69.

张成松，李富花，相建海，2013. 脊尾白虾形态性状对体质量影响的通径分析［J］. 水产学报，37（6）：809－815.

张桂林，2000. 尖吻鲈的生物学及其养殖［J］. 内陆水产（1）：34.

张衡，王雪辉，2013. 鱼体脂肪、蛋白质含量的季节变化对鱼类生活史的影响［J］. 渔业信息与战略，28（3）：139－144.

张剑英，邱兆祉，丁雪娟，1999. 鱼类寄生虫与寄生虫病［M］. 北京：科学出版社.

张其永，洪万树，陈朴贤，2001. 福建海水鱼类人工繁殖和育苗技术现状与展望［J］. 台湾海峡，20（2）：266－273.

张寿山，1985. 海产鱼类人工育苗技术的初步探讨［J］. 水产学报，9（1）：93－103.

张显娟，李爱杰，薛敏. 1998. 牙鲆稚鱼对蛋白质、脂肪及碳水化合物营养要求的研究［J］. 上海水产大学学报，7：98－103.

赵旺，杨蕊，胡静，等，2017. 斜带石斑鱼形态性状与体质量的相关性和通径分析［J］. 水产科学，36

(5)：591－595.

赵莹莹，朱晓琛，智李，等，2016. 中华小长臂虾（*Palaemonetes sinensis*）体质量与形态指标的相关分析 [J]. 沈阳农业大学学报，47（6）：681－686.

郑珂，岳昊，郑攀龙，等，2016. 海水养殖鱼类仔、稚鱼骨骼发育与畸形发生 [J]. 中国水产科学，23（1）：250－261.

郑宽宽，杰何，苏志星，等，2017. 野生和养殖三疣梭子蟹雌蟹形态学的比较研究 [J]. 浙江海洋学院学报，36（2）：103－108.

郑攀龙，马振华，郭华阳，等，2014. 卵形鲳鲹尾部骨骼胚后发育研究 [J]. 南方水产科学，10（5）：45－50.

中国科学院动物研究所等，1962. 南海鱼类志 [M]. 北京：科学出版社.

中国科学院微生物研究所细菌分类组，1987. 一般细菌常用鉴定方法 [M]. 北京：科学出版社.

朱健康，丁兰，2006. 深水区大型抗风浪网箱配套设施系统 [J]. 福建水产（4）：70－72.

朱小静，吴燕燕，李来好，等，2017. 脂肪酶 B4000 和 P1000 对鲜鲈鱼鱼片的脱脂工艺优化 [J]. 食品工业科技，37（20）：174－178.

Abdel I，2004. Abnormalities in the juvenile stage of sea bass (*Dicentrarchus labrax* L.) reared at different temper atures: types, prevalence and effect on growth [J]. Aquaculture International, 12 (6): 523-538.

Adriano R, Melendres J R, Danilo T D Y, 2013. Acute toxicity tests of lannate insecticide on three commercially important fingerlings of the Visayas region, Central Philippines Philipp [J]. Scient, 50: 73-89.

Akiyama T, Murai T, Nose T, 1986. Oral administration of serotonin against spinal deformity of chum salmon fry induced by tryptophan deficiency [J]. Bull Jpn Soc Sci Fish, 5 (7): 1249-1254.

Alapide-Tendencia E, de la Pena L D, 2010. Bacterial diseases [M]. In: Lio-Po, G. D., Inyu, Y. (eds) Health management in aquaculture. 2nd ed. Iloilo: SEAFDEC Aquaculture Department.

Allen G R, Allen C F, Hoese D F, 2006. Latidae. In: Beesley PL and Wells A [M]. ed. Zoological Catalogue of Australia (vol. 35). ABRS and CSIRO Publishing, Canberra.

Almendras J M, Duenas C, Nacario J, et al, 1988. Sustained hormone release III. Use of gonadotropin-releasing hrmone analogues to induce multiple spawning in seabass, *Lates calcarifer* [J]. Aquaculture, 74: 97-111.

Andrades J A, Becerra J, Fernandez-Llebrez P, 1996. Skeletal deformities in larval, juvenile and adult stages of cultured gilthead sea bream (*Sparus aurata* L.) [J]. Aquaculture, 141 (1-2): 1-11.

Aquacop F J, Nedelec G, 1989. Larval rearing and weaning of Seabass, *Lates calcarifer* (Block), on experimental compounded diets [C]. Advances in Tropical Aquaculture-Tahiti, February 20-March 4. Aquacop. IFREMER. Actes de Colloque, 9: 677-697.

Ardiansyah, Fotedar R, 2016. Water quality, growth and stress responses of juvenile barramundi (*Lates calcarifer* Bloch), reared at four different densities in integrated recirculating aquaculture systems [J]. Aquaculture, 458: 113-120.

Aritaki M, Ohta K, Hotta Y, et al, 2004. Temperature effects on larval development and occurrence of metamorphosis-related morphological bnormalities in hatchery-reared spotted halibut *Verasper variegatus* juveniles [J]. Nippon Suisan Gakkaishi, 70 (1): 8-15.

Athauda S, Anderson A, De Nys R, 2012. Effect of rearing water temperature on protandrous sex inversion in cultured Asian seabass (*Lates calcarifer*) [J]. Gen. Comp. Endocrinol, 175 (3): 416-423.

Ba M'hamed T，Chemseddine M，2002. Selective toxicity o f some pesticides to *Pullus mediterraneus* Fabr. (Coleoptera：Coccinellidae)，a predator of Saissetiaoleae Bern. (Homoptera：Coccoideae) [J]. Agricult Forest Entomol，4 (3)：173－178.

Baeverfjord G，Asgard T，Shearer K，1998. Development and detection of phosphorus deficiency in Atlantic salmon，Salmo salar L，parr and post－smolts [J]. Aquacult Nutr，4 (1)：1－12.

Balart EF，1995. Development of the Vertebral Column，Fins and Fin Supports in the Japanese Anchovy，*Engraulis japonicus* (Clupeiformes：Engraulididae) [J]. Bull Mar Sci，56 (2)：495－522.

Barahona－Fernandes M H，1982. Body deformation in hatchery reared European sea bass *Dicentrarchus labrax* (L) . Types，prevalence and effect on fish survival [J]. J Fish Biol，21 (3)：239－249.

Bardon A，Vandeputte M，Dupont－Nivet M，et al，2009. What is the heritable component of spinal deformities in the European sea bass (*Dicentrarchus labrax*)? [J]. Aquaculture，294 (3－4)：194－201.

Barlow C G，Pearce M G，Rodgers L J，et al，1995. Effects of photoperiod on growth，survival and feeding periodicity of larval and juvenile barramundi *Lates calcarifer* (Bloch) [J]. Aquaculture，138 (1－4)：159－168.

Barlow C G，1981. Breeding and larval rearing of *Lates calcarifer* in Thailand [M]. Sydney，Australia：New South Wales Fisheries.

Barnabe G，1995. The Sea Bass [M]// Nash C E and Novotny A J (eds) . Production of aquatic animals：Fishes. World Animal Science C8，Elsevier Science B. B. ，Amsterdam.

Battaglene S C，Cobcroft J M，2007. Yellowtail kingfish juvenile quality：Identify timing and nature of jaw deformities in yellowtail kingfish and scope the likely causes of this condition [R]. Australian Seafood CRC，1－150.

Bayden D R，Christopher D G H，Thomas W，et al，2011. Connell integrate the effects of climate change across entire systems that predicting ecosystem shifts requires new approaches [J]. Biology Letters (10)：1098－1103.

Beattie J H，Avenell A，1992. Trace element nutrition and bone metabolism [J]. Nutr Res Rev，5 (1)：167－188.

Bengchu K，Azmi M A，Noor Khalidah A H，2010. Life cycle of the marine leech (*Zeylanicobdella arugamensis*) isolated from sea bass (*Lates calcarifer*) under laboratory conditions [J]. Aquaculture，302 (3)：153－157.

Berkner K L，2005. The vitamin K－dependent carboxylase [J]. Annu Rev Nutr，25：127－149.

Bermudes M，Glencross B，Austen K，et al，2010. The effects of temperature and size on the growth，energy budget and waste outputsof barramundi (*Lates calcarifer*) [J]. Aquaculture，306 (1)：160－166.

Bickford D，Lohman D J，Sodhi N S，et al，2006. Cryptic species as a window on diversity and conservation [J]. Trends Ecol. Evol，22 (3)：148－155.

Biosco E G，Amaro C，1991. Siderphores and related outer membrane proteins in Vibrio spp. which are potential pathogens of fish and shellfish [J]. J. Fish Dis，14 (3)：249－263.

Boglino A，Maria J D，Delgado B J O，2012. Commercial products for Artemia enrichment affect growth performance，digestive system maturation，ossification and incidence of skeletal deformities in Senegalese sole (*Solea senegalensis*) larvae [J]. Aquaculture，324/325：290－302.

Boglione C，Costa C，Di Dato P，et al，2003. Skeletal quality assessment of reared and wild sharpsnout sea bream and pandora juveniles [J]. Aquaculture，227 (1－4)：373－394.

Boglione C，Gagliardi F，Scardi M，et al，2001. Skeletal descriptors and quality assessment in larvae and post – larvae of wild – caught and hatchery – reared gilthead sea bream (*Sparus aurata* L. 1758) [J]. Aquaculture, 192 (1): 1 – 22.

Boglione C, Marino G, Fusari A, et al. 1995. Skeletal anomalies in *Dicentrarchus labrax* juveniles selected for functional swimbladder [J]. ICES Journal of Marine Science, 201: 163 – 169.

Bolla S, Holmefjord L, 1988. Effect of temperature and light on development of Atlantic halibut larvae [J]. Aquaculture, 74 (3): 355 – 358.

Bonilla S, Redonnet A, Noel – Suberville C, et al, 2000. High – fat diets affect the expression of nuclear retinoic acid receptor in rat liver [J]. British J Nutr, 83 (6): 665 – 671.

Boonyaraptalin M, 1997. Nutrient requirements of marine food fish cultured in southeast Asia [J]. Aquaculture, 151 (1 – 4): 283 – 313.

Boonyaratpalin M, 1997. Nutrient requiements of marine food fish cultured in Southeast Asia [J]. Aquaculture, 151. 282 – 313.

Brazenor A K, Hutson K S, 2015. Effects of temperature and salinity on the life cycle of *Neobenedenia* sp. (Monogenea: Capsalidae) infecting farmed barramundi (*Lates calcarifer*) [J]. Parasitology Research, 114 (5): 1875.

Brett J R, Groves T D D, 1979. Physiological energetics [M]. In: Hoar WS, Randall D J, Brett JR (Eds.), Fish physiology, bioenergetics and growth, vol. VIII. NewYork: Acedemic Press. pp. 279 –351.

Bwathondi P O J, 1982. Preliminary investigations on rabbitfish, *Siganus canaliculatue* cultivation in Tanzania [J]. Aquaculture, 27 (3): 205 – 210.

Cadwallader P L, Kerby B, 1995. Fish Stocking in Queensland – Getting it Right! Proceedings of a symposium held in Townsville, Queensland [M]. Townsville, Australia: Queensland Fisheries Management Authority.

Cahu C, ambonino Infante J, Takeuchi T, 2003. Nutritional components affecting skeletal development in fish larvae [J]. Aquaculture, 227 (1 – 44): 245 – 258.

Cai C F, Wu K, Pan X F, et al, 2001. The effects of protein nutrition on growth and immunological activity of allogynogenetic silver crucial carp [J]. Acta Hydrobiologica Sinica, 25 (6): 590 – 595.

Caldeira K, Wickett M E, 2003. Anthropogenic carbon and ocean [J]. Nature (425): 356 – 365.

Carter C G, Houlihan D F, Kiessling A, et al, 2001. Physiological effects of feeding [M]. In: Houlihan DF, Boujard T, Jobling M (Eds.), Food intake in fishes. Oxford: Blackwell Scientific. pp. 297 – 331.

Castell J D, Bell J G, Tocher D R, et al, 1994. Effect of purified diets containing different combinations of arachidonic and docosahexaenoic acid on survival, growth and fatty acid composition of juvenile turbot [J]. Aquaculture, 128 (3 – 4): 315 – 333.

Chen F C, Li X H, Li J, et al, 2015. Allometric growth of *Spualiobarbus curriculus* larvae and juveniles in Zhaoqing reach of Pearl River [J]. Guangdong Agricultural Scieces, 3: 103 – 109

Chen J C, Cheng S Y, 1993. Hemolymph PCO_2 oxyhemocyanin, protein and urea excretions of Penaeus monodon exposed to ambient ammonia [J]. Aquatic Toxicol, 27 (3 – 4): 281 – 292.

Chen Y G, Xia D, Zhong J S, et al, 2011. Development of the vertebral column and the appendicular skeleton in the larvae and juveniles of *Coilia nasus* [J]. J Shanghai Ocean Uni, 20 (2): 217 – 223.

Cheng D C, Ma Z H, Jiang S G, et al, 2017. Allometric growth in larval and juvenile crimson snapper *Lutjanus erythopterus* [J]. Acta Hydrobiologyca sinica, 41 (1): 206 – 213.

Chenoweth S F, Hughes J M, Keenan C P, et al, 1998. When oceans meet: a teleost shows secondary intergradation at an Indian – Pacific interface [J]. Proc. R. Soc. Lond. , B, 265 (1394): 415 – 420.

Cheong L, Yeng L, 1987. Status of seabass (*Lates calcarifer*) culture in Singapore [M]. In: Copland, JW, GreyDL. (eds.) Management of wild and cultured seabass/barramundi (*Lates calcarifer*) . Canberra: Austrlian Centre for International Agricultural research: 65 – 68.

Choi C Y, An K W, An M I, 2008. Molecular characterization and mRNA expression of glutathione peroxidase and glutathione S – transferase during osmotic stress in olive flounder (*Paralichthys olivaceus*) [J]. Comp Biochem Physiol A, 149 (3): 330 – 337.

Cobcroft J M, Battaglene S C, 2013. Skeletal malformations in Australian marine finfish hatcheries [J]. Aquaculture, 396 – 399: 51 – 58.

Cobcroft J M, Pankhurst P M, Poortenaar C, et al, 2004. Jaw malformation in cultured yellowtail kingfish (*Seriola lalandi*) larvae [J]. New Zealand J Mar Fresh Res, 38 (1): 67 – 71.

Cobcroft J M, Pankhurst P M, Sadler J, et al, 2001. Jaw development and malformation in cultured striped trumpeter *Latris lineata* [J]. Aquaculture, 199: 267 – 282.

Cobcroft J, Shu – chien A, Kuah M, et al, 2012. The effects of tank colour, live food enrichment and greenwater on the early onset of jaw malformation in striped trumpeter larvae [J]. Aquaculture, 356 – 357: 61 – 72.

Coloso R N, Benitez L V, Tiro L B, 1988. The effect of dietary protein – energy levels on growth and metablism of milkfish (*Chanos chanos* Forsskal) [J]. Comparative Biochemistry and Physiology, 89A: 11 – 13.

Copland J W, Grey D L, 1987. Management of wild and cultured sea bass/barramundi (*Lates calearifer*): Proceedings of an international workwhop help at Darwin, NT, Australia [J]. ACIAR Proceedings (20) .

Costa WJEM, 2012. The caudal skeleton of extant and fossil cyprinodontiform fishes (Teleostei: Atherinomorpha): comparative morphology and delimitation of phylogenetic characters [J]. Vertebr Zool, 62 (2): 161 – 180.

Cowey C B, Pope J A, Adran J W, et al, 1972. Studies of nutrition of marine flat fish: utilizationof various dietary protein by plaice (*Pleuronects platessal*) [J]. Britian Journal of Nutrition, 31 (3): 385 –387.

Cruz – Lacierda E R, 2010. Parastitic diseases and pests [M]. In: Lio – Po GF, Inui Y (eds) Health Management in Aquaculture. 2nd ed. Iloilo: Southeast Asian Fisheries Development Center Aquaculture Department: 10 – 38.

Cuvier G, Valenciennes A, 1828. Histoire naturelle des poisons. Tome second. Livre Troiseieme. Des poisons de la famille des perches, ou des percoides. Levraut, Paris.

Dabrowski K, 1990. Ascorbic acid status in the early life of whitefish (*Coregonus laooaretus* L.) [J]. Aquaculture, 84 (1): 61 – 70.

Dai T Z Y, 1985. Biological science of aquatic feed [M]. Beijing: Agicultural Press.

Danielssen D S, Hjertnes T, 1993. Effect of dietary protein levels in diets for turbot (*Scophthalmus maximus* L.) to the market size. Kaushik S J, Luqet P. Fish Nutrition in Practice: IV th International Symposium on Fish Nutrition and Feeding [M]. Paris: INRA, 89 – 96.

Daoulas C, Economou A N, Bantavas I, 1991. Osteological abnormalities in laboratory reared sea – bass (*Dicentrarchus labrax*) fingerlings [J]. Aquaculture, 97 (2 – 3): 169 – 180.

Darias M J, Mazurais D, Koumoundouros G, et al, 2010. Dietary vitamin D3 affects digestive system ontogenesis and ossification in European sea bass (*Dicentrachus labrax*, Linnaeus, 1758) [J]. Aquaculture, 298 (3 - 4): 300 - 307.

Darias M J, Lan C W O, Cahu C, 2010. Double staining protocol for developing European sea bass (*Dicentrarchus labrax*) larvae [J]. Journal of Applied Ichthyology, 26 (2): 180 - 185.

Davis T O, 1982. Maturity and sexuality in barramundi (*Lates calcarifer*), in the Northern Territory and south - eastern Gulf of Carpentaria [J]. Aust. J. Mar. Freshwater Res, 33 (3): 529 - 545.

Davis T L O, 1984a. Estimation of fecundity in barramundi, *Lates calcarifer* (Bloch), using an automatic particle counter [J]. Aust. J. Mar. Freshwater Res, 35 (1): 111 - 118.

Davis T L O, 1984b. A population of sexually precocious barramundi, *Lates calcarifer*, in the Gulf of Carpentaria, Australia [J]. Copeia 1 (1): 144 - 149.

Davis T L O, 1985a. The food of barramundi, *Lates calcarifer*, in coastal and inland waters of van Diemen Gulf and the Gulf of Carpentaria [J]. J. Fish Biol, 26 (6): 669 - 682.

Davis T L O, 1985b. Seasonal changes in gonad maturity, and abundance of larvae and early juveniles of barramundi, *Lates calcarifer* (Bloch), in Van Diemen Gulf and the Gulf of Carpentaria [J]. Aust. J. Mar. Freshwater Res, 36 (2): 177 - 190.

Davis T L O, 1986. Migration patterns in barramundi, *Lates calcarifer* (Bloch), in Van Diemen Gulf, Australia, with estimates of fishing mortality in specific areas [J]. Fish. Res, 4 (3): 243 - 258.

Davis T L O, 1987. Biology of wildstock *Lates calcarifer* in northern Australia [M]. In: Copland JW and GreyDL (eds.). Management of Wild and Cultured Seabass/Barramundi (*Lates calcarifer*). Darwin: ACIAR: 22 - 29.

Davis T L O, Kirkwood G P, 1984. Age and growth studies on barramundi, *Lates calcarifer* (Bloch), in Northern Australia [J]. Aust. J. Mar. Freshwater Res, 35 (6): 673 - 689.

De Lestang P, Allsop Q A, Griffin P K, 2001. Assessment of fish passage ways on fish migration. Department of Business [M]. Darwin, Australia: Industry and Resource Development.

De G K, 1971. On the biology of post - larval and juvenile stages of *Lates calcarifer* (Bloch) [J]. J. Indian Fish. Assoc, 1: 51 - 64.

Debasis D, Ghoshal T K, Raja A, et al, 2015. Growth performance, nutrient digestibility and digestive enzyme activity in Asian seabass, *Lates calcarifer* juveniles fed diets supplemented with cellulolytic and amylolytic gut bacteria isolated from brackishwater fish [J]. Aquaculture Research, 46 (7): 1688 -1698.

DeLuca H F, 2004. Overview of general physiologic features and functions of vitamin D [J]. American J Clinical Nutri, 80 (6): 1689S - 1696S.

Denma K, Christian JR, Steiner N, et al, 2011. Potential impacts of future ocean acidification on marine ecosystems and fishries: crrent knowledge and recommendations for future research [J]. Journal of Marine Science, 68 (6): 1019 - 1029.

Dionisio G, Campos C, Valente L M P, et al, 2012. Effect of egg incubation temperature on the occurrence of skeletal deformities in *Solea senegalensis* [J]. J Applied Ichthyol, 28 (3): 471 - 476.

Divanach P, Papandroulakis N, Anastasiadis P, et al, 1997. Effect of water currents during postlarval and nursery phase on the development of skeletal deformities in sea bass (*Dicentrarchus labrax* L.) with functional swimbladder [J]. Aquaculture, 156 (1 - 2): 145 - 155.

Divanach P, Boglione C, Menu B, et al. 1996. Abnormalities in finfish mariculture: an overview of the problem, causes and solutions [J]. In Seabass and Seabream Culture: Problems and Prospects, 1: 45 - 66.

Doney S C, Fabry V J, Feely R A, et al, 2009. Ocean acidification: the other CO_2 problem [J]. Annual Review of Marine Science (10): 169 – 192.

Dong H T, Taengphu S, Sangsuriya P, et al, 2017. Recovery of Vibrio harveyi, from scale drop and muscle necrosis disease in farmed barramundi, *Lates calcarifer*, in Vietnam [J]. Aquaculture, 473: 89 –96.

Dunstan D J, 1958. The barramundi, *Lates calcarifer* (Bloch) in Queensland waters. CSIRO Division of Fisheries and Oceanography [J]. Technical Paper 5: 1 – 22.

Dunstan D J, 1959. The barramundi *Lates calcarifer* (Bloch) in Queensland waters [J]. CSIRO Technical Paper No. 5. Melbourne: Commonwealth Scientific and Industrial Research Organisation.

Dunstan D J, 1962. The barramundi in Papua New Guinea waters. Papua New Guinea Agric [J]. 15: 23 –30.

Duray M, Kohno H, 1988. Effects of continuous lighting on growth and survival of first – feeding larval rabbitfish, *Sigma guttutus* [J]. Aquaculture, 109: 311 – 321.

Dwivedi S, Chezhian A, Kabilan N, et al, 2012. Synergistic effect of mercury and chromium on the histology and physiology of Fish, *Tilapia Mossambica* (Peters, 1852) and *Lates calcarifer* (Bloch, 1790) [J]. Toxicology International, 19 (3): 235 – 240.

Elliott J M, 1982. The effects of temperature and ration size on the growth and energetics of salmonids in captivity [J]. Comp. Biochem. Physiol, 73 (1): 81 – 91.

Eusebio P S, Coloso R M, 2002. Proteolytic enzyme activity of juvenile Asian sea bass, *Lates calcarifer* (Bloch), is increased with protein intake [J]. Aquaculture Research, 33 (8): 569 – 574.

Fahy W E, 1972. Influence of temperature change on number of vertebrae and caudal fin rays in *Fundulus majalis* (Walbaum) [J]. J Cons Int Explor Mer, 34 (2): 217 – 231.

Faustino M, Power D M, 1999. Development of the pectoral, pelvic, dorsal and anal fins in cultured sea bream [J]. Journal of Fish Biology, 54 (5): 1094 – 1110.

Fernandes MHB, 2010. Body deformation in hatchery reared European sea bass *Dicentrarchus labrax* (L) . Types, prevalence and effect on fish survival [J]. Journal of Fish Biology, 21 (3): 239 – 249.

Ferreri F, Nicolais C, Boglione C, et al, 2000. Skeletal characterization of wild and reared zebrafish: anomalies and meristic characters [J]. J Fish Biol, 56 (5): 1115 – 1128.

Forwood M R, 2008. Physical activity and bone development during childhood: insights from animal models [J]. J Appl Physiol, 105 (1): 334 – 341.

Fraser M, Nys D, 2005. The morphology and occurrence of jaw and operculum deformities in cultured barramundi (*Latescalcarifer*) larvae [J]. Aquaculture, 250 (1 – 2): 496 – 503.

Fraser M R, Anderson T A, de Nys R, 2004. Ontogenic development of the spine and spinal deformities in larval barramundi (*Lates calcarifer*) culture [J]. Aquaculture, 242 (1): 697 – 711.

Fraser M R, de Nys R, 2005. The morphology and occurrence of jaw and operculum deformities in cultured barramundi (*Lates calcarifer*) larvae [J]. Aquaculture, 250 (1): 496 – 503.

Frazao C, Simes D C, Coelho R, et al, 2005. Structural evidence of a fourth Gla residue in fish osteocalcin: biological implications [J]. Biochemistry, 44 (4): 1234 – 1242.

Fu Z, Noguchi T, Kato H, 2001. Vitamin A deficiency reduces insulin – like growth factor (IGF) – I gene expression and increases IGF – I receptor and insulin receptor gene expression in tissues of Japanese quail (*Coturnixcoturnix japonica*) [J]. J Nutr, 131 (4): 1189 – 1194.

Fuiman L A, Poling K R, Higgs D M, 1998. Quantifying developmental progress for comparative studies of larval fishes [J]. Copeia (3): 602 – 611.

Fukuhara A O, 1992a. Study on the development of functional morphology and behaviour of the larvae of eight commercially valuable teleost fishes [J]. Contrib Fish Res Jpn Sea Block, 25: 1 – 22.

Fukuhara A O, 1988. Morphological and functional development of larval and juvenile *Limanda yokohamae* (Pisces: Pleuronectidae) reared in the laboratory [J]. Mar Biol, 99 (2): 271 – 281.

Fukuhara O, 1992b. Study on the development of functional morphology and behaviour of the larvae of eight commercially valuable teleost fishes [J]. Contributions to the Fisheries Researches in the Japan Sea Block, 25: 1 – 22.

Furuita H, Konishi K, Takeuchi T, 1999. Effect of different levels of eicosapentaenoic acid and docosa- hexaenoic acid in Artemia nauplii on growth, survival and salinity tolerance of larvae of the Japanese flounder, Paralichthysolivaceus [J]. Aquaculture, 170 (1): 59 – 69.

Gad N S, 2006. Biochemical responses in oreochromis niloticus after exposure to sublethal concentrations of different pollutants [J]. Egypt J Aquatic Biol Fish, 10 (4): 181 – 193.

Gao X Q, Hong L, Liu Z F, et al, 2015. The study of allometric growth pattern of American shad larvae and juvenile (*Alosa Sapidissima*) [J]. ActaHydrobiologyca sinica, 39 (3): 638 – 644.

Gapasin R S J, Duray M N, 2001. Effectsof DHA – enriched live food on growth, survival and incidence of opercular deformities in milkfish (*Chanos chanos*) [J]. Aquaculture, 193 (1 – 2): 49 – 63.

Garcia L M B, 1989a. Dose – dependent spawning response of mature female seabass, *Lates calcarifer* (Bloch), to pelleted luteinizing hormone – releasing hormone analogue (LHRH – A) [J]. Aquaculture, 77: 85 – 96.

Garcia L M B, 1989b. Spawning response of mature female seabass, *Lates calcarifer* (Bloch) to a single injection of luteinizing hormone – releasing hormone analogue: effect of dose and initial oocyte size [J]. J. Appl. Ichthyol, 5 (4): 177 – 184.

Garcia L M B, 1990a. Advancement of sexual maturation and spawning of seabass *Lates calcarifer* (Bloch), using pelleted luteinizing hormone – releasing hormone analogue and 17a – methyltestosterone [J]. Aquaculture, 86 (2): 333 – 345.

Garcia L M B, 1990b. Spawning response latency and egg production capacity of LHRHa – injected mature female seabass *Lates calcarifer* Bloch [J]. J. Appl. Ichthyol, 6 (3): 167 – 172.

Garcia L M B, 1992. Lunar synchronization of spawning in seabass: *Lates calcarifer* (Bloch): effect of luteinizing hormone – releasing hormone analogue (LHRHa) treatment [J]. J. Fish Biol, 40 (3): 359 – 370.

Garrett R N, 1987. Reproduction in Queensland barramundi (*Lates calcarifer*) [M] // Copland J W and Grey D L (eds.). Management of Wild and Cultured Seabass/Barramundi (*Lates calcarifer*). Darwin: ACIAR.

Garrett R N, Russell D J, 1982. Premanagement investigations into the barramundi, *Lates calcarifer* (Bloch) in north – east Queensland waters [M]. Brisbane: Queensland Department of Primary Indus- tries.

Garrett R N, Connell M R J, 1991. Induced breeding in barramundi [J]. Austasia Aquacult, 8: 40 – 42.

Garrett R N, OBrien J J, 1994. All – year round spawning of harchery barramundi in Australia [J]. Aust. Fish, 8: 40 – 42.

Gatlin D M, MacKenzie D S, Craig S R, et al, 1992. Effects of dietary sodium chloride on red drum ju- veniles in waters of various salinities [J]. The progressive fish – culturist, 54 (4): 220 – 227.

Gavaia P J, Dinis M T, Cancela M L, 2002. Osteological development and abnormalities of the vertebral column and caudal skeleton in larval and juvenile stages of hatchery – reared Senegal sole (*Solea senegalensis*) [J]. Aquaculture, 211 (1 – 4): 305 – 323.

Georgakopoulou E, Angelopoulou A, Kaspiris P, et al, 2007. Temperature effects on cranial deformities in European sea bass, *Dicentrarchus Labrax* (L.) [J]. Journal of Applied Ichthyology, 23 (1): 99 –103.

Georgakopoulou E, Katharios P, Divanach P, et al, 2010. Effect of temperature on the development of skeletal deformities in Gilthead seabream (*Sparus aurata*, Linnaeus 1758) [J]. Aquaculture, 308 (1 – 2): 13 – 19.

Ghosh A, 1973. Observations on the larvae and juveniles of 'bhekti', *Lates calcarifer* from the Hooghly – Matlah estuarine system [J]. Indian J. Fish, 20: 372 – 379.

Ghosh A, Megarajan S, Ranjan R, 2016. Growth performance of Asian seabass *Lates calcarifer* (Bloch, 1790) stocked at varying densities in floating cages in Godavari Estuary, Andhra Pradesh, India [J]. Indian J. Fish, 63 (3): 146 – 149.

Gibson – Kueh S, Thuy N T, Elliot A, et al, 2011. An intestinal Eimeria infection in juvenile Asian seabass (*Lates calcarifer*) cultured in Vietnam—a first report [J]. Veterinary Parasitology, 181 (2 – 4): 106 – 112.

Gibson – Kueh S, Yang R, Thuy N T, et al, 2011. The molecular characterization of an Eimeria and Cryptosporidium detected in Asian seabass (*Lates calcarifer*) cultured in Vietnam [J]. Veterinary Parasitology, 181 (2 – 4): 91 – 96.

Gibsonkueh S, Yang R, Thuy NT, et al, 2011. The molecular characterization of an Eimeria and Cryptosporidium detected in Asian seabass (*Lates calcarifer*) cultured in Vietnam [J]. Veterinary Parasitology, 181 (2 – 4): 91 – 96.

Gisber B E, Doroshov S I, 2006. Allometric growth in green sturgeon larvae [J]. Journal of Applied Ichthyology, 22 (Suppl. 1): 202 – 207.

Glencross B, Blyth D, Irvin S, et al. 2016. An evaluation of the complete replacement of both fishmeal and fish oil in diets for juvenile Asian seabass, Lates calcarifer [J]. Aquaculture, 451: 298 – 309.

Gluckmann I, Huriaux F, Focant B, et al, 1999. Postembryonic development of the cephalic skeleton in *Docentrachus labrax* (Pisces, Perciformes, Serranidae) [J]. Bulletin of Marine Science, 65 (65): 11 – 36.

Graff I E, Waagbo R, Fivelstad S, et al, 2002. A multivariate study on the effects of dietary vitamin K, vitamin D3 and calcium, and dissolved carbon dioxide on growth, bone minerals, vitamin status and health performance in smolting Atlantic salmon (*Salmo salar* L.) [J]. J Fish Dis, 25 (10): 599 – 614.

Grant E M, 1997. Guide to Fishes [M]. Brisbane: EM Grant Pty. Ltd.

Greenwood P H, 1976. A review of the family Centropomidae (Pisces, Perciformes) [J]. Bull. Br. Mus. Nat. Hist. (Zool.) 29: 1 – 81.

Grey D L, 1987. An overview of *Lates calcarifer* in Australia and Asia [M] // Copl J W and Grey D L. (eds.). Management of Wild and Cultured Seabass/Barramundi (*Lates calcarifer*). Darwin: Australian Centre for International Agricultural Research.

Griffin R K, 1987. Life history, distribution, and seasonal migration of barramundi in the Daly River, Northern Territory, Australia [M] // Dadswell M J, Klauda R J, Moffitt C M, Saunders R L, Rulifson R A and Cooper J E (eds.). Common Strategies of Anadromous and Catadromous Fishes. Boston: American Fisheries Society: 358 – 363.

Guiguen Y, Cauty C, Fostier A, et al, 1994. Reproductive cycle and sex inversion of the seabass, *Lates calcarifer*, reared in sea cages in French Polynesia: histological and morphometric description. Environ [J]. Biol. Fishes, 39 (3): 231 - 247.

Guiguen Y, Cauty C, Fostier A, et al, 1994. Reproductive cycle and sex inversion of the seabass, *Lates calcarifer*, reared in sea cages in French Polynesia: histological and morphometric description. Environ [J]. Biol. Fishes, 39 (3): 231 - 274.

Guiguen Y, Jalabert B, Benett A, et al, 1995. Gonadal in vitro androstenedione metabolism and changes in some plasma and gonadal steroid hrmones during sex inversion of the protandrous seabass, *Lates calcarifer* [J]. Gen. Comp. Endocrinol, 100: 106 - 118.

Guiguen Y, Jalabert B, Thouard E, et al, 1993. Changes in plasma and gonadal steroid hormones in relation to the reproductive cycle and the sex inversion process in the protandrous seabass, *Lates calcarifer* [J]. Gen. Comp. Endocrinol, 92 (3): 327 - 338.

Gutowska M A, Melzner F, Langenbuch M, et al, 2010. Acid - base regulatory ability of zhe cephalopod (*Sepia offcinalis*) in response to environmental hypercapnia [J]. Comparative Physiology B, 180 (3): 323 - 335.

Haga Y, Dominique V J, Du S J, 2009. Analyzing notochord segmentation and intervertebral disc formation using the twhh: gfp transgenic zebrafish model [J]. Trans Res, 18 (5): 669 - 683.

Haga Y, Du S J, Satoh S, et al, 2011. Analysis of the mechanism of skeletal deformity in fish larvae using a vitamin A - induced bone deformity model [J]. Aquaculture, 315 (1 - 2): 26 - 33.

Haga Y, Suzuki T, Kagechika H, et al, 2003. A retinoic acid receptor - selective agonist causes jaw deformity in the Japanese flounder, *Paralichthys olivaceus* [J]. Aquaculture, 221 (1): 381 - 392.

Haga Y, Suzuki T, Takeuchi T, 2002. Retinoic acid isomers produce malformations in postembryonic development of the Japanese flounder, *Paralichthys olivaceus* [J]. Zool Sci, 19 (10): 1105 - 1112.

Haga Y, Takeuchi T, Murayama Y, et al, 2004. Vitamin D3 compounds induce hypermelanosis on the blind side and vertebral deformity in juvenile Japanese flounder *Paralichthys olivaceus* [J]. Fish Sci, 70 (1): 59 - 67.

Hamid R, Ahmad A, Usup G, et al, 2016. Pathogenicity of *Aeromonas hydrophila* isolated from the Malaysian Sea against coral (*Turbinaria* sp.) and sea bass (*Lates calcarifer*) [J]. Environmental Science and Pollution Research, 23 (17): 17269 - 17276.

Hargreaves J A, Kucuk S, 2001. Effect of un - ionised ammoonia fluctuation on juvenile hybrid stripped bass, channel catfish and blue tilapia [J]. Aquaculture, 195: 163 - 181.

Harpaz S, HakimY, Barki A, et al, 2005b. Effects of different feeding levels during day and/or night on growth and brush - border enzyme activity in juvenile *Lates calcarifer* reared in freshwater re - circulating tanks [J]. Aquaculture, 248 (1): 325 - 335.

Harpaz S, HakimY, Slosman T, et al, 2005a. Effects of adding salt to the diet of Asian sea bass *Lates calcarifer* reared in fresh or salt water recirculating tanks, on growth and brush border enzyme activity [J]. Aquaculture, 248 (1): 315 - 324.

Harvey B, Nacario J, Crim L, et al, 1985. Induced spawning of seabass, *Lates calcarifer*, and rabbitfish, *Siganus guttatus*, after implantation of pelleted LHRH analogue [J]. Aquaculture, 47 (1): 53 -59.

Harzhauser M, Piller W E, 2007. Benchmark data of a changing sea - palaeogeography, palaeobiogeography and events in the Central Paratethys during the Miocene [J]. Palaeogeogr. Palaeoclimatol. Palaeoecol,

253 (1 - 2): 8 - 31.

Hayes F, Pelluet D, Gorham E, 1953. Some effects of temperature on the embryonic development of the salmon (*Salrno salar*) [J]. Canadian J Zool, 31 (1): 42 - 51.

He T, Xiao Z Z, Liu Q H, et al, 2012. Allometric growth in rock bream larvae (*Oplegnathus fasciatus* Temminck et Schlegel 1844) [J]. Journal of Fisheries of China, 36 (8): 1242 - 1248.

He Y F, Wu X B, Zhu Y J, et al, 2013. Allometric growth pattern of *Percocypris pingi* larvae [J]. Chinese Journal of Zoology, 48 (1): 8 - 15.

Hilton E J, Johnson G D, 2007. When two equals three: developmental osteology and homology of the caudal skeleton in carangid fishes (Perciformes: Carangidae) [J]. Evol Devel, 9 (2): 178 - 189.

Holloway M, A Hamlyn, 1998. Freshwater fishing in Queensland: A guide to stocked waters [M]. Brisbane: Queensland Department of Primary Industries.

Hosoya K, Kawamura K, 1998. Skeletal formation and Abnormalities in the caudal complex of the Japanese Flounder, *Paralichthys olivaceus* (Temminck & Schlegel) [J]. Bull National Res Ins Fish Sci, 12: 97 - 110.

Hough C, 2009. Malformations in the Mediterranean and in cold water productions. Finefish Final Workshop - Improving sustainability of European Aquaculture by control of malformations [C]. Ghent, Belgium, September 9.

Huang J S, Chen G, Zhang J D, et al, 2016. Effects of temperature, pH and body wet weigh on oxygen consumption rate and ammonia excretion rate of orange - spotted grouper *Epinephelus coioides* juveniles cultured in low - salt wate [J]. Chinese Journal of Zoology, 51 (6): 1038 - 1048.

Iguchi K, Mizuno N, 1999. Early starvation limits survival in amphidromous fishes [J]. Journal of Fish Biology, 54 (1): 705 - 712.

Infante J L Z, Cahu C L, Peres A, 1997. Partial substitution of di - and tripeptides for native proteins in sea bass diet improves Dicentrarclzus labrar larval development [J]. J Nutr, 127 (4): 608 - 614.

Institute of Zoology Chinese Academy of Sciences, et al, 1962. South China Sea fish Chi [M]. Beijing: Science Press: 311 - 312.

Iwatsuki Y, Tashiro K, Hamasaki T, 1993. Distribution and fluctuations in occurrence of the Japanese centropomid fish, *Lates japonicus* [J]. Japn. J. Ichthyol, 40: 327 - 332.

James P SBR, Marichamy R, 1987. Status of seabass (*Lates calcarifer*) culture in India [M] // Copland J W and Grey D L (eds.). Management of Wild and Cultured Seabass/Barramundi (*Lates calcarifer*). Darwin: ACIAR: 74 - 79.

Jerry D R, Smith - Keune C, 2013. The genetics of Asian sea bass *Lates calcarifer* [M] // Jerry DR (ed.). Biology and Culture of Asian Sea Bass *Lates calcarifer*. Florida: CRC Press.

Jhingran V G, Natarajan A V, 1969. A study of the fisheries and fish populations of the Chilka Lake during the period 1957 - 65 [J]. J. Inland Fish. Soc. India, 1: 49 - 125.

Jobling M, 1981. Some effects of temperature, feeding and body weight on nitrogenous excretion in young plaice *Pleuronectes platessa* L [J]. J. Fish Biol, 18 (1): 87 - 96.

Jobling M, 1994. Fish bioenergetics [M]. London: Chapman and Hall: 309.

Jobling M, 1997. Temperature and growth: modulation of growth rate via temperature change [M] // Wood C M, Mc Donald D G (Eds.), Global warming: Implications for freshwater and marine fish. Cambridge: Cambridge University Press: 225 - 253.

Johannes R E, 1978. Reproductive strategies of coastal marine fishes in the tropics [J]. Environ. Biol. Fishes,

3 (1): 65 - 84.

Johnson D W, 1986. Survival andgrowth of seabass (*Dicentrarchuslabrax*) larvae as influenced by temperature, salinity and delayed initial feeding [J]. Aquaculture, 52: 11 - 19.

Jonassen T M, Imsland A K, Stefansson S O, 1999. The interaction of temperature and fish size on growth of juvenile halibut [J]. J. Fish Biol, 54 (3): 556 - 572.

Jones S, Sujansingani K H, 1954. Fish and fisheries of Chilka Lakes with statistics of fish catches for the years 1948 - 50 [J]. Indian J. Fish, 1: 256 - 344.

Jung F, Weiland U, Johns R A, et al, 2001. Chronic hypoxia induces apoptosis in cardiac myocytes: a possible role for Bcl - 2 - like proteins [J]. Biochem Biophy Res Commun, 286 (2): 419 - 425.

Suresh K, 2013. Effect of stocking density on growth and survival of hatchery reared fry of Asian seabass, *Lates calcarifer* (Bloch) under captive conditions [J]. Indian J. Fish, 60 (1): 71 - 75.

Philipose K K, Krupesha S R, Praveen, 2013. Culture of Asian seabass (*Lates calcarifer*, Bloch) in open sea floating net cages off Karwar, South India [J]. Indian J. Fish, 60 (1): 67 - 70.

Kamler E, 1992. Early life history of fish: an energetics approach [M]. London: Chapman&Hall London.

Kanchanopasbarnette P, Labella A, Alonso C M, et al, 2009. The First Isolation of *Photobacterium damselae* subsp. damselae from Asian Seabass *Lates calcarifer* [J]. Fish Pathology, 44 (1): 47 - 50.

Katayama M, Abe T, Nguyen T, 1977. Notes on some Japanese and Australian fishes of the family Centropomidae [J]. Bull. Tokai Reg. Fish. Res. Lab, 90: 45 - 55.

Katayama M, Taki M, 2010. *Lates japonicus*, a new centropomid fish from Japan [J]. Jpm. J. Ichthyol, 30: 361 - 367.

Katersky R S, Carter C G, 2005. Growth efficiency of juvenile barramundi, *Lates calcarifer*, at high temperatures [J]. Aquaculture, 250 (3): 775 - 780.

Kayansamruaj P, Dong H T, Nguyen V V, et al, 2017. Susceptibility of freshwater rearing Asian seabass (*Lates calcarifer*) to pathogenic *Streptococcus iniae* [J]. Aquaculture Research, 48 (2): 711 - 718.

Keenan C P, 1994. Recent evolution of population structure in Australian barramundi, *Lates calcarifer* (Bloch): an example of isolation by distance in one dimension [J]. Aust. J. Mar. Freshwater Res, 45 (7): 1123 - 1148.

Keenan C P, Salini J, 1990. The genetic implications of mixing barramundi stocks in Austalia [J]. Proc. Aust. Soc. Fish Biol, 8: 145 - 150.

Khemis I B, Gisber E, Alcaraz C, et al, 2013. Allometric growth patterns and development in larvae and juveniles of thick - lipped grey mullet *Chelon labrosus* reared in mesocosm conditions [J]. Aquaculture Research, 44 (12): 1872 - 1888.

Khoo C K, Abdulmurad A M, Kua B C, et al, 2012. Cryptocaryon irritans infection induces the acute phase response in *Lates calcarifer*: a transcriptomic perspective [J]. Fish & Shellfish Immunology, 33 (4): 788 - 794.

Kihara M, Ogata S, Kawano N, et al, 2002. Lordosis induction in juvenile red sea bream, *Pagrus major*, by high swimming activity [J]. Aquaculture, 212 (1 - 4): 149 - 158.

Kiron V, Watanabe T, Fukuda H, et al, 1995a. Protein nutrition and de - fense mechanisms in rainbow trout *Oncorhynchus mykiss* [J]. CompBiochem Physiol, 111A: 351 - 359.

Kliewer S A, Sundseth S S, Jones S A, et al, 1997. Fatty acids and eicosanoids regulate gene expression through direct interactions with peroxisome proliferator - activated receptors a and y [J]. Pro Nat Acad

Sci, 94 (9): 4318 – 4323.

Kohno H, Ordonio – Aguilar R, Ohno A, et al, 1996. Morphological aspects of feeding and improvement in feeding ability in early stage larvae of the milkfish, *Chanos clzanos* [J]. Ichthyol Res, 43: 133 – 140.

Kohno H, Ordonio – Aguilar R, Ohno A, et al, 1996. Osteological development of the feeding apparatus in early stage larvae of the seabass, *Lates calcarifer* [J]. Ichthyol Res, 43 (1): 1 – 9.

Kohno H, 1997. Osteological development of the caudal skeleton in the carangid, *Seriola lalandi* [J]. IchthyolRes, 44 (2): 219 – 221.

Kohno H, Aguilar R O, Ohno A, et al, 1996b. Osteological development of the feeding apparatus in early stage larvae of the seabass, *Lates calcarifer* [J]. Ichthyological Research, 43 (1): 1 – 9.

Kohno H, Aguilar R O, Ohno A, 1996a. Morphological aspects of feeding and improvement in feeding ability in early stage larvae of the milkfish, *Chanos chanos* [J]. Ichthyological Research, 43 (2): 133 – 140.

Kohno H, Taki Y, Ogasawara Y, et al, 1983. Development of swimming and feeding functions in larval *Pagrus major* [J]. Japan. J. Ichthyol, 30 (1): 47 – 60.

Kohno H, Ordonio – Aguilar R, Ohno A, et al, 1996. Osteological development of the feeding apparatus in early stage larvae of the seabass, *Lates calcarifer* [J]. Ichthyol. Res, 43 (1): 1 – 9.

Koumondoudours G, Divanach P, Kentouri M, 2001. Osteological development of *Dentex dentex* (Osteichthyes: Sparidae): dorsal, anal, paired fins and squamation [J]. Mar Biol, 138 (2): 399 – 406.

Koumoundouros G, Divanach P, Anezaki I, et al, 2001. Temperature – induced ontogenetic plasticity in sea bass (*Dicentrarchus labrax*) [J]. Mar Biol, 139 (5): 817 – 830.

Koumoundouros G, Divanach P, Kentouri M, 2001. The effect of rearing conditions on development of saddleback syndrome and caudal fin deformities in *Dentex dentex* (L.) [J]. Aquaculture, 200 (3): 285 – 304.

Koumoundouros G, Gagliardi F, Divanach P, et al, 1997. Normal and abnormal osteological development of caudal fin in *Sparus aurata* L. fry [J]. Aquaculture, 149 (3): 215 – 226.

Koumoundouros G, Sfakianakis D G, 2001. Osteological development of the vertebral column and of the fins in *Diplodus sargus* (teleostei: Perciformes: Sparidae) [J]. Mar Biol, 139 (5): 853 – 862.

Koumoundouros G, Divanach P, kentouri M, 2000. Development of the skull in *Dentex dentex* (Osteichthyes, Sparidae) [J]. Mar. Biol, 136 (1): 175 – 184.

Koumoundouros G, Divanach P, Kentouri M, 1999. Osteological development of the vertebral column and of the caudal complex in *Dentex dentex* [J]. Journal of Fish Biology, 54 (2): 424 – 436.

Koumoundouros G, Gagliardi F, Divanach P, et al, 1997. Normal and abnormal osteological development of caudal fin in *Sparus aurata* L. fry [J]. Aquaculture, 149 (3): 215 – 226.

Koumoundouros G, Sfakianakis D G, 2001. Osteological development of the vertebral column and of the fins in *Diplodus sargus* (Teleostei: Perciformes: Sparidae) [J]. Mar Biol, 139 (5): 853 – 862.

Kowarsky J, Ross A H, 1981. Fish movement upstream through a central Queensland (Fitzroy River) coastal fishway [J]. Aust. J. Mar. Freshwater Res, 32 (1): 93 – 109.

Kowtal G V, 1976. Studies on the juvenile fish stock of Chilka Lake [J]. Indian J. Fish, 23: 31 – 40.

Kreutz L C, Gil L J, Oliveira B T, et al, 2008. Acute toxity test of agricultural pesticides on silver catfish (*Rhamdia quelen*) fingerlings [J]. Ciencia Rural, Santa Maria, 38 (4): 1050 – 1055.

Krieg N R, Holt J G, 1984. Manual of Systematic Bacteriology, Tne Williams and Wilkins Company [J]. Baltimore, 1: 516 – 548.

Kroupova H, Machova J, Svobodova Z, 2005. Nitrte influence on fish: a review [J]. Vet. Med. Czech, 50 (11): 461-471.

Kua B C, Noraziah M R, Nik Rahimah A R, 2012. Infestation of gill copepod *Lernanthropus latis* (Copepoda: Lernanthropidae) and its effect on cage-cultured Asian sea bass *Lates calcarifer* [J]. Tropical Biomedicine, 29 (3): 443-450.

Kumar S R, Ahmed V P, Parameswaran V, et al, 2008. Potential use of chitosan nanoparticles for oral delivery of DNA vaccine in Asian sea bass (*Lates calcarifer*) to protect from *Vibrio* (*Listonella*) *anguillarum* [J]. Fish & Shellfish Immunology, 25 (1): 47-56.

Kungvankij P L B, Pudadera T B J, Potestas I O, 1986. Biology and Culture of Seabass (*Lates calcarifer*) [M]. Training Manual Series No. 3. Bangkok: Network of Aquaculture Centres in Asia.

Kurokawa T, Okamoto T, Gen K, et al, 2008. Influence of water temperature on morphological deformities in cultured larvae of Japanese eel, *Anguilla japonica*, at Completion of Yolk Resorption [J]. J World Aquacult Soc, 39 (6): 726-735.

Laggis A, Sfakianakis D G, Divanach P, et al, 2010. Ontogeny of the body skeleton in *Seriola dumerili* (Risso, 1810) [J]. Italian J Zool, 77 (3): 303-315.

LagocJ, 1991. Aqua Farm News, Vol. No. 1: 1-12 Boonyaratpalin, M. 1991. Nutritional Studies on Seahass (*Lates calcarifer*). Fish Nutrition Reseach in Ania, 33-41.

Lall S P, 2002. The minerals [J]. Fish Nutr, 3: 259-308.

Langille R M, Hall B K, 1987. Development of the head skeleton of the Japanese medaka, *Oryzias latipes* (Teleostei) [J]. J Morphol, 193 (2): 135-158.

Lee K J, Dabrowski K, 2004. Long-term effects and interactions of dietary vitamins C and E on growth and reproduction of yellow perch, *Perca flavescens* [J]. Aquaculture, 230 (1): 377-389.

Li E, Lambertsen G, 1985. Digestive lipolytic enzymes in cod (*Gadus morhua*). Fatty acid specificity [J]. Comp Biochem Physiol, 80B: 447-450.

Lim C, Sukhawong S, Pascual F P, 1979. A preliminary study on the protein reqirement of *Chanos chanos* (Forsskal) in a controlled environment [J]. Aquaculture, 17 (3): 195-201.

Lim L C, Heng H H, Lee H B, 1986. The induced breeding of seabass, *Lates calcarifer* (Bloch) in Singapore [J]. Singapore J. Prim. Ind, 14: 81-95.

Lintermans M, 2004. Human-assisted dispersal of alien freshwater fish in Australia [J]. N. Z. J. Mar. Freshwater Res, 38 (3): 481-501.

Lio-Po G D, 2010. Viral diseases [M]//Lio-Po G D, Inui Y. (eds) Health Management in Aquaculture. 2nd ed. Iloilo: Southeast Asian Fisheries Development Center Aquaculture Department: 77-146.

Lvcia-Iorov, Bassojorge M, da Silvak R, et al, 2012. Oxidative stress parameters and antioxidant response to sublethal waterborne zinc in a euryhaline teleost *Fundulus heteroclitus*: Protective effects of salinity [J]. AquatToxicol, 110-111 (4): 187-193.

Ma J, Zhang L Z, Zhuang P, et al, 2007. Development and allometric growth patterns of larval *Acipenser schrenckii* [J]. Chinese Journal of Applied Ecology, 18 (12): 2875-2882.

Ma Z, Guo H, Zheng P, et al, 2014. Ontogenetic development of the digestive system in golden pompano, *Trachinotus ovatus* (Linnaeus 1758) [J]. Fish physiology and biochemistry, 40 (4): 1157-1167.

Ma Z, Qin J G, 2014. Replacement of fresh algae with commercial formulas to enrich rotifers in larval rearing of yellowtail kingfish *Seriola lalandi* (Valenciennes, 1833) [J]. Aquacult Res, 45 (6): 949-960.

Ma Z, Qin J G, Nie Z, 2012. Morphological change of marine fish larvae and their nutrition need [M]//

Pourali K, Raad V N (eds) larvae: Morphology, biology and life cycle. New York: Nova science publishers inc: 1 - 20.

Ma Z, Tan D A Y, Qin J G, 2014. Jaw deformities in the larvae of yellowtail kingfish (*Seriola lalandi* Valenciennes, 1833) from two groups of broodstock [J]. Indian J Fish, 61 (4): 137 - 140.

Ma Z, Zheng P, Guo H, et al, 2014. Jaw malformation of hatchery reared golden pompano *Trachinotus ovatu. s* (Linnaeus 1758) larvae [J]. Aquacult Res, doi: lo. llll/are. 12569.

Ma Z, Zheng P, Guo H, et al, 2015. Effect of weaning time on the performance of *Trachinotus ovatus* (Linnaeus 1758) [J]. Aquaculture nutrition, 21 (5): 670 - 678.

Ma Z, 2014. Food ingestion, prey selectivity, feeding incidence, and performance of yellowtail kingfish *Seriola lalandi* larvae under constant and varying temperatures [J]. Aquacult Inter, 22 (4): 1317 -1330.

Machiwa J F, 2000. Heavy matals and organic pollutants in sediments of dares salaam harbour prior to dredging in 1999 [J]. Tanz J Sci, 26: 29 - 46.

Maeno Y, de la Pena L D, Cruz - Lacierda E R, 2004. Mass mortalities associated with viral nervous necrosis in hatchery - reared seabass *Lates calcarifer* in the Philippines [J]. JAPQ, 38 (1): 69 - 73.

March B E, 1992. Essential fatty acids in fish physiology [J]. Can J Physiol Pharmacol, 71 (9): 685 -689.

Marichamy R, Kasim H M, Rengaswamy V S, et al, 2000. Culture of seabass *Lates calcarifer* [M] // Pillai V N and Menon N G (eds.). Marine Fisheries Research and Management. Kerala: Central Marine Fisheries Research Institute: 818 - 825.

Marliave J B, 1977. Effects of three artificial lighting regimes on survival of laboratory - reared larvae of *sailtin sculpin* [J]. Prog. Fish - Cult, 39 (3): 117 - 118.

Marshall C R E, 2005. Evolutionary genetics of barramundi (*Lates calcarifer*) in the Australian region Ph D [D]. Thesis, Murdoch University, Perth, Western Australia.

Martell D, Kieffer J, Trippel E, 2005. Effects of temperature during early life history on embryonic and larval development and growth in haddock [J]. J Fish Biol, 66 (6): 1558 - 1575.

Martino R C, Cyrino J P, Portz L, et al, 2002. Performance and fatty acid composition of surubim (*P Seudoplatystoma coruscans*) fed diets with animal and plant lipids [J]. Aquaculture, 209 (1): 233 -246.

Matsuoka M, 1982. Development of vertebral Column and Caudal Skeleton of the Red Sea Bream, *Pagru major* [J]. Japan J Ichthyol, 29: 285 - 294.

Matsuoka M, 1985. Osteological development in the red sea bream, *Pagrus major* [J]. Japan. J. Ichthyol, 32 (1): 35 - 51.

Matsuoka M, 1987. Development of the skeletal tissues and skeletal muscles in the red sea bream [J]. Bull. Seikai Reg Fish Res. Lab, 65: 1 - 114.

Mc Carthy I, Moksness E, Pavlov D A, 1998. The effects of temperature on growth rate and growth efficiency of juvenile common wolffish [J]. Aquac. Int, 6 (3): 207 - 218.

McCulloch M, Cappo M, Aumend J, Muller W, 2005. Tracing the life history of individual barramundi using laser ablation MC - ICP - MS Sr - isotopic and Sr/Ba ratios in otoliths [J]. Mar. Freshwater Res, 56 (5): 637 - 644.

McDougall A J, 2004. Assessing the use of sectioned otoliths and other methods to determine the age of the centropomid fish, barramundi (*Lates calcarifer*) (Bloch) using known age fish [J]. Fish. Res, 67

(2)：129 – 141.

McDougall A J, Pearce M G, MacKinnon M, 2008. Use of a fishery model (FAST) to explain declines in the stocked barramundi (*Lates calcarifer*) (Bloch) fishery in Lake Tinaroo, Australia [J]. Lakes Reservoirs: Res. Manage, 13 (2)：125 – 134.

McKinnon M R, Cooper P R, 1987. Reservoir stocking of barramundi for enhancement of the recreational fishery [J]. Aust. Fish, 46：34 – 37.

Mihelakakis A, Kitajima C, 1994. Effects of salinity and temperature on incubation period, hatching rate, and morphogenesis of the silver sea bream, *Sparussarba* (Forskol, 1775) [J]. Aquaculture, 126 (3)：361 – 371.

MiKi N, 1989. Adequate vitamin level for reduction of albinism in hatchery – reared hirame *Paralichthys olivaceus* fed on rotifer enriched with fat – soluble vitamins [J]. Suisanzoshoku, 37 (2)：109 – 114.

Milton D, Yarrao M, Fry G, et al, 2005. Response of barramundi, *Lates calcarifer*, populations in the Fly River, Papua New Guinea to mining, fishing and climate – related perturbation [J]. Mar. Freshwater Res, 56 (7)：969 – 981.

Milton D A, Chenery S R, 2005. Movement patterns of barramundi *Lates calcarifer*, inferred from Sr – 87/Sr – 86 and Sr/Ca ratios in otoliths, indicate non – participation in spawning [J]. Mar. Ecol.：Prog. Ser, 301 (1)：279 – 291.

Minoru K, Shigeru O, Noriaki K, 2002. Lordosis induction in juvenile red sea bream, *Pagrus major*, by high swimming activity [J]. Aquaculture, 212：149 – 158.

Mohamadi M, Bishkoulg R, Rastiannasab A, et al, 2014. Physiological indicators of salinity stress in the grey mullet, *Mugil cephalus* (Linnaeus, 1758) juveniles [J]. Comp Clin Pathol, 23 (5)：1453 –1456.

Mohdshaharuddin N, Mohdadnan A, Kua B C, et al, 2013. Expression profile of immune – related genes in *Lates calcarifer* infected by *Cryptocaryon irritans* [J]. Fish & Shellfish Immunology, 34 (3)：762 – 769.

Montero D, Tort L, Izquierdo M S, et al, 1996. Effects of α – tocopherol and n – 3 HUFA deficient diets on blood cells, selected immune parameters and proximate body composition of gilthead seabream (Sparus aurata) [M]. In：Stolen J S, Fletcher T C, Bayne C J, et al, Mod – ulators of Immune Response. The Evolutionary Trail. FairHaven：SOS Publica – tions. 251 – 266.

Mooi R D, Gill A C, 1995. Association of epaxial musculature with dorsal – fin pterygiophores in acanthomorph fishes, and its phylogenetic significance s [J]. Bull. Nat. Hist. Mus. Lond. (Zool.), 61：(61) 121 – 137.

Moore R, 1979. Natural sex inversion in the giant perch (*Lates calcarifer*) [J]. Aust. J. Mar. Freshwater Res, 30 (6)：803 – 813.

Moore R, 1980. Migration and Reproduction in the Percoid Fish *Lates calcarifer* (Bloch) [D]. Ph. D. Thesis, University of London, London, UK.

Moore R, 1982. Spawning and early life history of barramundi, *Lates calcarifer* (Bloch), in Papua New Guinea [J]. Aust. J. Marine Freshwater Res, 33 (4)：647 – 661.

Moore R, 1982. Spawning and early lifer history of barramundi *Lates calcarifer* (Bloch), in Papua New Guinea [J]. Aust. J. Mar. Freshwater Res, 33：647 – 661.

Moore R, Reynolds L F, 1982. Migration patterns of barramundi, *Lates calcarifer* (Bloch), in Papua New Guinea [J]. Aust. J. Mar. Freshwater Res, 33 (4)：671 – 682.

Morgan D L, Rowland A J, Gill SG, et al, 2004. The implications of introducing a large piscivore (*Lates calcarifer*) into a regulated northern Australian river (Lake Kununurra, Western Australia) [J]. Lakes Reservoirs: Res. Manage, 9 (3-4): 181-193.

Morrison C M, MacDonald C A, 1995. Normal and abnormal jaw development of the yolk-sac larva of Atlantic halibut *Hippoglossus hippoglossus* [J]. Dis Aqua Organ, 22 (3): 173-184.

Morrissy N M, 1987. Status of the barramundi (*Lates calcarifer*) fishery in Western Australia [M] // Copland J W and Grey D L (eds.). Management of Wild and Cultured Seabass/Barramundi (*Lates calcarifer*). Darwin: ACIAR: 55-56.

Mukhopadhyay M K, Verghese P U, 1978. Observations on the larvae of *Lates calcarifer* (Bloch) from Hooghly Estuary with a note on their collection [J]. J. Inland Fish. Soc. India, 10: 138-141.

Nacario J F, 1987. Releasing hormones as an effective agent in the induction of spawning in captivity of seabass (*Lates calcarifer*) [M]. In: Copland J W and Grey D L (eds.) Management of wild and cultured seabass/barramundi (*Lates calcarifer*). Canberra: Australian Centre for international Agricultureal Research: 126-128.

Nankervis L, Southgate P, 2006. An integrated assessment of gross marine protein sources used in formulated microbound diets for barramundi (*Lates calcarifer*) larvae [J]. Aquaculture, 257 (1-4): 453-464.

National Research Council, 1993. Nutrient Requirement of Fish [M]. Washington DC: National Academy of Press: 114.

Negm R K, Cobcroft J M, Brown M R, et al, 2013. The effects of dietary vitamin A in rotifers on the performance and skeletal abnormality of striped trumpeter *Latris lineata* larvae and post larvae [J]. Aquaculture, 404-405: 105-115.

Nies D H, 1999. Microbial heavy metal resistance [J]. Appl Microbiol biotechnol, 51 (6): 730-750.

Nikinmaa M, Rees B B, 2005. Oxygen-dependent gene expression in fishes [J]. Am J Physiol Regul Integr Comp Physiol, 288 (5): 1079-1090.

Niklas K J, 1994. Plant Allometry: The scaling of form and process [M]. Chicago: University of Chicago Press: 274-290.

Ogino C, Takeda H, 1976. Mineral requirements in fish, part 3: Calcium and phosphorus requirements in carp [J]. Bull Jpn Soc Sci Fish, 42: 793-799.

Okamoto T, Kurokawa T, Gen K, et al, 2009. Influence of salinity on morphological deformities in cultured larvae of Japanese eel, *Anguilla japonica*, at completion of yolk resorption [J]. Aquaculture, 293 (1-2): 113-118.

Økelsrud A, Pearson R G, 2007. Acute and Postexposure Effects of Ammonia Toxicity on Juvenile Barramundi (*Lates calcarifer* [Bloch]) [J]. Arch Environ Contam Toxicol, 53 (4): 624-631.

Olla B L, Davis M W, Ryer C H, 1995. Behavioural responses of larval and juvenile walleye pollock (*Theragra chalcogramma*): possible mechanisms controlling distribution and recruitment [J]. ICES Marine Science Symposia, 201: 3-15.

Olsen R E, Henderson R J, Ring E, 1998. The digestion and selective absorption of dietary fatty acids in Arctic charr, *Salvelinus alpinus* [J]. Aquaculture Nutrition, 4 (1): 13-21.

OP Stad I, Fjelldal P G, Karlsen D, et al, 2013. The effect of triploidization of Atlantic cocl (*Gadus morhua* L.) on survival, growth and deformities during early life stages [J]. Aquaculture, 388-391: 54-59.

Osse J W M, Boogaart J G M, Snik G M J, 1997. Priorities during early growth of fish larvae [J]. Aquaculture, 155 (1-4): 249-258.

Otero O, 2010. Anatomy, systematics and phylogeny of both recent and fossil latid fishes (Teleostei, Perciformes, Latidae) [J]. Zool. J. Linn. Soc, 141 (1): 81-133.

Ou Y J, Li J E, Ai L, et al, 2014. Early development and growth of larval, juvenile and young *Oplegnathus fasciatus* reared in pond in Guangdong Provinc [J]. South China Fisheries Science, 06 (10): 66-71.

Ou Y J, Li J E, Ding Y W, 1995. Biological features of the larval and juvenile of snapper sea bream cultivated in artificial conditions [C]. The first national youth symposium proceedings. Shanghai: Tongji University press: 315-324.

Ou Y J, Li J E, 1998. Theecophysiological studies of the early development of *Mugil cephalus* under artificial conditions [J]. Journal of tropical oceans, 17 (4): 29-39.

Paepke H J, 1999. Bloch's fish collection in the Museum fur Naturkunde der Humboldt-Universitat zu Berlin: an illustrated catalog and historical account. Theses Zoologicae, 32, A. R. G. Gantner, Ruggel.

Pakingking R J, Seron R, de la Pena L, et al, 2009. Immune responses of Asian seabass (*Lates calcarifer*) against the inactivated betanodavirus vaccine [J]. J. fish Dis, 32 (5): 457-463.

Paperna I, 1978. Swimbladder and skeletal deformations in hatchery bred *Sparus aurata* [J]. Journal of Fish Biology, 12 (2): 109-114.

Parazo M M, 1990. Effect of dietary protein and energy level on growth, protein utilization and carcass composition of rabbitfish, *Siganus canaliculatus* [J]. Aquaclture, 86: 41-49.

Parazo M M, 1991. An artificial diet for larval rabbitfish, *Siganus canaliculatue* Bloch. DE SILVA S. Proceedings of theFourth: Fish Nutrition Resaerch in Asia [C]. [s. n.]: [s. l.]

Parazo M M, Garcia L M B, Ayson F G, et al, 1998. Sea bass hatchery operations [M]. 2nd ed. Iloilo: Aquaculture Department, Southeast Asian Fisheries Development Center.

Parazo M M, Garcia L M B, Ayson F G, et al, 1990. Seabass hatchery operations. Aquaculture extension manual No. 18. Aquaculture Department, Southeast Asian Fisheries Development Center, Iloilo, Phillipines.

Park M S, Shin H S, Choi C Y, et al, 2011. Effect of hypoosmotic and thermal stress on gene expression and the activity of antioxidant enzymes in the cinnamon clownfish, *Amphiprion melanopus* [J]. Anim Cells Sys, 15 (3): 219-225.

Partridge G J, Lymbery A J, 2008. The effect of salinity on the requirement for potassium by barramundi (*Lates calcarifer*) in saline groundwater [J]. Aquaculture, 278 (1): 164-170.

Paruruckumani P S, Rajan A M, Ganapiriya V, et al, 2015. Bioaccumulation and ultrastructural alterations of gill and liver in Asian sea bass, *Lates calcarifer* (Bloch) in sublethal copper exposure [J]. Aquat Living Resour, 28 (1): 33-44.

Patnaik S, Jena S, 1976. Some aspects of biology of *Lates calcarifer* (Bloch) from Chilka Lake [J]. Indian J. Fish, 23 (1-2): 65-71.

Patnaik S, Jena S, 1976. Some aspects of biology of *Lates calcarifer* (Bloch) from Chilka Lake [J]. Indian J. Fish, 23 (1-2): 65-71.

Peña R, Dumas S, 2009. Development and allometric growth patterns during early larval stages of the spotted sand bass *Paralabrax maculatofasciatus* (Pereoidei: Serranidea) [J]. Scientia Marina, 73 (s1): 183-189.

Pender P J, Griffin R K, 1996. Habitat history of barramundi *Lates calcarifer* in a North Australian river system based on barium and strontium levels in scales [J]. T. A M. Fish. Soc, 125: (5) 679 - 689.

Pethiyagoda R, Gill A C, 2012. Description of two new species of seabass (Teleostei: Latidae: *Lates*) from Myanmar and Sri Lanka [J]. Zootaxa, 3314: 1 - 16.

Pethiyagoda R, Gill A C, 2013. Taxonomy and distribution of Indo - Pacific *Lates* [M]. In: Jerry D R (ed.). Ecology and Culture of Asian Seabass *Lates calcarifer*. CRC Press. Queensland Fisheries Management Authority. 1998. Draft Management Plan and Regulatory Impact Statement. Brisbane: Queensland Fisheries Management Authority.

Pethiyagoda R, Gill A C, 2012. Description of two new species of sea bass (Teleostei: Latidae: *Lates*) from Myanmar and Sri Lanka [J]. Zootaxa, 3314: 1 - 16.

Pethiyagoda R, Gill A C, 2013. Taxonomy and Distribution of Indo - Pacific *Lates* [M]. In: Jerry D R (ed) Biology and Culture of Asian Seabass *Lates calcarifer*. Boca Raton: CRC Press.

Petrer R H, 1986. The ecological implications of body size [M]. 2nd ed. Cambridge: Cambridge University Press. pp. 184 - 215.

Potthoff T, Kelley S A, o. L, 1988. Osteological Development of the Red Snapper, *Lutjanus campechanus* (Lutjanidae) [J]. Bull Mar Sci, 43 (1): 1 - 40.

Prestinicola L, Boglione C, Makridis P, et al, 2013. Environmental conditioning of skeletal anomalies typology and frequency in gilthead seabream (*Sparusaurata*L. 1758) juveniles [J]. PLoS One, 8 (2): 1 - 22.

Queensland Fisheries Management Authority, 1992. Management of Barramundi in Queensland [M]. Brisbane: Queensland Fish Management Authority.

RahnA Ma B Y S, Heydarnejad M S, Parto M, 2015. Effects of tank colour on feed intake, specific growth rate, growth effciency andsome physiological parameters of rainbow trout (*Oncorhynchus mykiss* Walbaum, 1792) [J]. J. Appl. Ichthyol, 31: 395 - 397.

Randall D J, Tsui T K N, 2002. Ammonia toxicity in fish [J]. Marine Pollution Bulletin, 45 (1): 17 -23.

Reynolds L F, Moore R, 1982. Growth rates of barramundi, *Lates calcarifer* (Bloch), in Papua New Guinea [J]. Aust. J. Mar. Freshwater Res, 33: 663 - 670.

Ribeiro F, Forsythe S, Qin J, 2015. Dynamics of intracohort cannibalism and size heterogeneity in juvenile barramundi (*Lates calcarifer*) at different stocking densities and feeding frequencies [J]. Aquaculture, 444: 55 - 61.

Rimmer M A, Russell D J, 1998a. Aspects of the biology and culture of *Lates calcarifer* [M]. In: De Silva SS (ed.). San Diego: Tropical Mariculture: 449 - 476.

Rimmer M A, Russell D J, 1998b. Survival of stocked barramundi, *Lates calcarifer* (Bloch), in a coastal river system in far northern Queensland, Australia [J]. Bull. Mar. Sci, 62: 325 - 336.

Robins J, Mayer D, Staunton - Smith J, et al, 2006. Variable growth rates of the tropical estuarine fish barramundi *Lates calcarifer* (Bloch) under different freshwater flow conditions [J]. J. Fish Biol, 69: 379 - 391.

Ronald A F, 1980. Early Osteological Development of White Perch and Striped Bass with Emphasis on Identification of Their Larvae [J]. Trans A M Fish Soc, 109 (4): 387 - 406.

Ronnestad I, Thorsen A, Finn N R, 1999. Fish larval nutrition: a review of recent advancesin the roles of A Mino acids [J]. Aquaculture, 177 (1 - 4): 201 - 216.

Roo F J, Hernandez - Cruz C M, Socorro J A, et al, 2009. Effect of DHA content in rotifers on the occurrence of skeletal deformities in red porgy *Pagrus pagrus* (Linnaeus, 1758) [J]. Aquaculture, 287 (1 - 2): 84 - 93.

Roof F J, Cruz M H, Socorro J A, et al, 2009. Effect of DHA content in rotifers on the occurrence of skeletal deformities in red porgy *Pagrus pagrus* (Linnaeus, 1758) [J]. Aquaculture, 287 (1): 84 - 93.

Rosenfeld M G, Lunyak V V, Glass C K, 2006. Sensors and signals: a coactivator/corepressor/epigenetic code for integrating signal - dependent progrA Ms of transcriptional response [J]. Genes Dev, 20 (11): 1405 - 1428.

Ross S A, Mccaffery P J, Drager U C, et al, 2000. Retinoids in Embryonal Development [J]. Physiol Rev, 80 (3): 1021 - 1054.

Roy P K, Lall S P, 2003. Dietary phosphorus requirement of juvenile haddock (*Melanogrammus aeglefinus* L.) [J]. Aquaculture, 221 (1 - 4): 451 - 468.

Roy P, Witten P, Hall B, et al, 2002. Effects of dietary phosphorus on bone growth and mineralisation of vertebrae in haddock (*Melanogrammus aeglefinus* L.) [J]. Fish Physiol Biochem, 27 (1 - 2): 35 - 48.

Ruangpanit N, 1987. Biological characteristics of wild seabass (*Lates calcarifer*) in Thailand [M]//Copland J W and Grey D L (eds.) . Management of Wild and Cultured Seabass/BarrA Mundi (*Lates calcarifer*) . Darwin: ACIAR: 55 - 56.

Ruangpanit N, 1987. Biological characteristics of wildseabass/barramundi (*Lates calcarifer*) [M]//Copland J W, Grey D L (eds) . Management of wild and cultured seabass/barramundi (*Lates calcarifer*) . Canberra: Australian Centre for International Agricultural Research: 132 - 137.

Russell D J, 1990. Reproduction, migration and growth in *Lates calcarifer* [M]. M. App. Sc. Thesis. Brisbane: Queensland University of Technology.

Russell D J, 1991. Fish movements through a fishway on a tidal barrage in sub - tropical Queensland [J]. Proc. R. Soc. Queensl, 101: 109 - 118.

Russell D J, 1995. Measuring the success of stock enhancement programs [M]//Cadwallader PL and Kerby BM (eds) . Fish Stocking in Queensland - Getting it Right. Townsville: Queensland Fisheries Management Authority: 96.

Russell D J, Rimmer M A, 1997. Assessment of stock enhancement of barramundi *Lates calcarifer* (Bloch) in a coastal river system in far northern Queensland, Australia [M]. In: Hancock D A, Smith DC, Grant A and Beumer JP (eds) . Developing and Sustaining World Fisheries Resources. Collingwood: CSIRO: 498 - 503.

Russell D J, Rimmer M A, 1999. Stock enhancement of barramundi (*Lates calcarifer*) in a coastal river in northern Queensland, Australia. Proceedings of the Annual International Conference of the World Aquaculture Society [C]. World Aquaculture Society, Sydney, Australia.

Russell D J, Rimmer M A, 2000. Measuring the success of stocking barramundi *Lates calcarifer* (Bloch) into a coastal river system in far northern Queensland, Australia [M]. In: A. Moore and R. Hughes (eds) . Albury: Australian Society for Fish Biology: 70 - 76.

Russell D J, Rimmer M A, 2002. Importance of release habitat for survival of stocked barramundi in northern Australia [M]//Lucy JA and Studholme AL (eds) . Catch and Release in Marine Recreational Fisheries Symposium 30. Bethesda: A Merican Fisheries Society: 237 - 240.

Russell D J, Rimmer M A, 2004. Stock enhancement of barramundi in Australia [M]//Bartley D M and Leber K M (eds) . FAO Fishery Technical Paper 429: Marine Ranching. Rome: FAO: 73 -108.

Russell D J, Garrett R N, 1988. Movements of juvenile barramundi, *Lates calcarifer* (Bloch), in north – eastern Queensland [J]. Aust. J. Mar. Freshwater Res, 39 (1): 117 – 123.

Russell D J, Garrett R N, 1983. Use by juvenile barramundi, *Lates calcarifer* (Bloch), and other fishes of temporary supralittoral habitats in a tropical estuary in northern Australia [J]. Aust. J. Mar. Freshwater Res, 34 (5): 805 – 811.

Russell D J, Garrett R N, 1985. Early life history of barramundi, *Lates calcarifer* (Bloch), in north – eastern Queensland [J]. Aust. J. Mar. Freshwater Res, 36 (2): 191 – 201.

Russell D J, Jerry D R, Thuesen P A, et al, 2013. Fish stocking programs – assessing the benefits against potential long term genetic and ecological impacts [R]. Report to the Fisheries Research and Development Corporation, Canberra, Australia.

Russell D J, Rimmer M A, McDougall A J, et al, 2004. Stock enhancement of barramundi, *Lates calcarifer* (Bloch), in a coastal river system in northern Australia: stocking strategies, survival, biology and cost – benefits [M]//Leber K M, Kitada S, Blankenship H L, et al. Stock Enhancement and Sea Ranching: Developments, Pitfalls and Opportunities. Oxford: Blackwell Publishing: 490 –500.

Russell D J, Thuesen P A, Thomson F E, 2011. Movements of stocked barramundi (*Lates calcarifer*) in Australia: a desktop study. Cairns: Queensland Department of Agriculture, Fisheries and Forestry, Australia.

Russell D J, Hales P W, IngrA M B A, 1991. Coded – wire tags – a tool for use in enhancing coastal barramundi stocks [J]. Austasia Aquacult, 5: 26 – 27.

Russell D J, Garrett R N, McKinnon M R, 1987. Hatchery techniques for rearing barramundi (*Lates calcarifer*) [J]. Aust. Mar. Sci. Assoc. Proc.

Rutledge W, Rimmer M, Russell D J, et al, 1990. Cost benefit of hatchery reared barramundi, *Lates calcarifer* (Bloch), in Queensland [J]. Aquacult. Fish. Manage, 21: 443 – 448.

Sabapathy U, Teo L H, 1993. A quantitative study of some digestive enzymes in the rabbitfish, *Siganus canaliculatus* and the sea bass, *Lates calcarifer* [J]. Journal of Fish Biology, 42 (4): 595 – 602.

Sakamoto S, Yone Y, 1980. A principal source of deposited lipid in phosphorus deficient red sea bream [J]. Bull Jpn Soc Sci Fish, 46 (10): 1227 – 1230.

Sakaras W, Boonyaratpalin M, Unpraserrt N, 1981. Optimum dietary protein: energy ratio in seabass feed Ⅱ: Technical Paper No 8 [R]. Thailand: Rayong Brackish Water Fisheries Station, 20.

Salini J P, Shaklee J B, 1988. Genetic structure of barramundi (*Lates calcarifer*) stocks from northern Australia [J]. Aust. J. Mar. Freshwater Res, 39 (3): 317 – 329.

Sanchez R C, Obregon E B, Rauco M R, 2011. Hypoxia is like an ethiological factor in vertebral column deformity of salmon (*Salmosalar*) [J]. Aquaculture, 316 (1 – 4): 13 – 19.

Sandell L J, Daniel J C, 1988. Effects of ascorbic acid on collagen mRNA levels in short term chondrocyte cultures [J]. Con Tis Res, 17 (1): 11 – 22.

Sanders E, Wride M, 1995. Programmed cell death in development [J]. Inter Rev Cytol, 163: 105 –173.

Sasagawa S, Takabatake T, Takabatake Y, et al, 2002. Axes establishment during eye morphogenesis in Xenopus by coordinate and antagonistic actions of BMP4, Shh, and RA [J]. Genesis, 33 (2): 86 – 96.

Sawynok B. 1998. Fitzroy River Effects of Freshwater Flows on Fish. National Fishcare Project 97/ 003753. Fishcare Australia, Rockhampton, Australia.

Sawynok B, Platten J, 2009. Growth, movement and survival of stocked fish in impoundments and waterways of Queensland 1987 ~ 2008. Infofish Services and Australian National Sportsfishing Association, Rockhampton, Australia.

Schmidt - Nielsen K, 1997. Water and osmotic regulation [M]. In: Schmidt - Nielsen, K. (ed.), Animal physiology adaptation and environment, fifth edition, Cambridge University Press: 301 - 354.

Schultze H P, Arratia G, 2013. The caudal skeleton of basal teleosts, its conventions, and some of its major evolutionary novelties in a temporal dimension [M]. Mesozoic fish 5: global diversity and evolution. Oxford: BIOS Scientific Publishers: 187 - 246.

Seikai T, Tanangonan N J B, Tanaka M, 1980. Temperature influence on larval growth and metamorphosis of the Japanese flounder *Paralichthys olivaceus* in the laboratory [J]. Bull Jpn Soc Sci Fish, 52 (6): 407 - 424.

Sfakianakis D G, Koumoundouros G, Divanach P, 2004. Osteological development of the vertebral column and of the fins in *Pagellus erythrinus* (L. 1758). Temperature effect on the developmental plasticity and morpho - anatomical abnormalities [J]. Aquaculture, 232 (1 - 4): 407 - 424.

Shaklee J B, Salini J P, Garrett R N, 1993. Electrophoretic characterization of multiple genetic stocks of barramundi (*Lates calcarifer*) in Queensland, Australia [J]. Trans. A. fish. Soc, 122 (5): 685 -701.

Shaklee J B, PhelP S S R, 1991. Analysis of fish stock structure and mixed - stock fisheries by the electrophoretic characterization of allelic isozymes [M]. In: Whitmore, D H (ed.). Electrophoretic and isoelectric focusing techniques in fisheries management. Boca Raton: CRC Press.

Shaklee J B, Salini J P, 1985. Genetic variation and population subdivision in Australian barramundi, *Lates calcarifer* (Bloch) [J]. Aust. J. Mar. Freshwater Res, 36 (2): 203 - 218.

Shang E H, Wu R S, 2004. Aquatic hypoxia is a teratogen and affects fish embryonic development [J]. Env Sci Technol, 38 (18): 4763 - 4767.

Sharma S R, Rathore G, Verma D K, et al, 2012. Vibrio alginolyticus infection in Asian seabass (*Lates calcarifer*, Bloch) reared in open sea floating cages in India [J]. Aquaculture Research, 44 (1): 86 -92.

Shepherd C J, Bromage N R, 1988. Intensive Fish Farming [M]. London: BSP Professional Books: 163.

Shi Z F I, Guo S J, Lin W C, et al, 2004. Evaluation of selective toxicity of five pesticides against *Plutellaxylo Stella* (Lep: Plutellidae) and their sideeffects against *Cotesia plutellae* (Hym: Braconidae) and *Oomyzus sokolowskii* (Hym: Eulophidae) [J]. Pest Management Sci, 60 (12): 1213 - 1219.

Shiu Y, Chiu S, Lin Y, et al, 2015. Improvement in non - specific immunity and disease resistance of barramundi, *Lates calcarifer* (Bloch), by diets containing Daphnia similis meal [J]. Fish & Shellfish Immunology, 44 (1): 172 - 179.

Skirtun M, Sahlqvist P, Curtotti R, et al, 2012. Australian Fisheries Statistics 2011, Canberra, December.

Smith L S, 1980. Digestion in teleost fishes. In lectures presented at the FAO/UNDP Training Course in Fish Feed Technology, ADCP/REP/80/11: 3 - 17.

Smith N F, Talbot C, Eddy FB, 1989. Dietary salt intake and its relevance to ionic regulation in freshwater salmonids [J]. Journal of Fish Biology, 35 (6): 749 - 753.

Snik G M J, Boogaart J G M, Osse J W M, 1997. Larval growth patterns in *Cyprinus carpio* and *Clarias gariepinus* with attention to the finfold [J]. Journal of Fish Biology, 50 (6): 1339 - 1352.

Song H J, Liu W, Wang J L, et al, 2013. Allometric growth during yolk - sac larvae of chum salmon (*Oncorhynchus keta Walabaum*) and consequent ecological significance [J]. Acta Hydrobiological Sinica,

37 (2): 329 – 335.

Srichanun M, Tantikitti C, Kortner T M, et al, 2014. Effects of different protein hydrolysate products and levels on growth, survival rate and digestive capacity in Asian seabass (*Lates calcarifer* Bloch) [J]. larvae Aquaculture, 428 – 429: 195 – 202.

Srichanun M, Tantikitti C, Utarabhand P, et al, 2013. Gene expression and activity of digestive enzymes during the larval development of Asian seabass (*Lates calcarifer*) [J]. Comparative Biochemistry and Physiology, Part B, 165 (1): 1 – 9.

Staunton – Smith J, Robins J B, Mayer D G, et al, 2004. Does the quantity and timing of fresh water flowing into a dry tropical estuary affect year – class strength of barramundi (*Lates calcarifer*) [J]. Mar. Freshwater Res, 55 (8): 787 – 797.

Stickland N C, White R N, Mescall P E, et al, 1988. The effect of temperature on myogenesis in embryonic development of the Stlantic salmon (*Salmo salar* L.) [J]. Anat Embryol, 178 (3): 253 – 257.

Stroband H W J, Kroon A G, 1981. The development of the stomach in *Clarias lazera* and the intestinal absorption of protein macromolecules [J]. Cell and Tissue Research, 215: 397 – 415.

Stuart I G, Berghuis A P, 1999. Passage of native fish in a modifi ed vertical – slot fishway on the Burnett River barrage, south – eastern Queensland. Queensland Department of Primary Industries, Bundaberg, Australia.

Stuart I G, Berghuis A P, 2002. UP StreA M passage of fish through a vertical – slot fishway in an Australian subtropical river [J]. Fish. Manage. Ecol, 9 (2): 111 – 122.

Stuart I G, Mallen – Cooper M, 1999. An assessment of the effectiveness of a vertical – slot fishway for non – salmonid fish at a tidal barrier on a large tropical/subtropical river [J]. Regulated Rivers: Res. Manage, 15 (6): 575 – 590.

Stuart I G, Berghuis A P, Long P E, et al, 2007. Do fish locks have potential in tropical rivers? [J]. River Res. Appl, 23 (3): 269 – 286.

Sutton A L, Zhang X, Ellison T, et al, 2005. The 1, 25 (OH) 2D3 – regulated transcription factor MN1stimulates vitamin D receptor – mediated transcription and inhibits osteoblastic cell proliferation [J]. Mole Endocr, 19 (9): 2234 – 2244.

Székely C, Borkhanuddin M H, Shaharom F, et al, 2013. Description of *Goussia kuehae* n. sp. (Apicomplexa: Eimeriidae) infecting the Asian seabass, *Lates calcarifer* (Bloch) (Perciformes: Latidae), cultured in Malaysian fish farms [J]. Systematic Parasitology, 86 (3): 293.

Szentes K, Meszaros E, Szabo T, et al, 2012. Gonad development and gA Metogenesis in the Asian seabass (*Lates calarifer*) grown in an intensive aquaculture system [J]. J. Appl. Ichthyol, 28 (6): 883 – 885.

Tacon A G J, Desilva S S, 1997. Feed preparation and feedmanagement strategieswithin semi – intensive fish farming systemsin the tropics [J]. Aquaculture, 151: 379 – 404.

Takemura A, Rahman S, Nakamura S, et al, 2004. Lunar cycles and reproductive activity in reef fishes with particular attention to rabbitfishes [J]. Fish and Fish, 5 (4): 317 – 328.

Tandler A, Helps S, 1985. The effects of photoperiod and water exchange rate on growth and survival of gilthead sea breA M (*Sparus aurata*, Linnaeus: Sparidae) from hatching to metA Morphosis in mass rearing systems [J]. Aquaculture, 48 (1): 71 – 82.

Toldedo J D, Marte C L, Castillo A R, 1991. Spontaneous maturation and spawning of seabass *Lates cal-*

carifer in floating net cages [J]. J. Appl. Ichthyol, 7: 217 – 222.

Trudel M, Rasmussen J B, 2006. Bioenergetics and mercury dynA Mics in fish: a modeling perspectove [J]. Can J Fish Aquat Sci, 63 (8): 1890 – 1902.

Trujillogonzález A, Johnson L K, Constantinoiu C C, et al, 2014. Histopathology associated with haptor attachment of the ectoparasitic monogenean *Neobenedenia* sp. (CaP Salidae) to barramundi, *Lates calcarifer* (Bloch) [J]. Journal of Fish Diseases, 38 (12): 1063 – 1067.

Tucker J W, Russell D J, Rimmer M A, 2006. BarrA Mundi culture [M]. In: Kelley A M and Silverstein J T (eds) . Aquaculture in the 21st century (vol. 2) . Bethedsa: A Merican Fisheries Society: 643.

Udagawa M. 2001. The effect of dietary vitA Min K (phylloquinone and menadione) levels on the vertebral formation in mummichog Fundulus heteroclitus. Fish Sci, 67 (1): 104 – 109.

Ullmann J F P, Gallagher T, Hart N S, et al, 2011. Tank color increases growth, and alters color preference and spectral sensitivity, in barramundi (*Lates calcarifer*) [J]. Aquaculture (322 – 323): 235 – 240.

Veitch V, Sawynok B, 2004. Freshwater Wetlands and Fish Importance of Freshwater Wetlands to Marine Fisheries Resources in the Great Barrier Reef [M]. Report No. SQ200401. Great Barrier Reef Marine Park Authority, Townsville, Australia.

Vermeer C, Jie K S, Knapen M H J, 1995. Role of vitA Min K in bone metabolism [J]. Ann Rev Nutr, 15 (1): 1 – 22.

Vermeer C, 1990. y – carboxyglutA Mate – containingproteins, and the vitA Min K – dependent carboxylase [J]. Biochemj, 266 (3): 625 – 636.

Walford J, LA M T J, 1993. Development of digestive tract and proteolytic enzyme activity in seabass (*Lates calcarifer*) larvae and juveniles [J]. Aquaculture, 109 (2): 187 – 205.

Wallaert C, Babin P J, 1993. Circannual variation in the fatty acid composition of high – density lipoprotein phospholipids during acclimatization in trout [J]. Biochimica et Biophysica Acta (BBA) – Lipids and Lipid Metabolism, 1210 (1): 23 – 26.

Ward R D, Holmes B H, Yearsley G K, 2010. DNA barcoding reveals a likely second species of Asian sea bass (barramundi) (*Lates calcarifer*) [J]. J. Fish Biol, 72 (2): 458 – 463.

Watanabe T, 1993. Importance of Docosahexaenoic Acid in Marine Larval Fish [J]. J World Aquacult Soc, 24 (2): 152 – 162.

Watson W, 1987. Larval Development of the Endemic Hawaiian Blenniid, *Enchelyurus Brunneolus* (Pisces: Blenniidae: Omobranchini) [J]. Bulletin of Marine Science – MiA Mi, 41 (3): 856 – 888.

Weakley J C, Claiborne J B, Hyndman S L, et al, 2012. The effect of environmental salinity on H$^+$ efflux in the euryhaline barramundi (*Lates calcarifer*) [J]. Aquaculture, 338 – 341 (4): 190 – 196.

Wendelaar Bonga SE, LA Mmers P I, Vander Meij J C A, 1983. Effects of 1, 25 and 24, 25 – dihydroxyvi – tA Min D3 on bone formation in the chichlid teleost Sarotherodon mossA Mbicus [J]. Cell Tissue Res, 228 (1): 117 – 126.

Weston A D, Hoffman L M, Underhill T M, 2003. Revisiting the role of retinoid signaling in skeletal development [J]. Bir Def Res Part C: Emb Today: Rev, 69 (2): 156 – 173.

Wiegand M D, Hataley J M, Kitchen C I J, 1989. Induction of developmental abnormalities in larval goldfish, *Carassius auratus* L., under cool incubation conditions [J]. Journa of Fish Biology, 35 (1): 85 – 95.

Williams L E, 2002. Queensland's fisheries resources – current condition and trends 1988 – 2000. Queensland Department of Primary Industries, Brisbane, Australia.

Wolff J, 1892. Das gesetz der transformation der knochen [J]. Deut Med Wochenschr, 19 (47): 1222 -1224.

Wong F J, Chou R, 1989. Dietary protein requirements of early grow – out seabass (*Lates calcarifer* Block) and some observations on the performance of two practical formulated feed [J]. Singapore Journal of Primary Industry, 17: 134.

Wongsumnuk S, Maneewongsa S, 1974. Biology and artificial propagation of seabass *Lates calcarifer* Bloch [J]. First Mangrove Ecology Workshop, 2: 645 – 664.

Woo N Y S, Chiu S F, 1995. Effect of nitrite exposure on hematological parA Meters and blood respiratory properties in the sea bass *Lates calcarifer* [J]. Environmental Toxicology and Water Quality, 10 (4): 259 – 266.

Wood J M, 1974. Biological cycles for toxic elements in the enviornment [J]. Science, 183: 1049 – 1052.

Worrall K L, Carter C G, Wilkinson R J, et al, 2011. The effects of continuous photoperiod (24L: 0D) on growth of juvenile barramundi (*Lates calcarifer*) [J]. Aquacult Int, 19 (6): 1075 – 1082.

Wu S Q, Li J E, Ou Y J, et al, 2014. Allometric growth of hybrid grouper (*Epinephelus coioides* ♀ × E. *lanceolatus* ♂) larvae and juveniles [J]. Journal of Fishery Sciences of China, 21 (3): 503 – 510.

Xi D, Zhang X M, lv H J, et al, 2014. Studies on the early allometric growth pattern of black rockfish sebastes schlegelii [J]. Journal of Ocean University of China, 44 (12): 028 – 034.

Yi M Q, Liu H X, Shi X Y, et al, 2006. Inhibitory effects of four carbamate insecticides on acetylcholinesterase of male and female *Carassius auratus* in vitro [J]. Comp Biochem Physiol Part C: Toxicol Pharmacol, 143 (1): 113 – 116.

Yin M C. 1991. Advances and studies on early life history of fish [J]. Journal of Fisheries of China, 15 (4): 349 – 355.

Yingthavorn P. 1951. Notes on pla – kapong (*Lates calcarifer* Bloch) culturing in Thailand. Technical Paper No. 20. FAO Fisheries Biology, Rome.

Yu X M, Zhang X M, 2011. Research progress on measurement of fish swimming ability [J]. South China Fisheries Science, 8 (04): 76 – 84.

Yue G H, Xia J H, Liu F, et al, 2012. Evidence for female – biased dispersal in the protandrous hermaphroditic Asian seabass, *Lates calcarifer* [J]. PLoS ONE 7: e37976.

Yue G H, Zhu Z Y, Lo L C, et al, 2009 Genetic variation and population structure of Asian seabass (*Lates calcarifer*) in the Asia – Pacific region [J]. Aquaculture, 293 (1): 22 - 28.

Zaugg W S, Roley D D, Prentice E F, et al, 1983. Increased seawater survival and contribution to the fishery of chinook salmon (*Oncorhynchus tshawytscha*) by supplemented dietary salt [J]. Aquaculture, 32 (1): 183 – 188.

Zehra D, Ali E, Esin G K, et al, 2014. Response of antioxidant system of tilapia (*Oreochromis niloticus*) following exposure to chromium and copper in differing hardness [J]. Bull Environ ContA M Toxicol, 92 (6): 680 – 686.

Zhang J S, Guo H Y, Ma Z H, et al, 2015. Effects of prey color, wall color and water color on food ingestion of larval orange – spotted grouper *Epinephelus coioides* (HA Milton, 1822) [J]. Aquacult Int, 23 (6): 1377 – 1386.

Zheng K, Yue H, Zheng P L, et al, 2016. Skeletal ontogeny and deformities in commercially cultured marine fish larvae [J]. Journal of Fishery Sciences of China, 23 (1): 250 – 261.

Zheng P L，Ma Z H，Guo H Y，et al，2014. Ontogenetic development of caudal skeletons in *Trachinotus ovatus* larvae [J]. South China Fisheries Science，10：45 – 50.

Zheng P，Ma Z，Guo H，et al，2014. Osteological ontogeny and malformations in larval and juvenile golden pompano *Trachinotus ovatus* (Linnaeu 1758) [J]. Aquacult Res，doi：10. llll/are. 12600.

Zhuang P，Song C，Zhang L Z，et al，2009. Allometric growth of artificial bred Siberian sturgeon *Acipenser baeri* larvae and juveniles [J]. Chinese Journal of Ecology，28 (4)：681 – 687.